生态城市与绿色交通：中国经验
ECO-CITY AND GREEN TRANSPORT: CHINA'S EXPERIENCE

（上册）

陆化普　等　编著

中国建筑工业出版社

图书在版编目（CIP）数据

生态城市与绿色交通：中国经验：上下＝ECO-
CITY AND GREEN TRANSPORT: CHINA'S EXPERIENCE/
陆化普等编著．—北京：中国建筑工业出版社，2024.3
ISBN 978-7-112-29497-8

Ⅰ．①生… Ⅱ．①陆… Ⅲ．①生态城市—城市建设—
研究—中国②交通运输业—绿色经济—研究—中国 Ⅳ．
① X321.2 ② F512.3

中国国家版本馆 CIP 数据核字（2023）第 252690 号

责任编辑：何 楠 黄 翊
责任校对：赵 力

生态城市与绿色交通：中国经验
ECO-CITY AND GREEN TRANSPORT: CHINA'S EXPERIENCE
陆化普 等 编著
*
中国建筑工业出版社出版、发行（北京海淀三里河路 9 号）
各地新华书店、建筑书店经销
北京雅盈中佳图文设计公司制版
临西县阅读时光印刷有限公司印刷
*
开本：880 毫米 ×1230 毫米 1/16 印张：26¹/₂ 字数：640 千字
2024 年 6 月第一版 2024 年 6 月第一次印刷
定价：238.00 元（上下册）
ISBN 978-7-112-29497-8
（42241）

在人类发展的历史长河中，城市的诞生无疑是一个极其重要的里程碑。20 世纪以来，全球城市化的快速发展使我们进入了城市时代。然而，随着城市规模的不断扩张和人口的持续增加，城市面临着前所未有的挑战。生态破坏、环境污染、道路交通拥堵等问题日益凸显，迫切需要全世界的城市及交通规划建设和管理者们探索可持续发展的路径，破解发展难题，创造更加美好的家园。

从 1898 年霍华德的"田园城市"，到 1933 年的《雅典宪章》，再到 1977 年的《马丘比丘宪章》，人类在构建更加美好城市的道路上不断探索、思考和总结。《雅典宪章》给出了城市的基本功能定义，提出了功能分区和以人为本；《马丘比丘宪章》强调不再为了过分追求功能分区而牺牲城市的有机生长，并且强调城市规划中公众参与的重要性，将人、社会和自然紧密联系起来进行考虑，强调注重人文和城市空间组织的人性化。1999 年第 20 届世界建筑师大会讨论通过了《北京宪章》，强调以广义建筑学与人居环境科学理论为基础，主张融合建筑、地景与城市规划等学科全方位发展，是指导 21 世纪城乡建设的行动纲领。

为充分借鉴发达国家生态城市与绿色交通的发展经验，我和我的团队曾用大约 10 年时间陆续开展了大量国际优秀城市案例考察分析，并于 2014 年撰写出版了《生态城市与绿色交通：世界经验》一书，目的是充分借鉴国际经验，为建设更美好的中国城市提供一些理论与经验支撑。当时我就有一种憧憬，希望我国城市经过一段时间的探索和实践，能够赶上甚至超过国外的优秀城市，由经验的学习者变成经验的提供者，让中国经验走向世界。令人兴奋的是，改革开放以来，随着经济社会的发展，人们对传统文化的传承以及对城市发展规律的认识不断深入，中国城市陆续借鉴先进理念和经验，结合本地自然地理和历史文化，在中国大地上广泛展开了建设更加美好城市的创新实践，取得了一系列惊人成就，正在走出一条中国特色的生态城市与绿色交通发展之路，在人类城市发展进程中写下了浓墨重彩的一笔。在创新发展的实践中，一批优秀的中国城市系统工程思想日益深入人心，城市规划建设品位不断提升，生态城市绿色交通实践硕果累累。正是在这样的背景下，我产生了撰写《生态城市与绿色交通：中国经验》的冲动。

正如党的二十大报告中所说：中国式现代化是人口规模巨大的现代化，是全体人民共同富裕的现代化，是物质文明和精神文明相协调的现代化，是人与自然和谐共生的现代化，是走和平发展道路的现代化。我国土地资源、水资源、能源相对缺乏，在有限的适宜居住空间里人口总量和人口密度大，生态环境相对脆弱。与此同时，我们也有厚重的历史积淀和宝贵的文化遗产需要传承与发扬。因此，中国生态城市与绿色交通建设要充分考虑我国的发展环境条件，全面体现中国式现代化的特色和内涵，满足人民群众的美好生活需要，目标是建设绿色、智慧、人文、宜居、创新、韧性的未来城市。具体来说，就是要实现土地使用的节约集约、居民出行的便捷高效、资源环境的节能减排、出行服务的世界一流，以及传统文化的传承发展、治理能力的不断提升、良好人才成长环境的精心营造、安全可靠且富有韧性的智慧城市。实现上述目标的关键是交通与土地使用的深度融合，构建绿色

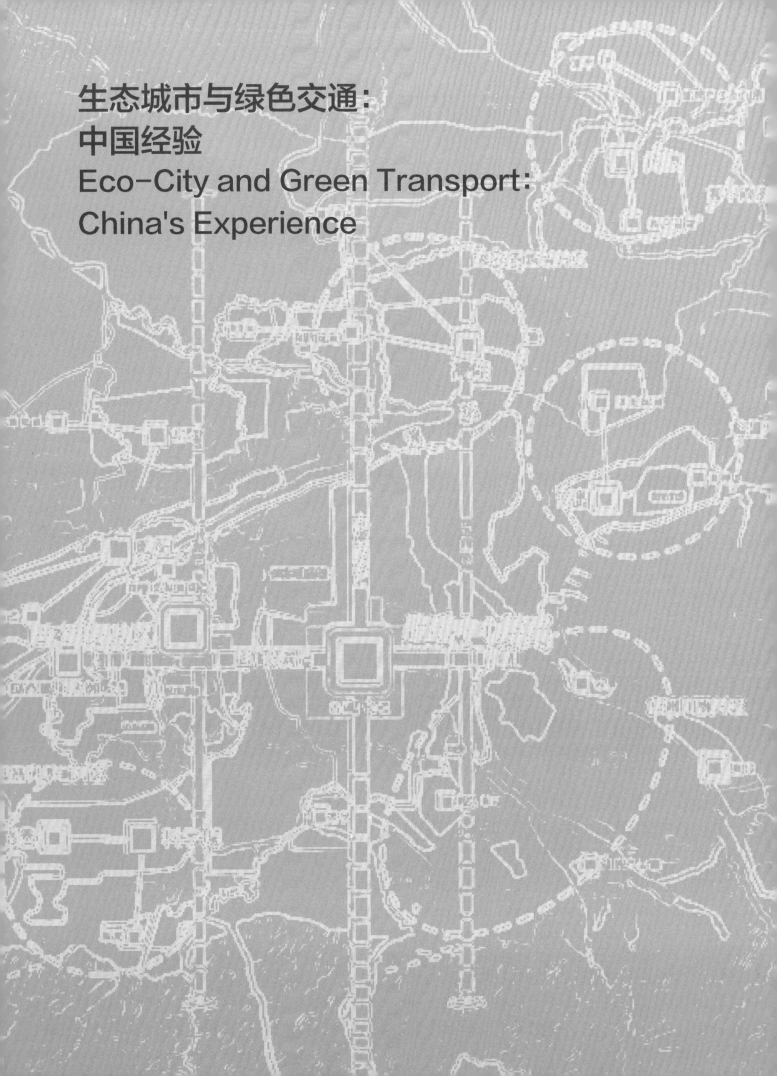

生态城市与绿色交通：
中国经验
Eco-City and Green Transport:
China's Experience

交通主导的综合交通体系，通过智能化等手段提高交通基础设施的使用效率，实施科学的停车供给和智能管理，培养出行者良好的交通行为习惯和营造交通文明氛围等，尤其是形成合理的城市结构与用地形态，促进职住均衡和混合土地使用模式，科学构建 5 分钟、10分钟和 15 分钟生活圈以改变交通需求特性等，这些同时也是实现城市高质量发展的关键。

习近平总书记指出，要"坚持人民城市人民建、人民城市为人民，提高城市规划、建设、治理水平"。为此，增强市民的幸福感、归属感和安全感，以及不断满足市民多样化的需求是城市建设者们的努力方向。

本书正是从生态城市与绿色交通发展的上述关键出发，以优秀城市案例为对象，较为系统和深入地分析、凝练了生态城市与绿色交通发展的中国经验和优秀案例，帮助大家更加深刻地认识中国在生态城市与绿色交通领域已经发生和正在发生的巨大变革，进而思考和探索未来中国城市和交通系统发展路径，走出一条城市高质量发展的中国之路。

本书的优秀城市案例剖析总体架构是首先介绍城市的基本特点、城市结构与土地使用、城市综合交通系统的发展状态；在此基础上对生态城市与绿色交通的探索过程和工程实践进行较为系统的分析凝练。由于不同城市有不同的发展条件、传统习惯和发展重点，本书并未拘泥于优秀城市选取的内容和结构的完全整齐划一，恰恰相反，而是突出了不同城市的特点、亮点及其探索实践的过程分析，以期使读者能够得到更多、更深的启发和思考。也就是说，突出城市特色和亮点、总结不同城市独特的发展经验是本书的重要特点。

从《生态城市与绿色交通：国际经验》一书的撰写到现在，刚好经过了大约 10 年时间，很多团队成员经历了从学生到教授、从城市和交通领域的新兵到成熟的研究者和规划设计部门学术带头人的转变。众多研究者的经验和历练，以及我国生态城市与绿色交通的创新探索和成功实践，为《生态城市与绿色交通：中国经验》的撰写提供了丰富的营养和资料，也是本书得以完成的前提条件。非常感谢参与本书撰写的各位教授、院长和城市科学研究者（书后附有参加执笔的全部作者的简介）。这些执笔者在繁忙的工作中抽出自己的宝贵时间，怀着对我国城市无比热爱的心情以及高度的社会责任感与历史责任感积极参与本书撰写，他们严谨求实、细心考证、认真凝练和总结，共同完成了这本对实现城市高质量发展具有参考和借鉴意义的作品。同时，也非常感谢对本书提供各种支持的各位朋友和同仁，对大家的支持深表谢意。

希望本书能够成为孜孜不倦思考、探索生态城市与绿色交通的管理者、研究者、规划设计者、建设者和高等院校广大师生有价值的参考资料和教学参考书，期待读者能够从本书中得到启发和借鉴。

陆化普

2024 年 1 月于清华大学

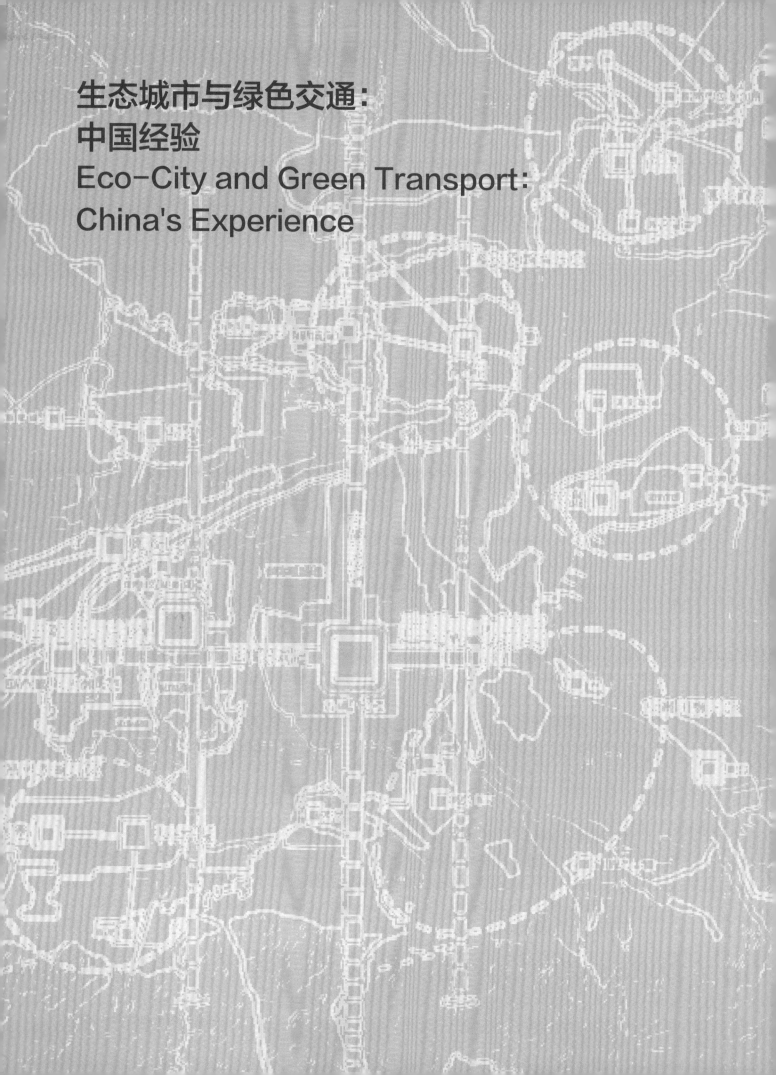

生态城市与绿色交通：
中国经验
Eco-City and Green Transport:
China's Experience

CONTENTS
目录

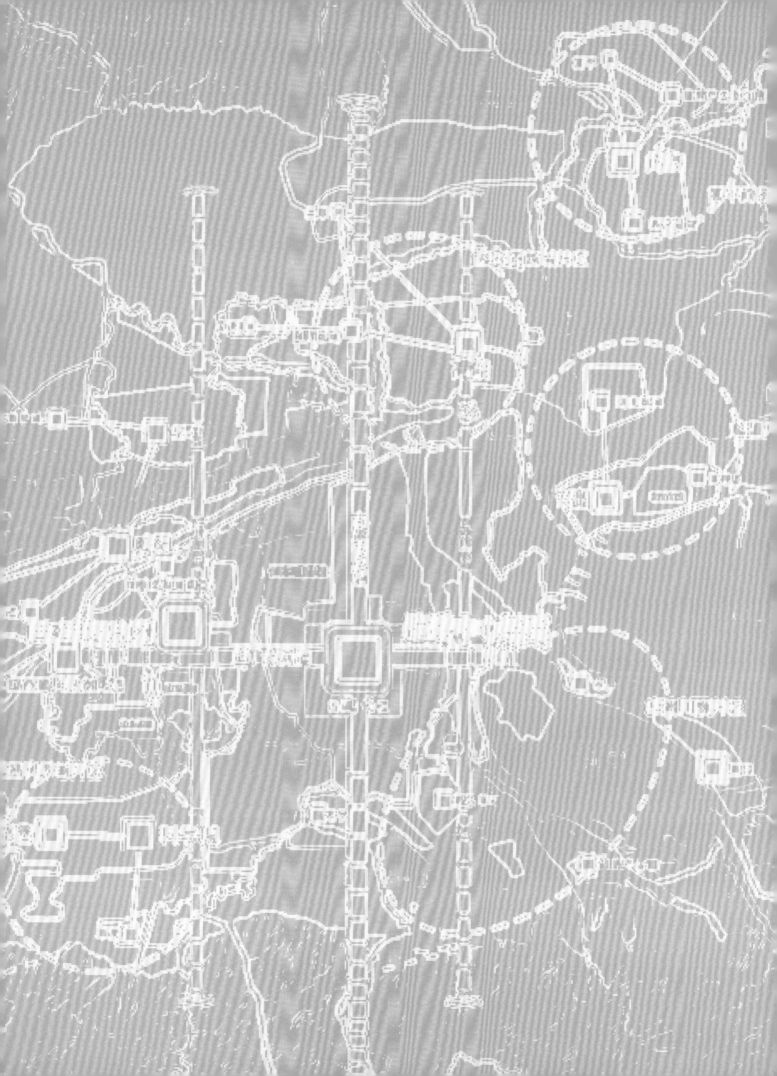

北京

传统与现代交相辉映的大国首都

一、城市特点

北京市，简称"京"，是中华人民共和国的首都、直辖市、国家中心城市、超大城市，是全国政治中心、文化中心、国际交往中心和科技创新中心，同时也是中国历史文化名城和古都之一。

北京依山近海，形势雄伟，诚如古人所言"幽州之地，左环沧海，右拥太行，北枕居庸，南襟河济，诚天府之国"。

北京市共辖 16 个市辖区，分别是东城区、西城区、朝阳区、丰台区、石景山区、海淀区、顺义区、通州区、大兴区、房山区、门头沟区、昌平区、平谷区、密云区、怀柔区、延庆区。

2020 年，北京市常住人口 2189 万，城镇化率 87.5%。市区面积 16410km²，市区人口密度 1334 人 /km²。中心城区面积 1378km²，中心城区人口密度 7974 人 /km²。

二、土地利用与城市结构

北京市深入贯彻生态文明理念，坚持减量发展，科学配置土地资源总量规模，重塑耕地保护空间，引领国土空间格局重组优化，积极转变土地利用方式，城市高质量发展水平进一步提升。在城市用地和规划方面，强化"一核一主一副、两轴多点一区"城市空间结构的圈层统筹，供地指标在中心城区的供应比例总体保持稳定，重点向城市副中心和多点地区倾斜，形成中心城区非首都功能疏解，城市副中心和外围新城梯次承接且分工协作的空间联动体系。同时，继续加强南部地区的用地供应支撑保障，发挥重大功能性项目带动作用，引导重大项目优先向城南布局、优质资源要素向城南流动，支持实施新一轮城市南部地区高质量发展行动计划。

为推动京津冀协同发展，构建以首都为核心的世界级城市群，京津冀区域空间格局按照"功能互补、区域联动、轴向集聚、节点支撑"的思路，以"一核"（北京）、"双城"（北京、天津）、"三轴"（京津、京保石、京唐秦通道）、"四区"（中部核心功能区、东部滨海发展区、南部功能拓展区、西北部生态涵养区）、"多节点"（石家庄、唐山、保定、邯郸等）为骨架，推动疏解非首都功能，构建以重要城市为支点，以战略性功能平台为载体，以交通干线、生态廊道为纽带的网络型空间格局（图 1）。

为落实城市战略定位、疏解非首都功能、促进京津冀协同发展，北京市充分考虑延续古都历史格局、治理"大城市病"的现实需要和面向未来的可持续发展，着眼打造以首都为核心的世界级城市群，完善城市体系，在北京市域范围内正在形成"一核一主一副、两轴多点一区"的城市空间结构，着力改变单中心集聚的发展模式，构建北京新的城市发展格局（图 2）。

"一核"指总面积约 92.5km² 的首都功能核心区。"一主"指中心城区，即城六区。"一副"指北京城市副中心，总面积约 155km²。"两轴"指中轴线及其延长线、长安街及其延长线。其中，中轴线及其延长线为传统中轴线及其南北

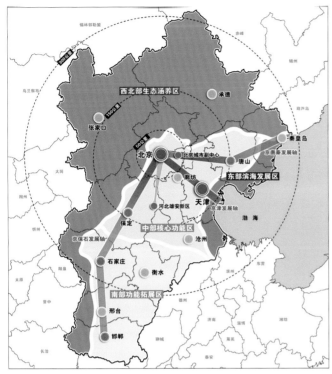

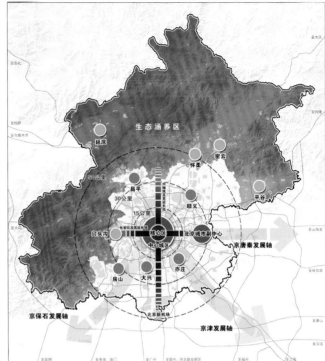

图 1 京津冀区域空间格局   图 2 北京市市域空间结构

向延伸，传统中轴线南起永定门，北至钟鼓楼，长约 7.8km，向北延伸至燕山山脉，向南延伸至北京大兴国际机场、永定河水系，长安街及其延长线以天安门广场为中心东西向延伸，其中复兴门到建国门之间长约 7km，向西延伸至首钢地区、永定河水系、西山山脉，向东延伸至北京城市副中心和北运河、潮白河水系。"多点"包括顺义、大兴、亦庄、昌平、房山 5 个位于平原地区的新城，是承接中心城区适宜功能和人口疏解的重点地区，也是推进京津冀协同发展的重要区域。"一区"指生态涵养区，包括门头沟区、平谷区、怀柔区、密云区、延庆区，以及昌平区和房山区的山区，是京津冀协同发展格局中西北部生态涵养区的重要组成部分，是北京的"大氧吧"、保障首都可持续发展的关键区域。

三、机动化与交通结构特征

《2021 年北京交通发展年度报告》显示，截至 2020 年年底，北京市机动车保有量为 657 万辆，较上年增长 3.2%（图 3），全市私人小微型客车保有量为473 万辆。受小客车指标调控政策影响，私人小微型客车保有量保持稳定增速，较上年增加 6 万辆，增长 1.3%，中心城区私人小微型客车保有量约 237.4 万辆（按人口比例推算），市区私人小微型客车千人拥有量为 216 辆，高于全国平均水平（193 辆）。自 2021 年起，北京市在原有摇号基础上增加了以"无车家庭"为单位摇号和排序指标的配置方式，优先解决"无车家庭"群体的拥车需求（图 4）。

2020 年北京市私人小汽车平均出车率为 47.5%，工作日的日均出行次数高于节假日，其中工作日日均出行次数 3.05 次 / 车，较上年减少 0.31 次 / 车；节

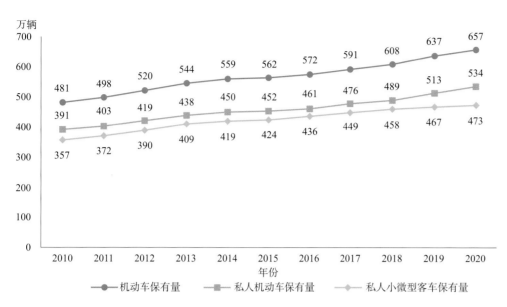

图3 北京市机动车保有量变化情况

图4 北京市机动车增长率变化情况

图5 2013~2020年北京市新能源客车保有量变化

假日日均出行次数 2.99 次 / 车，较上年减少 0.29 次 / 车。每日平均单程通勤时间为 47min。

截至 2020 年年底，北京市新能源车保有量为 411633 辆，其中新能源客车保有量为 388897 辆，较上年增长 26.6%（图 5）。

2020 年，北京市中心城区工作日出行总量为 3619 万人次，同比下降 8.5%，其中步行、小汽车、自行车三者出行量最大，分别占 31.17%、24.34%、15.47%。2020 年中心城区绿色出行比例达 73.1%，同比下降 1 个百分点，其中轨道交通占比 14.67%、公共汽（电）车占比 11.69%、自行车占比 15.47%、步行占比 31.17%（表 1）。

2020 年北京市中心城区工作日出行交通方式分担率一览表		表 1
交通方式	出行次数（万人次）	占比（%）
轨道交通	531	14.67
公共汽（电）车	423	11.69
小汽车	881	24.34
出租车	69	1.91
自行车	560	15.47
步行	1128	31.17
其他	27	0.75
总计	3619	100.00

由于城市规模、空间尺度较大以及人口和岗位分布存在不均衡性，北京市中心城区通勤交通一直呈现较长的出行距离。根据《中国主要城市通勤报告》，2021 年北京市中心城区单程平均通勤距离为 11.3km，其中 5km 范围内通勤人口占比为 36%，5~10km 通勤人口占比为 21%，10~15km 通勤人口占比为 15%，大于 15km 的通勤人口接近 30%（图 6）。

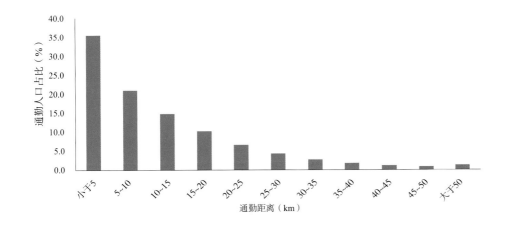

图 6　2021 年北京市中心城区通勤人口通勤距离分布

四、公共交通系统

2018 年 12 月，北京市被交通运输部授予"国家公交都市建设示范城市"称号。截至 2020 年年底，北京市全市地铁运营线路达 24 条，运营里程 727km，全线网地铁车站 428 座，运营车辆 6736 辆；公共汽（电）车线路总数为 1207 条，运营线路长度 28418km，运营车辆 23948 辆，施划公交专用道里程 1005 车道公里，轨道交通和地面公交已成为北京市民通勤和日常出行的重要保障。

1. 绿色城轨

北京轨道交通绿色低碳发展行动方案统筹铺画构建北京轨道交通"1-N-3-1"格局。其中，"1"指绿色城轨发展"一张蓝图"。"N"指构建低碳规划建造体系、低碳运营组织体系、低碳技术装备体系、低碳绿色能源体系、低碳能源管理体系等"N项绿色低碳应用体系"；重点研发推广绿色运营技术、装配式建造、绿色智能列车、柔性直流供电、大空间空调通风一体化、分布式光伏发电等"N项绿色低碳关键技术"。"3"指精心打造覆盖新建、改造、运营线路的绿色星级线路、车站、场段（TOD）"三类绿色样板试点"。"1"是建立统一北京绿色轨道交通建设与运营技术标准的"一套绿色轨道交通标准体系"，实现北京轨道交通"双碳"目标，建成具有北京特色的绿色轨道交通。

2020 年 12 月，北京市确定了首批 71 个轨道微中心，覆盖朝阳、通州、海淀、丰台、石景山等 14 个区、28 条线路。结合轨道微中心建设和城市更新改造工作，将居住、就业和公共设施等相对集中于轨道交通枢纽和站点周围，并配合土地混合使用和宜人的步行环境设计，营造出人性化的就业、居住空间，实现 15 分钟生活圈，打造低碳生活模式。

2. 绿色公交

北京市持续推动绿色公交发展。一方面，加速老旧公交车辆淘汰工作，国 Ⅳ 及以下排放标准柴油车辆全部淘汰；另一方面，推进公交车辆更新。2012~2021 年，购置更新公交车 22899 辆，清洁能源和新能源公交车占比达到 91.7%，为首都空气质量改善作出了积极贡献。

3. 快速公交（BRT）

北京市有 4 条快速公交线路（图 7）。其中，北京快速公交 1 号线是中国大陆第一条封闭式快速公交线路，由德茂庄站至前门站，贯穿南中轴线，是南城居民进出城的主干线路。北京快速公交 2 号线全长 15km，横跨东二环至东五环

图 7　北京市 BRT 公交站

线路类型	服务模式	线路举例说明
商务班车	采用一人一座、一站直达、优质优价的服务方式，网上提前预订缴费，满足上班族早晚通勤出行需求	管庄—国贸：方便远洋一方及周边小区到国贸地区的上班族通勤需求
快速直达专线	采取直达或大站快车运营方式，乘客无须提前进行预定，在指定时间站点乘车，满足乘客快速通勤的需求	快速直达专线1：连接通州和大兴亦庄，方便乘客快速通勤
节假日专线	在各节假日期间运营，使用旅游版公交车，采取大站直达的方式提供优质优价的多样化公交服务，进一步方便乘客到远郊区热门景点游玩	东直门—古北：东直门外942路公交场站水镇线路发车至密云古北水镇，满足乘客远途京郊游的出行需求
高铁专线	满足高铁旅客晚间到京后去往大型居住区的交通出行需求	北京南站—三元桥：解决北京南站晚间到京旅客去往三环沿线及通州地区的交通出行需求
就医专线	缓解大型医院周边交通拥堵，满足特殊人群的就医出行需求	儿研所（首都儿科研究所附属儿童医院）就医专线：朝阳门—儿研所—建国门循环运行线路，满足乘客带小孩就医出行需求
合乘定制公交	针对高铁站夜间大客流疏散，整合具有相同出行方向、相近出行时间的乘客需求，按照"线上预约、合乘出行"的理念，向夜间出站旅客提供定制化、"准门到门"的公交出行服务	以火车站为始发站，根据实时客流需求，预约征集目的地，重点服务五环路以内区域、城市副中心以及大型社区等
夜班线	参照常规公交的运营组织模式，采取定点发车、准点到站的服务方式，向夜间出行市民提供的公交出行服务	夜1：老山公交场站至四惠枢纽站，满足长安街沿线市民夜间生活类公交出行需求

路，与北京地铁2号线和北京地铁10号线相衔接，它的开通可以连接北京旧城、商务中心区、定福庄以及沿线其他办公、商业、居住区，是市区东部一条高强度的公共交通客运走廊。北京快速公交3号线全长23km，从宏福苑小区西站到安定门站，是市区北部一条高强度的公共交通客运走廊。北京快速公交4号线全长25km，连接门头沟、城市中心区以及沿线其他办公、商业、居住区，是市区西部一条高强度的公共交通客运走廊。

4. 多元化公交服务

在网络化运营公交线路满足市民基本出行的基础上，为适应市民通勤、旅游、就医、通学等差异化出行需求，多年来陆续开通了商务班车、快速直达专线、节假日专线、高铁专线、就医专线、合乘定制公交等（表2）。截至2020年年底，北京市多元化公交线路达495条，地面公交在中心城区范围内和周边部分大型社区已基本实现全天候运营服务。

五、特色交通模式

1. 区域交通一体化

自京津冀协同发展战略实施以来，"轨道上的京津冀"初步形成并不断发挥作用，以干线铁路和城际铁路为主骨架的多层级轨道交通网络也已初具规模。

市域（郊）铁路是北京市多层次轨道交通功能体系的重要组成部分（图8），是区域快线的一种形式，主要利用现有及规划铁路资源，服务中心城区、城市副中心与新城和跨界城市组团的快速通勤联系及旅游交通出行，带动沿线发展。根据《北京市域（郊）铁路功能布局规划（2020年—2035年）》，规划线路共12条，分为14个规划项目，共874km。其中，通勤线路共9条（段），总长约627km，提供早晚高峰时段公交化服务；旅游线路共5条线（段），总长约247km，重点提供生态涵养区城镇组团与旅游景区的交通出行服务。

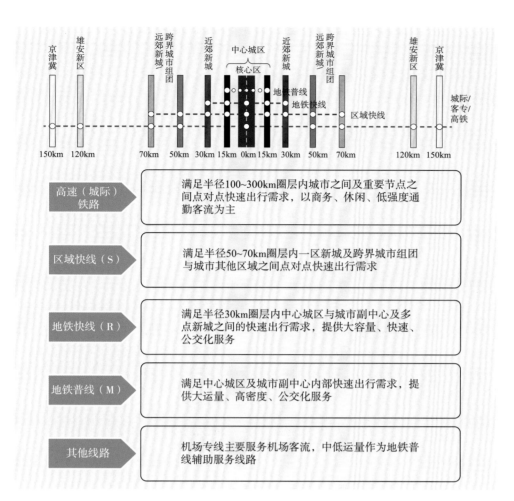

图8 北京市多层次轨道交通线网

北京公交总计有跨京冀运营线路38条，分别开往河北廊坊北三县、霸州市、固安县、涿州市、兴隆县、怀来县沙城镇等地，满足环京地区居民日常和通勤需求。在此基础上，构建环京地区定制快巴通勤服务网络，实现北三县跨区域通勤客运先行先试，燕郊至国贸平均通勤时间从85min缩短至54min，进入北京市"1小时通勤圈"。

区域一体化运输服务品质不断提升。随着京津冀交通一卡通推广使用，在京津冀三地公交、地铁实现一卡通行。截至2020年年底，三地已发卡700余万张，与全国288座城市互联互通。三地空间上的"一体化"已变成时间上的"同城化"。同时，运营模式不断创新，提高出行便利化程度。

2. 高级别自动驾驶示范区

2020年9月，北京以经济开发区为核心启动建设全球首个网联云控式高级别自动驾驶示范区，开展"车、路、云、网、图"五大体系建设。截至2022年，示范区已完成2.0阶段建设，经济开发区建成329个智能网联标准路口，双向750km城市道路和10km高速公路实现"车路云"一体化功能覆盖。

2021年4月，北京市依托高级别自动驾驶示范区，率先在国内设立首个智能网联汽车政策先行区，率先启动自动驾驶出行服务商业化、自动驾驶汽车高速公路测试以及相关示范运营与商业化试点等。常态化开展测试和商业化服务的各类高级别自动驾驶车辆已近400辆，累计自动驾驶测试里程超700万km（图9）。

图 9　北京市自动驾驶车辆

随着各类应用场景加速落地，自动驾驶与百姓生活更加贴近。示范区内自动驾驶出租车、无人零售、无人配送、智能网联客运、干线物流等 8 类应用场景协同发展。其中，百度、小马智行开展的自动驾驶出行服务已成为经济开发区居民的日常出行方式，累计服务订单超 70 万个，乘客满意率达 95% 以上；新石器公司投入无人餐车百余辆，实现一日三餐"送"上门；京东、美团投入无人配送车 60 余辆，在经济开发区内部已实现部分路线的自动驾驶快递与生鲜配送，初步打通商业模式。

3. 北京 MaaS 服务平台

2019 年 11 月 4 日，北京市交通委员会与阿里巴巴旗下高德地图签订战略合作框架协议，共同启动了北京交通绿色出行一体化服务平台（简称北京 MaaS 平台），为市民提供整合多种交通方式的一体化、全流程的智慧出行服务。北京 Mass 平台是国内首个绿色出行一站式服务平台，同时也是国际上首个超千万级用户的 MaaS 服务平台。

北京 MaaS 平台整合了常规公交、地铁、市郊铁路、步行、骑行、网约车、航空、铁路、长途大巴、自驾等全品类的交通出行服务，能够为市民提供行前智慧决策、行中全程引导、行后绿色激励等全流程、一站式、"门到门"的出行智能诱导以及城际出行全过程规划服务。通过这个平台基本可以解决市民的日常出行服务问题。在出行前，市民通过北京 MaaS 平台可以获取非常全面的出行信息，如路上堵不堵、几点最顺畅、公交有什么线路、地铁挤不挤、步行远不远、打车贵不贵等，从而做出最佳的出行计划。该平台还为公交用户提供了"地铁优先、步行少、换乘少、时间短"等多种出行规划建议，市民横向滑动即可切换不同的偏好选择。在出行过程中，北京 MaaS 平台开创性地引入了"公交 / 地铁乘车伴随卡"，将路线规划、步行导航、换乘引导、下车提醒等服务直观地呈现在使用者面前，还会根据用户的位置实时展示其正在乘坐哪条线路，还有几站换乘、剩余时间等。当用户即将到达目的地或者需要换乘时，还能贴心地提供"下车提醒"功能，为市民提供"门到门"的无缝出行引导服务。北京 MaaS 平台还通过北京交通行业大数据平台接入了众多权威的交通动态数据，上线实时公交、

图 10　北京 MaaS 平台

地铁拥挤度等服务。实时公交已覆盖全市超过 95% 的公交线路，实时信息匹配准确率超过 97%，全市所有地铁站点的拥挤情况也可实时在线查询。北京市民通过最新版高德地图（图 10），就可以直观、便捷地查看公交车的实时位置，掌握车辆还有几站以及几分钟到达，避免焦急等待，极大地提升了绿色出行体验。

在北京 MaaS 平台框架下，2020 年 9 月，北京市交通委员会、北京市生态环境局联合高德地图、百度地图共同启动"MaaS 出行 绿动全城"行动，推出绿色出行碳普惠激励措施，为国内首次以碳普惠方式鼓励市民全方式参与绿色出行，完成全球首笔涵盖多种绿色出行方式的碳交易。市民通过平台注册个人碳能量账户，选择骑行导航、步行导航或公交、轨道交通方式出行，均可获得相应碳减排能量，兑换公共交通优惠券等多样化礼品。目前，北京 MaaS 平台用户超过 3000 万人，日均服务 630 万人次绿色出行，"MaaS 出行 绿动全城"活动累计碳减排量超过 22 万 t。

六、慢行交通系统建设

北京城市街道两侧曾普遍设有人行道和自行车道，并曾以此支撑起了历史上的"自行车王国"。过去 40 年，伴随着城市机动化进程，北京市慢行交通经历了主导（1993 年以前）、衰减（1993~2004 年）、衰减减缓（2004~2012 年）、回升（2012 年至今）四个阶段的发展。

近年来，北京市坚持"慢行优先、公交优先、绿色优先"交通发展理念，从"以车为本"向"以人为本"转变，大力倡导和推进慢行系统建设，慢行交通取得了突破性进展。数据显示，北京市民慢行出行意愿持续提升，自行车年骑行量由 2017 年的 0.5 亿次（公共自行车）提升至 2021 年的 9.5 亿次（共享单车），自行车出行已回归城市。2021 年，中心城区慢行交通出行比例达 47.8%，创近 10 年来新高。同时，发布《步行和自行车交通环境规划设计标准》，出台《北京市城市慢行交通品质提升工作方案》，制定《关于规范道路停车位规划施划工作流程的通知》《关于保障慢行优先规范道路停车位设置条件的通知》，编制《北京市慢行系统规划（2020—2035 年）》（表 3）、《北京市"十四五"时期慢行交通品质提升规划》等，明确慢行系统未来发展定位，不断提升城市的通透性，改善微循环。

《北京市慢行系统规划（2020—2035 年）》规划指标　　表 3

出行比例			骑行量	路权保障		环境品质	
步行出行比例（%）	自行车出行比例（%）	5km 内慢行出行比例（%）	自行车骑行量（万次/d）	人行道有效宽度达标率（%）	自行车道有效宽度达标率（%）	人行道/自行车道绿化遮阴率（%）	慢行环境满意度（%）
≥30	≥12.6	≥75	≥900	≥80	≥80	≥90	≥80

1. 慢行交通网络

北京市致力于构建多层次、特色化、连续、开放的网络系统，形成"一主、两辅、四特色"的慢行交通网络。其中，"一主"为依托城市道路规划建设的人行道和自行车道，是慢行系统的主体网；"两辅"主要包括等外道路网（未达到技术标准的道路网）和街坊路网，通过设置街坊路增加慢行路网密度；"四特色"主要包括绿道网、滨水慢行网、历史文化特色路网以及慢行专用路网（主要包括步行街和自行车专用路）。

北京市于 2012 年提出了健康绿道试点，于 2013 年正式提出绿道建设方案并审议通过。绿道网主要依托各类公共开敞空间、河渠两侧、开放式公园及绿地、景观绿带、铁路两侧绿带等设置。北京市已建成各类绿道共计 103 条，百度地图上线 11 条经典绿道路线，分别为温榆河绿道、环二环绿道、后海绿道、通惠河排干渠绿道、凉水河绿道、北运河绿道、南沙河滨水绿廊、新凤河绿道、42km 绿道、"三山五园"绿道和运潮减河绿道。

滨水慢行网是以滨水空间为基底，由人行道和自行车道组成的线性廊道，与城市道路网络互联互通，具有通勤、休闲、健身、观光等多种功能。

北京市致力于充分利用城市空间资源，将城市道路、绿道和滨水慢行路的节点打通，形成三网融合的慢行系统，发挥各自功能特点，实现功能互补、综合提升，满足慢行多元化出行需求。

胡同是北京的一张名片，也是北京历史文化特色路网的主要组成部分。胡同的尺度非常适宜慢行交通，除了交通功能以外，还有展示城市文化、街巷肌理、老城风貌的功能。

慢行专用路网包括步行街和自行车专用路，在商业、文娱活动聚集之处规划建设步行街，提升街道活力，为市民创造高品质的交通流与交往空间。北京市步行街有王府井大街、前门大街、什刹海、南锣鼓巷、烟袋斜街、三里屯酒吧街等。

2019 年 5 月，北京市开通国内首条自行车专用路（图 11），全长 6.5km，其中全封闭路段 5.46km。自行车专用路全年骑行量已突破 185 万辆次，提升回龙观至上地的通勤出行效率，培养了一批通勤"铁粉"。这条专用路还将东拓、南展，继续延伸。

配合自行车专用路的开通，北京市交通管理部门还发布了这条路专用的"交规"。其中，明确禁止行人、电动自行车及其他车辆进入。在起终点回龙观和西三旗，以及每个专用路的出入口还专门辟出了停放自行车的区域，里面安装的全部是立体双层自行车架。专用路沿线的立体停车架可提供 4900个自行车停车位，其中位于地铁站口附近的停车架既可以服务自行车专用路，还能惠及前往回龙观、龙泽两座地铁站的上班族。

图 11　北京市自行车专用路

2. 慢行示范街区

从 2020 年开始，交通部门立足北京市当前慢行交通发展现状水平，借鉴哥本哈根、伦敦等国际城市先进经验，构建以出行效果为导向的慢行交通服务评价考核体系，逐年推进慢行系统整治工作，慢行系统建设形成良性工作闭环。自然资源保护协会（NRDC）发布的《2021 中国城市步行友好性评价——步行设施改善状况研究》对国内 45 座城市近年街道步行设施改善情况进行评价，北京市总分排名第一。在机非隔离设施、步行道无长期占道、有过街设施等单项指标中，北京市名列前茅。

为鼓励群众步行或骑行出行，北京市不断提升城市慢行交通出行品质，2020 年开始打造东城区王府井区域、石景山区保险产业园示范区、亦庄新城示范区、西城区金融街科技新区示范、朝阳区 CBD 区域、望京区域、海淀区中关村西区、丰台区汽车博物馆—诺德区域、通州区梨园永顺示范区九大慢行示范街区，净化慢行空间，建设口袋公园，营造休憩空间。各有特色的慢行系统示范区遍布北京全市。

东城区王府井地区是展示首都文化和经济发展风貌的一张名片，慢行条件基础较好。2018 年，东城区对王府井街区开展停车治理，推行停车共享。2019 年 8 月底，王府井大街两侧 15 条道路和胡同全部实现了地面无停车，成为北京市第一个地面禁停街区。2020 年，该地区结合北京新版城市总体规划要求，通过拓宽非机动车道、压缩机动车道、保障骑行和步行路权、增设智慧交通系统缓解交通堵塞等多种方式提升慢行体验。目前，该地区形成 3 条串联文化景观和知名场所的"健步悦骑"游览路线，让经典步行街区更具魅力。

位于北京市西部的石景山区加紧打造"最美慢行系统示范区"。该区保险产业园慢行系统形成集滨水绿道、园林步道、园区便道、空中廊道的"四道融合"体系。其中，滨水绿道采用防腐木及钢板护栏保障行人安全，平铺整齐的石材地面满足行人漫步需求（图 12）；园林步道纵横交错的园路方便行人观赏公园景

图 12　北京市石景山永引渠北滨水绿廊

色，以胶粘石搭配夜光骨料石，在满足使用功能的同时提供浪漫、有趣的氛围；园区便道采用石材铺装，衔接园区内各地块出入口，规范化的盲道满足无障碍通行需求；空中廊道串联园区内各地块，总长约780m，平均宽度约3m，打造一条位于空中的通行廊道，一方面解决车辆干扰问题，保障行人安全通行，另一方面，独特的观赏点位和开阔的视野使行人能全方位、多角度地欣赏园区景观。除了构建安全、连续的慢行路线，还规划有长1.5km的全封闭儿童平衡车赛道和长3km夜间慢跑路线，促进人居环境和生态景观的双提升。

"人在路上走，宛若画中游"是亦庄新城慢行示范区慢行系统的一大特色，示范区慢行道林荫覆盖率高，机非隔离带多采用绿化形式。红色的自行车道、小块方砖铺成的步行道均通过绿荫分隔，通行其间仿佛置身郊野公园。在天宝北街重新铺油的道路两侧，自行车"红毯"向前延伸，经过公交站时采取后绕式处理，避免车流交织。亦庄新城彩铺非机动车道154km，拥有全市规模最大的彩色铺装慢行网络系统。此外，智慧科技是亦庄慢行系统另一张名片。在通明湖公园跑道旁边，人脸识别设备可以向跑步、散步的市民提供自动计步数服务。即将建设的轻轨公园在未来可以实现对自行车骑行量的计量，加强骑行互动感和参与感。

七、生态城市建设

近年来，北京多个生态精品项目荣获"中国人居环境范例奖"，全市基本实现了"城市园林化、郊区森林化、道路林荫化、庭院花园化"的发展目标。疏解非首都功能，实现减量发展、高质量发展是新时代首都发展的显著特征。近些年拆迁腾退出来的逾5200km²土地中有一半多用于"留白增绿"，并按照近自然、原生态、多物种、多功能的理念在中心城及核心区建成了多处城市森林公园，为市民带去夏日的清凉和都市楼宇中的森林美景。

北京市以强化城市生态基础设施为目标，紧抓奥运会、亚运会等重大历史机遇，沿城市中心区向周边延伸的道路两侧建设放射状绿地，沿四条环城道路两侧建设环状绿地，按照规划布局、功能需求建设点状分布的城市绿地。已初步建成了以城市公园、公共绿地、道路水系绿化带以及单位和居住区绿地为主，点、线、面、带、环相结合的城市绿地系统，形成了乔灌结合、花草并举，三季有花、四季常青，错落有致、景观优美的城市环境（表4）。

北京生态情况部分指标			表4
指标	2010年	2015年	2020年
全市污水处理率（%）	81.0	87.0	95.0
全市生活垃圾无害化处理率（%）	96.9	99.8	100
全市建成区绿化覆盖率（%）	45.0	48.0	48.9
全市森林覆盖率（%）	35.80	41.60	44.40
全区空气质量优良天数（d）	286	186	276
PM$_{2.5}$年均浓度值（μg/m³）	—	80.6	38.0

1. 森林覆盖率

近年来，北京市的森林覆盖率逐年上升，从 2010 年的 35.8% 增加至 2020 年的 44.4%（图 13）。2022 年 11 月 4 日，国家林业和草原局公布新一批 26 座"国家森林城市"名单，其中北京市石景山、门头沟、通州、怀柔、密云五个区被授予该称号（平谷和延庆已于 2018 年和 2019 年获得该称号）。

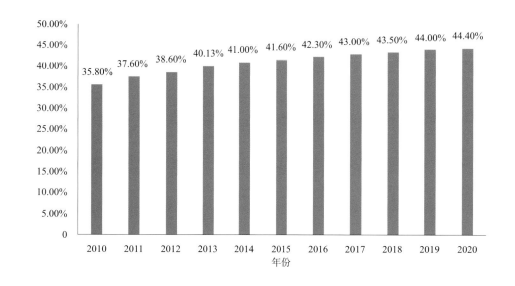

图 13　北京森林覆盖率历年变化

2012 年，"雾霾围城"让北京市委、市政府重新审视平原地区的生态服务价值。为扩大生态承载力，是年初，北京百万亩平原造林工程正式启动。仅用 4 年时间，全市就完成造林 105 万亩，植下乔木 5400 多万株，平原地区森林覆盖率从 2011 年的不到 15% 增加到 25% 以上，提高了 10 个百分点。2018 年，新一轮百万亩绿化造林工程启动，除了平原地区，此次绿化造林工程覆盖了中心城区、新城、浅山区等市域内的各类区域，利用腾退的镇村工业大院、违建钉子户、制造污染的工厂厂房等，让出宝贵的空间"留白增绿"。

2018 年，北京造林模式被联合国粮农组织作为"森林与可持续城市"的 15 个范例之一向全世界推介。现如今，外地游客乘坐飞机徐徐降落时，视野中除了道路、田野、市镇、村庄，还有镶嵌、环绕其中的大片郁郁葱葱的林地——"环城皆林也"，北京的第一印象由此诞生。

2. 生态涵养区

北京的生态涵养区包括门头沟区、平谷区、怀柔区、密云区、延庆区，以及房山区和昌平区的山区。它们是首都"大氧吧""大花园"，是北京的重要生态屏障和水源保护地，是保障首都可持续发展的关键区域。

密云水库位于北京市密云城北 13km 处，位于燕山群山丘陵之中，是首都北京最大也是唯一的饮用水源供应地。密云水库有两大入库河流，分别是白河和潮河。密云水库是亚洲最大的人工湖，有"燕山明珠"之称。围绕水库还有一条 110km 长的环湖公路。库区夏季平均气温低于市区 3℃，是一处避暑胜地。

雁栖湖位于北京市怀柔城北 8km 处的燕山脚下（图 14）。每年春、秋两季常有成群的大雁来湖中栖息，故而得名。整个旅游景区内植被覆盖率 90%。三

图 14　北京雁栖湖

面环山，形成天然屏障，湖区内无风沙侵袭，一年四季空气潮湿，大气质量一级。4月的雁栖湖是一年中最美的时候，湖边大片的湿地绿意盎然，桃花吐蕊、杏花雪白，雁栖塔倒映湖中，美不胜收。

十渡风景区位于北京市房山区西南，有中国北方唯一一处大规模喀斯特岩溶的地貌。拒马河穿境而过，所以空气相对湿度大，大气质量优良，空气质量属一级标准。空气中负氧离子含量高，有"天然氧仓、自然空调"之称。

3. 绿色双奥城

北京是第一座同时举办过冬奥会与夏奥会的"双奥之城"。北京2001年申办第29届夏季奥运会时提出"绿色奥运"理念，2008年成功举办绿色奥运盛会，2009年又转化为"绿色北京"战略并实施。近年来，北京推进绿色发展与绿色办奥，生态文明之花在京华大地绚丽绽放，成为北京一张新名片。

延庆赛区作为北京2022年冬奥会和冬残奥会三大赛区之一（图15），其核心区位于北京市延庆区燕山山脉军都山以南的海坨山区域，山高林密，风景秀丽，谷地幽深，地形复杂，建设用地狭促。这里集中建设了国家高山滑雪中心、国家雪车雪橇中心、延庆冬奥村、山地新闻中心以及大量配套基础设施，是极具体育、场地、生态和文化挑战性的冬奥赛区。赛后充分利用奥运遗产，将其打造为国际顶级的滑雪竞技中心，也是服务大众的冰雪休闲度假胜地。

北京冬奥公园位于石景山区西部、永定河沿岸，紧邻北京冬奥组委和首钢滑雪大跳台（图16）。公园分为北区、中区、南区三大部分，北部为郊野湿地区，中部为工业遗址景观区，南部为城市森林区。公园内形成冰雪森林、大桥公园、京华水韵等多种类型特色景观，并将周边的首钢厂区、滑雪大跳台、新首钢大桥等城市景观有机结合在一起，营造富有绿色活力的"城市森林"。未来北京冬奥公园还将继续围绕亲子娱乐、户外运动、自然教育，打造全年龄、全天候、全季节休闲健身公园，激发城市西部区域整体城市活力。

图 15　北京冬奥会延庆赛区

图 16　北京冬奥公园

八、城市文化与文明建设

新中国成立后，随着首都行政中心落位于北京老城，古都与首都在这里交汇融合，保护和发展成为首都建设的重要议题。1982 年，国务院公布了首批 24 座国家历史文化名城，北京位列其中。自此，名城保护有了法定身份，北京持续推动历史文化名城和文物保护利用工作，促进全国文化中心建设，不断取得积极进展。

1. 城市历史文化保护

作为历史古都、全国文化中心，北京有以中轴线为灵魂的壮美秩序、庄严格局，有从容大气、雍容华贵的古都气质；还有四合院、胡同、京腔京韵、老字号技艺构成的接地气的京味文化；更有百年的红色记忆，二百余处红色遗址、遗迹。北京市通过一系列扎实措施立足规划、系统整合，既"见树木"又"见森林"，让文物资源的历史真实性、风貌完整性、文化延续性有机融合，为城市历史景观保护交出了一份独具特色的北京答卷。

北京市域内长城总长573km，现存北京长城主要包括北齐和明两个历史时期的遗存，是万里长城的精华所在，不仅拥有中外闻名的八达岭长城，还有"天下第一雄关"居庸关、"万里长城独秀"慕田峪长城等。古往今来，长城的巍峨壮阔以及包含在其中的中国古代人民的建筑才能和军事谋略都让世人折服。

图17 北京中轴线

北京中轴线（图17）北起钟楼、南至永定门，长达7.8km，是世界现存最长的城市轴线，其形成和发展已历时700余年，营造依据则可上溯至周朝。建筑学家梁思成曾盛赞它是"全世界最长，也最伟大的南北中轴线""北京独有的壮美秩序就由这条中轴的建立而产生"。近年来，北京市非常重视对中轴线的保护工作，在功能疏解、古建修缮、街巷治理等方面持续发力，由"老城保护"替代"旧城改造"，百余项工程陆续启动，古都尽显芳华。

除了中轴线，崇雍大街是最能展现北京老城历史文化底蕴的空间次轴。崇雍大街是从雍和宫到崇文门的几条首尾相接、穿城而过的大街的统称，包括雍和宫大街、东四北大街、东四南大街、东单北大街、崇文门内大街等。崇雍大街北接地坛，南连天坛，也被称为"天地之街"。"古老的垂花门摇摇欲坠，院子里坑洼不平，下水道经常堵，厕所不敢冲。"曾几何时，对老北京胡同的全面升级改造是老百姓最期待的事。近几年来，随着雍和宫大街改造一、二期工程的推进，治拥堵、治违建，洗外墙、换门窗，古建修缮、下水改造，"留白增绿"、架线清理……现在，一条崇雍大街尽展千年古城的古朴韵味，曾经老旧的小区也化身为网红打卡点。在城市街道精细化治理上，打造出了"慢街素院、儒风禅韵、贤居雅巷、文旅客厅"的崇雍样本。

2. 城市特色文化建设

京味文化是北京特色的文化，在京味文化的发掘中，北京市提出要留住北京独特的城市记忆，弘扬北京市民的优秀品质，推动发展京味文化新形态。支持京剧、北京曲剧、京韵大鼓等发展，加强京味文学素材的挖掘和转化。通过中国戏曲文化周展现新风貌，在活动主场、园外专场专区和线上举办各类活动约400场。除看戏外，游客还可以通过丰富的展览，精彩的互动游戏，好玩好逛的文创、生活市集等多种形式深度体验戏曲文化（图18、图19）。

京腔京韵的"京片子"含蓄幽默，有大量歇后语、儿化音特点。以老舍命名的"老舍戏剧节"自2017年创办以来，就一直秉承着"呼唤戏剧文学精神"的办节宗旨，遵循"民众情感、人文关怀、民族语言、国际视野"的主题，精心策

图18　北京戏曲周活动现场

图19　《茶馆》剧照

划戏剧展演和文化活动，普及和推广戏剧艺术，力求打造一个兼具首都范、北京味、人民性、国际性的戏剧品牌。在这个平台上，曾上演过《茶馆》《天下第一楼》《家》《小井胡同》《二马》《独自温暖》《老舍赶集》《语文课》等众多京味话剧佳作。

北京文化志愿者队伍是2008年北京奥运会的文化遗产之一。依托共青团北京市委员会创建的"志愿北京"平台，北京市文化馆开发了"北京文化志愿者"服务平台，实名招募4.75万名志愿者，实现了经常化储备、规范化管理、常态化服务、品牌化培育和项目化配置，众多贴近民生、利于复制推广的品牌项目得到了社会各界认可。"西城大妈""朝阳群众""平安红""志愿蓝""柠檬黄"等社会群体充分发挥作用，为首都群防群治贡献力量。

九、城市亮点与经验借鉴

1. 超大城市"留白增绿"

北京作为一座世界超大型城市，在探索做到既快速发展又不吞噬宝贵的生态空间方面有着值得借鉴的经验。两轮百万亩造林工程，八年播绿，实现腾退还绿、疏解建绿、留白增绿、见缝插绿……疏解整治促提升专项行动拓展多元"增绿路径"，使北京在短时间内补齐了生态资源短板，这在全世界都是史无前例的，北京市政府对保障生态空间坚定决心也是十分难得。北京市持续扩大城区绿色空间，织补城市生态肌理，还绿于民、以绿惠民，让绿色成为首都的鲜明底色，也用"触手可及"的绿地点亮了百姓生活。"留白"培植更多的生态发展空间，"增绿"营造更多的绿色空间，既是治疗"大城市病"的良方，也是满足人民日益增长的美好生活需要的必要举措，更好地促进人与自然和谐共生。

2. 丰富的城市文化内涵

文化是一座城市的灵魂，北京的文化内涵在历史的进程中不断丰富。中轴线象征着北京壮美庄严、从容大气、雍容华贵的皇城文化与古都气质，胡同、四合院、京腔京韵记录了雅俗共赏、悠闲自在、接地气的京味文化，首钢滑雪大跳台、798艺术区展示着工业遗存与现代文化产业融合的创新文化，"双奥之城"彰显了中国式浪漫、唯美、热情、自信的奥运文化，冬奥公园、延庆赛区体现了绿色、低碳、可持续的奥运遗产文化，"西城大妈""朝阳群众""柠檬黄"记录了北京群防群治、热情参与的志愿者文化……这些都使北京成为世界最具魅力的城市之一。一直以来，北京将文化建设放在全局工作的突出位置，不仅在全国文化中心城市的坐标上，而且在世界城市文化乃至世界文化中心城市的坐标上定位自身的发展，以世界性和全球性战略视野定义自身发展目标，为更好地推进自身的文化建设、提高人民幸福感，一直不懈努力。文化建设与生态建设相辅相成，北京在丰富文化发展的过程中保护了生态环境，在传承文化的步履中提高了市民幸福感，实现了生态与发展的共赢。

3. 秉持可持续交通发展理念

可持续交通是实现健康、可持续发展的城市交通系统的必由之路。可持续交通在北京的实践主要体现在区域交通一体化、绿色优先、科技赋能、出行即服务等方面。在区域交通一体化方面，北京通过多层次轨道交通功能体系、跨市通勤公交、一卡通服务等构建一体化交通，为京津冀协同发展提供支撑。在绿色优先方面，多年来，北京始终秉承"慢行优先、公交优先、绿色优先"的发展理念，结合轨道交通站点，打造轨道微中心，实现15分钟生活圈，构筑低碳生活模式；推动车辆能源结构转型，新能源公交车占比已超过九成；建设慢行街区示范区，净化慢行空间，提高居民慢行出行体验；建成自行车专用道，为绿色出行奠定安全、便捷、舒心的基础。在科技赋能方面，自动驾驶车辆、自动驾驶公交车、无人餐车、无人配送车等让"人享其行、物畅其流"不断到达新境界，为交通可持续发展注入强劲动能。在出行即服务方面，通过提供多元化的定制公交服务及北京MaaS平台，为用户出行提供灵活、完整的体验。以互联互通、绿色低碳、高效便捷、弹性灵活的方式，为人员和货物的流动提供优质服务，北京对于可持续交通理念的实践值得其他城市借鉴。

4. 以人为本精细化治理

从完成大尺度"留白增绿"到老旧胡同整治，从慢行示范街区到自行车专用道建设，北京在城市规划、景观设计、交通规划等方面均彰显着以人为本的精细化治理理念。在北京，有环城绿带，还有郊野公园、口袋公园及小微绿地等，市民可以在滨水绿道漫步，享受慢行友好空间，在舒适的生活环境亲近自然，森林、花海、湖泊蓝绿交织，清新明亮。在北京，老旧小区经过精细化整治，优先改善人居环境，提升了居民生活品质，以前坑洼不平、电线如麻的胡同变得干净整齐、适老适小，既有历史文化传承，又有绿化美化，居民有足够的生活休闲空间，配套便民服务步行可达。在北京，人们可在自行车专用道上安全骑行，不必担心被庞大的机动车侵占路权，并实现和地铁的便捷换乘。对北京而言，千头万绪的事就是千家万户的事，各项工作总的出发点和落脚点都是要让人民获得幸福，以"绣花功夫"聚焦群众的操心事、烦心事，通过各种疏解整治提升工作不断提高城市精细化治理水平，为提高国际大都市治理能力和水平探索新路，北京经验值得借鉴。

图片来源：

首图　https：//www.bjnews.com.cn/detail/166628345814555.html

图 1　《北京城市总体规划（2016 年—2035 年）》

图 2　《北京城市总体规划（2016 年—2035 年）》

图 9　https：//www.apollo.auto/robotaxi

图 11　https：//www.xiaohongshu.com/explore/64a58ce600000000150305af?app_
platform=android&app_version=8.20.0&author_share=1&ignoreEngage= true&share_
from_user_hidden=true&type=normal&xhsshare=WeixinSession&appuid=5aab80534
eacab55a51f67d5&apptime=1704902885&wechatWid=097409554c8ead7067d168ef
2a6b9cb6&wechatOrigin=menu

图 12　https：//www.xiaohongshu.com/explore/64c8fc42000000000c035271?app_
platform=android&app_version=8.20.0&author_share=1&ignoreEngage=
true&share_from_user_hidden=true&type=normal&xhsshare=WeixinSession&app
uid=5aab80534eacab55a51f67d5&apptime=1704902446&wechatWid=097409554
c8ead7067d168ef2a6b9cb6&wechatOrigin=menu

图 14　https：//www.beijing.gov.cn/tsbj/sxym/202311/t20231103_3294204.html

图 15　https：//sports.sohu.com/a/717490889_120006290

图 16　http：k.sina.com.cn/article_5044281310_12ca99fde02001r7l3.html

图 17　https：//proapi.jingjiribao.cn/detail.html?id=499766

图 18　http：//whlyj.beijing.gov.cn/zwgk/xwzx/gzdt/202211/t20221101_2849200.html

图 19　https：//www.visitbeijing.com.cn/article/49FXGFiojWt

上海

具有世界影响力的国际大都市

一、城市特点

上海简称"沪"或"申"，位于中国华东地区，地处太平洋西岸，是直辖市、国家中心城市、超大城市、上海大都市圈核心城市，国务院批复确定的中国国际经济、金融、贸易、航运、科技创新中心，中国历史文化名城。上海市域面积 6833km^2，辖 16 个区。2022 年年末，上海市常住人口为 2476 万，常住人口城镇化率为 89.3%，市区人口密度为 8052 人 /km^2。

二、土地利用与城市结构

1. 1986 年版总体规划：改革开放以后的第一个城市总体规划（图 1）

20 世纪 80 年代，围绕"振兴上海"这一主题，上海市率先编制了改革开放以后全国第一个城市总体规划。规划明确了构建中心城、卫星城、郊县小城镇、农村集镇四个层次的城镇体系和浦东、浦西联动发展的空间格局，为浦东开发开放奠定了基础。

2. 2001 年版总体规划：建设"四个中心"和社会主义现代化国际大都市（图 2）

20 世纪 90 年代，邓小平南方谈话之后，随着社会主义市场经济体制的建立

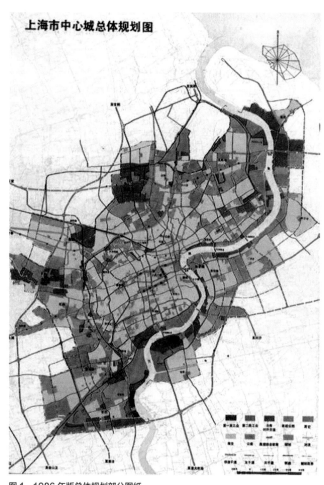

图1 1986 年版总体规划部分图纸

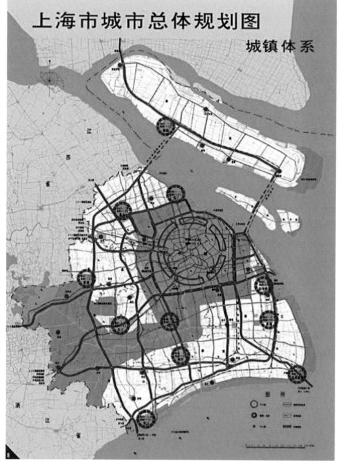

图2 2001 年版总体规划部分图纸

以及浦东的开发开放，上海着手开展新一轮城市总体规划编制工作。规划明确了上海建设国际经济、金融、贸易、航运"四个中心"和社会主义现代化国际大都市的战略目标，成为指导 21 世纪上海城市建设的纲领性文件。

3. 2017 年版总体规划：党的十九大之后国务院批复的第一个城市总体规划（图3）

规划形成网络化、多中心、组团式、集约型的市域空间格局，以生态基底为约束，以重要的交通廊道为骨架，以城镇圈促进城乡统筹，以生活圈构建生活网络，优化城乡体系，培育多中心公共活动体系，形成"一主、两轴、四翼，多廊、多核、多圈"的市域总体空间结构。

"一主、两轴、四翼"即主城区以中心城为主体，沿黄浦江、延安路一世纪大道两条发展轴引导核心功能集聚，并强化虹桥、川沙、宝山、闵行 4 个主城片区的支撑，共同打造全球城市核心区。

"多廊、多核、多圈"即基于区域开放格局，强化沿江、沿湾、沪宁、沪杭、沪湖等重点发展廊道，培育功能集聚的重点发展城镇，构建公共服务设施共享的城镇圈，实现区域协同、空间优化和城乡统筹。

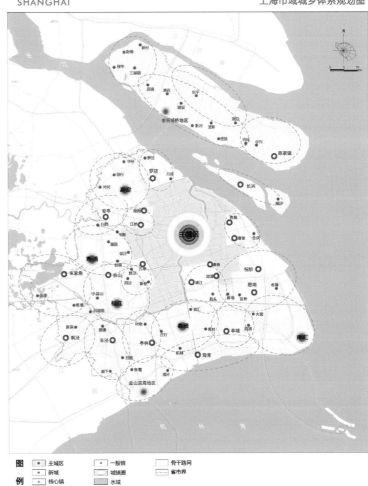

图3 2017 年版总体规划部分图纸

三、机动化与交通结构特征

1. 机动车保有情况

2021 年，上海市全市注册机动车 494.2 万辆，同比增加 25.1 万辆，增长 5.4%。其中，私人小汽车（含新能源汽车）363 万辆，同比增长 4.8%。2017~2021 年上海市千人注册私人小汽车拥有量如图4所示。

2. 交通出行结构

2021 年中心城工作日出行总量 2978 万人次 /d，其中公共交通方式占比

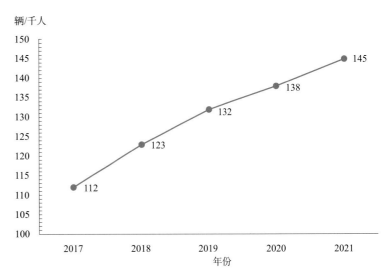

图4 千人注册私人小汽车拥有量

30.6%，出租车方式占比 5.5%，私人小汽车方式占比 22.4%，非机动车方式占比 17.3%，步行方式占比 24.2%。

3. 市民出行距离特性

2021 年，上海市民日平均出行距离为 7.8km，其中 2km 以内出行占比达到 35.17%，同时超过 20km 的出行占比也超过了 10%（表 1）。

出行距离分布表 | | | 表 1

出行距离（km）	占比（%）	出行距离（km）	占比（%）
0~2	35.17	12~14	3.34
2~4	17.15	14~16	2.62
4~6	10.61	16~18	2.15
6~8	6.87	18~20	1.96
8~10	5.37	>20	10.34
10~12	4.42		

四、公共交通

上海始终坚持公共交通优先发展战略，2017 年获得首批"国家公交都市建设示范城市"称号，2021 年公共交通日均客运量 1398.8 万乘次。

1. 轨道交通（图 5）

上海市轨道交通持续提能增效，截至 2021 年年底全市共有轨道交通线路 20 条，运营线路长度 830.8km，运营车站 508 座。日均客运量 978 万乘次，占公共交通客运量的 70%。规划按照"一张网、多模式、广覆盖、高集约"的理念，形成市域线、市区线、局域线三个层次的轨道交通网络。

市域线功能定位上，服务主城区与新城及近沪城镇、新城之间的快速、中长距离联系，并兼顾主要新市镇。每座新城和核心镇配置 1 条城际线联系主城区和近沪城镇，1 条城际线联系毗邻新城和核心镇。规划 21 条线路，总规模约 1157km，其中预留通道规模约为 22km。

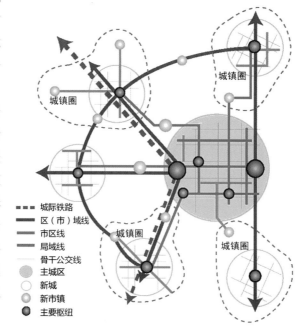

图 5 轨道交通模式图

图 6　71 路快速公交　　　　　　　　　　　　　　　　图 7　松江有轨电车

市区线功能定位上，服务城市化密集地区，提供大运量、高频率和高可靠性的公交服务。新增线路服务重点地区，覆盖主要客流走廊，弥补网络短板。规划 25 条线路，总规模约 1043km，其中预留通道规模约 95km。

局域线功能定位上，为主城区和新城内部各局部区域交通需求提供服务，作为其他轨道交通模式的补充和接驳。可以采用现代有轨电车、BRT 等中运量公交系统。全市网络通道规模约为 1000km，在各区规划中进一步深化（图 6、图 7）。

2. 地面公交

随着公共交通发展理念深入人心，上海市地面公交服务层次逐渐丰富。2021 年，全市公交车运营线路长度 25185km，线网长度 9243km，线路达到 1596 条，运营车辆 17645 辆。中运量 71 路、临港 T1 示范线、奉浦快线、松江有轨电车等多模式公交线路开通运营，沪闵路等 12 条公交骨干通道建设完成，开设 30 条省际毗邻客运衔接线路，建成 500km 公交专用道。

五、生态城市绿色交通优秀案例集锦

1. 虹桥国际开放枢纽：以交通枢纽为核心的城市开发建设（图 8）

虹桥国际中央商务区是依托虹桥综合交通枢纽这一重大交通设施开发建设起来的地区，其建设经历了五次战略提升。

一是 2004 年虹桥枢纽的选址设立。2004 年，高速铁路、磁悬浮站位选址于虹桥；2005 年，上海提出在虹桥建设集民用航空、高速铁路、磁悬浮、城际铁路、长途客运、城市轨道交通、地面公交、出租汽车等多种交通方式于一体的现代化大型综合交通枢纽。

二是 2008 年虹桥商务区的规划建设。《虹桥商务区（主功能区）控制性详细规划》明确虹桥商务区（主功能区）规划面积 26km^2，功能定位为服务长三角地区的商务中心和大型综合交通枢纽。

三是 2010 年国家会展中心的规划建设。2009 年，虹桥商务区规划范围扩展至 86km²；2010 年，商务部和上海市政府合作，在虹桥商务区选址建设国家会展中心。

四是 2017 年虹桥主城片区的规划建设。明确虹桥主城片区未来发展的总目标为面向全球、面向未来，建设引领长江三角洲地区更高质量一体化发展的国际开放枢纽。

五是 2021 年虹桥国际开放枢纽的战略部署。2021 年，国务院批复了《虹桥国际开放枢纽建设总体方案》。根据方案部署，虹桥国际开放枢纽将从上海市域拓展延伸至江苏、浙江两省，形成"一核两带"发展格局。

在交通功能方面，铁路已成为上海市对外客流最重要的增长引擎。铁路虹桥站到发量位居全国高速铁路第二，占虹桥枢纽对外客流的 74%、上海对外客流的 45%，且铁路客流中有 70% 源于长三角。航空吞吐量位居全国第八，其中 15% 的旅客来自长三角，且空陆联运占比 10%，对外枢纽地位和服务长三角的功能突出。

在商务功能方面，虹桥枢纽作为长三角的枢纽门户，依托大量优质办公楼宇，发挥综合交通枢纽对高端信息、技术、人才等要素的强大吸引力，经济总量快速攀升，总部经济集聚高地逐渐形成。2021 年，商务区生产总值稳步提升至约 1400 亿元，税收总额 346 亿元，均保持两位数增长，核心区总部经济效应凸显。虹桥进口商品展示交易中心等具有特色的产业园区以及虹桥绿谷 WE—硅谷人工智能（上海）中心等特色楼宇，成为商务区功能打造的重要板块和一大亮点。

在会展功能方面，虹桥枢纽连续举办五届中国国际进口博览会，连续三年入选"世界商展 100 强排行榜"，最大单日客流量达 22.7 万人次。"十三五"期间，培育具有国际影响力的大型会展 6 个，中小型专业展会 33 个。举办包括国际服装服饰、国际酒店及餐饮业、国际汽车工业、国际医疗器械等大量国际型展览和专业型展览。会展经济规模持续提升，展出面积和接待人数稳步提高，国家会展中心（上海）总展览面积峰值达 646.5 万 m²，10 万 m² 以上展会占比达到 67.7%。"大会展"生态圈加快构建，西虹桥挂牌建设会展产业园，集聚各类会展服务企业，以及上海市会展行业协会等会展促进机构。

在城市品质方面，商务区已建成 1200 万 m² 商务楼宇、3300 万 m² 住宅，国际商务区总体风貌初步显现。高品质公共服务配套逐步完善，新虹桥国际医学中心一期正式运营，国内外优质教育资源初步集聚，建成 10 所国际学校、4

图 8　虹桥综合交通枢纽

所双语专业院校，商业集群渐成规模，文化场馆建设推进有序，基本形成"15分钟生活圈"。智慧城市建设格局初步显现，率先实现核心区千兆网络全覆盖，5G 网络、人工智能、大数据等信息技术广泛落地应用。绿色低碳、生态环保的花园式商务区形态基本建成，核心区建成三星级以上绿色建筑 204 栋，占比达 58%，获得全国首个绿色生态城区三星级运行标识证书。舒适宜人的高品质生活空间初见雏形，城市景观、市容环境品质大幅提升。

2. 外滩景观：历史风貌保护与传承（图 9）

外滩位于上海市黄浦区的黄浦江畔，即外黄浦滩，为历史文化街区。1844 年，外滩一带被划为英国租界，成为上海"十里洋场"的真实写照，也是旧上海租界区以及整个上海近代城市发展的起点。外滩全长 1.5km，南起延安东路，北至苏州河上的外白渡桥，东面即黄浦江，西面是旧上海金融、外贸机构的集中地。上海辟为商埠以后，外国的银行、商行、总会、报社开始在此云集，外滩成为全国乃至远东地区的金融中心。1943 年 8 月，外滩结束长达百年的租界时期，于 1945 年拥有正式路名"中山东一路"。

外滩矗立着 52 幢风格迥异的古典复兴大楼，素有"外滩万国建筑博览群"之称，它们是中国近现代重要史迹及代表性建筑，是上海的地标之一。1996 年 11 月，国务院将其列入第四批全国重点文物保护单位。如何保护传承好外滩的整体风貌格局，面向开埠 200 年的发展愿景，再现全球城市经典的"海派会客厅"？

一是保护经典的历史建筑，传承、活化"外滩万国建筑博览群"。外滩风貌以"经典围合式街区、多层高密度建筑"为主要特征，是应对日益变化的功能要求而不断更新生长形成的。

二是保护经典的街道界面，打造协调且富有活力的外滩街道界面。塑造较高的街道界面连续度，维护历史街道的空间尺度，营造开放积极的首层界面，确保

图 9 外滩夜景

与历史风貌相协调的建筑立面形式。

三是保护经典的街坊肌理，营造独具特色的空间。延续以外围公共建筑围合内部巷弄、内街、内庭为主的空间肌理特征，延续街区开敞空间，塑造经典的"海派会客厅"。

四是保护经典的高度格局，彰显上海最具标志性的全球城市名片。新建建筑高度与可建设范围兼顾外滩天际线与街道视角控制要求，强化第一立面形象，突出外滩经典江岸建筑轮廓线、经典街道尺度等历史资源特质，保持多层高密度的街区特征。

3. 黄浦江公共空间贯通：把最好的资源留给人民（图10）

黄浦江全长约115km，始于淀山湖，在上海市中心外白渡桥接纳苏州河后注入长江。其最核心的区段为杨浦大桥至徐浦大桥区段，两侧岸线长约45km。自2016年起，上海开展了公共空间贯通工程，将黄浦江核心区段滨水空间建设成开放共享的高品质休闲游憩带，使滨水区与城市生活深度融合。建设的重点不仅在于"贯通"本身，关键在于更大程度开放的空间以及更高品质提升的空间环境。因此，规划和建设提出"更开放、更美丽、更人文、更绿色、更活力、更舒适"六大理念，促进滨江空间在景观、文化、生态、设施等各方面的综合品质提升。

推动滨江岸线全线开放贯通，保证滨江沿线空间对公众开放，修建连续贯通的45km滨江岸线空间。滨江空间建设慢行休闲绿道，全线确保步行、慢跑、骑行三道贯通，三道合设最小宽度不小于6m。通过高架、桥梁、栈道、下穿、局部绕行的方式，贯通渡口、河口、市政设施等断点。打造滨江高品质公交服务，建设一个通达的公共交通网络，沿江第一层面设置有轨电车线路（远期），第二层面为轨道交通，形成便捷的滨江公交网络骨干，为滨江活动提供公交支撑。

图10　徐汇滨江

4. 苏河明珠：苏州河滨河步道华政段

位于华东政法大学（简称华政）长宁校区的苏州河滨河步道华政段（图11），沿线有27栋百年历史建筑，是上海滨河历史风貌中一颗璀璨的明珠。2021年，按照"彰显国宝建筑风貌，提升滨河景观品质；挖掘校园历史文脉，激活滨河人文空间"的理念，打造别具一格的"园中院，院中园"的景观形式。打造过程中极为重视对历史文脉的保护和传承，通过悉心设计、精心打造，让历史与现代相得益彰，让滨水空间与文物保护建筑交相辉映。充分挖掘现有资源，将原本相互独立的华政校园与滨河步道结合贯通，依托华政特有的中西合璧式的优秀历史建筑，对原本狭窄逼仄、景观单一、缺少公共服务设施的滨河步道进行全面梳理与重新布置，将原有单一的"人行步道 + 植物绿化"的景观形式改造成为"校园景观 + 共享空间 + 滨河步廊"的全新模式。让27栋历史建筑展露风貌，着力打造思孟园、格致园、倚竹苑、獬豸园、华政桥、桃李园、东风角、法剧场、银杏院、书香园10个景观节点，以滨河慢行步道串联起多元、活力、共享的滨河公共空间。

其中，思孟园内搭建了一座拱形花架，成为迎接人们进入苏州河华政段的一扇绚丽大门。格致园以古朴典雅、中西合璧风格的格致楼为依托，设置铜质铭牌，提示着来往行人这里保存着上海城市的建筑"家底"，不妨停下来欣赏这来自百年前"凝固的乐章"。倚竹苑铺设了由西洋鹃等花卉组成的精致花境，结合校内松、竹、枫等植物，打造了曲水流觞、一亭一榭的"长宁·苏河驿站"。在獬豸园内，典雅的中式园林仿佛一幅动态的山水画，其中用太湖石堆叠形成"獬豸"模样，象征"公平正义"，是对华政"司法正义"的传承。桃李园视野开阔，周边有8栋历史建筑围绕，是"一带十点"中名副其实的"C位"。法剧场将下沉广场与观景平台结合，4张圆弧形大理石凳可供市民小坐片刻，是市民与师生交流、政法科普宣传的公共舞台。银杏院有一棵135岁以上树龄的古银杏，为

图11 苏州河华政段

了让这棵古银杏有"儿孙"，在原有3棵小银杏的基础上，又移植了8棵胸径12~18cm、高度9~11m的小银杏，使其"老来得子"，子孙满堂。步道上的节点处处彰显匠人的精益求精和对历史的敬畏。

5. 南京路步行街改造：打造充满活力的步行街区（图12）

南京路步行街位于上海市黄浦区，西起西藏中路，东至中山东一路外滩，全长1033m，路幅宽18~28m，总用地面积约3万m²，建成于1999年9月。南京路步行街采用不对称的布置形式，以4.2m宽的"金带"为主线，贯穿于整条步行街，"金带"上集中布置城市公共设施，如座椅、购物亭、问讯亭、广告牌、雕塑小品、路灯、废物箱、电话亭等，并设有34个造型各异的花坛。

南京路最初于1865年由上海公共租界工部局正式命名，1945年第二次世界大战结束，租界被废除，民国政府将其改为南京东路，改革开放后，凭借其自身丰富的商业业态吸引了大量人流，但是购物环境却日趋拥挤、恶化，人车混流等问题也更加凸显。自1995年起，南京东路在周末午后的部分时段改为步行街，出现了"百万人逛大街"的壮观场面。于是1998年上海市政府决定将南京东路建设成全天候步行街，即南京路步行街。

南京路步行街改造以"人的活动"为根本，以南京路所特有的"城市空间"和"历史文脉"作为核心，遵循五大原则。

一是象征性原则。百年南京路，历来是万商云集、人潮如流的寸金之地，它曾是冒险家的乐园、商人们的聚宝盆，代表着旧上海的万种风情、奢靡繁华。改造后的南京路成为上海作为国际大都市的标志，延续城市的文脉，在传统的基础上创造具有时代特色的海派文化。

二是简洁性原则。南京路是上海经济繁荣的象征，是中国近代商业文化的发祥地，从20世纪开始，陆续入驻绸缎、时装商店、茶楼、咖啡店、银楼等30多个行业。南京路已经有太多的视觉刺激，新的城市设计以少胜多，力求简洁明快，整治广告，去除一切妨碍和影响步行、观光的构件。

三是标志性原则。南京路记录了中国近代历史的变迁，这里有第一批煤气路灯、第一条有轨电车线路、第一幢摩天大楼……南京路步行街的设计增强领域感和场所感，在重要的地段布置具有识别性的建筑物、香樟树、雕塑等。同时也将上海历史上著名的新老建筑、城市景观等以装饰性的图案雕刻在"金带"的37个窨井盖上，使人们可以追寻历史的文脉。

四是商业性原则。南京路商店云集，素有"中华第一街"的称号。20世纪10~30年代，四大百货公司相继建成开业，开创了亚洲百货业诸多先河，被誉为"远东第一商行"。许多在巴黎百货商店中刚刚上架的新商品，一周之后就会在这里出现。南京路步行街服务于商业活动，创造了良好的休闲和购物环境，提高了步行街的舒适性。

五是人本性原则。南京路步行街的设计理念是使步行街成为购物者的"天堂"，让每天来此的百万游客全天候地感受到这里是以人为主体的环境，免受交通干扰，为游客提供问讯、休憩、废物丢弃等设施，路两旁增加种植了上百棵树木。夜晚的南京路流光溢彩，让人们也可观赏南京路步行街的夜景。

南京路经历了百年风雨历程，在时代的浪潮中，经过一轮又一轮的改造，变成

图 12　南京路步行街

了如今的模样。2019 年，随着东拓工程的完成，南京路步行街和外滩实现了无缝连接。南京路见证了上海百年沧桑，成为上海城市的重要名片。

6. 世博文化公园：自然与城市的共生

世博文化公园位于浦东滨江核心地区，西北部毗邻黄浦江，东至卢浦大桥——长清北路，南至通耀路——龙滨路，用地面积约 2km² 。定位为生态自然永续、文化融合创新、市民欢聚共享的世界一流城市中心公园（图 13）。

2010 年，上海世界博览会（简称世博会）"城市，让生活更美好"的主题将中国带到世界的聚光灯下。世博会结束后，大多数展馆相继拆除，世博会的遗址将如何被重新利用？上海中心城区可用于建设大片公共绿地的空间已然不多，

图 13　世博文化公园总平面图

上海市委、市政府明确，世博文化公园区域不用于商业开发，要聚焦文化内涵和生态建设，打造开放的、让市民群众共同享受的大公园。这是上海完善生态系统、提升空间品质、延续世博精神、建设卓越全球城市的重大举措之一。全部建成后，近 2km² 的世博文化园成为上海中心城区黄浦江沿岸的生态地标，与城市发展阶段、广大市民期盼得完全一致。

结合已建成的后滩湿地公园，世博文化公园项目对世博会 4 个保留场馆进行改造，同时新建世博花园、申园、双子山、上海温室、世界花艺园及大歌剧院、国际马术中心等设施，以历史水系、工业记忆、世博肌理为代表元素，叠加森林、湿地、草坪，形成"水、地表、人文、自然"多重层叠的景观结构体系。世博肌理的景观化延伸，实现了世博精神的延续，呈现了从世博会园区到城市中心生态体验区的转变；叠山理水，力求自然，融入江南文化元素，展现江南园林特色的申园以园中园形式，演绎了森林和园林的交融共生；保留乔木和新种乔木构成的七彩森林，绘就了城市森林到自然森林的绵延画卷。

7. 人性化的慢行系统："永不拓宽"的道路

上海素有"窄马路、密路网"的街道空间肌理，"上海 2035"城市总体规划提出，街道是可以漫步的，要按照以人为本的价值导向，从以前"重视机动车通行"向"全面关注人的交流和生活方式"转变，更加关注慢行空间和街道活力。通过推行街区制，强化对城市街坊尺度与规模的控制，通过加密路网将街坊尺度控制在适宜的步行距离之内，至 2035 年主城区和新城全路网密度平均达到 8km/km²，其中中央活动区达到 10km/km²。

2007 年 6 月，上海中心城区内 144 条道路和街巷被列为风貌保护道路（图 14），其中 64 条风貌道路为"永不拓宽"的道路，不允许进行任何形式的

图 14　衡山路

拓宽，规定街道两侧的建筑风格、尺度都要保持历史原貌。

8. 智能交通管理：推动城市治理数字化转型

上海市智能交通管理可分为以下三个阶段。

1985~2003 年为"起步突破"阶段。各行业分别进行信息化建设，以管为主，服务信息较少，上海城市面临"交通难"问题。上海交通管理部门以道路交通信息化、智能化为主线，引进了澳大利亚交通信号自适应控制系统 SCATS；完成了上海城市快速路交通诱导系统的建设示范；开始建设高速公路收费、监控和通信三大系统；公共汽（电）车行业推出公共交通卡，逐步代替人工售票。

2003~2010 年为"转型升级，全面推进"阶段。以三张路网的信息整合为核心，一门式网站、高（快）速路侧信息发布服务逐步覆盖。在"掌握现状、找出规律、科学诱导、有效指挥"的思想指导下，上海智能交通在城市道路、高速公路、轨道交通、公共汽（电）车等方面都取得了长足的发展。世博会交通保障大规模应用了智能交通技术，实现了道路交通、公共交通和对外交通信息的汇集、融合和诱导服务全覆盖。

2011~2020 年为"全面深化，持续发展"阶段。移动互联网促进服务全面向移动端转移，市场力量在城市交通的影响逐渐凸显。以综合交通智能化为主线，实现了道路交通、公共交通、对外交通等综合交通信息数据在一个平台上的汇聚整合、综合处理、提供发布、共享交换等功能。智能交通技术在轨道交通、公共汽（电）车、公共停车、对外交通枢纽等交通行业广泛应用，形成了面向政府管理决策、公众出行的多层次交通信息服务。新技术促进网约车、共享单车快速融入城市交通，成为人们生活的重要组成部分，也给城市管理带来新的挑战。

六、城市亮点和经验借鉴

1. 超大城市高质量发展必须依靠轨道交通

上海作为超大城市，人口密度高，如果像西方国家一样采用以私人小汽车为主导的交通模式必然带来交通拥堵、环境污染等一系列问题，无法支撑城市高质量发展，因此必须依赖公共交通，尤其是轨道交通。上海拥有全世界规模最大的轨道交通网络，未来还将朝着 3 个 1000km 的目标进一步持续推动建设。同时，在城市规划建设发展中高度重视 TOD 发展导向，紧密围绕轨道交通站点周边提高开发强度，集聚人口功能，合理优化城市结构和布局。

2. 高品质交通服务必须坚持以人为本

交通是为人服务的，著名规划专家扬·盖尔在《交往与空间》中指出，"慢速交通意味着生动的城市"。上海通过慢行系统建设，坚持"小街区、密路网"的基本导向，推动步行街区建设，营造有活力的社区街道空间，为居民提供更多出行选择。通过"一江一河"滨水空间贯通开放，在市中心留下大型生态公园，改善生活质量与环境品质，提升公众健康与幸福感，从而增强居民社区归属感。

3. 灵活的交通需求管理政策对缓解交通问题具有重要作用

上海是国内最早开始控制私人小汽车保有量的城市，1986 年启动并逐步完善汽车牌照拍卖制度，对控制私人小汽车保有量快速增长起到了重要作用。2021 年上海市实际在用小客车保有率 224 辆 / 千人，低于同类城市水平。同时，在使用管理上，坚持区域差别、以静制动，稳妥实施外地牌照小汽车时段限行措施，实施停车价格市场化改革，车均使用强度下降至 25km/d，对缓解城市交通运行起到了重要作用。

图片来源：

首图　https://www.vjshi.com/watch/6168510.html
图 1　《上海市城市总体规划方案》
图 2　《上海市城市总体规划（1999 年至 2020 年）》
图 3　《上海市城市总体规划（2017—2035 年）》
图 4　《上海市综合交通发展年度报告（2022 年）》
图 5　《上海市城市总体规划（2017—2035 年）》
图 6　https://www.meipian.cn/dbpfs79
图 7　https://baijiahao.baidu.com/s?id=1622227336143906460
图 8　《上海虹桥国际中央商务区国土空间中近期规划》
图 9　https://www.meipian.cn/3f3b4eex
图 10　https://www.meipian.cn/3bpqwdvt
图 11　https://j.eastday.com/p/163179449277016424
图 12　https://zhuanlan.zhihu.com/p/369746129
图 13　https://www.bilibili.com/video/BV1rD4y1r7ok/
图 14　https://www.sohu.com/a/274223254_133648?_f=index_chan29news_141

广州

与时俱进、开放包容的千年商都

一、城市特点

广州是广东省省会、副省级城市、首批沿海开放城市，位于广东省的中南部，与香港特别行政区、澳门特别行政区隔海相望，是世界四大湾区之一 —— 粤港澳大湾区（简称大湾区）的核心城市，拥有极强的辐射能力，因其地理位置优越、交通发达，被誉为"中国通往世界的南大门"。

广州拥有 2200 年以上的建城史，是岭南文化的发源地和兴盛地，历史悠久，1982 年被列为首批国家历史文化名城之一。古代海上丝绸之路起点之一，近代新民主主义革命在这里起源。广州接近珠江入海口，水道密布，自古以来就是中国远洋航运的优良海港和珠江流域的进出口岸，也是中国历史最悠久且唯一从未关闭过的对外通商口岸，如今是丝绸之路经济带和 21 世纪海上丝绸之路的重要枢纽城市。

广州自古就是华南地区著名的商埠，拥有 2000 多年的开放贸易历史。广州经济发达，是继上海、北京之后第三个进入国内生产总值（简称 GDP）"万亿元俱乐部"的城市，也是首个经济总量过万亿元的省会城市。2021 年，其人均 GDP 达到 15.04 万元，是全国平均水平 8.14 万元的 1.85 倍。

广州地处北回归线附近，属海洋性亚热带季风气候，温暖多雨、光热充足，气候宜人，境内雨量充沛，森林覆盖率达 42.14%，是我国著名的"花城"，被联合国评为"国际花园城市"。2016 年联合国开发计划署发布报告，指出广州的人类发展指数在中国内地城市中排名第一。

《广州市国土空间总体规划（2018—2035 年）》（草案公示）中提出要将广州打造成"美丽宜居花城，活力全球城市"的愿景。2025 年广州的国家中心城市和综合性门户城市建设要全面提升，实现老城市焕发新活力，粤港澳大湾区核心引擎作用进一步凸显；2035 年要成为国际大都市，建成具有全球影响力的国际商贸中心、综合交通枢纽、科技教育文化中心，城市经济实力、科技实力、生态环境、文化交往达到国际一流城市水平；2050 年将全面建成中国特色社会主义现代化国际大都市。

广州有着"山、水、城、田、海"的整体城市格局，云山珠水的自然禀赋是广州得天独厚的优势。城市地势自北向南降低，南部为沿海冲积平原，是珠三角的组成部分，北部为中低山地。广州位于珠江水系的东、西、北三江汇合处，濒临南海，其北部是珠三角水源保护地。按照最新的国土空间规划，

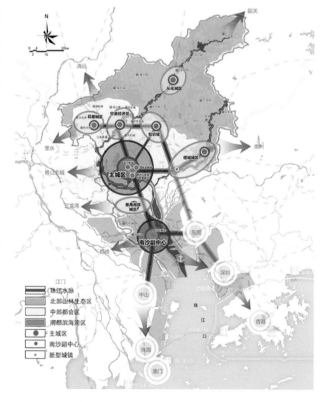

图 1　广州市国土空间规划空间结构图

广州市域将以珠江为脉络，以生态廊道相隔离，以高（快）速路和快速轨道交通互联互通，以重大战略枢纽为支撑，形成"一脉三区、一核一极、多点支撑、网络布局"的总体空间发展结构（图1）。

全市下辖11个区，总面积7434.40km，2021年，广州全市常住人口达到1881.06万，人口密度达到2530人/km（表1）。

广州市各区域基本情况一览表

表1

名称	面积（km²）	常住人口（万人）	常住人口密度（人/km²）	乡级行政区划数量（个）	
				街道办事处	镇
广州市	7434.40	1881.06	2530	142	34
荔湾区	59.10	112.96	19113	22	—
越秀区	33.80	104.90	31036	18	—
海珠区	90.40	182.18	20153	18	—
天河区	96.33	223.86	23239	21	—
白云区	795.79	368.91	4636	20	4
黄埔区	484.17	119.79	2474	16	1
番禺区	529.94	281.83	5318	11	5
花都区	970.04	170.93	1762	4	6
南沙区	783.86	90.04	1149	3	6
从化区	1974.50	72.74	368	3	5
增城区	1616.47	152.92	946	6	7

（数据来源：2022年广州统计年鉴）

二、绿色交通的千姿百态

1. 多元丰富的绿色交通体系

广州的绿色交通工具丰富多样，基本涵盖了除缆车以外的其他公共交通方式，包括地铁、有轨电车、常规公交车、巡游出租车、网络预约出租车、互联网租赁自行车、水上巴士等（图2）。2021年全市公共交通客运量58.63亿人次，日均客运量1590万人次，同比增长12.5%，其中地铁和互联网租赁自行车的客运量增幅较大。2021年中心城区全方式出行中，个体机动化出行（含小汽车、出租车、摩托车等）占比22.3%，绿色出行（含公共交通、慢行交通）占比77.7%，居全国超大城市前列。

广州的公共交通系统全部采用一体化支付方式，通过"羊城通"App可以实现广州公共交通支付全覆盖，同时实现广东省内21个地市、香港特别行政区和澳门特别行政区以及新加坡等地的互通，并已从公共交通逐步拓展到停车、商超购物、快速餐饮、自动收货、政务服务等方面。

2. 广佛同城化绿色协同发展

广佛同城化已经成为全国城市跨界协同发展的典范。两市从20世纪90年代开始就开始探索同城化发展的路径，当时广州和佛山已经突破行政边界，沿着广佛公路方向连绵发展。到了2003年，广佛区域合作与协调发展座谈会召

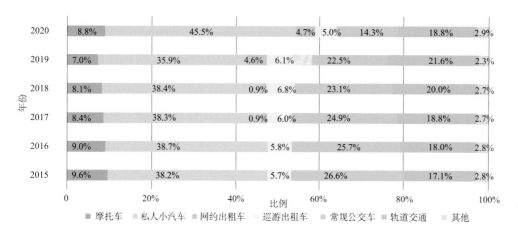

图2 近年来广州全市交通方式分担比例变化情况

开，广佛两市开始全面协调交通、环境等方面的工作。2008 年《珠江三角洲地区改革发展纲要》发布，"广佛同城"提升到国家战略层面。2009 年广州和佛山两地政府签订了《广佛同城化建设合作框架协议》，标志着在市级层面的跨界合作机制正式建立。2019 年两市签订《共建广佛高质量发展融合试验区的备忘录》，提出沿广佛边界打造"1+4"高质量发展融合试验区，包括"广州南站—佛山三龙湾—广州荔湾海龙"先导区和"花都—三水""白云—南海""荔湾—南海""南沙—顺德"4 个试验区。

广州市提出"广佛一张网"，广佛核心区 30min 互达、边界地区融合和枢纽共享的总体发展目标。广州南站地处广佛边界，广佛两市客源比为 2.3 : 1，城市常住人口比为 2 : 1，客流构成与广佛人口规模高度吻合，是广佛同城枢纽共享的典范，也是支撑广州都市圈融入国内经济大循环的重要战略支点。2020 年，广佛两市已经建成衔接道路 29 条、国家铁路 4 条、城际铁路 2 条、地铁 1 条。广佛都市圈交通一体化有双向对等、枢纽共享、交往同城的三个基本特征，已经成为全国交通同城化发展的样板。

对珠三角地区手机信令数据的分析结果显示，2018 年珠三角九市跨市日出行总量接近 1000 万人次 /d，节假日增长明显，增幅超过 50%。跨市活动以广州和深圳为核心，其中与广州相关的跨市联系活动占 43%，以广州、佛山之间的跨市联系为主（表 2）。《广州市交通发展年度报告 2021 年》显示，高密度的跨城交通联系反映出大湾区各城市之间高强度交流需求。跨城通勤人口总量达到 121 万，同比增长 3.8%，主要分布在广佛、深莞的交界处，其中广佛两市跨城通勤人口 33.3 万，占总量的 27.5%。

2018 年珠三角各城市之间跨市交通联系（单位：万人次 /d）　　　　表 2

城市对	非通勤联系	通勤联系	城市对	非通勤联系	通勤联系
广州—佛山	209	23	中山—江门	34	2.1
深圳—东莞	132	15	中山—广州	31	1.8
广州—东莞	81	7.7	佛山—江门	20	1.4
广州—深圳	46	3	江门—珠海	10	0.5
中山—珠海	61	6.4	广州—江门	10	0.5
中山—佛山	55	5.8	广州—珠海	9	0.2

（数据来源：中国城市规划设计研究院深圳分院，数字湾区规划信息平台）

由于目前跨市交通统计暂时没有统一的标准和方法，因此不同的统计方法导致数据之间偏差较大。但是无论哪种统计渠道和方法，广佛之间的跨城交通联系强度都远远超过其他城市之间的跨城交通。袁奇峰认为广州是没有西部郊区的城市，佛山是没有中心的城市，广州—佛山在一起才构成一个完整的经济地理单元❶。

3. 领先全国的轨道交通效率

2021年，广州地铁新开通18号线（万顷沙—冼村），运营线路增至15条，通车里程589km（含广佛线佛山段），地铁站点数252座（换乘站计一次，含APM线和广佛线）。全年客运量28.34亿人次，日均客运量776万人次，比2020年（659万人次）增长17.8%，客流有所恢复，但仍比2019年（906万人次）降低了14.3%。

2021年新线开通后，工作日日均客运量837万人次（2021年12月数据，含APM线和广佛线佛山段），全网客运强度1.42万人次/（d·km），位居全国前列。

其轨道交通网络具有人员密集、高客运量线路多的特点。广州地铁单线客运强度常年位居全国各城市前列，根据2022年地铁单线客运强度排名，广州地铁1号线单线客运强度全国居首，达到了3.41万人次/（d·km），前10名中广州占了5名，其运营效率可见一斑（表3）。

2022年我国地铁单线客运强度排名前10统计　　　　　　　表3

排名	线路	客运强度[万人次/（d·km）]	排名	线路	客运强度[万人次/（d·km）]
1	广州地铁1号线	3.41	6	上海地铁1号线	1.94
2	广州地铁2号线	2.5	7	广州地铁8号线	1.87
3	广州地铁5号线	2.47	8	深圳地铁1号线	1.8
4	西安地铁2号线	2.08	9	北京地铁5号线	1.8
5	广州地铁3号线	2.07	10	深圳地铁5号线	1.76

（数据来源：《城市轨道交通2022年度统计和分析报告》）

广州地铁的高效不仅体现在运营组织上，还体现在其独具特色的个性化服务上。为了保证运营效率，广州地铁在运营组织和服务方面做了大量工作和诸多创新性尝试。为疏解晚班高铁、机场等旅客，在保证地铁换乘衔接的同时满足地铁夜间安全检修要求，广州地铁在铁路、机场等乘客集中到达的站点实行延长地铁末班车运营时间的策略，以最大限度地保证铁路、机场集中到达乘客换乘。同时，广州市在全国率先尝试了较为丰富的车票种类，推出一日票、三日票等以时间限制划分的车票，同时推出学生"羊城通"、老年人优待证（60~65岁、65岁及以上）等按照年龄划分调整优惠力度的车票，推出普通"广佛通"、佛山市老年人优待证（60~65岁、65岁及以上）等顺应广佛同城的车票种类。

在方便乘客出行、提高运行效率方面，广州地铁还对轨道交通站点指引标识进行了精细化设计，地铁车站内部标识清晰，地铁外部指示标牌明显，指明地铁出入口所在位置。

4. 快速公交与地面公交系统

除了完善的轨道交通系统，广州还在四通八达的道路系统中配置了发达的常规公共交通线路网络。根据广州市交通运输局数据，截至 2020 年 7 月，广州市公交运营线路达到 1268 条，运营公共汽车 15388 辆，线路总长度 24368.25km，其中公交专用道 519.4km，公共汽（电）车日均客运量达到 613.94 万人次。

为了解决广州市中心区域线路站点重合度过高的问题，进一步充分发挥公共交通的作用，广州市对超过 80 条公交线路进行整合，建成广州快速公交系统（简称广州 BRT）（图 3、图 4）。线路呈东西走向，东起黄埔夏园，西至天河体育中心，全长 22.9km，设有 31 条线路及 26 对车站。广州 BRT 于 2010 年 2 月正式建成通车，是广州首个建成的快速公交系统，也是目前亚洲第一大、世界第二大快速公交系统。最大单向客流量达到 26900 人次 /h，单向客运量、走廊专用车道利用率和车辆平均载客量均为我国第一。

广州 BRT 创新性地使用了"专用走廊 + 灵活线路"的运营模式。"专用走廊"是指在道路中间建设双向两车道的公交专用道及车站，实现地面公交快速化及与社会车辆的隔离，公交车和社会车辆各行其道，具有类似地铁系统的大运力特点。"灵活线路"是指 BRT 车辆不像地铁那样仅在专用道上行驶，离开 BRT 专用道后与普通公交车同样运行，有效保留了公交系统灵活性特点❷。

为了配合 BRT 高运量、灵活的特点，最大限度地提高专用道公交运输效率，广州市建设了智能化车站系统及控制中心系统，进行公交高效调度。智能监控系统整合了 BRT 干线走廊及与其相交道路的普通公交线路，实现联合调度。

图 3　广州市中山大道 BRT 石牌站及周边全景　　**图 4　广州市中山大道 BRT 东圃站及周边全景**

5. 水运巴士系统

广州因地制宜发展水运巴士系统，形成除轨道交通、快速公交、地面常规公交和出租车外的公共交通体系。目前，广州市水运巴士达到了定点定线发车，高峰客流期间不定时加航的服务水平。2021年，广州市水运巴士共有14条航线、28座码头、43艘客运船舶，珠江游共有2条航线、27艘客运船舶（其中25艘由水运巴士兼营），航线总里程110km。全年日均客运量3.4万人次，同比增长21.4%。

三、生态城市：交通与空间的耦合

1. 生态基底："三纵五横"的总体格局

广州市面海背山，得天独厚的自然禀赋是城市发展的最大优势。《广州市国土空间总体规划（2018—2035年）》（草案公示）提出要构建通山达海的生态空间网络，其中生态和农业空间不低于市域面积的2/3，重点建设"三纵五横"的生态廊道体系（图5）。"三纵"是流溪河—珠江西航道—洪奇沥水道、帽峰山—火龙凤—南沙港快速—蕉门水道、增江河—东江—狮子洋生态廊道，"五横"是北二环、珠江前后航道、金山大道—莲花山、沙湾水道、横沥—凫洲水道生态廊道，市域整体生态空间网络是广州生态城市建设的基础。

2. 与城市空间高效协同的绿色交通体系

在宏观层面，广州市通过规划和建设工作，实现了轨道交通系统与用地功能的高效耦合与协同，从系统上支持了生态城市的发展。目前的轨道交通网络已经覆盖了重要的城市功能节点，包括次级及以上的功能服务中心、全市城乡体系节点等。全市重要公共服务中心（如空港、科学城等）有2条及以上轨道交通支撑，南沙副中心和外围综合城区也至少各有1条城市轨道交通线路。按照广州市规划和自然资源局的统计数据，广州市轨道交通站点周边800m范围内的人口、就业密度是非轨道交通覆盖地区的3倍和4.1倍，轨道交通覆盖37%的通勤人

图5 广州市市域生态空间网络结构图

口，超过了北京、上海、深圳的覆盖比例。全市平均通勤距离为 8.7km，比北京（11.1km）和上海（9.1km）低，略高于深圳（8.1km），其中 5km 以内的幸福通勤比例占 51%，通勤体验较好，反映出广州宜居城市的特点。

在微观层面，广州市积极推进 TOD 建设，打造城市综合体。广州市积极尝试轨道交通运输功能与城市综合服务功能的有机衔接，切实推进综合开发，实现土地高效集约利用，形成城市综合功能区。2017 年，广州市印发《广州市轨道交通站场与周边土地综合开发实施细则（试行）的通知》，切实将 TOD 优化城市布局的理念落到实处。广州万胜围地铁站是实践 TOD 理念的典型代表，并成功入选我国《轨道交通地上地下空间综合开发利用节地模式推荐目录》。万胜围站是广州地铁 4 号线和 8 号线的换乘站，坐落于海珠区新港东路和新滘南路的交叉点上。通过统一规划，将地铁功能与商业开发功能整合，在万胜围站将原本性质单一的线网运营指挥中心与商业开发功能进行了有机融合。该地铁站上盖万胜广场占地面积 4.1 万 m²，总建筑面积 32 万 m²，是集地铁指挥中心、商业中心、商务办公、公交站场于一体的综合物业。在建设过程中，创新采用了"出让 + 配建"模式，由广州地铁集团有限公司担任万胜广场的开发主体，负责统筹物业开发和地铁功能，广州地铁集团有限公司对项目主体工程采用 BT 融资模式，有效实现同步规划、同步开发、同步实施和一体化设计。

3. 城市更新使老城市焕发新活力

随着经济的发展，广州城市规模不断扩大。由于城市用地的迅速扩展，越来越多原本处于城乡接合部的村镇被纳入城市规划区范围。广州市于 2016 年 11 月在全国率先开展老旧小区改造工作，尊重城市发展规律，严控增量、盘活存量，开展城市更新与修补。将细致功夫应用于旧城微改造，实现"小动作，大收获"的积极成效。

广州市于 2017 年 12 月被列入住房和城乡建设部公布的老旧小区改造试点城市，于 2018 年 6 月印发《广州市老旧小区改造三年（2018—2020）行动计划》，明确推进 779 个重点老旧小区的改造工作，涉及 59 万户居民、约 3.17 万幢楼房。截至 2020 年 4 月，已累计完成 349 个小区的改造，惠及 47 万户家庭的 150 万居民。

著名"网红打卡地"荔湾区永庆坊就是广州市将新元素和传统文化相结合，为老城区注入新活力的典型代表（图 6）。永庆坊在改造过程中保留岭南建筑民居的空间肌理，保持原有建筑的轮廓。改造过程中植入新元素，让更多时尚活泼的元素融入其中。永庆坊一期主要集中了咖啡店、文创店、民宿等业态，二期项目继续引入商业、文化展示、文创办公三大类业态，增加新元素，注入新活力。永庆坊城市更新项目以减量规划为目标，要求道路拓宽的红线避让历史文化保护的紫线，保留了原有的外围历史风貌。历史和现实的有机结合为永庆坊打造了一张都市新名片。

在城市更新机制方面，广州市也开展了有效的创新实践。老城区的城市更新需要投入大量资金，政府财政资金远远无法弥补城市更新的巨大资金缺口。永庆坊在城市更新过程中采用 BOT（建设—经营—转让）模式，引入专业房地产公

图6　永庆坊粤剧博物馆一角

司，在城市更新过程中探索更加专业化和市场化的机制，成功实现了永庆坊的独立式后续管理和养护。

4. 以人为核心的城市和交通体系

广州市交通体系的规划建设目标体系已经从"设施"转向了"服务"，正在以高质量服务为核心构建全市交通体系（图7）。现状广州通勤时间在45min以内的人口比重为79.1%，比北京、上海、深圳都高。步行"15分钟生活圈"内可以通过慢行交通系统便捷地衔接各类商业、交通、教育、医疗、休闲等公共服务设施（图8）。中心城区的公共服务设施类型更加丰富多样，步行"15分钟生活圈"可以接触7类以上的公共服务设施。

"十四五"期间，广州市提出与粤港澳大湾区城市60min轨道交通直达，广佛、穗莞中心30min互通，中心城区与南沙副中心、外围组团30min直达

图7　中山大道以公交站点为核心的服务圈

图 8 广州市良好的行人过街环境以及
行人和公交接驳方式

的发展目标。"15 分钟生活圈"内要进一步提高产业多样性，增加公共服务配套设施，降低生活成本。要形成以轨道交通车站为中心的社区生活圈，着重引导车站与周边地块直连直通，实现轨道交通车站步行 15min 的服务半径提高20%。

四、生态城市、绿色交通发展的广州特色

1. "双微改造"工程，精细化交通管理

为了保证交通系统高效运行，广州市创新提出了多项措施。"双微改造"是指"交通微循环"和"拥堵点微改造"，是广州市交通管理部门为了落实市委、市政府着力推进"干净、整洁、平安、有序"城市环境的重要举措。通过车道瘦身、待行区、借道左转、可变车道、非机动车过街通道、转弯导向线、对角横道线、潮汐车道、右转待转区等措施提升路段通行秩序和通行能力。目前已完成 27 个片区、点位的"双微改造"，通行效能整体提升 10%~20%。

（1）非机动车道引导线及通行等候区

广州市在全国首创提出设置非机动车道引导线及通行等候区，为非机动车提供了"安全通道"和等待区域，引导非机动车文明安全出行。已在中山路与教育路等 7 个路口启用，路口右转弯延误时间缩短 4%。

（2）"对角斑马线"

对于通行行人流量大、面积适宜的路口，在原 4 条矩形斑马线的基础上，新划设了沿对角线的两条，为行人提供更加直接的过街方式，节省过街时间，让路口交通设置更加人性化。"对角斑马线"措施在越秀区德政路与豪贤路路口、海文路与海月路等路口均有实施。

（3）借道左转

以恒福路与淘金北路路口为例，由于淘金北路是附近区域唯——条具备东西双向交通转换能力的道路，且只有一条车道承担转弯功能，导致出行高峰期车流排队情况严重。改造中，在优化交通标识系统的基础上，通过借用对向车道设置左转车道。措施实施一个月后，平均延误时间缩短 14.2%。借道左转在林和西横路与广州大道中路路口、天府路与中山大道路口等处均有实施。

同时，广州交警通过对海印桥东往北方向与西往南方向上桥等实施匝道合流路段交替通行，对上下九、珠江新城、合德路等片区实施单向交通组织，对人民桥、广州大道南—逸景路等路段实施潮汐可变车道等举措，重新合理分配路权和完善通行规则，打通道路微循环，用"绣花"功夫指导优化交通组织。通过强化交通供给侧结构性改革保障供需均衡，有效提升了道路通行品质。

2. 因地制宜构筑高品质的公共交通系统

广州通过有轨电车和 APM 线的建设、多元化交通车辆的选择和使用、人性化的服务等方式完善了城市公共交通系统。

为实现珠江新城核心区的交通疏导、服务重要旅游景点、分流地铁 3 号线客流，广州市建设广州地铁 APM 线，采用自动导向轨道交通系统线路和无人驾驶列车，通过小编组（1 或 2 节车厢）、短站间距、全程一票制、出站不检票的方式提升运行效率。

广州市还开通运营 2 条新型有轨电车，分别是广州有轨电车海珠环岛线（THZ1）和黄埔有轨电车 1 号线（THP1）。THZ1 线于 2014 年 12 月 31 日正式开通试运营，线路全长约 7.7km，呈东西走向，始于广州塔站，可与地铁 3 号线、APM 线换乘，止于万胜围站，可与广州地铁 4 号线、8 号线换乘，成为城市轨道交通系统的有效补充和延伸。同时，THZ1 线沿珠江途经广州塔、磨碟沙公园、琶醍、岩浆广场和琶洲会展片区等景点，设置 11 座地面站车站，并在站内设遮阳棚。通过这样精心的布线和人性化的车站列车设计，海珠环岛线有轨电车成为广州旅游"打卡"景点，被誉为广州"最美 7.7km"，2019 年完成客运量 406.86 万人次。

3."旅游＋交通"实现交通多样化组合

广州作为历史文化名城、广府文化的辐射中心，蕴含深厚的文化底蕴，拥有丰富的旅游资源。为落实"一心、一轴、四片"的市域旅游发展总体布局，广州市在旅游交通方面进行了大量尝试，实现传统格局、时代风貌与岭南特色的有机结合。

在公共交通方面，广州市自主经营城市新中轴线、千年古城线、西关风情线等双层巴士旅行线，提供"旅游＋公共交通＋文化"的公交服务。线路主题涵盖广州的古代史、近代史和现代史，成为出游旅客了解广州的必选项目之一。同时，双层巴士采用 LNG（液化天然气）车型，节能环保。

广州有轨电车和 APM 线则采用"旅游＋交通"的方式，融合当代元素打造主题车厢、主题列车等，成功将交通的派生性需求转化为本源性需求。

在慢行交通系统方面，广州市气候宜人，被称为"花城、绿城、水城"，适合慢行交通发展。黄埔区、南沙区、越秀区、增城区构筑了完善的步行系统，在人行道边和天桥顶部都设有具备遮阴、避雨功能的连廊，在人行天桥步行梯边设置自行车专用推行凹槽。越秀区示范路率先实行"小转弯半径"改造，通过缩小转弯半径的方式实现在人流较大的交叉路口降低车行速度，最大限度地保障步行系统的安全。

4."碧水蓝天"工程，打造亲水休闲带

广州市实施"碧水蓝天"工程，包括江河安澜的雨洪通道、碧水清流的生态廊道、诗情画意的休闲文化廊道、水陆联动发展的滨水发展带，以生态廊道为核心，形成连通山水、贯穿城区的生态空间。

以东濠涌改造为例。东濠涌北起麓湖，南衔珠江，是广州现存唯一贯穿市中心的河涌，全长4.51km，曾经拥有广州古城"护城河"的美誉。明朝时，东濠涌曾是广州城的交通要道，也是当时广州居民的主要供水渠之一。近代，由于白云山森林被破坏，致使甘溪、文溪水源逐渐干枯，东濠涌河涌淤积，污染加剧，鱼虾绝迹，环境日益恶化，成为广州市民意见最集中的黑臭水沟（图9、图10）。

借助亚运会在广州召开的契机，广州市政府下定决心整治黑臭河涌，将东濠涌作为重点整治工作之一。在治理过程中，广州市水务局创新性地提出了"调水补水"的办法，在珠江前航道江湾桥西侧新建补水泵站，抽取珠江水对东濠涌进行补水，净化处理后自流到下游，使河涌充满流动水。

为了形成以东濠涌为核心的生态美观亲水空间，道路两侧结合沿岸绿化配置，铺装以绿色或灰色透水砖及透水地坪为主。为了形成亲水绿色体系，以东濠涌为基础，两岸建设景观休闲带，修建公共广场、公园等，营造处处赏绿的景观效果，形成了一条全长4.51km的绿色亲水廊道。在10年时间里，东濠涌从一条市民避之而不及的黑臭水沟变身为市民日常休闲活动的公共空间，广州用实际行动诠释了构建生态绿色城市的坚定信念。

5.注重风貌特色保护，交通与历史文化协调发展

广州注重发展与保护的统筹，在走向国际大都市的进程中，落实历史文化遗

图9 改造后的东濠涌源头　　　　　图10 改造后的东濠涌成为居民日常活动的场所

产保护，严格按照国家紫线管理要求，对沙面岛、北京路、华林寺等历史文化街区，陈家祠堂、粤海关旧址和广州农民运动讲习所等文物保护单位及周围环境进行了严格管控。并且对于需要不同程度保护的历史文化遗产，因地制宜地采取相关措施。

以沙面岛为例，全岛面积0.3km²，四面环水，鸦片战争后被割让给英法列强，建筑风格有明显欧陆风貌，目前是广州著名的外事游览区和历史文物保护区（图11）。广州市政府对沙面岛露德天主教圣母堂、苏联领事馆、汇丰银行等80多栋文物建筑进行了全面的

图 11　沙面大街中轴上开辟的人行道

保护和修缮，在保留其原有特色的基础上，改造修复后投入商业使用，并在岛上建设了小学，成为广州市独具特色的旅游景点。为配合文化保护工作，减少因震动、碰撞所造成的路面损坏，减少机动车辆产生的噪声对学校的影响，广州市发布《沙面历史文化保护区保护规划（详细规划）》，实施岛内交通管控，并且通过"三步走"战略使沙面成为真正的"步行岛"。

2017 年，广州市规划部门策划了 7 条"最广州"历史文化步道。根据历史文化街区的特点，用步道的方式串联最能体现"海丝风情"和"广州味道"的文化资源。这 7 条历史文化步道既有体现西关骑楼文化和十三行商贾气息的西关寻踪路，也有串联传统广府美食的"一盅两件"美食路，还有 5km 逛遍广州专业批发市场的"专业街市井路"。2019 年住房和城乡建设部、国家文物局在对全国历史文化名城名镇名村保护工作评估检查通报中点名表扬广州市通过建设历史文化步道串联散落的历史遗存，彰显城市文脉特色，形成"遗产融入城市功能，让生活更美好"经验，认为广州历史文化步道的建设充分发挥了遗产价值，提升了城市功能。

广州兼容、汇聚着灿烂的岭南特色民间艺术，堪称"广府文化发源地"。在传统风俗方面，自明朝以来，广州便形成了独有的春节逛花市、庙会的民俗。广州素有"花城"的美称，市民爱花已经成为一种习惯。一年一次的迎春花市从农历腊月二十八开始，一直持续到除夕夜，已经成为广州人生活的一部分。并且，随着广州城市建设，花市的分布越来越广，规模也越来越大。为确保广州迎春花市和广府庙会的顺利举行，广州市每年都会对部分路段实施临时交通管制，禁止私人车辆通行，让交通为文化空间让路。

《晋书·吴隐之传》中有："广州包山带海，珍异所出，一箧之宝，可资数世。"广州资源的发达、经济的繁华程度可见一斑。广州拥有山水城田海的整体格局和自然禀赋，古城广州具有"六脉皆通海，青山半入城"的城市格局。在两千多年的历史中，城市的中心地位一直没有改变，自古以来就是重要的交通枢纽、商贸中心。尽管曾因规划不足，城市出现了类似摊大饼的发展态势，但目前正逐步向多组团的空间结构发展，对中国大多数城市都有较好的借鉴作用。

其城市和交通发展的主要经验可总结为：尊重历史和自然，将交通体系的建设与城市自然风貌和历史文化有机融合；以广佛同城发展为代表，始终将区域协同作为城市和交通发展的重要战略举措；丰富多元的绿色交通方式，为不同群体提供更多出行选择；交通与空间的耦合发展是实现生态城市建设的重要支撑；以人的需求为核心制定交通发展目标。

注释：

❶ 袁奇峰.分权化与都市区整合："广佛同城化"的机遇与挑战 [J]. 北京规划建设，2015（2）：171-174.

❷ 李文翎，周俊滔，黄竞，等.广州市中山大道 BRT 主干道的联动分析 [J]. 热带地理，2010，30（2）: 156-161.

图片来源：

首图　https://www.gzdaily.cn/amucsite/web/index.html#/detail/2111881
图 1　《广州市国土空间总体规划（2018—2035 年）》（草案公示稿）
图 2　《广州市交通发展年度报告（2020）》
图 3　ITDP，交通与发展政策研究所
图 4　ITDP，交通与发展政策研究所
图 5　《广州市国土空间总体规划（2018—2035 年）》（草案公示稿）
图 6　https://www.ourchinastory.com
图 7　ITDP，交通与发展政策研究所
图 8　ITDP，交通与发展政策研究所
图 9　https://www.meipian.cn/23wid39w
图 10　https://www.sohu.com/a/418338239_99895904?sec=wd
图 11　广州市规划和自然资源局

深圳

一座创造发展契机的城市

一、城市特点

深圳地处华南地区、广东南部、珠江口东岸，东临大亚湾和大鹏湾，西濒珠江口和伶仃洋，南隔深圳河与香港特别行政区相连，是国家经济特区、粤港澳大湾区核心引擎城市、国际科技创新中心和全球海洋中心城市。全市下辖 9 个区，总面积 1997.47km²，建成区面积 927.96km²，常住人口 1768.2 万。

深圳是一座年轻的城市、一座移民城市、一座具有改革开放特征的先锋城市，也是中国城市规划实践最成功的城市之一。深圳的早期发展是按照"集群线性"模式进行的，沿着交通走廊发展一系列集群，这种"多中心、组团式"的空间结构对深圳的城市空间产生了深远的影响。

生态、绿色是深圳城市规划建设一以贯之的理念。深圳人口密度达 6725 人 /km²，是世界上人口密度最大的城市之一，组团结构和公共交通主导的模式有效支撑了高密度城市的功能运行。

深圳城市空间结构和土地利用演变经历了以下阶段。

1. 点状发展（1979~1986 年）

深圳特区成立之初，以毗邻香港的蛇口、罗湖、沙头角为据点启动开发建设。空间布局以产业空间为主，居住、商业及公共配套为辅。其中，罗湖组团发展最迅速，占全市建成区面积的 75% 和全市总人口的 77%❶。

2. 带状组团式发展（1986~1995 年）

1986 年 2 月，《深圳经济特区总体规划》编制完成（图 1）。定位深圳以外向型工业为主，工贸并举，工贸技结合，兼营旅游、房地产等事业。规划沿用组团式格局，将特区划分为五个组团。同时提出福田区作为未来特区主要中心，奠定了福田中心区的规划基础。城市功能中心自东向西迁移的历程由此开始。

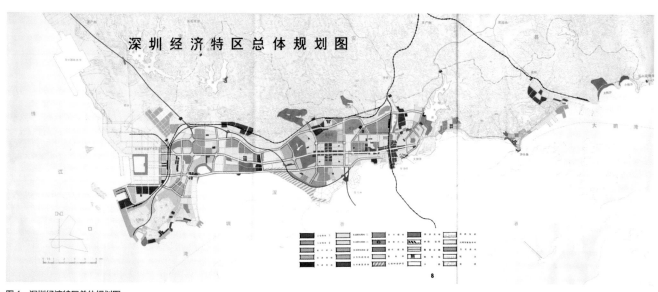

图 1 深圳经济特区总体规划图

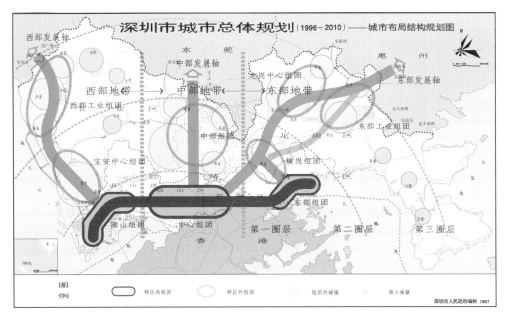

图 2 深圳城市布局结构规划图

3. 轴带 + 圈层发展（1996~2009 年）

《深圳市城市总体规划（1996—2010）》通过全域规划的方式，适应了城市高速增长期的空间拓展需求，第一次将规划区范围扩展到全市域。该阶段深圳城市空间除特区内拓展外，分别以东部、中部、西部三条发展轴引导，支撑特区外围组团快速发展。将福田、罗湖一上步定为中心组团，并明确提出以福田中心区建设为龙头，第二代中心结构逐步成型❷（图 2）。2009 年年底，深圳全市人口995 万，超大城市的格局开始显现。

4. 网络化发展（2010 年至今）

2010 年，国务院批准深圳特区版图拓展至全市，面积从原特区内395.8km² 拓展至市域 1991km²，为深圳城市功能提升释放巨大利好。《深圳市城市总体规划（2010—2020）》提出"三轴两带"的城市空间结构，初步形成网络化组团格局，还提出了以罗湖和福田中心区共同承担市级综合服务功能，培育前海中心作为第三中心，实现中心功能的进一步延伸和分工（图 3）。2016 年，深圳启动新一轮总体规划编制工作。国土空间规划阶段，深圳市更加注重区域协同，打破行政边界，优化配置资源，选择"多中心 + 区域集合"的空间模式，形成多网络化、组团式结构。

作为一座新兴城市，城市规划在引导深圳城市空间有序拓展方面起到了关键性作用，从点到轴再到网络，城市空间基本按照组团式结构在拓展。从罗湖中心到福田中心，再到前海中心，原特区内城市中心一路西移，多中心格局已然成形。外围组团也形成了龙岗中心、坪山中心、光明中心等多个次级中心，多中心格局和便利的轨道交通、完善的公共服务配套设施为市民提供了良好的服务。然而，由于城市快速增长，打破了原本"组团内部功能基本平衡"的规划设想，产生了大量的潮汐交通问题。

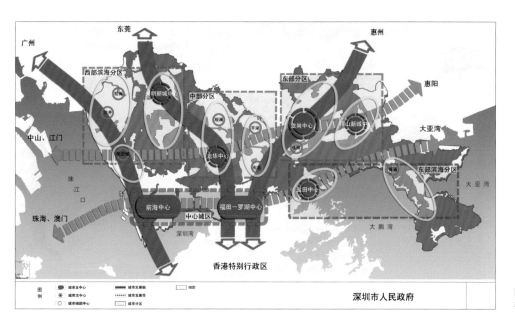

图3 2010版深圳城市总体规划城市布局结构规划图

二、机动化与交通出行特征

深圳城市交通在特区发展建设中起到重大支撑和引导作用，形成了以国际机场、港口、高速铁路、城际铁路、城市轨道交通、道路交通、慢行交通等多种方式紧密配合、高效衔接、立体化的综合交通体系❸。

截至2020年年底，深圳私人小汽车保有量达到353万辆，由于采取车辆牌照限制政策，汽车

图4 深圳街头的新能源车辆

保有量连续两年保持在3%左右的微增，但总量已居广东省首位。2020年，深圳市实现网约车、环卫车全面纯电动化。截至2020年年底，深圳市新能源汽车保有量达到48万辆，约占全市机动车保有量的14%（图4）。

根据深圳市2020年居民出行大调查数据，深圳全方式步行分担率39%，公交分担率在15%左右，私人小汽车出行比例与2016年相比不降反升，电动自行车比例大幅提升至17%（可能与疫情影响有关）（表1、表2）。从出行距离分布来看，1km内的出行占比40%，基本为步行出行，3km以内占比高达66%，20km以上长距离出行占比仅为6.1%。深圳市平均通勤距离8.1km，通勤半径约40km，45min公交服务能力占比57%，在一线城市中表现良好（图5）。另外，深莞、深惠跨界联系进一步强化，深圳都市圈初具规模❹。

| | 深圳市居民出行结构 | | | | | | 表1 |
出行方式	步行	自行车	电动自行车	道路公交	地铁	私人小汽车	出租车	其他
比重	39%	4%	17%	7%	8%	22%	2%	1%

（资料来源：马亮，周军.深圳市居民出行结构演变特征分析及政策启示[R].2019年中国城市交通规划年会，2019.）

深圳市人口密度分布　　　　　　　　　　　　　　　　　表2

分类	区名	常住人口（万人）	平均人口密度（万人次/km²）
中心区	福田区	155.32	1.98
	罗湖区	114.38	1.46
	南山区	181.41	0.97
第二圈层	宝安区	447.66	1.13
	龙华区	253.51	1.44
	龙岗区	397.9	1.02
第三圈层	光明区	109.53	0.70
	盐田区	21.54	0.28
	坪山区	60.87	0.36
	大鹏新区	16.63	0.05

（数据来源：第七次全国人口普查）

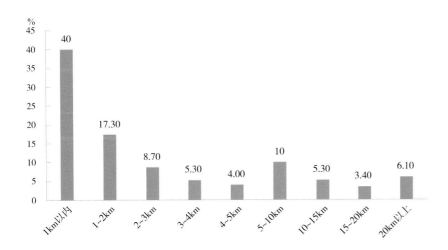

图5　深圳市居民出行距离占比分布

三、公共交通

1. 轨道交通

轨道交通是引导城市集约、有序发展的重要交通方式。深圳市地铁第一条线路于2004年12月28日正式开通运营，深圳市成为中国内地第8座开通轨道交通的城市。截至2022年12月，深圳市地铁已开通运营线路共计16条，全市地铁运营线路总长547.12km。到2035年，深圳市轨道交通规划里程将达到1335km。2022年，深圳市地铁线网全年总客流量约为17.54亿人次，日均客流量为480.6万人次，深圳市地铁线网密度和服务水平均居内地城市前列。

轨道交通已经成为深圳市民通勤和日常出行的重要交通工具。随着乘车码、"深圳通"的广泛应用，乘坐地铁的便利程度大幅提高。同时，人脸识别、脸码互通、掌静脉识别等模块在新开通的14号线车站闸机中也开始应用，"刷脸""刷手"进站为乘客带来更加高效的体验，实现"无感"过闸。14号线列车还首次应用了横向座椅设计，并配置手机无线充电功能，更加贴心地服务乘客出行。岗厦北地铁站"高颜值"的设计也成为深圳新一代"网红打卡点"。地铁站

图6 岗厦北地铁站实景

不再仅仅是单一、标准化的交通设施，更是展现特色、个性和文化的公共活动场所（图6）。

2. 地面公共交通

2018年，深圳市获得"国家公交都市建设示范城市"称号，在"绿色、速度、品质、智慧、融合"五个方面展现出了深圳公交优势。深圳市公交专用道网络规模达1015.7km，高峰期公交车速较初期提升20%，人均节约出行时间11min。同时，创新出台公交"差异化"补贴政策，实现轨道公交一次换乘比例可达87%；积极开设预约公交、社区微巴、跨市公交及高峰专线，高峰期公共交通分担率提高至62.6%❺。以社区微巴为例，采用7m以下纯电动车，可以进入社区次支道路，真正服务"最后一公里"，为市民出行带来极大便利。

值得一提的是，深圳在全国率先探索"轨道—公交—慢行"三网融合发展模式，打造"1公里步行、3公里自行车、5公里公交、长距离轨道为主"的一体化城市公共交通体系，并在全市建设不少于10处公交"三网融合"示范点，打造"微型枢纽"，将"无缝衔接"落到实处❻。以松岗地铁—公交换乘微枢纽为例，采用双港湾式公交站台，与松岗地铁站零距离换乘，整合始发线和途经线资源，为居民提供更高质量的绿色交通服务。

图 7　深圳龙华有轨电车运行实景　　　　　　　　　　图 8　局促的慢行空间实景

3. 中低运量交通

以龙华有轨电车、规划坪山云轨、规划空港新城云巴等为代表，深圳市在中低运量轨道交通方面也开展了一些实践。其中，龙华有轨电车已于 2017 年正式运营。

深圳市龙华区长期承担中心区居住功能，2011~2020 年无新增轨道交通线路服务，居民出行不便。龙华有轨电车接驳轨道交通 4 号线，服务中短距离出行，为缺失轨道交通服务的商业、居住、产业功能区提供较高品质公交服务。客流从运营初期的 1.3 万人次 /d 增至 3.1 万人次 /d，其中转移私人小汽车客流14.6%，运行效果良好。有轨电车行驶于道路中央绿化带和地面道路，成为城市一条独特的风景线。2021 年 "119" 消防安全宣传月期间，龙华有轨电车变身 "龙华火焰蓝号" 消防主题专列，车身采用消防车的鲜艳红色，并展现不同服装、不同活动的消防员形象，将公共交通设施和城市文化宣传深度结合，发挥了重要作用（图 7）。

四、步行与自行车交通

1985 年，由于深圳城市规模小，自行车作为居民出行主要交通工具进入居民家庭，自行车交通出行比例一度高达 44%，城市新建道路都设置了自行车专用道。但随着 20 世纪 90 年代机动化交通的快速推进，"慢行" 为 "快行" 让路，深圳市提出逐步采取抑制自行车交通增长、发展公共交通规划的交通策略，主要干道上取消了自行车道，新建道路仅在部分次干道设置自行车道，深圳的自行车道被悄然从城市道路合并到了人行道上。

在慢行复兴的潮流下，共享单车出现在大街小巷。但从步行及自行车出行者的角度而言，大部分道路断面并不友好，主要体现在连续性差、安全系数低、混行严重、慢行环境有待提升等方面（图 8）。目前中心城区正在探索自行车专用通道的规划设想，希望为市民提供优质的出行体验。

与完全依托城市道路的交通性步行与自行车系统不同，深圳市在休闲慢行系统方面作出了表率。近年来，深圳湾、香蜜湖、华侨城、盐田滨海栈道等一批风景优美、安全舒适的绿道建成，为市民提供了高品质的慢行环境，满足新一代骑行者锻炼和休闲需求，也成为深圳人平日休闲的重要目的地（图9）。这里有悠悠的海风轻拂，层峦叠翠的山林环绕，城市绿道蜿蜒于山、海、城之间，成为深圳人的休闲乐园，人们在此露营、溯溪、徒步、健身，山海的辽阔冲淡城市的喧嚣，也为城市再度注入活力。

图9　深圳湾绿道

五、典型案例发展回顾与分析

1. 探索 TOD 开发模式

深圳毗邻香港，是内地首座实践 TOD 的城市，秉持"建轨道，就是建城市"的发展理念，始终注重交通发展与城市空间的耦合。

以深圳地铁 3 号线为例，其又称"龙岗线"，打破东部交通走廊瓶颈，强化龙岗区与罗湖区、福田区联系。地铁 3 号线潜力用地大多集中于发展相对滞后的龙岗区，通过对沿线土地资源的梳理，确立分期土地开发计划❼。以横岗站为例，其建成开通后，站点周边开发密度大幅度提高，实现了 TOD 对新城空间的有效引导。

连城新天地是高效利用轨道交通、实现地下空间活化的优秀案例（图10、图11）。其前身是深圳轨道交通 1 号线一并兴建的人防设施，目前已经成为深圳运营最为成功的地下商业街，铺位出租率接近 100%。连城新天地串联福田站、市民中心和岗厦北站，总长度 663m，建筑面积 2.7hm²，通过 19 个地下出入口与周边购物中心、甲级写字楼连通。商业街业态以"亲民范儿"为主，通过半地下空间、地下喷泉、休息座位布设等设计手段，尽可能回避地下空间的缺陷，提升消费者体验。

图10　连城新天地局部采用半地下空间

从轨道二期建设开始，深圳地铁不断探索投（融）资新模式。以前海湾车辆段为例，通过上盖开发筹措资金，探索车辆段综合开发模式。

图11　连城新天地地下空间实景

2. 综合枢纽的进化足迹

近年来,深圳市推动国际竞赛及招标的综合枢纽类项目十余个,"枢纽"作为多层次网络的锚固节点,成为下一阶段规划建设、品质提升的关键节点。深圳可谓迎来了"枢纽时代"。

(1)第一代枢纽:罗湖火车站及口岸枢纽

罗湖火车站历史悠久,是一座"百年老站",临近罗湖口岸,通过广深铁路—港铁东铁线实现内地与香港的直连。2004年,罗湖口岸及火车站片区改造完成。将地铁1号线引入联检广场下方,以地下交通层为纽带,使罗湖口岸、火车站、地铁三大交通设施与罗湖商业城、人民南商圈相互实现了轨道交通的无缝接驳,构建成一体化的交通空间综合体(图12)。

(2)第二代枢纽:福田高铁站枢纽

福田高铁站是亚洲最大的地下铁路客运站,集高速铁路、城市轨道交通、常规公交等多种交通方式于一体(图13)。该项目2006年立项,2015年开通运营,总建筑面积达14.7万m²,站场规模4台8线。2018年日均发送旅客约4万人次,设计最高旅客发送量6000人次/h。

福田枢纽通过地下空间缝合东侧深圳市民中心、周边轨道交通站点及商业设施,塑造以轨道交通为核心的服务体系,形成"站城融合"的地下空间。设计轨道交通接驳分担率达到86%,依托便捷的地下步行网络,与轨道交通1号线、2号线、3号线、4号线、11号线实现紧凑换乘。福田高铁站是践行"高铁进中心"理念的杰出代表,为中心城区高端商务出行提供快捷、稳定、便利的出行方式,为进一步激活中心区活力创造条件。

(3)第三代枢纽:西丽综合交通枢纽

西丽综合交通枢纽是深圳国家铁路客运"三主四辅"的主枢纽之一,是集国家铁路、城际轨道交通、城市轨道交通等多种交通方式于一体的综合交通枢纽,规划13台25线(图14)。其位于广深创新走廊的轴线,串联西丽湖国际科教城、留仙洞总部基地、高新园、后海总部基地等重点片区。

图12　罗湖火车站及口岸片区建成后现状

图13　福田高铁站建成后现状

图14 西丽枢纽规划效果图

图15 独立、连续的自行车道实施效果

西丽综合交通枢纽作为深圳新时代枢纽规划建设的代表，更加注重"空间统筹"和"站城融合"。根据相关规划，西丽综合交通枢纽将引入赣深客专、深茂铁路、深汕铁路、深珠城际4条高速铁路，深惠城际、深莞增城际2条城际铁路和轨道交通13号、15号、27号、29号线4条城市轨道交通线路，成为深圳最重要的对外交通门户和城市交通转换节点。

3. 福田中心区品质提升

福田中心区规划兴建于20世纪90年代，是深圳市委、市政府办公驻地，深圳最早的几个核心区之一。

为改善福田CBD服务品质，福田区启动中心区街道品质提升工程，并于2020年完工。改造形成27.7km独立自行车道，总长度占福田中心区道路总里程的50%以上，形成网络连续的骑行通道❽（图15）。福田中心区大幅改善机非混行状况，优化交通秩序和出行环境，使在福田CBD工作的白领们可以通过共享单车等交通工具出行，提高绿色交通的吸引力。改造后，居民家门口出现的若干"口袋公园"也成为居民日常休憩、锻炼、遛娃等活动的重要场所，深受福田中心区居民的欢迎。

4. 智慧交通的先行者

深圳市的智能交通发展水平一直在全国处于领先水平。深圳市先后开展了多轮全市智能交通总体规划，搭建不同时期发展需求的总体框架，有利地指导了深圳市智能交通的发展。

（1）智能公共交通

据深圳通有限公司和深圳巴士集团的调研，智能交通服务在深圳市公共交通方面已有较为广泛的应用，为市民生活提供了极大便利。

一卡通深圳。深圳通有限公司在2020年推出"轨道、公交一码通乘"产品和深圳湾口岸"一码通深港"产品，市民通过在"深圳通"App上购买跨境巴士票、含2元的深圳公交产品，可实现联程出行。未来深圳人公交出行将更加便利，省去购票环节，甚至可以通过手机NFC直接刷卡，实现"一码通湾区"，县垒"一码通全国"。深圳通有限公司还在探索与小区物业合作，将公交卡与门禁卡绑定，实现"门到门"服务。

科技园 MaaS 应用。深圳湾科技生态园是高新技术园区，有近 18 万个就业岗位，每天出行总量在 20 万人次左右，其中 80% 都选择公共交通出行。但由于园区离地铁站比较远，常规公交可达性比较差，"最后一公里"常常需要靠步行或者共享单车来完成。深圳巴士集团采用 MaaS 模式，采用固定线路，灵活切换、动态响应，实现发车计划与出行需求动态匹配，并提供一站式出行助理服务，乘客通过微信小程序预约，云端根据预约、路况等因素实时生成发车指令，同时动态匹配到发车端，实现轨道 + 公交的无缝接驳服务。MaaS 线路开通以来，大幅提升了市民的出行体验，出行时间缩短了 15%。同时，缓解地铁站点的出行压力，吸引更多绿色出行，高新园线营收也达到了原来线路的 4.1 倍。

（2）智慧道路"侨香路"实施

侨香路是深圳市东西方向一条重要的现状城市主干路。在传统交通监控（信号灯、电警／卡口、视频监控）的基础上，通过道路的智能感知、管控与服务设施建设，构建智能化的设施管养和交通治理体系（图 16）。

侨香路以智慧灯杆、电子警察杆、路牌等形式，整合道路设施，净化道路空间，使市民的步行空间更加舒适和连续。整合后，杆件总体数量减少 32%，其中小型标志杆和监控杆件减少 65%❾。同时，改造电子警察设备，全面提升车辆、行人及交通事件监测能力，针对闯红灯、不礼让行人、不系安全带、路口违法掉头等违法行为实现智能执法。借助灯杆设置行人信息屏，提供免费 Wi-Fi，动态发布交通设施服务信息、交通诱导信息、周边公共服务信息等，便于市民出行，改善市民的交通出行体验。

5. 大沙河生态长廊整治

2016 年，大沙河生态长廊项目全面启动，从黑臭水体、厌恶性空间，到生态长廊、优质的休憩场所，大沙河在发生着"蝶变"。在大沙河生态修复综合整治工程中，创新采用"综合整治—景观提升—产业升级"治理模式。实施"源头减污、管理控污、末端治污"的全流域系统治水模式，推进生态景观长廊项目，并推动河道周边经济转型。

如今的大沙河生态长廊面貌焕然一新，澄清的河水、绚烂的鲜花、成群的白鹭、漫步的绿道，使这里成为市民休闲游憩的优质空间，也吸引着沿线居民通过绿色的交通方式出行、通勤（图 17）。大沙河的整治是城市尊重自然、

图 16　侨香路现状实景

图 17　大沙河生态长廊实景

热爱自然、与自然和谐相处的优秀案例，水质的提升根本性地改善了生态环境，也使这里成为水鸟和林鸟的乐园，被称为深圳的"塞纳河"。

六、城市亮点与经验借鉴

1. 轨道交通与 TOD 发展

深圳城市与交通规划受香港影响颇深，受制于相对局限的土地资源，高密度、集约化开发是深圳的必然选择。作为内地较早探索 TOD 模式的城市，深圳在轨道交通规划和建设阶段，始终秉持着"建轨道，就是建城市"的发展理念，促进轨道交通站点与用地空间深度融合。围绕轨道交通站点，强化衔接服务，扩大影响范围，提升轨道交通站点影响范围内覆盖人口和岗位比重。以综合开发、轨道＋物业等模式，激发站点活力，促进城市高密度、有序集聚和发展。轨道交通站点与周边用地开发的深度融合，为市民轨道交通出行提供便利，提高了绿色出行的分担率。部分轨道交通站点成为"网红打卡点"，从单纯的交通设施转向公共空间，提供更高品质的服务和更丰富的体验。

2. 特色绿道规划建设经验

深圳市将绿道层级划分为区域级、城市级及社区级，明确建设主体、管理主体和服务对象，从而推动绿道体系快速建设，逐步形成基本独立于城市道路体系的绿道网络。当前，绿道已经成为深圳市民周末和假期休闲游憩的重要场所，是深圳的标志性名片。"山海连城"的绿道体系为忙碌的人们打造了一方悠闲、静谧的天地，是市民亲近自然、与自然和谐相处的真实写照。

3. 智能交通发展经验

深圳在智能交通发展方面，始终位于国内城市前列。深圳市实施"大交通"管理模式，对交通行业内部数据整合和综合利用有明显优势。深圳市交通运输局搭建和完善一体化交通运输管控平台，整合综合交通系统大数据，构建"全息感知、一体监测、精准预警、调度指挥、全程服务"的新一代交通运输智慧管控体系。在规划、设计阶段，充分利用大数据手段，精准识别市民出行需求，制定相应引导对策。在管理、运维等阶段，探索智慧化、精准化、自动化的管理服务模式。针对交通拥堵、轨道交通"最后一公里"可达性差、人车冲突安全隐患、便利政务服务等具体问题，充分挖掘数据价值，提升解决方案的有效性和针对性，并通过事前预测和事后评估持续优化城市交通治理水平。

4. 生态环境整治经验

从黑臭水体到生态长廊，大沙河的治理是深圳生态环境整治的杰出样板。深圳市在生态优先的基本理念指导下，保障安全底线，首先确保河流的城市防洪功能；然后根据河道沿线的不同特点、功能和业态，分段提出控制要求和建设标准，从"学院之道"到"城中森林"，再到"活力水岸"，生态长廊在不同区段展现出不同的魅力。这里是花开四季的美丽河滨，紫花风铃木、凤凰木、蓝花楹，鲜花萦绕；这里是活力四射的生态走廊，成群的鱼儿、浅滩上的白鹭、草间的彩蝶，悠闲生活；这里也是亲近自然的绝佳场所，忙碌的上班族、晨练的老人、游戏的小朋友，都能在这里找到属于自己的空间。

注释：

❶ 陈可石，杨瑞，刘冰冰．深圳组团式空间结构演变与发展研究 [J]．城市发展研究，2013（11）：22-26

❷ 陈一新．深圳福田中心区（CBD）城市规划建设三十年历史研究（1980—2010）[M]．南京：东南大学出版社，2015

❸ 《深圳市综合交通体系规划（2013—2030）》

❹ 中国城市规划设计研究院，《2020 年度全国主要城市通勤监测报告》

❺ 黄敏，娄和儒，程长斌．深圳市公交都市建设理论与实践 [M]．北京：人民交通出版社，2014

❻ 《深圳市轨道—公交—慢行三网融合工作方案》（2019）

❼ 《深圳轨道二期工程开通后出行特征调查及分析》（2011）

❽ 覃国添，梁立雨．品质交通解读与深圳实践——以深圳市福田中心区街道品质提升为例 [J]．城市交通，2019（17）：54-61

❾ 欧舟，张昕，徐巍．城市智慧道路建设与思考 [R]．2019 年中国城市交通规划年会，2019

图片来源：

首图　深圳档案信息网

图 1　《深圳经济特区总体规划》，1986

图 2　《深圳市城市总体规划（1996—2010）》

图 3　《深圳市城市总体规划（2010—2020）》

图 5　马亮，周军．深圳市居民出行结构演变特征分析及政策启示 [R]．2019 年中国城市交通规划年会，2019

图 7　https://baijiahao.baidu.com/s?id=1715045233907481680&wfr=spider&for=pc

图 14　凯达集团有限公司联合体，深圳西丽综合交通枢纽城市设计竞赛中标方案简介（2020）．

图 16　https://m.thepaper.cn/baijiahao_3947933

天津

彰显津沽海河文化与绿色生态文明的北方大港

一、城市概述

天津市，简称"津"，意为天子经过的渡口，别称津沽、津门，是四座直辖市之一，是中国北方最大的沿海开放城市、中国历史文化名城、中国首批优秀旅游城市。2021年，《天津市国土空间总体规划（2021—2035年）》将天津定位为：全国先进制造研发基地、北方国际航运核心区、金融创新运营示范区、改革开放先行区。

1. 区位条件

天津地处海河流域下游，东临渤海，西接北京，北靠燕山，是海河、子牙河、南运河、永定河、大清河、北运河的交汇处，也是出海口，被誉为"九河下梢"，又有"河海要冲"之称。天津是我国北方最大的港口城市，与北京相距120km，是通往首都的关键点和门户，也是中蒙俄经济走廊东部起点，在战略层面上既是海上丝绸之路的支点，也是"一带一路"的交汇点。天津所拥有的便利交通条件和优越的地理位置使其成为从中国通往全世界的重要枢纽。

2. 地形地貌

天津地质构造复杂，大部分被新生代沉积物覆盖；地势以平原和洼地为主，北部有低山丘陵（图1），海拔由北向南逐渐下降。其北部最高，海拔1052m；东南部最低，海拔3.5m。

天津有山地、丘陵和平原三种地形，平原约占93%。除北部与燕山南侧接壤之处多为山地外，其余均属冲积平原，蓟州区北部山地为低山丘陵。靠近山地的地区是由洪积冲积扇组成的倾斜平原，呈扇状分布。倾斜平原往南是冲积平原，东南是滨海平原。

3. 生态系统

天津山水林田湖草海生态要素齐聚，兼有森林、湿地、海洋三大生态系统，野生动植物种类繁多，生物多样性十分丰富。在森林生态系统方面，天津北依燕山，具有北暖温带落叶阔叶林典型森林生态系统类型，是华北地区重要的生物种质"基因库"。在湿地系统方面，天津湿地总面积2956km^2，占全市总面积的17.1%，被誉为"华北之肾"，包括河流湿地、湖泊湿地、沼泽湿地、人工湿地、近海与海岸湿地五大类型，类型齐全、资源丰富、生态功能多样。在海洋生态系统方面，天津的海岸线长153.3km，海滩是世界著名的粉砂淤泥质海滩之一，坡度平缓，土质肥沃，具有丰富的海洋生物资源。

4. 人口和土地

天津市常住人口1373万，市区面积11966.45km^2，市区人口密度966人/km^2（表1）。

天津市现有耕地329561.50hm^2，园地36919.82hm^2，林地148261.73hm^2，草地14988.87hm^2，湿地32722.20hm^2，城镇村及工矿用地332245.78hm^2，交通运输用地45295.53hm^2，水域及水利设施用地237308.02hm^2。

图1 天津市北部山区层林尽染

2020 年天津市基本数据			表1
全市常住人口（万人）	1373.00	市区面积（km²）	11966.45
全市户籍人口（万人）	1151.56	市区人口密度（人/km²）	966
常住人口城镇化率（%）	84.88	中心城区面积（km²）	4334.72
户籍人口城镇化率（%）	72.2	中心城区人口密度（人/km²）	21802

5. 国土空间总体规划 ❶

以资源环境承载能力和国土空间开发适宜性评价为基础，充分对接京津冀生态体系，构建"三区两带中屏障、一市双城多节点"的市域国土空间总体格局（图2）。

其中，"三区"即北部盘山—于桥水库—环秀湖生态建设保护区、中部七里海－大黄堡－北三河生态湿地保护区和南部团泊洼水库—北大港水库生态湿地保护区，"两带"即西部生态防护带和东部国际蓝色海湾带，"中屏障"则指双城中间绿色生态屏障。"一市"即中心城市，是城市功能集聚的主体地区；"双城"指津城和滨城；"多节点"即武清城区、宝坻城区、静海城区、宁河城区、蓟州城区。

通过市域国土空间总体格局的塑造，进一步落实了"生产空间集约高效、生活空间宜居适度、生态空间山清水秀"的空间优化要求，有利于推进生态文明建设，加快形成绿色生产方式和生活方式，提升城市紧凑度，防止城市蔓延连绵发展。

落实京津冀协同发展战略，对接"一核、双城、三轴、四区、多节点"的区域空间结构，强化京津双城联动发展，形成"一轴、两带、三区"的市域空间结构。以保障生态安全为前提，推进区域协调与城乡发展，统筹优化生产、生活、生态三大空间格局。

1）"一轴"为京滨综合发展轴

以武清—中心城区—海河中游地区—滨海新区核心区为主体，构建京滨综合发展轴，对接首都核心区，支撑京津双城联动发展。

2）"两带"为西部城镇发展带和东部滨海发展带

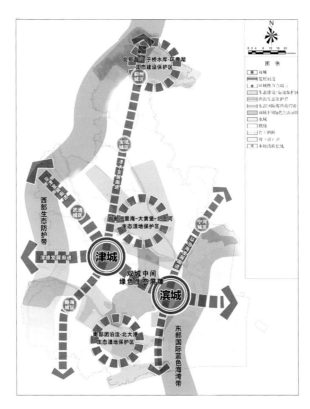

图2　国土空间总体格局规划示意图

西部城镇发展带串联蓟州城区—宝坻城区—中心城区—西青城区—静海城区等地区，向北对接北京并向河北北部、内蒙古延伸，向西南辐射河北中南部，并向中西部地区拓展。应重点推进区域节点城镇建设，培育区域性专业化职能，强化城镇产业集聚，辐射带动冀中南地区发展。

东部滨海发展带串联宁河城区—生态城—滨海新区核心区—大港城等地区，向南辐射河北南部及山东半岛沿海地区，向北与曹妃甸和辽东半岛沿海地区呼应互动，是拓展滨海新区辐射带动效应、整合环渤海地区的重要依托。

二、机动化与交通结构特性

天津市 2021 年全市民用汽车拥有量 360.03 万辆，比上年末增长 9.29%，其中私人汽车拥有量 309.54 万辆；民用小汽车 223.70 万辆，其中私人小汽车 206.16 万辆。

天津市中心城区家庭户人口总量 450 万，日出行总量为 1089 万人次，全人次日出行率为 2.42。居民出行以慢行交通为主，占比 67%（其中步行占比 34.1%，自行车占比 23.8%，电动自行车占比 9.1%）；小汽车占比 17.4%；出租车占比 3.4%（其中网约车占比 1.4%）；常规公交占比 8.5%；轨道交通占比 2.9%；班车占比 0.8%。

天津市中心城区居民平均出行距离约 5.7km，排名前三的出行方式依次为班车 28km，轨道交通 12.1km，小汽车 9.3km。平均每人每次出行时耗约 30.5min，排名前三的出行方式依次为班车 70.5min，轨道交通 52min，常规公交 46.6min（表2）。

天津市中心城区居民出行方式构成 表2

居民出行方式	占比（%）	出行距离（km/人次）	出行时耗（min/人次）
步行	34.1	1.4	18.7
自行车	23.8（共享单车9.9）	2.9	24.1
电动自行车	9.1	4.8	30
小汽车	17.4	9.3	37.6
出租车	3.4（网约车1.4）	7.9	37.8
常规公交	8.5	8.3	46.6
轨道交通	2.9	12.1	52
班车	0.8	28	70.5
平均	—	5.7	30.5

三、绿色交通

1. 公交都市建设

天津市大力发展城市公共交通，形成以轨道交通和快速公交为骨架、常规地面公交为主体、出租车等多种方式为补充的线网等级清晰、枢纽布局合理、换乘便捷的一体化客运交通模式。

（1）城市地铁

天津地铁首条线路于1984年12月正式开通运营，是中国大陆第二座开通轨道交通的城市。

根据《天津市统计年鉴（2022）》，2021年天津市地铁通车里程达265km，全国排名由第13位提升至第11位。地铁全线网开通运营线路8条（段）、车站164座、线网换乘站19座。全年轨道交通完成客运量4.65亿人次，日均客运量127.29万人次，最高日客运量184.28万人次，运行图兑现率和列车正点率均保持在99%以上。

截至2022年年底，天津地铁在建线路共有7条，分别为4号线北段、7号线一期、8号线一期、11号线一期、B1线一期、Z2线一期和Z4线一期。城市轨道交通由地铁、轻轨、市郊铁路、有轨电车等多种形式组成，规划市域范围轨道交通主通道总长度约980km。根据《天津市城市总体规划（2015—2030年）》，未来将进一步强化轨道交通市域线网络的互联互通，预留中心城区、滨海新区核心区与重要功能组团的轨道交通联系通道，加强两大核心区与外围组团的连接。

（2）有轨电车

天津市作为中国第二座建设有轨电车的城市，于1904年开始修建，1906年6月第一条公交线路白牌环城有轨电车开通运营，是中国第一座建设和开通公共交通系统的城市。在"淘汰有轨、维持无轨、大力发展公共汽车"的公共交通发展战略指导下，有轨电车线路于1964~1973年全部拆除。此后建设的无轨电车线路也于1995年全部拆除。百年轮回，2007年5月，与人们阔别了几十年的有轨电车又出现在天津滨海新区，正式投入试运营。以天津滨海新区有轨电车1号线为新交通项目的试验线（图3），是国内首条商业运营的导轨电车线路，从津滨轻轨泰达站（原洞庭路站）出发，沿洞庭路一路经过开发区核心地段，直达天津科技大学滨海校区，并预留南向塘沽和北向北塘延伸的条件。有轨电车

1 号线是一条纵贯天津开发区西部南北方向的客运交通线，主要服务于沿线的企事业单位。线路全长 8.8km，均为地面线，共设车站 14 座、牵引变电所 5 座，设置车辆段 1 处。其车站全部为地面站，采用岛式站台，站台类型与公交车站类似，为简易车站。同时，该线路具

图 3　天津滨海新区有轨电车 1 号线

有观光旅游、规模充足、视野通透等功能性特点。

（3）公交汽（电）车

截至 2021 年，天津市有公共交通运营企业 13 家，公共汽车车辆总数 13258 辆，公交线路 1011 条，线路长度 27713km，公交场站 274 个，全年客运量 6.91 亿人次。天津市不断优化调整公交线路，填补线网空白，重点解决东丽湖东部、精武镇鸿信路、大寺新家园北部等地区的出行问题，为国家会展中心运营配套调整 11 条公交线路。与此同时，逐步优化郊区公交线网，对滨海新区和环城四区的部分公交线路进行优化，解决保利玫瑰湾、迎水道延长线两侧居住区出行不便的问题。强化公交同地铁的接驳，结合实施公交与地铁优惠联程政策，对 17 条地铁接驳公交线路进行优化，强化公交与地铁两网融合。2021 年共计优化调整公交线路 89 条。为提高公共交通吸引力，真正实现惠民便民，自 2021 年 6 月起，天津市实施公交与地铁优惠联程措施，90min 内乘坐公交换乘地铁或者地铁换乘公交可减免 1 元乘车费用，降低乘客换乘出行成本，引导乘客远距离换乘出行。

2. 绿道系统建设

（1）生态城绿道——蓟运河—永定洲公园段

作为生态城"花园城市"建设的重点内容之一，生态城绿道贯通及优化提升工程主要以绿道为主线，串联起区域内十余个特色公园，用"一条道"串起"一片绿"，构成"一环一廊一湖"，成为环绕全城的绿色生态景观廊道（图 4）。根据规划，沿生态城绿道将形成滨海观鸟、海堤观潮、运河湿地、河湾风情、生态绿谷、文化绿廊、碧湖观光 7 段主题风貌，展现各具特色的自然风光，为步行和骑行者开启"从绿地到绿地"的生活和游赏新模式。

在蓟运河—永定洲公园段，沿岸观光区与永定洲公园原为不同的休闲区域，互不连通。生态城绿道贯通及优化提升工程打通多个公园之间的断点，将蓟运河段打造成为骑行引导型绿道。同时，由于靠近河湖湿地，蓟运河及故道河绿道还将以生态为基底，分别打造运河湿地主题和河湾风情主题风貌，整体实现绿道品牌建设。

（2）津南区全域规划绿道线路

为打造绿色宜人环境、着力建设国家森林公园城市，津南区编制《津南区绿地系统规划（2021—2035 年）》。规划范围涵盖津南区全域，总面积为 381km²，其中绿道系统布局规划包括市级、区级、社区级三级。

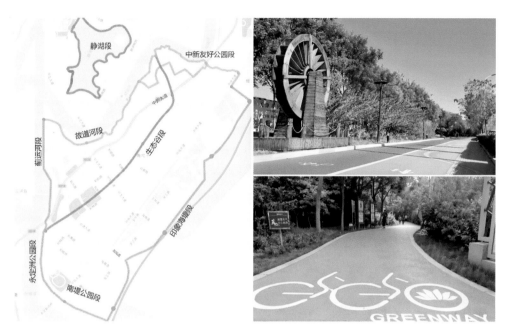

图4　生态城绿道建设规划图

①市级绿道

津南区内市级绿道是天津市绿道骨架的重要组成部分，规划落实外环绿道环津南段、海河绿道津南段2条市级绿道。其中，外环绿道环津南段长6km，主要线路为柳林公园—天津中华石园；海河绿道津南段长29.2km，主要线路为柳林公园—津南滨水公园—国家会展中心—咸水沽湾—海河二道闸—葛沽宝辇会—葛沽天后宫。

②区级绿道

津南区充分利用现状绿地与开敞空间边缘、组团间绿廊、河道空间，以现有步行及自行车交通道路等作为绿道选线依托，就近联系主要的城市功能区及公共空间，形成景观通廊，尽可能连接自然景观及历史文化节点，体现地域特色，方便居民使用。一般情况下，绿道线路宜网状环通或局部环通，可依托绿道连接线加强绿道的连通性，构成城区内部绿道网络。

③社区级绿道

津南区规划社区级绿道13条，依托滨水线形社区公园、街道空间设置，加强绿道与道路附属绿地的融合，进行功能复合建设，连接社区中心、学校、公交首末站、地铁站点、公园、广场、商业步行街等，为周边居民打造使用便捷、体验频率较高的优质绿色公共空间。

四、生态人文城市建设

1. 海河风情带

海河是华北地区主要的大河之一。北运河、小定河、大清河、南运河等五条河流自北、西、南三面汇流天津后，称为海河。其干流河道狭窄多弯。海河流域东临渤海，南接黄河，西起太行山，北倚内蒙古高原，地跨北京、天津、河北、山西、山东、河南、内蒙古7个省级行政区。海河像一条玉带贯穿天津市区，不

图 5　海河风情

仅与工农业生产、水上交通运输和人民生活有密切的关系，而且是天津的重要景观，海河两岸坐落着意式风情区、古文化街、日租界、法租界、小白楼等众多文化街区，具有丰富的生态文化功能（图 5）。

（1）面向海河，缝合城市

殖民时期海河两岸主要为各国商品的仓储货场。新中国成立后，工业化发展初期这里又增加了大量的工业基地，使海河一度成为臭水河。伴随工业外迁的契机，2002 年天津市规划提出"打造世界名河"的目标，通过功能和交通两种方式实现城市转身为"面向海河"发展，将海河打造为缝合城市的"纽带"和天津的"名片"。

针对海河两岸土地使用功能，将原有工业、仓储等消极空间用地全部转换成商业和广场等积极空间用地，打造成为城市的休闲商业商务中心，为城市的"转型"提供了内在动力。

打通海河两岸交通"血脉"，实现"进得来、出得去"的目标。城市的发展是不同阶段形成的路网结构的拼贴，通过海河两岸综合开发改造，天津市完成了城市发展中最重要的一次拼贴，在城市核心区由原来每 1500m 一座桥加密到每 500m 一座。与此同时，也重视桥梁本身对滨水景观的塑造作用，形成"一桥一景"，既有历史感很强的老式开启桥，又有造型轻盈的悬索桥，还有承载"天津之眼"的钢架桥，每逢夜晚华灯初上，一座座美丽的桥梁与两岸建筑相映成趣。

（2）尊重海河，传承历史

天津中西合璧的历史凝聚于海河，海河沿线汇集着 14 片历史风貌保护区，其中包括老城厢、鼓楼等 4 片中式保护区和五大道、解放北路等 9 片西式保护区；天津的现代尽显于海河，津门、津塔等建筑展现着天津的现代气息。历史与现代的结合形成了天津的独特整体城市风格。海河两岸的一批项目展现了这种风格的魅力，泰安道五大院、津湾广场、奥式风情区、德式风情区共同形成海河两岸靓丽的风景线。这种城市风格在新区建设中继续发展，在天钢柳林城市副中心规划中，形成临河延续经典欧式风格、后排现代简约风格的组合风格，进一步展现天津中西合璧的城市特色。

（3）亲近海河，塑造滨水空间

亲水是人类的本能，海河两岸的开发建设主要从两个方面强化了人与水的联系。

图 6　意式风情街

　　一是在宏观层面营造亲水空间。规划借鉴欧洲模式与北美模式空间优点，重点突出本地区紧邻海河的亲水特点，以构建面向海河的多层级城市结构体系为目标，打造两岸互动、高低有序的滨水城市空间。营造协调统一、精致典雅、主副分明、富有节奏感的滨水建筑布局特色（图 6）。纵向上，两岸面向海河纵向形成梯次递增的建筑空间形态，按照近、中、远三个层次进行整体控制。第一个层次是指距河岸最近的欧式风情建筑群，其建筑高度控制在 24~40m；第二个层次是指高层建筑群；第三个层次是指国际交流中心两侧高 100~280m 的建筑群。横向上，采取对称式空间布局，中间高，两边低，形成以国际交流中心及其两侧高层建筑为中心，向东、西两翼依次递减的空间秩序，整体展现出优美、秩序的城市天际线。

　　二是在微观层面大力塑造适于休闲活动的亲水平台，既有天津站前广场这类大型亲水广场，也有临河的小平台、栈桥和步道，为市民、游人提供全方位与海河亲密接触的界面。另外，滨水岸线选取生态与人工相结合的方式，多采用绿化缓坡型与阶梯型等生态护岸，保持水面岸线宽阔与易于亲近的自然状态，减少人为改造，维护河道的生态循环和可持续发展。海河在改造后迅速成为广大市民休闲娱乐的重要场所，"海河文化游""海河风情市民广场舞""海河慈善义跑""海河龙舟节"等一系列活动均围绕亲水平台、亲水步道举办，使海河成为真正的"市民之河"。

　　（4）生态海河，水体整治

　　天津市海河治理一直致力于改善水体生态环境，精准治污，改善水环境。逐步打通"污染源—排污通道—排污口—水体"全过程管理链条，切实消除劣 V 类及黑臭水体。聚焦水资源短缺这一水环境质量提升的瓶颈，广开源，增加生态补水，加强污水资源再利用，全面严控污水处理厂出水水质符合地表水水质 IV 类标准，每年天津市约 10 亿 t 城镇污水由劣 V 类转变为 IV 类或 V 类"再生水"，成为城市的重要生态水源。强化污水集中处埋设施排水监管，深化工业废水处理处置。以临港湿地公园为例，作为国内唯一一座大型工业区内的生态湿地公园，临港湿地公园对工业区内污水和雨水进行有效收集、净化处理和循环利用，在为区域提供优质生态补水的同时实现了良好的景观效果，也使公园成为附近居民亲水休闲的好去处。

2. 五大道历史文化街区

作为国家历史文化名城，天津拥有丰富的历史积淀。其中，最为著名的五大道历史文化街区位于天津市中心的和平区体育馆街，马场道以北，成都道以南，西康路以东，马场道和南京路交会处，面积约 130hm²（图 7）。街区划分为核心保护地段和建设管理区域，总规划面积为 191.7hm²。五大道原来是天津的英租界高级住宅区，由马场道、睦南道、大理道、常德道、重庆道、成都道组成。新中国成立后，"五大道"逐渐成为这片区域约定俗成的地名。20 世纪 90 年代，该片区被天津市城市总体规划确定为 14 片历史文化街区之一加以保护。2010年 8 月，五大道获得"中国历史文化名街"的称号。如今，五大道历史文化街区是天津规模最大、保存最完好的历史文化街区，成为天津的城市名片和彰显中西文化融合的地域文化窗口。

五大道历史文化街区的保护和建设始终在科学规划的指导下有序进行，如1994 年编制的《五大道地区建设管理保护规划》对控制五大道整体尺度、遏制大规模拆建起到了关键性作用；2000 年编制的《五大道地区整治规划》，有力地促进了 16 万 m² 违章建筑的清理；2007 年编制的《五大道地区城市设计》对该片区空间环境品质的提升发挥了重要作用。

五大道核心区域的景观节点包括庆王府山益里—城市特色精品酒店、民园西里—五大道文艺生活小巷、先农大院—五大道公共艺术广场和民园广场—特色城市综合休闲广场，商业性开发主要包括五大道公馆、中银大厦—中银街和成山公馆。

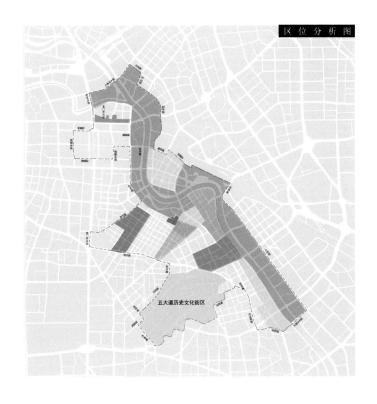

图 7 五大道历史文化街区区位示意图

3. 中新天津生态城

中新天津生态城地处塘沽区、汉沽区之间，距天津中心城区 45km，距北京 150km，总面积约 31.23km^2，规划居住人口 35 万。

（1）修复污染场地

生态城本底条件较恶劣，面积的三分之一是盐碱荒滩，三分之一是废弃盐田，三分之一是污染水面。在十多年探索实践中，生态城按照"在开发中保护、在建设中修复、在发展中优化"的思路，集中治理了已存在 40 年的积存工业废水的污水库，获得 50 余项国家专利，形成具有自主知识产权的污染场地治理修复标准与核心技术，让曾经的污水库变身景观湖。

（2）推广绿色建筑

生态城坚持"绿色建筑 100%"的建设标准，出台绿色建筑激励政策，形成全生命周期管理体系、标准体系和评价体系，建成世界首个获得"PHI 被动房认证"的高层被动房住宅项目，是国内绿色建筑最集中的区域之一。

同时，生态城开展零能耗建筑探索实践。2020 年建成天津市首座零能耗建筑——"0+ 小屋"，实现全部清洁能源供应、能量 100% 自产，配备储能设备和家庭能源智慧控制平台；2021 年，通过绿色产能、灵活储能、按需用能、智慧控能、高效节能等技术，对不动产登记中心进行零能耗改造，将其打造成为天津市首座具有实际使用功能的零能耗建筑，为天津市实现"碳达峰—碳中和"目标提供生态城方案。

（3）打造海绵城市

生态城将低影响开发和雨水资源利用贯穿城区开发建设全过程，采用关键技术，构建道路绿化带、慢行系统透水铺装、绿地、凹地、季节性雨水湿地、半咸水河湖湿地六项设施，建成 68 个精品项目、22.8km^2 精品试点区，形成具有地方特色的海绵城市建设模式。2016 年，天津市入选国家海绵城市建设试点。

（4）建设无废城市

2019 年，天津市入选全国首批无废城市建设试点。生态城从源头上减少废物产生，实现资源化利用。通过完善制度体系，出台管理细则，让大家知道垃圾"怎么分"；强化技术应用，建设智慧高效的管理平台，让垃圾"分得准"；出台绿色行动指南，从制度约束走向习惯自觉，引导大家从"要我分"变成"我要分"。生态城居民生活垃圾分类参与率已达 94%。

此外，生态城还建设了生活垃圾气力输送系统，通过地上投放口、地下管网和负压设备将生活垃圾抽送至中央收集站，再经压缩处理转运至垃圾处理厂，以密闭化、自动化设施有效杜绝二次污染。作为垃圾气力输送系统的有效补充，生态城内还合理布局建设地埋站，实现"垃圾不见天"。

生态城坚持在发展中保障和改善民生，以产兴城、以城促产，提升群众的幸福感、获得感，打造"城产人教"融合发展的城市新典范，2018 年被新华社评为"中国最具幸福感生态城"。

生态城准确把握在京津冀协同发展中的战略定位，发展智能科技、文化旅游、"大健康"等主导产业，打造"综合成本低、服务效率高、法治环境好、城市环境美"的营商环境，构建具有创新活力的产业生态。

生态城借鉴新加坡"邻里单元"理念，确立"生态细胞—生态社区—生态片区"三级组团居住模式，建立与之对应的"邻里之家—社区中心—城市次中心—城市主中心"四级公共服务体系。在每个生态社区建1个社区中心，集医疗服务、文体活动、办事服务、社区管理和商业服务于一体，服务周边500m范围内的3万人口。19个社区、65个小区已投入使用，常住人口超过10万。

2020年，生态城获批国家全域旅游示范区、中国十强康养旅游目的地，国家文化和旅游部将中新天津生态城作为"景城一体、智慧科技创新"的典范进行推广。

4. 双城中间绿色生态屏障区

天津市第十一次党代会做出"加强滨海新区与中心城区中间地带规划管控，建设绿色森林屏障"的战略决策，划定736km²的绿色生态屏障区。2018年5月，天津市人民代表大会常务委员会通过《关于加强滨海新区与中心城区中间地带规划管控建设绿色生态屏障的决定》。绿色生态屏障区将结合中心城区—滨海新区双城发展的城市格局特点，调整地区发展模式，从城市建设转为生态管控，使地区功能与天津全域生态系统相协调，明确和强调地区内生态作用，连通生态廊道，恢复地区生态涵养功能，倒逼城镇、产业转型升级。将绿色生态屏障区规划建设成为展示现代生态文明理念，呈现"水丰、绿茂、成林、成片"景观的"双城生态屏障、津沽绿色之洲"，构建生态屏障、津沽绿谷。依据规划定位，按照宜林则林、宜农则农、宜田则田、宜水则水的规划原则，提高森林覆盖率、优化湿地涵养功能，修复生态环境，实现一级管控区三分林、三分水、三分田、一分草的生态空间格局。到2035年，实现屏障区内蓝绿空间面积占比达到70%（远景2050年达到80%）；一级管控区森林覆盖率达到30%；地表水主要指标达到Ⅳ类，局部达到Ⅲ类；生态和农业用水量达到3.21亿立方米/年；生活垃圾处理率达到100%。

区域空间结构上，绿色生态屏障区内将规划形成"一轴、两廊、两带、三区、多组团"的总体空间格局。其中："一轴"是海河生态发展轴，海河沿线两侧200m、葛沽镇区段100m范围内规划为蓝绿空间。"两廊"是指古海岸湿地绿廊、卫南洼湿地绿廊。"两带"是永定新河湿地涵养带、独流减河湿地涵养带。"三区"是指北部以湿地湖岛和创新聚落为特征的北湖区，中部以海河绿廊为核心的中游区，南部形成以林田农苑和村镇组团为特征的南苑区。"多组团"是指由东丽湖、空港经济区、高新区、津南城区和王稳庄等多个城市组团构成的分散式、小体量、网络化的空间布局。

区域总体布局上：一是重塑津沽水生态环境。建立多源共济的水源保障系统；构建"三横一纵两片区"的河湖连通循环体系；以湖库和河道水系为骨架，人工湿地水系为补充，形成两级水系系统，提升蓄水增容能力；坚持生态措施和工程措施相结合，改善水环境质量。

二是构建津沽绿色森林屏障。遵循宜林则林、宜农则农、宜田则田、宜水则水的原则，大幅度提高森林覆盖率，一级管控区森林覆盖率由现状5%达到30%，规划建设生态廊道、生态保育、农林复合、滨河生态与滨湖生态五大功能类型区域，运用台田技术梳理水脉，强化应对土壤盐碱问题，增强植被覆盖层次，增加植物多样性，形成林相丰富、配置合理、各具特色的植物空间。

三是重现津沽鱼米之乡风貌。绿色生态屏障区内规划水稻种植面积 33.56km²，重振特色农业品牌，提倡稻田种植兼具人工湿地效果，加强对 3.56km² 基本农田的严格保护，根据区域农业布局调整建设要求，统筹田水林草系统治理，加快推进各级各类基本农田整理项目及开发整理项目建设。

四是重塑湿地涵养功能。重点保护天津古海岸与湿地国家级自然保护区，修复退化的湿地生态系统功能，增强湿地农业生态系统服务功能，增加自然化的湿地景观，形成稳定的生态系统，最终达到调节径流和小气候、涵养水源、蓄洪防旱、净化水质的生态效果，重现水乡泽国的津沽风貌。

五是恢复生物多样性。连通生物迁徙通道，营造栖息地生境，切实有效保护生态系统、生物物种和遗传多样性，形成完善的生物多样性保护政策体系和生物资源可持续利用机制。

六是美丽乡村规划。保留现有津南区 29 个尚未纳入城镇化建设范围的村庄，一级管控区内需拆除村庄面积约 26km²，拆迁整理后的用地转化为蓝绿空间；关停与农业不相关，低效、高污染的农村小散乱污产业，引导新建工业项目向规范的产业园区集中，对闲置的村庄产业用地进行生态化整治；一级管控区内保留 12km² 村庄建设用地，用于保留村庄的发展建设。绿色高质量发展推动乡村振兴，重回诗意田园。

七是建设高质量发展绿谷。以滨海高新区和海河教育园区为核心，依托各功能组团，构建"双核网络化"的研发创新格局，构建绿色生态屏障区"创新聚落群"；培育人工智能、新能源、新材料和生物医药等主导产业，迈向全球价值链的中高端；大力发展生态旅游、健康养老、会展商务、文化创意、科技服务和信息服务等重点产业，积极培育新型服务业态，建设绿色高端服务业示范区；逐步将园区外企业向园区集中，为生态建设释放更多空间。

八是建设低冲击影响的基础设施。建设以游览路为骨干、林间路为支撑、田间路为补充的三级生态景观道路网络，增强双城生态屏障区的可到达性和可亲近性；沿"一轴两廊两带"的生态空间形成"五横二纵"的"天"字形布局，依托河堤、湖岸、过路通道等，串联布设公园、景点、湖泊、湿地、林地等；同时，压缩车道宽度，增加绿化分隔带，保证道路红线内绿化和慢行空间占比不小于 40%，创造生态、宜人的道路景观。提高基础设施安全保障，统筹推进城乡基础设施建设，优化大型基础设施布局，集约利用土地资源；完善污水处理系统，优化垃圾处理设施布局，合理配置环卫配套设施，生活污水处理率达到 100%，生活垃圾无害化处理率达到 100%，垃圾资源化利用率达到 90% 以上；严格防控地面沉降，依法开展野生物种资源利用，控制外来物种人工繁殖育种的引入。

最终，通过水生态环境、绿化造林、农业农田、湖泊湿地、生物多样性、魅力乡村、产业发展、基础设施八个方面的规划形成未来的发展蓝图。

五、生态城市与绿色交通经验借鉴

1. 城市设计空间治理经验

天津市政府很早就认识到城市设计对城市风貌保护和塑造的重要作用。

2002 年，天津市就着手组织开展海河两岸六大节点城市设计国际方案征集，并始引入高水平的城市设计理念积极推动城市建设水平不断提升。2008 年天津市开展了第一次中心城区总体城市设计，以战略视角审视了 10 个行政分区的总体设计，对整体空间结构进行了系统性梳理，初步建立了城市建设发展的总体框架，为形成整体风貌特色发挥了积极作用。2015 年天津中心城区总体城市设计范围扩大至新外环线约 443km²。在两版总体城市设计和各层次规划的指导下，天津城市规划建设达到较高水平，塑造了海河两岸标志段城市形象，成为靓丽的城市名片；以五大道为代表的意式风情街等 14 片历史文化街区得到保护与活化利用；重点地区的城市活力也得到很大提升。

2. 生态城建设经验借鉴

中新天津生态城是世界上首座国家间合作开发的生态城市，旨在应对全球气候变化、加强环境保护、节约资源和能源，为城市可持续发展提供样板示范。2007 年 11 月，中国、新加坡两国联合签署框架协议，2008 年 9 月生态城正式开工建设。生态城于 2012 年被联合国可持续发展大会授予"全球绿色城市"称号，2013 年被国务院批准为首个国家绿色发展示范区，生态城南部片区获得联合国气候变化大会颁发的"可持续发展城区解决方案奖"。昔日的盐碱荒滩如今已经转变成一座广泛使用环保技术和设计、优化能源和资源的使用，并大力推广生态健康生活方式的生态友好、社会和谐及经济可持续的城市。

3. 枢纽港建设经验

天津港是国家的核心战略资源，是京津冀及"三北"地区的海上门户、雄安新区主要出海口，辐射东北亚、是"一带一路"的海陆交会点、新亚欧大陆桥经济走廊的重要节点和服务全面对外开放的国际枢纽港。近年来天津港以打造世界一流的智慧港口、绿色港口为目标，不断加强北方国际航运核心区建设，提升航运中心功能，加大对外开放力度，深化国际港口航运合作。具体建设内容包括提升港口绿色、智慧水平；提升航运服务业功能；优化港区集疏运体系，逐步推进形成"北集南散、北优南拓"的港区布局；优化统筹港城空间布局，科学划定港区边界，化解港城矛盾等。未来天津港将与国际航运核心区实现空港枢纽联动，推动海港从"大港"走向"强港"。

注释：
❶ 本部分内容来源于《天津市国土空间总体规划（2021—2035 年）》

图片来源：
首图　http://www.tjhb.gov.cn/zjhb/whly/jqjd/202012/t20201207_4669045.html
图 1　https://www.tjjz.gov.cn/zjjz/
图 2　《天津市国土空间总体规划（2021—2035 年）》
图 3　https://weibo.com/1903718027/4649882658276638
图 4　https://www.eco-city.gov.cn/p1/stcxw/20210702/43887.html
图 7　《天津市历史文化街区步行系统建设规划草案公示》

重庆

勇立创新发展潮头的美丽山城

一、城市特点

重庆是我国中西部地区唯一的直辖市，地处中国内陆西南部、长江上游地区。全市整体地势呈北部、东部、东南部和南部高，中部以丘陵和低山为主，沿长江河谷地势由西向东降低，地跨盆中方山丘陵、盆东平行岭谷和盆周边缘山地三大地貌单元。

重庆属亚热带季风性湿润气候，位于东亚内陆季风区，夏热冬暖春早，热量资源丰富。夏季气候炎热，冬季霜雪较少，降水充沛，时空分布不均，多云雾，少日照，是全国湿度最高、风速最小、云雾最多的地区之一，也被称为"雾都"。

大山大江的自然条件绘就了重庆山脉连绵、河谷纵横独特的自然景观，形成三峡的壮美、巴山的绵延、武陵的逶迤，长江雄阔、嘉陵秀美、乌江如黛的美丽画卷，具有武隆仙女山、南川金佛山、万盛黑山谷、云阳龙缸、奉节夔门、巫山神女峰、酉阳桃花源等世界级景观。重庆历史源远流长，文化积淀深厚。巴渝地区位于长江上游和中游的连接地带，自古与西之蜀、东之楚交融密切，形成既相互融会又具有地方特色的文化特征，辉煌灿烂的历史、悠久古老的文化给重庆留下了许多名胜古迹、革命遗址和其他极其珍贵的文物。精美绝伦的大足石刻，吟咏风土的竹枝词，以及白帝城、白鹤梁都展示着浓郁厚重的历史文化色彩，吸引无数国内外游客（图1、图2）。

对重庆人而言，重庆这个称呼包含了两层含义，即"大重庆"和"小重庆"。

"大重庆"即重庆市域范围，面积8.24万km²，2021年全市常住人口3212.43万，其中城镇常住人口2259.13万，城镇化率为70.32%。全市空间结构分为"一区两群"："一区"即主城区，由中心城区和主城新区组成，面积2.87万km²；"两群"即渝东北三峡库区城镇群和渝东南武陵山区城镇群，面积分别为3.39万km²和1.98万km²。

图1 长江三峡

图2 合川钓鱼城

而"小重庆"则是指直辖之前的重庆主城区，即现在的中心城区，这是重庆传统的城市集中发展区域。中心城区 2021 年常住人口 1038.99 万，其中城镇常住人口 967.58 万，城镇化率 93.13%。

重庆中心城区是典型的山城、江城，缙云山、中梁山、铜锣山、明月山纵贯南北，夹峙形成东、中、西三个槽谷，长江、嘉陵江两江环抱。大山、大江的自然地理格局使城市空间产生了较大分隔。为尊重、顺应自然山水特征，重庆中心城区逐步形成了"多中心、组团式"的城市空间格局。

重庆空中有轻轨，江上有过江索道、跨江大桥、立交盘旋，岸边有吊脚楼群、蜿蜒石梯，自古就有巴山夜雨、龙门皓月、黄葛晚渡、字水宵灯等美景。这些都展现着山城、江城的独特韵味、别样精彩。

以下内容一般均指中心城区（"小重庆"）。

二、交通系统

1. 交通需求特性

2021 年重庆中心城区居民日均总出行量 1905 万人次，其中日均非机动化出行量 842.1 万人次，日均机动化出行量 1062.9 万人次。在机动化出行中，日均地面公交出行量 375.2 万人次，日均轨道交通出行量 212.6 万人次，日均个体机动化出行量 373.1 万人次，日均出租车和网约车出行量 93.5 万人次，其他出行方式日均出行量 8.5 万人次。

全方式出行分担率中，非机动化出行分担率为 44.2%，机动化出行分担率为 55.8%，其中公共交通出行分担率为 30.9%（地面公交 19.7%，轨道交通 11.2%），个体机动化出行分担率为 19.6%，出租车和网约车出行分担率为 4.9%，其他出行方式出行分担率为 0.4%。

中心城区机动车保有量 227.5 万辆，其中汽车保有量 194.1 万辆（表 1）。

中心城区机动车保有量　　表 1

机动车类型		保有量（万辆）	
汽车	客车	194.1	182.0
	货车		11.0
	其他汽车		1.1
摩托车		32.1	
其他机动车		1.3	
总量		227.5	

中心城区工作日汽车总行驶里程 5437.2 万车·km/d，其中，内环以内区域汽车总行驶里程 2896.4 万车·km/d，内环以外区域汽车总行驶里程 2540.8 万车·km/d。内环以内工作日汽车使用量 106.5 万辆。巡游出租车拥有量 1.556 万辆，年客运量 2.9 亿人次。网约车日均在线 5.8 万辆，年客运量 3.25 亿人次。

2. 公共交通

（1）公共交通综合指标（表 2）

2021 年中心城区公共交通综合指标　　　　表 2

序号	指标名称	数值	序号	指标名称	数值
1	公共交通机动化出行分担率（%）	55.3	6	公共汽车线路网比率（%）	46.5
2	公共交通日均客运量（万人次）	695.9	7	公交优先道设置率（%）	7.75
3	公交轨道间换乘量（万人次/d）	40.8	8	轨道列车数量（列）	374
4	高峰小时公共汽车平均运营车速（km）	14.3	9	公共汽车台数（辆）	9541
5	公共汽车平均出行距离（km）	5.67			

（2）轨道交通（表 3）

截至 2021 年年底，重庆市运营轨道交通线路 8 条，里程 370km；截至 2023 年 2 月，已开通运营线路 11 条（段），总里程 486km。

中心城区轨道交通已开通运营情况　　　　表 3

线路	始末站	长度（km）	年日均客运量（万乘次）	客运强度（万乘次/（km·d））
1 号线	朝天门—璧山	45.3	52.3	1.15
2 号线	较场口—鱼洞	31.4	29.4	0.94
3 号线	江北机场—鱼洞、碧津—举人坝	67.1	76.3	1.14
4 号线一期	民安大道—黄岭	48.5	2.3	0.15
5 号线一期	园博中心—大石坝、石桥铺—跳蹬	44.0	16.4	0.48
6 号线	茶园—北碚	63.3	59.1	0.93
9 号线	高滩岩—花石沟	40.0	—	—
10 号线一期	王家庄—后堡	34.3	16.6	0.49
环线	重庆图书馆—海峡路—重庆图书馆	50.8	44.5	0.88
国博线	礼嘉—沙河坝	26.6	3.6	0.14
江跳线	跳蹬—圣泉寺	28.2	—	—
合计		485.5	—	—

（3）公共汽车

重庆市中心城区公交场站共计 193 处，用地面积 149.1hm²；公交运营线路 933 条，运营线路总长 16023.2km；运营公交车 9541 辆，电动汽车及混动汽车占比 41.2%；年客运量 14.3 亿人次，日均客运量 392.9 万人次；已运营公交优先道线路 44 条，总里程 217.4km（图 3）。工作日高峰小时公共汽车平均运营车速 14.3km/h。

开行机场快线、高铁快车、观光巴士线路共 26 条，其中观光巴士有 7 条常规线、1 条夜景线，年发车 26.91 万班次，年客运量 190.6 万人次。开行定制公交（定制、特需、包车）年发车 73.1 万班次，年客运量 1653.6 万人次，为学生、企业职工等提供个性化专线服务。

（4）公共交通换乘

近年来，重庆中心城区十分重视轨道交通站点的步行可达性提升，目前已完成 30 个轨道交通站点的步行提升项目建设。轨道交通站点周边步行 10min 可覆盖人口从 343

图 3　公交优先道

万提高到 366 万，增加 23 万，使约 37 万人步行前往轨道交通站点更便捷。

轨道交通线路之间年换乘量 3.67 亿人次，地面公交换乘地面公交年换乘量 1.61 亿人次。近两年新增接驳轨道公交线 23 条，累计达到 499 条，地面公交换乘轨道交通年换乘客运量 7706.3 万人次，轨道交通换乘公共汽车年换乘量 7204.6 万人次。

3. 特色交通系统

（1）轮渡

轮渡是重庆来往两江对岸的传统交通方式。1938 年重庆开通了第一条轮渡航线——储奇门—海棠溪线，轮渡成为当时市民过江的重要交通工具。其后随着跨江桥梁的修建，轮渡已逐渐淡出人们的视野。目前重庆已恢复运营轮渡线路 16 条，年客运量 53.6 万人次，年日均客运量 1468 人次，主要功能为旅游观光。

（2）越江客运索道

重庆受两江阻隔，在缺少大桥的年代，轮渡是主要的过江交通工具，但洪水、雾季等常常使过江轮渡停摆。为了解决过江交通难题，1982 年 1 月，重庆市建成了中国第一条城市越江客运索道——嘉陵江客运索道（图 4）。1987 年 10 月，长江客运索道正式投入运营。长江客运索道是中国自行设计、自行制造并首先采用双承载、双牵引往复式的大型客运索道（图 5）。2013 年因千厮门大桥的兴建，嘉陵江客运索道被拆除，目前正在另行选址复建。

图 4　嘉陵江索道

图 5　长江索道

越江客运索道不仅是重庆最具特色的立体公共交通工具，还是城市的一道风景线。近年来，其功能也从过江交通工具转向了旅游观光设施，今天的长江客运索道已经成为重庆的地标和游客必游之处，年客运量 334.4 万人次，全年最高日客运量 2.36 万人次。

（3）山城电梯、扶梯

作为重庆非常具有地方特色的公共交通方式之一，山城电梯、扶梯发挥了重要的步行交通作用。

1）凯旋路电梯（图 6）

凯旋路石梯道是渝中区上、下半城之间上下行的通道之一，上下高差约 35m，有石梯 186 级，长约 100m，行人爬坡上坎十分不便。重庆市政府为解决市民爬坡上坎困难，根据凯旋路的地形条件，设计了集住宅、办公、公共交通于一体的建筑，创新地将室内电梯用于公共客运，衔接起储奇门与较场口。1986 年 3 月凯旋路客运电梯竣工并投入运营，平均每天载客约 1.4 万人次。电梯总建筑面积为 3126m²，楼高 13 层，屋顶人行天桥宽 10m、长 48m。凯旋路电梯作为国内第一条城市客运电梯，建筑色彩缤纷，非常醒目，因而多次见诸境内外媒体，成为重庆的标志性设施。2018 年，凯旋路电梯入选重庆第二批市级历史建筑名录。

2）两路口皇冠大扶梯（图 7）

两路口皇冠大扶梯工程在原两路口缆车位置兴建，衔接菜园坝与两路口，于 1996 年 2 月正式运营。扶梯全长 112m，斜度 30°，3 条上下通道，运行速度 0.75m/s，每条通道满载乘客可达 1300 人次 /h，最大运载能力达 13000 人次 /h。两路口自动扶梯是当时国内首创、亚洲最长的大高度自动扶梯。

三、探索前行的绿色交通系统建设

1. 山城步道（图 8）

拥有 3000 年建城史的重庆，城是一座山，山是一座城，长江和嘉陵江穿城而过，形成了独具特色的自然山水城市风貌，穿梭在绿水青

图 6　凯旋路电梯

图 7　皇冠大扶梯

山间的一条条山城步道拥有上千年历史。徐悲鸿于抗日战争时期在重庆创作的著名油画《巴人汲水图》便形象地描绘了山城步道的模样。在吴冠中的彩墨画《老重庆》里，山城房屋层层叠叠，一条步道出现在画面中间，从江边一直延伸到房屋背后。山城步道随山水之势，形态多样，纵横交织独立呈网状，不仅是重庆市民生活、出行、游憩的重要通道，更是传承历史人文、提升城市形象的重要空间载体。

山城步道是重庆城市慢行系统中最具特色的部分，其中以渝中半岛的步道尤为突出。渝中区的山城巷步道连接着老重庆的上、下半城，自古以来都是居民步行的交通要道。步道上古朴的青石板、沿线茂密的黄桷树、斑驳的旧石墙、韵味十足的老教堂，无不承载着老一辈人的重庆记忆。如今这里已成为"网红景点"，吸引着远方的客人前来"打卡"。在渝中半岛，还有许多这样的特色街巷，兼具市民出行和公共生活空间的双重作用，从山上到山下、从上半城到下半城，车辆需绕行，但步道可以直达，步行出行方式占市民出行的 53% 左右。

重庆渝中半岛山城步道示范段第三步道建设（大溪沟轨道交通站—珊瑚公园）获得了 2012 年中国人居环境范例奖。

图 8　山城步道

2. 轨道交通站点步行可达性提升

2020 年重庆市编制了《中心城区轨道站点步行可达性提升规划》，通过对现状已开通运营的 167 个轨道交通站点的分析评估，共提出新增及优化步行路径 96 条，优化后步行 10min 服务面积占比由 63.9% 提升至 68.2%，绕行地块面积占比由 28.6% 下降至 24.8%，使 76.9 万人步行前往轨道交通站更便捷。对在建轨道交通站点提出近期新增及优化步行路径 29 条，远期规划控制步行路径 18 条，优化后步行 10min 服务面积占比 77.6% 提升至 79.9%，绕行面积占比由 16.8% 下降至 13%，使 10.1 万人步行前往轨道交通站更便捷。

3. 中心城区道路更新（图 9）

重庆市于 2021 年启动了中心城区路网更新工作，并选取渝北区龙山片区作为道路更新示范片区。围绕"挖潜、盘活、释放、提质、智管"综合施策，以提

图 9　改造前后

升人的出行品质为出发点，引导城市交通出行方式由个体交通向绿色交通方式转变，减少对私人小汽车出行的依赖，进而实现整体交通环境和品质提升。在道路更新的同时，统筹开展建筑后退空间与两侧临街建筑物外立面整治，优化布局城市家具、便民设施、城市绿化等，增加人行交互体验。开展市政管线改造，结合商圈、学校、医院等重点区域，打造具有重庆元素的特色车行、步行空间，提升道路环境与城市形象。

4. 共享电（单）车的探索

重庆这座城市自渝中半岛逐步发展而来，由于地形高差大，一直没有自行车发展的历史，因此城市路网规划中一直没有自行车道空间的规划和安排（无供给），会骑自行车的人比例也较低（无需求）。随着城市空间拓展至东、西两大槽谷，地势相对平坦的城市发展区域以及部分滨江地带逐渐产生了自行车出行需求。加之外卖、快递行业的迅猛发展，电（单）车在重庆东、西两大槽谷地区迅速普及开来。

截至 2021 年年底，美团、青桔、哈啰、人民出行、小遛、遇鹿出行、鸾宝宝出行、咪熊共享八家企业已在重庆中心城区内投放共享电（单）车约 6 万辆，共享电（单）车已逐渐成为市民出行选择的方式之一。

以两江新区和高新区为例，共享电（单）车多被投放于轨道交通站点沿线、城市公园、高校等人流量较大的区域。82% 的用户每日使用次数为 1 次，日均骑行时长主要集中于 10min 以内，单次平均骑行距离 2.6km。中心城区共享电（单）车用户骑行起止点集中于轨道交通或地面公交站点，主要发挥居民短距离出行和换乘接驳公共交通的作用，较好地弥补了城市公共交通出行的服务短板。

图 10　滨江步道

相比于传统轨道交通服务，共享电（单）车服务将进一步扩大轨道交通站点对周边区域的辐射范围。

5.两江四岸核心区交通品质提升（图 10）

重庆两江四岸核心区将建设成为传承巴渝文化、承载乡愁记忆的历史人文风景核心区域，也是体验山环水绕、观览两江汇流的山水城市会客厅，汇聚国际金融、开启未来发展的现代中央商务区。

构建高品质的综合交通系统是核心区功能的重要支撑条件。规划措施主要包括：系统优化提升轨道交通站点对周边区域的服务品质；完善多种交通方式零换乘衔接；合理配置停车资源，倡导绿色出行；系统优化完善街道人行道环境品质，打造遮阳"凉道"；注重景观环境的精细化设计等。

四、生态城市建设

1. 广阳岛

广阳岛原称广阳坝、广阳洲，是长江上游的一个沙洲岛，是重庆中心城区面积最大的江心绿岛。目前生态修复工程主体已完工，建成上坝森林、高峰梯田、山顶人家、油菜花田、粉黛草田、胜利草场等生态修复示范地。结合坡岸、消落带治理建设的环岛 11km 长的滨江步道，被誉为"最美生态步道"。保护建设"鱼场""鸟场""牧场"等栖息地，生物多样性明显改善，记录有植物 500 余种、鱼类 154 种、鸟类 213 种。

广阳岛（图 11）被生态环境部表彰授牌为"两山"实践创新基地，示范经验入选全国 18 个生态修复典型案例，在生物多样性公约大会上向全球推广，并荣获 2021 年度国际风景园林师联合会（IFLA）杰出奖，四次走进《新闻联播》。如今的广阳岛已变身为城市功能新名片，成为重庆"共抓大保护、不搞大开发"的典型案例，生态优先、绿色发展的样板标杆，筑牢长江上游重要生态屏障的窗口缩影，深入践行习近平生态文明思想的创新基地。2020 年 10 月 9 日，广阳

图 11　广阳岛鸟瞰

岛入选生态环境部第四批实践创新基地。

2. 洪崖洞（图 12）

洪崖洞，原名洪崖门，是古代重庆城门之一，2006 年 9 月重建，是兼具观光旅游、休闲度假等功能的旅游区，建筑面积 4.6 万 m²，主要景点由吊脚楼、仿古商业街等景观组成。2007 年 11 月，重庆洪崖洞民俗风貌区被评定为国家 4A 级旅游景区。

洪崖洞一共有 11 层，依山就势，沿江而建，房屋构架简单，开间灵活、形无定式。随坡就势的吊脚楼群形成线性道路空间，吊脚楼下部架空，上部围成实体。洪崖洞民俗风貌区以具有巴渝传统建筑特色的"吊脚楼"风貌为主体，通过分层筑台、吊脚、错叠、临崖等山地建筑设计手法，将餐饮、娱乐、休闲、保健、酒店和特色文化购物六大业态有机整合在一起，形成别具一格的立体式空中步行街，成为具有层次与质感的城市景区、商业中心。其"一态、三绝、四街、八景"的经营形态，体现了巴渝文化休闲业态。

图 12　洪崖洞夜景

3. 铜锣山矿山公园（图 13）

铜锣山矿山公园位于渝北区石船镇、玉峰山镇境内，曾是渝北区最大的石灰岩采矿区。矿区自明清时期开始开采石灰石，到 20 世纪 90 年代产量达到顶峰，成为西南地区重要的碎石供应基地。随着人们生态环保意识的逐步

图13　铜锣山矿山公园鸟瞰

提升，目前采石场已全部关闭，留下了大大小小的矿坑。

为了让废弃矿山重新焕发"绿水青山的'颜值'，更好地实现'金山银山'的价值"，近年来渝北区政府将遗留矿坑改造成矿山公园。铜锣山矿山公园核心区面积 7km²，打造了矿奇博览苑、矿育乐活园、矿育桃花源三大主题园。2021年 6 月开园的一期项目占地 2200 亩，涉及 5 个矿坑。公园内已推出了观光小火车、网红吊桥等文旅服务和矿坑雪糕等周边产品，矿山露营基地、矿坑音乐节、崖壁攀岩等项目也将陆续推出。

4. 南山火锅一条街

提到重庆，人们脑海里浮现的第一个名词就是火锅，重庆最有特色的就是使用老油制作锅底的老火锅店。南山火锅一条街拥有大大小小 30 多家火锅店，虽然都是老火锅，但是每一家都有自己的味道，南山火锅一条街绝对是爱吃火锅人士的最好选择。

在这里，不少火锅店都占地上百亩，各有特点。山脚的"鲜龙井"火锅公园，以颇具江南风韵的荷塘月色闻名；依山而建的"枇杷园"占据了整面山坡，晚上亮灯后极具震撼效果，还曾登上《舌尖上的中国》；绵延的山道上，"巴倒烫"就蜿蜒于树林之间，每桌之间都依靠树木形成天然屏障，食客仿佛置身于丛林；靠近一华里夜景公园的"隐江南"，则营造出古朴、雅致的中国风韵；还有南山上开业最早的火锅——"老厂"火锅；最早的网红之一"猪圈"火锅……南山火锅一条街已成为重庆一张靓丽的生态美食名片。

5. 李子坝穿楼轨道（图 14）

重庆轨道交通 2 号线李子坝站是国内第一座与商住楼共建共存的跨座式单轨高架车站，车站设于李子坝正街 39 号商住楼 6~8 层，1~5 楼有部分是商铺及办公区，9~19 楼则是居民住宅。

李子坝车站与商住楼采用"站桥分离"的结构形式同步设计、同步建设、同步投用。轨道交通车站桥梁与商住楼结构支撑体系分开设置，有效解决了两者结构传力及振动问题。列车穿越的长度有 132m，由于单轨采用低噪声和低振动设备，车轮为充气体橡胶轮胎，并由空气弹簧支持整个车体，运行时噪声低于城区交通干线噪声的平均声级（75.8dB）。

图14　李子坝轨道穿楼

6. 烂尾楼变身停车楼

位于解放碑临江门的奎星楼闲置多年，2011年9月渝中区政府出面联合社会停车投资企业将奎星楼改造成了一个有925个停车位的大型停车楼。停车楼一共8层，分别在1楼和8楼设置两个车行出入口。从1楼出入口可直通嘉滨路，8楼出入口可直通解放碑。这实际上新增了一条联系上、下半城的交通通道。奎星楼公共停车场是重庆第一个、西部地区乃至全国少有的公共立体停车楼，也是国内首个政府收购单体建筑改造为公共停车场的项目。

五、城市亮点与经验借鉴

1. 富有特色的公共交通系统

重庆是典型的山城、江城，城市公共交通系统富有特色，既有地面公交、轨道交通等大中运量公交，也有过江轮渡、越江索道、公共电（扶）梯等特色公共交通方式。在轨道交通跨线运行、公交优先道建设、公交轨道优惠换乘、定制公交、特需公交、旅游观光巴士、机场快车、高铁快车等多种公交形式发展的背景下，重庆公共交通服务水平不断提升，中心城区公共交通机动化分担率稳定在55%左右，居民公共交通出行满意度达85分以上。

2. 山城特色的步行交通系统

重庆山城步道随山水之势，形态多样，纵横交织独立成网，不仅是重庆市民生活、出行、游憩的重要通道，更是传承历史人文、提升城市形象的重要空间载体。2018年，重庆市开展新一轮《重庆市主城区山城步道专项规划》，拟建山城步道60条，总长度1207km，分为街巷步道、滨江步道、山林步道3种类型。街巷步道利用老城区的梯坎、坡道、街巷等，串联起历史文化街区、传统风貌区等，既方便出行，也是精彩的城市体验。滨江步道分布在两江四岸滨江区域及城市内部次级河流沿线，是市民亲水观景、健身休憩的滨水风景线。山林步道布局在缙云山、中梁山、铜锣山、明月山及城中山体中，结合自然地形和林地分布，是兼具休闲、健身、游憩功能的山地特色绿道。历久而弥新的山城步道以勃勃的生机与活力成为重庆的城市名片。

3. 生态城市建设

近年来，重庆市着力开展生态环境修复，以自然恢复为主，加强生态保护修复，推进环境综合整治。持续推进中心城区"四山"保护提升，加强对长江干流及主要支流、平行山岭和近城重要独立山体的保护与修复，完善区域生态廊道和生态网络。同时，大力推动能源结构低碳转型，加大清洁能源开发力度，促进清洁能源生产、送能、储能高效协同发展，启动实施一批以实现"碳达峰、碳中和"为目标的可再生能源项目试点示范。持续推动"无废城市"建设、国家森林城市创建、绿色城市建设等，高标准打造城市绿色名片。实施污水处理提质增效，加强城镇污水管网建设改造、农村生活污水处理设施与配套管网建设等。

4. 交通品质提升

重点推进滨江岸线治理提升以及长嘉汇、艺术湾等重点片区整体提升，让滨水空间早日回归城市生活核心；聚焦打造"空间组织轴、功能集聚轴、生态人文轴、形象展示轴"，推动滨水空间向城市腹地延伸，实现"两江四岸"滨水空间"可漫步、可阅读、有温度"。

图片来源：

首图　https://www.vcg.com/creative/1274467309
图 1　http://www.icq100.com/html/2022-07-08/content_51913791.html
图 2　https://p1-q.mafengwo.net/s10/M00/F8/F7/wKgBZ1iQnmCAKsFDAAtL4n-xRQA30.jpeg
图 3　https://www.cqrb.cn/content/2017-09-20/content_124401.htm
图 4　https://m.thepaper.cn/newsDetail_forward_1578096
图 5　http://www.gongsilvyou.cn/teamview_4978276.html
图 6　https://baijiahao.baidu.com/s?id=1711593171904306941&wfr=spider&for=pc
图 7　https://new.qq.com/rain/a/20240407A03DN000；http://news.sina.com.cn/s/2022-05-15/doc-imcwiwst7488048.shtml
图 8　https://cj.sina.com.cn/articles/view/2810373291/a782e4ab02002cab4；https://www.cqcb.com/hot/2020-03-31/2299053_pc.html
图 10　https://www.sohu.com/a/552234455_257321
图 11　https://4bur.cscec.com/4bur/xwzx/gsyw/202205/3520992.html
图 12　https://tuchong.com/6754537/69953056/
图 13　https://zhuanlan.zhihu.com/p/411792467
图 14　https://www.thepaper.cn/newsDetail_forward_14027049

沈阳

向生态绿色蝶变的东北工业之都

一、城市特点

沈阳，地处我国东北南部、辽宁中部，古称盛京、奉天，素有"一朝发祥地，两代帝王都"之称。沈阳市行政辖区面积 12860km²❶，是我国重要的以装备制造业为主的重工业基地，被誉为"共和国长子"，同时也是国家历史文化名城、全国文明城市、国家环境保护模范城市、国家森林城市、国家园林城市、国家卫生城市、国家物流枢纽、中国十佳冰雪旅游城市和中国最具幸福感城市。

1. 人口概况

沈阳现状常住人口914.7万，其中城镇人口777.4万、乡村人口137.3万❷。沈阳自古就是北方各民族争夺的要塞之地，也是少数民族聚居地，少数民族分布呈大分散、小集中态势。根据第七次全国人口普查统计，沈阳有 55 个少数民族、约 93 万人，占全市总人口约 10%，其中以满族人口最多，约 57 万人，占少数民族总人口的 60% 以上❸。

2. 地形地貌

沈阳地区整体地势较为平坦，地貌形态从起伏的低山丘陵到山前坡状倾斜平原，再过渡到广阔的冲积平原，平均海拔 50m。沈阳东依长白山余脉，西北接壤科尔沁沙地（我国面积最大的沙地），中南部为辽河和浑河流域冲积平原，地表水在城市西部汇聚，地势由东北向西南逐渐开阔平展，过渡为大片辽河冲积平原，形成"东山西水"格局（图 1）。

3. 生态资源

沈阳位于北方农牧交错生态脆弱区，是科尔沁和长白山生态功能区的过渡地带，承载着重要的生态功能。沈阳全域的生态保护格局呈现"依山滨水固沙"的空间分异特征，山体、水体（湖泊）、林地、农田、草地等各类生态资源构成了丰富多样的生态系统。

图 1 沈阳浑河

二、土地使用与城市结构

1. 土地使用

沈阳构建资源节约、环境友好、和谐发展的土地利用模式。全市以"三区三线"为基础，按照主体功能定位和空间治理要求，优化城市功能布局和空间结构，形成农田保护区、生态保护区、生态控制区、城镇发展区、乡村发展区5类一级规划分区的土地利用总格局。其中，耕地面积占市域面积的59.79%，林地占11.49%，城镇建设用地占6.39%，村庄建设用地占8.05%。

2. 城市结构 ❹

近年来，沈阳不断强化中心城区与外围区县（市）沿主要通道的"中心—放射"式发展，全域"北美南秀、东山西水、一核九点、一带五轴"的国土空间开发保护格局正在加快形成。

"北美南秀"：辽河以北重点推进生态建设与绿色转型发展，展示北国生态景观和壮美风光；辽河以南重点优化城乡发展空间，提升城镇建设品质。

"东山西水"：保护城市东部长白山余脉低山丘陵区的自然地形地貌、生态系统；保育城市西部自然水域、坑塘水田密集区，构建生态水网体系。

"一核九点"：依托中心城区集聚城市核心功能，建设9个市域次中心，优化全域多中心网络化城镇发展格局。

"一带五轴"：引导要素资源在沈大东北振兴发展带集聚，强化康平、法库、新民、辽中、本溪、抚顺方向与中心城区"点—轴"联系。

三、机动化与交通结构特征

1. 汽车保有量

2022年沈阳全市民用汽车保有量294万辆，比上年末增长4.8%。其中，载客汽车272万辆，载货汽车21万辆；私人汽车保有量265万辆，增长5.6%（图2）❺。

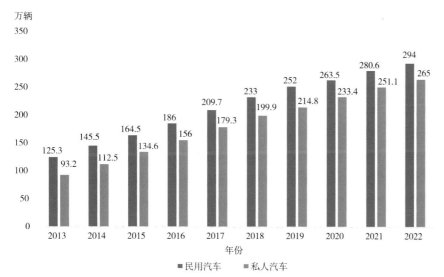

图2　沈阳近10年汽车保有量

2. 交通结构特征 ❻

沈阳中心城区范围内，常住人口居民日平均出行次数 2.46 次。居民出行以慢行交通为主，占比约 43%（步行占比 25%，自行车 / 助力车占比 18%）；其次为公共交通（常规公交、地铁），占比约 30%；私人小汽车出行占比约 18%；出租车出行占比约 5%。沈阳中心城区平均出行距离约 6.3km，平均出行时耗约 38min。在各种交通方式中，私人小汽车出行距离最长，为 9.3km；其次为公共交通（常规公交、地铁），出行距离为 8.3km。

四、绿色交通建设

1. 公交都市建设

沈阳围绕"建设人民满意交通"，坚持实施公交优先发展战略，扎实推进公交都市创建工作，已初步形成"城市地铁为骨干、公交为主体、多种方式为补充"的城市公共交通发展格局，公共交通服务能力明显增强。2020 年沈阳通过交通运输部验收，荣获"国家公交都市建设示范城市"称号。

（1）城市地铁

沈阳首条地铁 1 号线于 2010 年开通，是东北地区开通的第一条地下地铁线路。目前已开通地铁 1 号线、2 号线、4 号线、9 号线、10 号线共 5 条线路，总里程 165km，形成"覆盖中心城区、连接发展新区、串联重要枢纽"的地铁网络化运营格局；在建地铁 1 号线东延线、3 号线、6 号线、9 号线东延线、10 号线工程（张沙布—丁香街）共 5 条线路，总里程 125km，建成后地铁总里程将达到 290km。

（2）有轨电车

沈阳浑南现代有轨电车于 2013 年开通运营，现有 6 条线路，建设里程 69km，运营里程 103km。其中，有轨电车 5 号线已向东延伸至沈抚示范区李石寨站，连接沈阳与抚顺两座城市，是全国首条跨市运营的有轨电车线路。

（3）公共汽（电）车

围绕绿色交通发展要求，沈阳持续加大公共汽（电）车投入力度。现有公交线路 332 条，里程 5424km；公交站点 4507 个，配套公交候车亭 4929 个，建成区公交站点 500m 半径覆盖率达到 100%。沈阳积极推进"绿色公交"建设工作，现有公交车辆 5483 辆，新能源和清洁能源公交车辆占比达到 100%；通过共享既有公交场站资源、挖掘立交桥下空间、施划公交停车位等措施，建设公交场站 150 处，全面提高公交进场率，彻底解决二环路内公交车辆占路停车问题；设置公交专用道 302km、公交优先路口 280 个，配套电子警察系统 65 套，全面提高公共汽（电）车运行效率。

2. 街道更新工程

沈阳街道更新工程于 2021 年 5 月全面启动，计划利用三年时间对全市 400km 道路进行更新改造 ❼。更新工程坚持"人民城市人民建、人民城市为人

图3 文艺路滨水慢道

图4 文艺路园路一体

民"的发展思想，贯彻"两优先、两分离、两贯通、一增加"（即行人优先、非机动车优先，机非分离、人车分离，人行道贯通、非机动车道贯通，增加过街设施）的建设原则，统筹道路、市政、景观、建筑四大板块，以街道空间为抓手，实现城市功能品质、服务品质、生态品质、文化品质的全面升级。目前，以陵东街、文艺路为代表的一批街路已经完成更新（图3、图4），投入使用。

3. 绿道系统建设

沈阳市持续构建山水相连、水绿相接的休闲慢道系统，现已建成服务市民休闲健身与绿色出行的绿道 260km。其中，以浑河、环城水系及棋盘山绿道最具代表性。

（1）浑河滨水绿道

浑河滨水绿道全长 60km，可为市民提供连续的自行车道、马拉松赛道、滨水步道三套完整的慢行系统（图5）。绿道两侧绿树葱郁、鸟语花香，沿线分布有五里河公园、沈水湾公园、和平体育公园、长白岛森林公园等 12 处生态公园，是市民日常通勤和健身娱乐的绝佳场所。其中，胜利桥至新立堡桥段马拉松赛道已连续三年承办沈阳马拉松国际赛事。

图 5　沈阳浑河滨水绿道

（2）环城水系绿道

环城水系绿道全长 80km，沿线分布有大小游园 50 个，与浑河滨水绿道互联互通，通过整合水系、公园等生态资源，打造沈阳浑河北岸的生态廊道、景观廊道和休闲健身公共场所。

（3）棋盘山绿道

棋盘山风景名胜区登山绿道总长 50.2km，是沈阳东部棋盘山、辉山、大洋山、樱桃山和秀湖之间的一条"滨湖、傍山、穿林"的休闲绿道，包括 34.8km "四山连攀"的环山道和 15.4km 环绕秀湖的环湖道。

4. 共享单车整治

为降低短途通勤交通对私人小汽车的依赖、延伸公共交通"最后一公里"服务、促进出行结构向绿色交通方向转变，沈阳不断强化对共享单车的整治提升工作。一方面，严格控制投放总量，针对东北地区季节性骑行需求形成投放份额招标制度，成为继广州、天津之后第三座对共享单车实施招标的城市，通过招标协议对企业运维人员和车辆进行量化，强化单车管理。另一方面，不断完善设施建设，出台《沈阳市中心城区道路非机动车停车区设置技术导则》《沈阳市共享单车设施标准化设计》，设置专属点位 2.1 万余个，引导市民按位停放，同时搭建共享单车管理平台，开通"沈阳共享单车随手拍"微信公众号，打通市民与企业沟通的信息渠道。

五、生态城市建设

1. 山水林田湖草沙系统治理

针对产业发展及生态环境现状，沈阳积极贯彻"绿水青山就是金山银山"的发展理念，尊重自然，顺应自然，保护自然，统筹山水林田湖草沙一体化保护和系统治理，坚持人与自然和谐共生，形成了沈阳生态保护和修复新格局（图 6）。

图6　沈阳蒲河

通过生态保护修复工程实施，全面提升生态系统质量和服务功能，增强生态系统稳定性，扩大优质生态产品供给，建立健全生态修复体制机制，着力将沈阳打造为优质农产品生产基地、农业生产与生态保护协调发展示范区、治山治水治城一体化推进样板区。

　　坚持生态优先、绿色低碳高质量的发展理念，沈阳在山、水、林、湖、沙等生态修复工作中取得显著成效。一是加强林业生态建设，提高森林保有量。沈阳自 2016 年起连续启动实施了《沈阳市绿化提升三年行动计划》《林业生态建设三年工作方案》等造林方案，森林面积稳步增加。二是开展水污染治理工程，提升水环境质量。沈阳先后实施了"一河一策""五水同治"等治理策略，省考以上河流断面累计均值实现全部达标。三是实施矿山治理，改善矿山地质环境。沈阳于 2017 年完成了矿山地质环境详细调查，于 2021 年开展了第二轮矿山地质环境恢复调查，精细化核准全市矿山损毁土地面积；随着"绿色矿山"大力推行，矿山复绿效果显著，地形地貌景观获得较大改善，矿区生态环境显著提升。四是防沙治沙与黑土区侵蚀沟治理取得成效。沈阳沙化土地主要集中在西北部地区，通过持续开展国土绿化行动，全面推行林长制，西北防风阻沙带建设成效显著；因地制宜推进黑土区侵蚀沟治理工作，沟道侵蚀情况得到有效控制。

2. 蓝天、碧水、净土保卫战

　　良好的生态环境是东北地区社会经济发展的宝贵资源，针对生态环境历史性挑战，沈阳攻坚克难，顺利打赢蓝天、碧水、净土保卫战。

　　（1）大气环境治理

　　为深入打好蓝天保卫战，沈阳综合实施燃煤锅炉拆除改造、散煤替代、扬尘管控、秸秆综合利用等治理措施，大气环境质量显著提升，空气质量优良天数从 2020 年的 287 天提升至 2022 年的 320 天，$PM_{2.5}$ 降至 32 μg/m³，改善幅度在副省级城市中位居前列 ❽。

（2）水环境治理

沈阳推进全流域综合治理，聚焦水资源、水安全、水环境、水生态、水文化"五水"同治，构建完善的农业灌溉体系、全覆盖的防洪排涝体系、一体化城镇供水网、全域自然公园体系、生态文化网络系统、通山达海的慢道网络，以水系连通统筹山水林田湖草系统治理，打造空间均衡、丰枯调剂、韧性安全、内涵丰富的生态水网；出台全国首个黑臭水体管理规定，全面打赢城市黑臭水体治理攻坚战，建成区黑臭水体全面消除，并入选全国首批黑臭水体治理示范城市。水环境质量达到历史最好水平，国省考断面全部达标，优良水体占比达到60%❾。

（3）土壤污染治理

为持续打好农业农村污染治理攻坚战，沈阳深入推进农用地土壤污染防治和安全利用。有效管控建设用地土壤污染风险，开展土壤环境质量详查与管控，2017年以来累计修复和管控污染地块面积约230万 m^2，实现重点建设用地100%安全利用，工业危险废物、医疗废物100%安全处置。稳妥推进"无废城市"建设，推行工业固体废物综合利用，推动生活源固体废物资源化利用，促进农业固体废物回收利用，构建收集处置网络，推进建筑垃圾规范利用处置。

3."北方特色公园城市"建设

2021年沈阳提出建设"北方特色公园城市"目标，以"城市建在公园里、城区变成大公园"为发展愿景，全面促进空间形态、环境生态、经济业态、文化活态的有机融合，打造人与自然和谐共生的城市环境，吸引越来越多的人，特别是年轻人，向往沈阳、扎根沈阳、圆梦沈阳。"北方特色公园城市"建设工作着力构建全域山水生态网络，筑牢蓝绿生态基底；打造全域公园体系，形成覆盖城乡的蓝绿生态空间结构；以"三环三带四楔"城市结构性绿地作为空间骨架，着力为市民提供就近的城市蓝绿生态空间；打造万里慢道、千里水岸、百里花廊，提升全域绿化空间建设品质；突显沈阳乡土植被特色风貌，形成稳定的植物复层结构；突出地域文化特色，在绿地中植入文化功能，展示城市内涵；突出公园经营特色，强化公园与周边城市功能融合，突出北方冰雪活力特色（图7）。

北陵公园

南运河

青年公园

长白内河

图7 沈阳代表性公园与滨水空间

在"北方特色公园城市"建设目标指导下，沈阳开展了大规模绿化环境和公园质量提升建设，系统推进增绿、建园、连道、美境、植文、共建、精管七项行动。近年来，城区植树接近 300 万棵，花卉栽摆超过 5000 万株；新建城市大中型公园 12 座，提升改造公园 42 座；按照"推窗见绿、出门入园"的目标，打造"口袋公园"超过 2000 座；开展空中花廊、立体绿化、见缝插绿等工作，城市整体绿化水平得到显著提升。2021 年，沈阳市民对"口袋公园"建设的满意度达到 95%，并在中央电视台财经频道举办的《中国美好生活大调查》中取得"公园、绿地"满意度排名全国第二的成绩。2021 年 11 月 24 日，《人民日报》以"口袋公园装满幸福"为题，对国内"口袋公园"建设予以肯定，沈阳市皇姑区鸭绿江北街东侧的"口袋公园"榜上有名。

4. "一河两岸"建设

浑河古称沈水，又称小辽河，发源于抚顺市清原县长白山支脉，流经抚顺、沈阳、辽阳、鞍山等市，在鞍山纳太子河，汇入大辽河，全长 415km，是辽宁省第二大河。沈阳境内浑河长 172km，其中城市段（东西四环路间）长约 50km，水面平均宽度 400m，两侧滩地平均宽度 300m，已建跨河通道 20 座。

20 世纪 90 年代，沈阳开始跨浑河向南发展，目前已基本形成"一河两岸、一主三副"的城市空间结构。2017 年，沈阳印发《沈阳振兴发展战略规划》，提出"一河两岸"战略构想，以更高标准、更宽视野、更大格局谋划建设全国知名滨水空间为目标，构建以浑河两岸为主要承载区的城市发展轴，打造具有丰富业态的功能集聚区、具有深厚人文内涵的沈阳会客厅、具有高能级生态效应的城市绿廊道。

浑河沈阳段水质持续改善，生态功能全面恢复，郎朗钢琴广场、云飏阁、桥下活动空间等景观设施相继落地，已将浑河两岸打造成为沈阳市民日常健身、休闲、娱乐的重要场所（图 8）。浑河核心段汇集了 K11 会议中心、盛京大剧院、三好桥、富民桥、长青桥、东塔桥等城市地标性建筑，大气磅礴的都市形象凸显，已然成为靓丽的城市名片（图 9）。浑河沿线可完整呈现金廊天际线，已形

图 8　浑河沿线公园

成金廊看浑河、浑河看金廊的 T 字形空间景观结构，"水、绿、城"交融的大都市风貌完美展现（图 10）。

5. 海绵城市建设

沈阳市委、市政府高度重视海绵城市建设，将其作为引领绿色发展的重要着力点。以缓解城市内涝为主要目标，兼顾水资源利用和水污染防治，沈阳构建三级海绵城市体系，包括区域流域海绵韧性体系、灰绿结合的城市海绵系统以及高质量的源头海绵社区系统，提升城市韧性，改善生态环境，推动城市绿色发展。

近年来，沈阳在排水防涝、源头海绵建设等方面实施项目 658 项，内涝积水点消除率近 85%，城市重点区域排水河道、区域排水干线能力达到国家 3 年一遇标准，已初步形成建成区排水防涝体系，内涝积水问题得到大幅缓解。2022年，沈阳成功入选全国海绵城市建设示范城市，成为辽宁省唯一获此殊荣的城市。通过系统化全域推进海绵城市建设，着力打造北方平原城市安全韧性的蓄排平衡体系建设示范、东北老工业基地海绵城市引领绿色振兴示范、缺水型特大城市水循环系统建设示范。到示范期末，沈阳建成区 45% 区域内涝防治标准达到20 年一遇以上，历史严重内涝积水点全部消除，雨水资源利用率显著提高。

图 9　浑河核心段地标

图 10　浑河天际线

六、城市亮点与经验借鉴

"辽水依然襟带间"，沈阳这片辽阔而美丽的黑土地，沃野千里，碧波粼粼，青山如画，叠翠流金，是传承文化基因、赓续历史文脉的重要载体，是沈阳市民安居乐业的生态家园，也是以高质量发展推进中国式现代化的重要抓手。近年来，沈阳围绕"大河文化＋自然风光＋慢生活＋新经济"主题，通过"以水润城、以绿荫城、以园美城、以文化城"，不断提升生态城市与绿色交通建设水平，不断强化城市的功能品质、服务品质、生态品质、文化品质，以打造"四季有绿、三季有花""人城境业"和谐统一的现代化城市为目标，高水平建设北方特色公园城市，充分展现出沈阳大气舒朗的自然特色和深厚浓郁的文化底蕴，处处彰显着高颜值、高品质、文化味、国际范的城市风格（图 11）。

1. 以水润城

沈阳各时期的城市发展建设均与水系建设密不可分。随着城市规模的不断扩大，沈阳市区以浑河为主干实现了从"濒河""跨河"到"拥河"发展的重要转变。近年来，沈阳实施了浑北主城环城水系总体提升、浑河两岸综合提升改造、蒲河生态廊道建设、卧龙湖生态区保护与利用、辽河干流生态保护、浑南主城环城水系建设等一系列水系改造工程，有效提升了河流区域的生态价值和空间品质，形成了"水清、岸绿、路通、繁荣"的发展局面。通过浑河上下游、左右岸、干支流水系的系统优化，沈阳已成功打造"一河清泉水、一道风景线、一条经济带"，依托水系资源构建起一座"河畅、水清、岸绿、景美、人和"的水韵之城。

2. 以绿荫城

沈阳始终坚定不移地走生态优先、节约集约、绿色低碳的高质量发展之路，坚持把绿色发展理念贯穿生态保护、环境建设、生产制造、城市发展、人民生活等各方面。为夯实生态绿色基底，沈阳通过大规模国土空间增绿行动以及绿色交通体系的不断完善，营造城市浓浓绿意。一方面，针对公园绿地、核心发展地、道路两侧地、滨水空间地、闲置土地和边角地实施"六地"增绿行动，迅速提升城区绿化水平；另一方面，全面提速轨道交通线网建设，积极打造"轨道上的城市"，实施大街主路有机更新、背街小巷综合治理，持续完善城市绿道系统，建设"慢行友好城市"。现在的沈阳，正在逐步实现从工业文明时代装备制造"优秀生"到生态文明时代绿色低碳高质量发展"模范生"的华丽蝶变。

3. 以园美城

公园建设是全面提升城市绿化水平、实现"城区变成大公园"发展愿景的重要抓手。沈阳通过对符合条件的各类绿地空间实施公园化改造、对现状大中型公园进行提质升级、加速推进规划公园的实施建设等措施，全面挖潜全市绿地资源，优化全市公园体系，构建星罗棋布、绿满城园的城市场景。对于现状公园，充分贯彻落实"园路一体""两优先、两分离、两贯通""公园＋"等理念，结合城市更新分批推进改造提升；对于浑河、蒲河、环城水系、三环绿化带等结构性

图 11　以水润城、以绿荫城、以园美城、以文化城

绿地，进行有针对性的优化完善，提升城市内部生态体验；针对公园服务覆盖不足的地区，启动大中型公园建设，原则上每个区每年新建大中型公园不少于 1 座。截至 2022 年，沈阳全市建设"口袋公园"超过 2000 座。公园绿化为市民提供了舒适、宜人、高品质的游憩空间，让百姓拥有了实实在在的获得感、幸福感、安全感。

4. 以文化城

沈阳拥有超过 11 万年的人类活动史、超过 7200 年的人类文明史、超过 2300 年的建城史，是东北地区第一个历史文化名城。沈阳始终把历史文化保护放在第一位，本着对历史负责、对人民负责的态度，构建了保护、利用、管理"三位一体"的名城保护模式。坚持"以价值为导向、应保尽保"的原则，沈阳持续开展历史文化相关资源的挖掘、普查、认定等工作，建立了一套"空间全覆盖、要素全囊括"的保护体系。在传统保护工作的基础上，沈阳因地制宜地推进

"以用促保"，强调历史文化的传承和复兴，先后完成了中山路历史文化街区、沈阳方城历史文化街区、老北市地区、八经街地区、红梅味精厂、东贸库、广州街81号建筑等多处历史文化资源的活化利用，实现了从"锈带"到"秀场"的华丽转身。

注释：
❶ 《沈阳市国土空间总体规划（2021—2035 年）》（草案）
❷ 近 10 年沈阳市国民经济和社会发展统计公报
❸ 第七次全国人口普查数据
❹ 《沈阳市国土空间总体规划（2021—2035 年）》（草案）
❺ 近 10 年沈阳市国民经济和社会发展统计公报
❻ 《沈阳市综合交通体系规划（2021—2035 年）》
❼ 《沈阳市"两环十横十纵"街道更新工程实施方案》
❽ 近 10 年沈阳市国民经济和社会发展统计公报
❾ 近 10 年沈阳市国民经济和社会发展统计公报

图片来源：
首图　沈阳市规划设计研究院有限公司
图 1　沈阳市规划设计研究院有限公司
图 3　沈阳市规划设计研究院有限公司
图 4　沈阳市规划设计研究院有限公司
图 5　沈阳市规划设计研究院有限公司
图 6　沈阳市规划设计研究院有限公司
图 7　沈阳市规划设计研究院有限公司
图 8　沈阳市规划设计研究院有限公司
图 9　沈阳市规划设计研究院有限公司
图 10　沈阳市规划设计研究院有限公司
图 11　沈阳市规划设计研究院有限公司

西安

自带雄浑底色，续写盛世华章的千年古都

一、城市特点

西安市，简称"镐"，古称长安、镐京，是陕西省省会、中华文明和中华民族重要发祥地之一、丝绸之路的起点，历史上先后有 13 个王朝在此建都，也是国家重要的科研、教育和工业基地。

西安市位于黄河流域中部关中盆地，自古有"八水绕长安"之称，市区东有灞河、浐河，南有潏河、滈河，西有皂河、沣河，北有渭河、泾河，此外还有黑河、石川河、涝河、零河等较大河流。境内海拔高度差异之悬殊位居全国各城市之冠。巍峨峻峭、群峰竞秀的秦岭山地与坦荡舒展、平畴沃野的渭河平原界限分明，构成西安市的主体地貌。西安城区便建立在渭河平原的二级阶地上。

西安市下辖 11 个区、2 个县，代管西咸新区。2020 年西安市全市总人口 1296 万，城镇化率为 79.2%；市区面积 5146km²，市区人口密度 2061 人/km²；中心城区面积 832km²，中心城区人口密度 8438 人/km²。

二、土地利用与城市结构

西安现状建成区呈强中心"外溢式"发展模式，老城和二环路以内是城市功能密集区域，土地开发强度高。经开区和高新区是近年来城市功能拓展区域，依托高新技术产业创造的岗位正在吸引大量人口入住。

从西安、咸阳、西咸新区的城市空间发展来看，现状用地发展仍是以西安、咸阳城区为主，西咸新区以各新城核心区为中心呈点状扩散发展，整个都市区的现状空间发展为"拥河"发展特征，呈西南一东北方向发展格局。

根据《西安市国土空间总体规划（2021—2035 年）》（过程稿），西安市总体国土空间开发格局可概括为"4 轴 1 核 6 片区"（图 1）。"4 轴"分别是指以钟楼

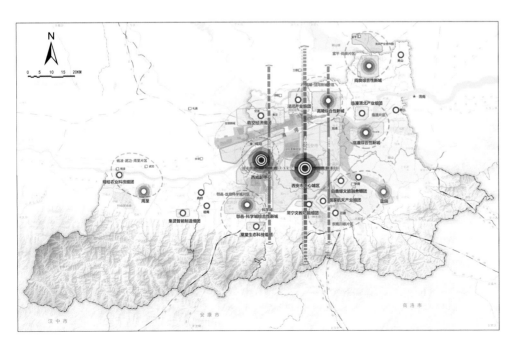

图 1　西安市域国土空间开发格局图

为中心，南北向的"古都文化轴"，东西向的"丝路发展轴"，以沣河、渭河交汇处为原点的"科技创新轴"，从北到南贯通高陵和航天基地的"国际开放轴"。其中，"丝路发展轴"是在原来"三轴"基础上新增加的横向连接西安市中心城区和西咸沣河片区的轴带，更加强调西咸一体化发展。"1核"是指以西安主城片区为主体，由洪庆—港务区及西咸沣河片区共同组成的都市圈核心区。"6片区"是指富平—阎良、杨凌—武功—周至、高陵—泾河—空港、鄠邑—丝路科学城、临潼和东南川塬六大片区协同发展，培育多个都市圈功能支点，形成紧凑、多极、网络化城镇空间。

三、机动化与交通结构特性

机动车保有量保持快速增长态势。2021年全市机动车保有量达445.38万辆（图2），2010~2021年平均增长率为12.39%。私人小汽车拥有量369.06万辆，占全市机动车保有量的83.9%，2010~2021年平均增长率15.14%。2021年西安市千人机动车拥有量（按年末常住人口计算）为338.36辆。

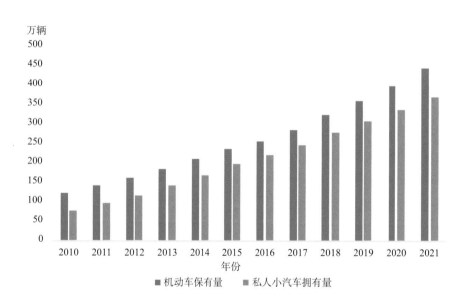

图2 西安市机动车保有量

2021年西安市中心城区日均出行总量1000万人次，比2020年增加12万人次，居民平均出行强度1.79人次/d，有出行的居民出行强度为1.86人次/d。每日平均单程通勤时间为37.5min，略低于2020年的38min。根据百度通勤大数据统计，西安市中心城区单程平均通勤距离为8.6km，其中5km范围内通勤人口占比为45%，5~10km通勤人口占比为24%，大于10km的通勤人口超过30%（图3）。

出行方式结构方面，2021年西安市居民步行、私人小汽车及摩托车、轨道交通三者占比最高，分别占25.0%、20.9%、18.1%。中心城区居民的公共交通机动化出行分担率为55.7%，全方式公共交通出行比例为33.9%，绿色交通出行比例为73.0%（图4）。

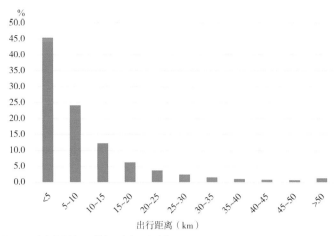

图3　西安市中心城区通勤人口出行距离分布

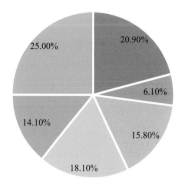

　私人小汽车　　出租车　　常规　　轨道　　非机动车　　步行
（含摩托车）（含网约车）公交　交通　（含共享单车）

图4　2021年西安市中心城区出行方式结构

四、公共交通系统

近年来，西安市深入践行绿色低碳出行理念，以轨道交通为骨干，坚持公交与地铁"鱼骨式"横向接驳、两端延伸、填补空白的协同衔接功能定位，以缓解城市主干道交通压力，更好地满足市民公共交通出行需求。目前，西安市公交与地铁接驳率达到94.9%，市民出行越来越方便。2020年9月，西安市成功创建全国"公交都市"示范城市，同年9月21日，"2020年绿色出行宣传月"和"公交出行宣传周"活动启动仪式在西安举行。

1. 多层次轨道交通

轨道交通已成为西安中心城区最快的大运量公共交通工具，极大地提升了绿色出行效率，缓解和改善了城市交通拥堵。截至2021年年底，西安市轨道交通已运营8条线路，包括地铁1号线、2号线、3号线、4号线、5号线、6号线、9号线和14号线，线网运营总长度258.5km，轨道交通站点159个。轨道交通客运量呈快速增长态势，日均客流约280万人次，客流强度稳居全国前列。

西安市首条云巴线路设计北起鱼化寨，沿途经过富鱼路、云水一路、西三环、南三环、发展大道、西太路

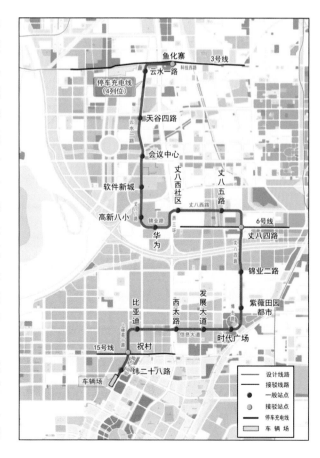

图5　西安高新区云巴线路

等核心路段，最终到达的位置是西安市高新区目前正在全力建设的"丝路科学城"片区。从城市文化和产业意义上来说，它是一条"产业之路""科技之路"和"生态之路"（图5）。

2. 绿色公交

在常规公交线路方面，2021年西安市常规公交线路409条，线路总长7442.7km。中心城区公交线网长度为1310.8km，中心城区公交线网密度为2.21km/km²，公交站点500m覆盖率达100%。常规公交线网总体保持"中心城区内规则方格网，中心城区外沿放射线干路"的布局结构，平均线路长度18.20km。

截至2021年，西安市公交专用道总长398.9km，主要布设在二环路、长乐路、未央路、朱宏路、西部大道等路段。公交专用道线网设置率（即中心城区设置公交专用道的长度占公交线网总长度的比例）为30.43%。

西安市公共交通集团以能源绿色低碳发展为核心，坚定不移走生态优先、绿色低碳的高质量发展道路，对车辆进行更新换代，共有公交车辆9272辆，新能源及清洁能源公交车占比达到100%，空调车占比95.4%，为市民提供了绿色、环保、舒适的出行新体验。此外，智能化设备在西安市公交行业全面应用，不断升级。通过在公交车上安装智能设备实现了车辆定位、视频监控、自动发车、自动报站等一系列功能，使目前西安300余条公交线路实现了智能化调度。车辆通过使用具有北斗导航功能的车载智能调度设备收集车辆运行数据，一方面用于生产调度，提高效率；另一方面可通过微信公众号、手机App、电子站牌等多种途径向广大市民提供实时车辆位置查询、导乘等多种便捷服务。

3. 无障碍公交

残特奥会虽然已经落下帷幕，但在西安，对特殊乘客的关爱还在继续。在公交242路、8路、800路等公交线路上，全新的30辆无障碍公交车辆正式投入使用。本次投用的无障碍车辆均为纯电动新能源公交车。车辆在后车门的一级踏板处安装了无障碍上车通道，乘坐轮椅的乘客可通过此通道顺利进入车厢。此外，该批新车还在车辆前方新增了两个电子探头，方便驾驶员观察道路两旁的路况。例如，在遇到特殊乘客时，驾驶员便可将车辆更精准地停靠在特殊乘客身旁。

五、特色交通模式

1. 智轨

西咸新区智轨示范线1号线车辆全长30.2m，重36t，采用标准3模块编组，车辆可双向行驶，最小转弯半径可达15m，最大载客量可达到283人，平均旅行速度为25~30km/h，还可根据客运需要对车辆编组进行灵活调整。车站采用开敞式设计，整体呈流线伞状外形，寓意畅通交会的智轨动态网络。设有集约信息的LCD屏、便捷的自动售票机、人工客服中心等设施，为乘客提供多种形式的便捷服务；乘客可通过投币或扫码进行购票，也可通过微信、银联电子码等方式扫码乘车。不仅如此，西咸新区智轨示范线 1 号线作为陕西省乃至西北地区建设的首条智轨线路，实现了新区轨道交通多制式同步联运，对现有大运量的地铁系统是有益的补充、延伸与加密，还集接驳、旅游、交通功能于一体，解决了欢乐谷、诗经里、昆明池等区域的综合交通问题，对推进品质西咸建设、助推新区产业聚集具有重要意义。

2. 便捷巴士

为打通市民出行"最后一公里"，满足乘客个性化的差异需求，西安市社区巴士和网约公交"捷巴士"先后上线。

2022 年 4 月和 5 月，西安市先后分两批开通了 10 条社区巴士。社区巴士重点解决社区居民的高峰通勤出行需求，主要采取工作日早晚高峰运营模式，票价与常规公交线路保持一致，采取无人售票空调车两元一票制，享受刷卡优惠。这 10 条社区巴士的线路主要连接大型居民社区与地铁站点、公交枢纽等城市主干线和提供重点区域的短距离快速接驳，让沿线 126 个小区的居民可以在小区周边通过公交快速抵达地铁站，让居民享受到便捷的出行服务。

2022 年 4 月，西安网约公交"捷巴士"正式运营，网约公交"捷巴士"是西安市新的公交运营模式之一。市民只需通过微信小程序，就能自主选择乘车时间和地点，享受比普通网约拼车运量更大、费用更低的个性化出行服务。乘客可在微信小程序中搜索"西安捷巴士"进行预约，选择上车地点与目的地，然后下单呼叫。系统根据订单信息进行车辆匹配，在网约乘车点之间不定线运行，用最短的时间将乘客送达目的地，为乘客提供经济、直达、有座、少步行的响应式公交服务。开通两个月后，"捷巴士"的客运量已达到 3600 人次。从最初鲜为人知时一天仅载十余名乘客，增加到每天载客 120 人左右。越来越多居住或工作在该区域的居民出门前会选择提前在手机上预约一辆公交车，不少市民体验到了"打"辆公交车出行的便捷。

3. 智慧交通管理

近年来，西安公安交警以"跳出城墙看交通""跳出交警看交管"的战略思维，把科技创新应用作为推动交管工作高质量发展的核心引擎，应用"太空舱"机房，搭建了"公安网私有云、视频专网私有云、互联网电信云""三朵云"，同时共享接入各类视频资源 3.28 万路，实现交管数据全量汇聚、智能存储、模块化应用，全方位服务实战指挥。建成了全国领先的智慧大脑实战指挥平台、路况大数据平台、智能信号控制系统，主城区 1756 处信号灯实现联网联控，打造绿波带 168 条。积极探索形成了"三大系统、五大平台"支撑下的"情指勤舆"一体化、实战化现代交警警务机制，实现了"一屏观全域、一网管全城"的转型升级，打造智慧战车 400 辆、铁骑 360 辆，做到了警情感知、指挥调度、反馈处置、跟进督导一张图融合实战应用，为全面推动交管工作"质量变革、效率变革、动力变革"注入了强劲动能。

为给市民创造良好的停车体验，西安公安交警调节交通出行结构，应用大数据、互联网和云计算等技术作为城市交通治理的突破口，锚定"全国一流、智慧便捷"的工作目标，在科学化、规范化、智能化上下功夫，积极探索城市停车管理智能化建设，协同西安城投集团大数据公司和陕西交控科技发展集团成立了"智慧停车平台工作专班"，并提前一年完成了"西安市智慧停车综合服务平台"建设任务，现已正式上线试运行。

新的平台为广大市民提供了停车信息检索、停车泊位诱导、ETC 便捷支付、线上投诉建议及停车生活等服务，为停车管理部门提供了停车场分布图、分级实时预警、停车轨迹一键查询、重点车辆协查管理、数据交互与共享等信息。

4. 绿色物流

西安是众多新能源乘用车龙头企业的聚集地，得益于政府的支持及企业集聚效应。目前，西安新能源产业发展正盛，当地的绿色物流发展也紧跟步伐，成为我国绿色物流的又一大主力阵地，推进传统物流转型升级，助力我国现代物流产业的可持续发展。

2017 年，京东和地上铁达成战略合作在西安共建绿色物流。绿色物流发展不仅是在运输方面启用新能源电动货车，在包装、仓储、售后等物流各环节也不断探索和创新，从自主研发环保包装新材料、电子签收、回收利用等各方面入手，将环保理念贯穿物流的细枝末节。

位于西安国际港务区的京东"亚洲一号"西安智能产业园（图 6），是我国首个"零碳"物流园区，以低碳循环经济助力经济高质量发展。与传统的物流产业园不同，这里处处可见绿色低碳的基础设施和"黑科技"。

2023 年西安市政府办公厅印发的《西安市"十四五"时期"无废城市"建设实施方案》要求，一是要推进绿色包装技术应用，健全绿色循环物流体系，依托龙头快递企业，加大可循环、标准化用具的推广应用力度，加强替代材料和产品研发应用；二是要推进实施"无废物流"工程，推广物流快递绿色集散中心建设，优化物流空间布局，加强国家物流枢纽、专业快递物流中心及公共配送中心建设，建立以综合物流、大宗商品物流、电商现代物流、供应链物流、商贸物流五类现代物流聚集区和配送节点为支撑的三级绿色物流功能体系。将绿色发展理念融入邮政业发展全过程，加快行业发展方式向集约型、环境友好型转变。

图 6　京东"亚洲一号"西安智能产业园

六、慢行交通系统建设

西安作为交通运输部第二批绿色交通试点城市，市政府大力推进绿色交通和低碳交通发展，先后编制出台了《西安市主城区慢行交通体系规划》和《大西安绿道体系规划》等慢行交通系统规划。

1. 步道系统建设

截至 2021 年年底，西安市已建成绿道共计 581.77km。2021 年 4 月，"三河一山"绿道贯通开放（图 7）。"三河一山"绿道主游径长 293km，绿道长 205km，其中灞河隋唐古灞桥遗址—渭河—沣河仪祉湖 74km 核心段实现了无障碍通行。它以浐灞河、渭河、沣河和秦岭丰富的自然历史人文资源为依托，体现了"背山面水、八水绕城"的城市格局，对城市生态环境的保护具有重要意义。沿途串联了 103 个生态节点和 42 个人文历史遗址，规划建设 109 个休憩驿站，为市民提供一个望得见山、看得见水、记得住乡愁的绿色生态长廊。

"三河一山"绿道途经 10 区（县），各区段通过主廊道连为一体，又各具特色，移步异景。

"三河一山"绿道起点广场位于灞河段绿道，是"三河一山"绿道建设的重要组成部分和标志性项目，通过景观飘带桥无障碍连接隋唐古灞桥遗址与西安世博园，营造古今文化交融区，将人文与自然完美融合。

广运潭公园位于灞河段绿道，充分利用灞河河道自然状况，通过生态化再造提升、绿化改造、游憩设施集合而建成，与周边桃花潭、世博园等景点有机连

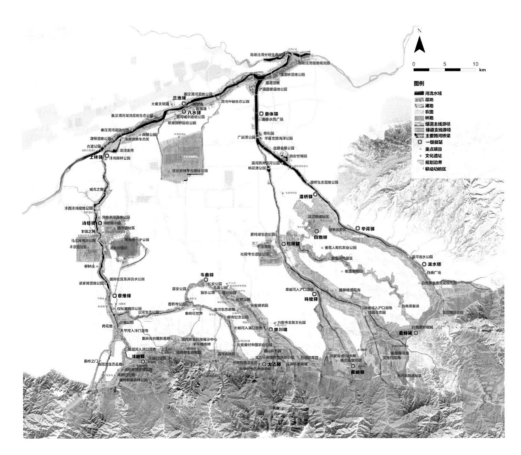

图 7 "三河一山"绿道平面图

接，串联起了浐灞生态区的生态板块。

国际港务区滨河栈桥步道全长 1800m，不仅连接了灞河段绿道上船锚广场、忆星屏、松竹晓月、闻涛广场等主要景点，而且探出水面，像是一条蜿蜒在灞河水面上的白色飘带。

灞桥驿是灞河段绿道上的一级驿站，占地面积 27288m²。采用地景掩土建筑样式，建筑外立面以灞河水流形态取意灞桥山水。灞桥驿边的绿道，除了满眼的绿色和绚烂的花海，还有一个儿童游乐区域。踏青赏花间隙，人们可在此停下脚步与孩子享受一段欢乐的亲子时光。

西安市结合群众健身需求，围绕城市发展，建成了一批群众喜爱的健身步道。步道中途安装智能化健身器材，可判断锻炼者的开始、停止状态，进行运动分析，计算运动的时间、次数（里程）、热量消耗等，并将相关运动信息通过语音提示系统播报出来。这意味着健身者在运动过程中可以充分了解到自己准确的运动信息，以便合理调控个人的运动强度、运动频次，从而提高科学锻炼水平（图 8）。

图 8　西安城市运动公园智慧步道

在打造完整街道方面，西安市在综合考虑街道商业性、生活性、交通性等属性的前提下，配套完成市政道路、街景绿化、城市家具等的提升、建设，持续开展完整街道示范街区建设，累计完成街道示范区试点 20 个。以南郭路示范街建设为例，依托周边聚集的乐器店业态，赋予街区更多的音乐文化内容和符号，打造轻松律动"乐生活"的"新体验"。

2. 自行车交通发展

在西安城南，市内首条自行车专用通勤道已经建成并投入使用。这条多功能生态绿道具有服务周边市民提供骑行、跑步、散步、健身等功能。平坦的小道、彩色的植被、别致的景观造型、舒适的配套设施，蜿蜒的红色自行车专用通勤道路从绿化林带中穿过，市民行走、骑行在其中别有一番风情。该自行车专用通勤道路东起曲江大道，西至长安南路，全长 10.5km，绿化提升面积 15 万 m²。通勤道路在设计过程中依托现有道路地形，增加了桂花、雪松等落叶、常绿乔灌木，不仅提升了南三环周边的景观品质，还兼具降噪、防尘等功能。

制约慢行交通发展的自行车专用道问题得到逐步解决，西安"公交 + 地铁 + 公共自行车"的"15 分钟便民出行圈"正在形成。

西安目前共建成 1943 个有桩自行车服务站点、6136 个无桩服务站点，投入运营的公共自行车达 7.9 万辆，累计使用量近 5 亿人次。公共自行车站点服务区域主要覆盖中心城区以及洪庆、临潼城区、阎良城区和沣东新城。2018 年 9 月，西安市全市正式开通无桩公共自行车服务站点，实现了全国首例"物理桩"和"电子桩"的融合使用。近年来，西安公共

图 9　西安市公共自行车

自行车公司建成智能调度系统、远程视频监控系统、调运车辆 GPS 管理系统等，通过大数据采集分析，基本实现了与轨道交通、常规公交的无缝对接，有效解决"最后一公里"的出行问题，赢得了市民好评（图 9）。

除公共自行车之外，西安各大品牌的共享单车也利用 5G 与人工智能融合的科技手段对共享单车实施精细化管理，为城市居民出行提供更完善的服务体验。哈啰出行旗下共享单车全面接入北斗卫星定位。实现了共享出行高精准定位。滴滴出行旗下的青桔单车目前已有一批车辆完成 NB 技术搭载。NB-IoT 技术是专门为广域物联网系统打造的 5G 传输协议，支持超低功耗模式，具有低功耗、广覆盖、大连接的优势。应用此项技术后，搭载 NB 模组的单车可以让同一基站覆盖更多单车通信，并连接此前处于城市通信盲区的失联车辆。上述新技术将有效解决单车盲目投放、无序停放等问题，助力政企共管共治。

七、城市生态建设

西安市荣获"2018 绿色发展示范城市"和"2018 首批生态型城市"称号（表 1），此外，浐灞生态区获得"2018 生态文明建设典范开发区"称号，在 2022 年《中国主要城市公园评估报告》中，西安市跻身"全国主要城市公园分布均好度排名"全国 35 座主要城市的第一方阵。

西安生态情况部分指标　　　　表 1

指标	2010 年	2015 年	2020 年
全市污水处理率（%）	76.13	89.1	95
全区城市生活垃圾无害化处理率（%）	67.24	94.56	95.30
全区城市（县城）建成区绿化覆盖率（%）	31.06	34.56	36.53
全区城市（县城）森林覆盖率（%）	62.60	65.02	65.02
全区空气质量达标天数（d）	261	303	250

1. 森林城市

自 2003 年起，西安市相继启动实施了"大水大绿""绿满西安，花映古城三年植绿大行动"，城市绿量大幅增加，提升了城市绿化景观，让古城焕发出新的生态魅力。在此基础上，2013 年，西安在绿色发展道路上再次加速，市委、市政府作出"创建国家森林城市"的决定，提出"水韵林城，美丽西安"的建设理念。2016 年西安市荣获"国家森林城市"称号。每年新建和改造提升绿地广场、"口袋公园"100 个以上，新增城市绿地 1000 万 m² 以上。10 年间，三次获得"国家森林城市"荣誉称号。截至 2023 年，全市森林覆盖率 48.03%，在北方省会城市中位居第一，居全国副省级城市第三位。千年的古城文化与绿色自然融合，满目绿色又将这底蕴渲染得更加厚重。西安正重现着迷人的古诗意境，让生活在这里的人们畅享绿色福利。森林城市建设的步伐不会停止，美丽西安的图景仍在展开。

2. 空气治理

西安市位于陕西省关中盆地中部，气象、地形条件不利，空气污染严重。为切实改善空气质量，西安市积极实施治污减霾工作，并将其列为头号民生工程，采取了一系列务实举措，不断深化、完善大气污染治理措施。通过开展"蓝天、碧水、净土、青山"四大保卫战，围绕"减煤、控车、抑尘、治源、禁烧、增绿"，不断优化调整"产业结构、能源结构、运输结构、用地结构"，科学治霾（图 10）。

随着"蓝天保卫战"立体作战图日益清晰，从污染减排、机动车尾气排放到建筑工地"六个百分百"（施工工地周边 100% 围挡，物料堆放 100% 覆盖，出入车辆 100% 冲洗，施工现场地面 100% 硬化，拆迁工地 100% 湿法作业，渣土车辆 100% 密闭运输）；从 6 座火电厂迈向超低排放，到重点行业企业纷纷减排改造；从西安市智慧环保综合指挥中心的"天眼"上线将污染源尽收眼底，到出租车走航监测道路污染，一个个"神器"让污染物无处可逃。通过持续开展工地扬尘整治、工业污染防治及"零点行动"（夜间巡查执法）等一系列力度空前

图 10 蓝天白云下的西安

的执法行动，西安"生态铁军"奋进的脚步从未停歇。

2021年西安市优良天数首次突破265天，优良率高达72.6%，超过七成，顺利完成省考目标；重度及以上污染天数8天，同比减少6天。西安市的优良天数、$PM_{2.5}$浓度和重污染天数三项指标均圆满完成，其中增加优良天数、$PM_{2.5}$改善幅度均列关中五市第一名。

3. 八水绕长安

"八水绕长安"描述的是汉唐时期长安城的良好水环境。但随着城市发展，一个个排污口的无序排放让清澈的河水"蒙灰"，昔日的"八水"不再清澈。10年来，西安市持续推进河湖治理，特别是2019年出台"西安市河湖水系保护治理三年行动方案"后，通过"全域治水、碧水兴城"，让渭河、灞河、浐河等得到重塑，主要河流水质基本消除了劣V类，良好水环境再次回到西安市民的日常生活。

在现在的长安中央公园，随处可见嬉戏玩耍的孩童和漫步的市民，清澈的皂河水穿城而过，为城市平添几分优雅与活力。但这里也曾经是"臭水渠"，针对皂河污染一度影响百姓生活、制约区域发展的突出问题，西安市按照"四库联调、清水进城、河园同建、以河代库"的思路，实施皂河综合治理工程，实现了秦岭北麓清水历史性进入皂河，润泽一方。随着昔日"臭水渠"蝶变为"生态河"，如今人们关于皂河的美好记忆将从这条生态河重新开始，巨型玻璃鱼池、大型音乐喷泉、水清岸绿、亲子乐园等人气超高，让这里成为市民心中的打卡胜地。

"送君灞陵亭，灞水流浩浩"，是李白诗句中的送别场景，而灞河也一度被污染。而今，随着灞河湿地公园落成，初秋的凉风吹过灞河河畔，波光粼粼的河水让人们感受到大自然的美好，两岸绿意盎然的景观带，让灞河一步步回到"最初的美好"。

城市因水而美，因水而兴。皂河、灞河的转变只是西安市治水的一个缩影。依托"全域治水、碧水兴城"河湖水系保护治理三年行动，西安市通过"岸上、岸下一起抓，大河、小河一起治"将渭河提升为"千里最美家乡河、一方水域生态区"，并成为全国最大的河流生态公园之一（图11）。

图11 西安市渭河生态区

2021年，为实现治水成果全民共享，一条以浐河、灞河、渭河、沣河已建成的堤顶路和S107环山旅游路为基础，集骑行、步行、观光、休闲等多功能于一体的生态慢行系统——"三河一山"绿道在市民身边亮相，山水环绕、满目皆绿、"道"处是景，市民骑行、漫步、露营，徜徉在山水之间，无比惬意。

随着水环境不断改善，昆明池、渼陂湖等水生态修复已形成水面5000余亩。渭河城市段、灞河左岸、沣河金湾、潏河樊川湖等一批全域治水重点项目建成开放，一幅幅"水清岸绿、鱼翔浅底"的画卷正在市民眼前徐徐铺开。

八、城市文化与文明建设

西安有着长达3100多年的建城史和1100多年的建都史，拥有汉长安城未央宫遗址、唐长安城大明宫遗址、大雁塔等世界文化遗产，是联合国教科文组织确定的"世界历史文化名城"，其蕴含的历史内涵、承载的历史信息、具备的文化影响力举世公认。

1. 城市历史文化保护

西安是我国第一批历史文化名城，以往的城市规划中城镇空间的都城文化保护与利用一直是重中之重。西安也是最早提出"保老城、建新城"理念的城市之一，在历次城市总体规划的框架下有效保护了明清古城的历史格局。随着保护工作不断拓宽，西安开创了"大遗址保护"方式，在着力彰显唐城墙格局的同时，周、秦、汉、唐时期遗址的保护也取得了阶段性的成果。在文化传承利用上，形成了明清古城、大明宫、曲江、临潼等一批成熟的文化旅游片区。

中国历史上曾有13个王朝在西安定都，9个以汉长安城为都城，其作为都城的历史近350年，实际使用时间近800年，是中国历史上建都朝代最多、使用时间最长的都城。西安市西北方向，北临渭河，西倚公式河，东为团结湖水库，有一处城址面积约36km²，便是汉长安城遗址。通过环境治理与生态恢复，汉长安城遗址相关区域也成为市民休闲的好去处。如今，人们漫步在汉长安城未央宫国家考古遗址公园，可以近距离感受汉代文化遗产。

大雁塔位于唐长安城晋昌坊（今陕西省西安市以南）的大慈恩寺内，又名"慈恩寺塔"，7层塔身，高64.517m，底层边长25.5m。它见证了王朝兴衰，贯穿古今文明，伫立于华夏文明大地之上，由内而外散发着历史底蕴气息（图12）。

作为与大雁塔并称的西安市的另一张"城市名片"，小雁塔历史文化片区是唐荐福寺塔（世界文化遗产小雁塔）的所在地，西邻唐代长安城中轴线朱雀大街，东邻现西安城市中轴线长安路。小雁塔历史文化片区改造通过重新构建场地与文物、城市、自然和人的关系，对整个街区进行了补充和整合，修建了近1.5万m²的开阔景观广场，以及游客驿站等，在保护珍贵文物的同时为彰显唐文化魅力提供了专业且广阔的平台（图13）。

易俗文化街区东起案板街，南至东大街，北至西一路，西至北大街。以古城规制"街、坊、巷、院"为基础，以"秦腔之心"作为核心，穿插现代建筑的元素。其总占地约86亩，包括易俗大剧院、西安新华书店、易俗博物馆、中国秦

图12 西安大雁塔

图13 小雁塔历史文化片区

腔博物馆、老字号商业街、文创商业、网红潮牌等多种业态。

近年来，西安市曲江新区先后实施了大明宫国家遗址公园、西安城墙南门历史文化街区、小雁塔历史文化片区、碑林历史文化街区、汉长安城未央宫遗址公园、易俗文化街区等一批城市文化改造项目，既实现了遗址保护与城市更新的有机共生，又为城市打造了更多现象级旅游新产品、文旅新地标。只有处理好历史文化遗存、历史文脉与空间环境、自然景观的关系，方能彰显西安这座历史文化名城的特色。

2. 城市特色文化建设

提到西安就不得不提盛唐文化。近年来，西安紧跟潮流，不断拓宽发展路径，积极打造"高颜值""文艺范儿""沉浸式"主客共享的文旅项目，在"重体验＋高融合＋强科技"三张文旅新场景王牌的加持下，进一步叫响"千年古都·常来长安"文旅品牌，开辟出一片文旅融合发展的"新蓝海"。

图 14　大唐不夜城

　　大唐不夜城位于雁塔区的大雁塔脚下，是全国唯一一个以盛唐文化为背景的大型仿唐建筑群步行街。作为全国十大最具人气的夜游产品，大唐不夜城荣获首批"全国示范步行街"称号，已成为业界的现象级案例。步行街整体布局围绕唐文化打造"盛唐大 IP"，集合夜间观光游憩、文化休闲、演艺体验、特色餐饮、购物娱乐五大产业形成旅游集群，在街区内部根据不同景观节点延展出"小 IP"，利用年轻消费者社交喜好引燃网络爆点（图 14）。

　　"长安十二时辰"主题街区位于雁塔区曲江大唐不夜城东侧曼蒂广场，也是西安文商旅融合发展的典范。步入街区，犹如进入唐朝时空，宛如穿越至 1500 年前的长安。鼓声阵阵、市旗招展，大唐开市的场景扑面而来。戏馆、踏歌台、乐游园等唐风建筑，杏仁酪、上元油锤、五香饮等长安饮食，投壶、双陆、傩戏等唐风娱乐活动……在这里，游客可以全方位、全体验、全身心、深度沉浸式地进行一场酣畅淋漓的唐朝之旅。自 2022 年 5 月开放运营后，"长安十二时辰"主题街区每天吸引万名游客前来观光。

九、城市亮点与经验借鉴

1. 生态城市建设

　　"水是生命之源、生产之要、生态之基"。水不仅是自然景观、生态屏障，也是城市文化品位的标志，是地域特色的象征。对于地处内陆的西安，水是其可持续发展的命脉，是人与自然和谐共生的源泉。当八水不再"明如练"，水量小、水质差，城内渠道废塞、水流不畅时，西安市痛定思痛，以发展现代化生态新城为目标，采取了一系列系统性的生态保护举措，让河流休养生息，让生态流入城市。漫步于"三河一山"生态绿道，脚下大路延展，身旁大河滔滔，远处秦岭巍巍，沿线串起众多生态节点，市民有了亲近山水的好去处。生态兴则文明兴，生态衰则文明衰，兼顾生态治理、城市建设、产业发展才是城市发展的良性循环发展之路。

2. 文旅融合

作为文化旅游"热搜城市"，古城西安面对旅游形式和民众需求的新变化，不断拓宽发展路径，以"高颜值""文艺范儿""沉浸式"为关键词打造文旅项目，加快构建主客共享的文旅消费新场景，开启了沉浸式体验亮点突出、多元业态融合出圈、数字赋能文旅创新发展的文旅市场新局面。一片秦声秦乐的易俗文化街区、古韵包围的大唐不夜城步行街、沉浸式体验的"长安十二时辰"主题街区、星罗棋布的博物馆、美轮美奂的实景旅游剧目等，西安以实际行动践行以文塑旅、以旅彰文，推动了文旅的"一体化"和高质量发展，在这种碰撞和融合中加速了西安市文化与旅游的发展。

3. 绿色交通与物流

绿色交通在西安的实践主要体现在多层次轨道交通、绿色公交、多模式公共交通服务等方面。云轨、智轨等新的交通模式是对现有大运量地铁系统有益的补充、延伸与加密，解决城市地铁、轻轨覆盖空白的问题，打通居民轨道交通出行的最后几公里，有助于解决交通拥堵等大城市病，并提高市民职住通勤效率。在绿色公交方面，西安新能源及清洁能源公交车占比达到100%、公交站点500m覆盖率达100%、无障碍公交车辆陆续投放、社区巴士和"捷巴士"特色模式服务先后上线，城市公共交通的发展为人们出行提供了便利，进一步满足了多样化出行需求。此外，作为"一带一路"的重要节点城市，西安市是重要的物流枢纽节点，其在绿色物流方面的做法值得其他城市借鉴。在西安，新能源货车大量投入，充电设施充足，零碳物流园区、绿色包装、无废物流工程等得以实现。城市物流作为高端服务业的发展，也必须走低碳化道路，着力发展绿色、低碳和智能信息化物流服务，向低污染、低消耗、低排放、高效能、高效率、高效益的现代化物流转变。

图片来源：

首图　http://www.xiancn.com/content/2021-04/16/content_3700439.htm

图 1　《西安市国土空间总体规划（2021—2035 年）（过程稿）》

图 2　《2021 年西安市城市交通发展年度报告》

图 5　https://m.cnwest.cm/2023/11/22/22087955.html

图 6　https://www.xiancn.com/content/2022-04/28/content_6538875.htm

图 7　《西安市综合交通体系规划》，2022

图 8　https://www.sport.gov.cn/n20001280/n20745751/n20767277/c21340576/content.html

图 9　https://www.xiancn.com/content/2023-12/27/content_6822804.htm

图 10　https://www.sohu.com/a/197873195_100005151

图 11　https://www.xiancn.com/content/2022-07/13/content_6607979.htm

图 12　https://www.xiancn.com/content/2022-07/13/content_6607979.htm

图 13　https://www.jdl.com/news/2248/content00710

图 14　https://www.xiaohongshu.com/explore/658694f60000000009022734?app_platform=android&app_version=8.20.0&author_share=1&ignoreEngage=true&share_from_user_hidden=true&type=normal&xhsshare=WeixinSession&appuid=5aab80534eacab55a51f67d5&apptime=1704901577&wechatWid=097409554c8ead7067d168ef2a6b9cb6&wechatOrigin=menu

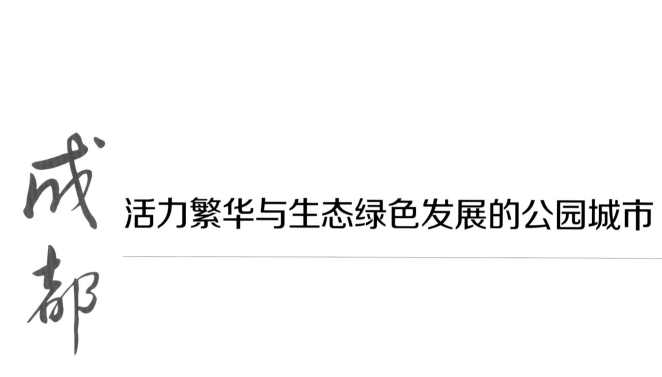

成都

活力繁华与生态绿色发展的公园城市

一、城市特点

1. 自然地理环境

成都是雪山下的公园城市，总体体现"壮美山峰—绵延丘陵—千里沃野—现代城镇"的公园城市自然地理特征，整体呈现"两山相望、两水相依、两林相映、两田相异"的自然地理格局。"两山相望"指龙泉山和龙门山东西相望，东侧龙泉山是重要的生态绿心，是全国候鸟迁徙的重要廊道；西侧龙门山是重要的生态屏障，是大熊猫、川金丝猴等国家一级保护动物的栖息地。"两水相依"指西部岷江水网和东部沱江水网相依，河流水系呈现"西密东疏"和"西渠东塘"的特征。岷江水网和沱江水网共 29 条主干河道，全长约 1500km。全市河网密度 1.22km/km^2，龙泉山西侧河网密度 1.58km/km^2，东侧河网密度 0.95km/km^2。龙泉山西侧灌溉渠系密布，龙泉山东侧湖塘散布。"两林相映"指森林和林盘相互辉映，呈现连绵葱郁的森林毓秀于峰、星罗棋布的林盘映秀于田的景象。全市约 90% 的森林分布在"两山"区域，约 10 万个林盘散点分布，尤其龙泉山两侧分布更为广泛。"两田相异"指龙泉山西侧和东侧的田地特征各异，龙泉山西侧沃野良田地势平缓，绵延千里，而龙泉山东侧缓坡丘田起伏。

成都市中心城区范围为所有市辖区（锦江区、青羊区、金牛区、武侯区、成华区、龙泉驿区、青白江区、新都区、温江区、双流区、郫都区、新津区 12 个区以及成都高新区和四川天府新区成都直管区，即"12+2"区域）以及环城生态区，面积 1564km^2。

"5+1"区域范围包含锦江区、青羊区、金牛区、武侯区、成华区以及成都高新区。

2. 人口

成都市人口增长快速，人口吸引力强劲。根据第七次全国人口普查 2020 年成都市常住人口 2093.78 万，居全国城市第 4 位。10 年间人口增量（582 万）进入全国城市前三甲，仅低于深圳（714 万）和广州（598 万），年平均增长率为 3.31%。2020~2021 年成都市人口增量 24.5 万，增幅排名全国第二，仅低于武汉市。

人口向中心城区集聚态势明显，城市新区成为人口承载新空间。2020 年，"12+2"区域常住人口达 1541.94 万，占全市常住人口的比重达 73.64%，新增常住人口 552.55 万，占全市新增人口的 95.0%❶。

二、机动化与交通出行特征

1. 机动化特征

截至 2021 年，成都市机动车保有量超过 600 万辆，千人机动车保有量达到 300 辆，位居全国第二。近 10 年成都市机动车保有量整体呈现稳步增长态势，机动车保有量增速逐步放缓，2021 年降至 4%，已从快速增长阶段逐步过渡到缓慢增长阶段（图 1）。

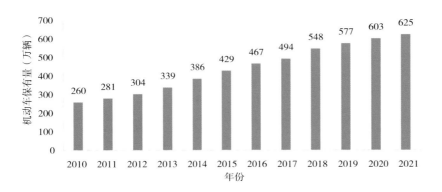

图1 成都市机动车保有量

2. 交通出行特征

2021年，成都市中心城区居民日均出行次数为3611万人次，约48%的出行目的为通勤。2021年成都市民每日平均单程通勤时间为39min。"5+1"城区范围内居民的消费娱乐出行和游憩休闲出行等非通勤出行需求占全天出行总量的比例为60.6%。

从出行结构来看，2021年成都市中心城区"12+2"区域居民出行中，步行占比32.8%，非机动车占比17.8%，地铁占比9.6%，公交巴士占比10.4%，私人小汽车占比24.6%，出租车（网约车）占比4.0%，其他占比0.8%（表1）。"5+1"区域范围居民出行中，步行占比32.0%，非机动车占比15.1%，地铁占比14.2%，公交巴士占比12.5%，私人小汽车占比21.0%，出租车（网约车）占比4.9%，其他占比0.3%（表2）。

2021年相较于2016年，由于轨道交通快速发展，轨道交通在中心城区的分担率快速增长，提高了5.6个百分点。

2021年成都市不同交通方式分担率（中心城区"12+2"区域）　　表1

交通方式	地铁	公交巴士	步行（自行车）及其他	私人小汽车	出租车（网约车）	其他
分担率（%）	9.6	10.4	50.6	24.6	4.0	0.8
绿色交通合计（%）	70.6			—	—	—

（数据来源：《成都都市圈交通发展年度报告（2021年）》《成都市综合交通体系规划（2016—2030年）》）

2021年成都市不同交通方式分担率（"5+1"区域）　　表2

交通方式	地铁	公交巴士	步行（自行车）及其他	私人小汽车	出租车（网约车）	其他
分担率（%）	14.2	12.5	47.1	21	4.9	0.3
绿色交通合计（%）	73.8			—	—	—

三、生态城市建设

1. 璀璨"绿心"——龙泉山城市森林公园

龙泉山城市森林公园片区位于龙泉山脉中段，是龙泉山"一山连两翼"的核心段，规划面积271.3km²，涉及7个街镇、37个村（社区）、5.5万余人，与龙泉主城区无界相连、山城相融，彰显了龙泉驿区"近山不进山、近城不进城"的独特优势。

图2 龙泉山城市森林公园鸟瞰图

龙泉山城市森林公园实现"增绿增景"约10万亩，森林覆盖率达到56.5%，丹景台景区、玉皇山、聚峰谷、桃花故里、宝仓湾、狮子宝等一批"网红新地标"相继建成开放，并定期举办山地马拉松、音乐节等大型文体活动，旨在高标准高质量打造"世界级品质的城市绿心、国际化的城市会客厅、高品质市民游憩乐园"（图2）。

随着消费场景不断迭代升级，龙泉山城市森林公园片区已成为龙泉山民宿发展最集中、最具活力的区域，是广大市民赏桃花、眺雪山、看日出、观成都万家灯火的打卡地。龙泉山也是全国三大水蜜桃主产区之一，如今龙泉驿水蜜桃已蜚声中外，品牌价值达70亿元以上（图3）。

图3 龙泉山城市森林公园美景及特色水蜜桃

2. 超级"绿环"——环城生态公园

"自去自来堂上燕，相亲相近水中鸥。"杜甫笔下的成都岁月静好、悠然自在。如今的环城生态公园，一幅绿满蓉城、花重锦官、水润天府的蜀川画卷正在徐徐展开。成都市环城生态公园生态修复综合项目是目前成都市区在建最大的以景观牵头的综合生态修复项目，共有500km 绿道，133km² 生态用地，4 级配套服务体系，20km² 多样水体，100km² 生态农业景观区（图 4）。这样的美丽宜居生活场景，既是成都环城生态公园的目标定位，也是人民城市的理想生活期盼。

环城生态公园的建设使得成都市生态用地从 2009 年的 87.62km² 增至 133km²，高标准农田建设已完成 3 万亩，环城生态公园内贯通492km 锦城绿道，桂溪生态公园、江家艺苑、青龙湖公园等 12 个特色园对外开放（图 5）。已建成 350 余处文商旅体设施，2021 年周末达到 24 万人次 /d，工作日达到 9 万人次 /d。

3. 精品"绿廊"——锦江公园

锦江沿线是成都历史最悠久的区域之一，浓缩了老成都的生活味和烟火气。随着锦江公园建设的推进，垂直于河道的子街巷也在悄然焕新（图 6）。成都市通过片区综合改造提升，深挖街巷文化底蕴，营造新场景，构建新业态。锦江公园立足于锦江厚积千年的独特自然人文特质，一边以推动绿色生态价值创造性转化为关键着力点，打造绿色生态空间与生活环境；一边着力建立生态经济体系和绿色资源体系，发展新经济。

通过整合梳理锦江沿线优势资源，形成各具特色、主题鲜明的十二大景区，将业态策划、景观营造、文化植入等进行统一考虑，将锦江公园打造成为成都旅游的"新地标"、市民休闲消费新场景。由此打造一条绿色生态廊道，贯穿城市南北，促进全域旅游，凸显成都文化，构建区域经济联动，使文旅体商农有机融合，展现天府文化的迭代发展与国际城市的开拓创新，为建设美丽宜居公园城市提供完美拼图（图 7）。

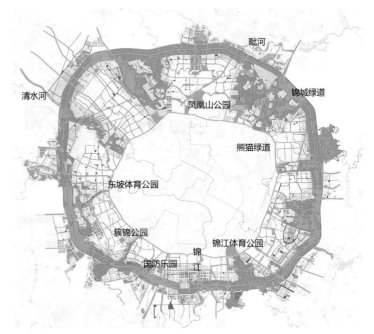

图 4　环城生态公园平面示意图

图 5　青龙湖一景

图 6　锦江公园沿线一景

图7 锦江公园特色景观

4. 历史城区示范——天府锦城

天府锦城以两江环抱区域为核心载体，建设"十景四园一带"，重点发展文商旅融合的国际化时尚生活服务。保护传承里坊古巷、三国遗迹、名人故居等历史文化元素，将天府文化与时代风尚显象活化于休闲娱乐、美食品鉴、体验购物，实现商品、服务和文化情景交互，个性消费与精神活动融为一体，使每一个消费行为都成为唯一的、不可复制的愉悦体验和美好记忆（图8）。

图8 天府锦城春熙路片太古里八街九坊十景

天府锦城打造寻香道街区，整合琴台路、青羊宫和浣花片区，涵盖杜甫草堂、四川省博物馆等 18 处景点，总面积达 187hm^2。依托现有文博资源，形成了丰富的特色文化体验场所、特色剧场、美食消费场景。天府锦城将通过保护传承蜀地历史文化元素展现天府文化独特魅力。

5. 现代新城示范——交子公园商圈

交子公园商圈位于成都中心城区南部、锦江两岸，规划面积 9.3km^2，辐射高新区与锦江区，其中大部分面积位于高新片区（图9）。

图9 交子公园商圈区位

图 10 交子公园商圈双子塔　　图 11 鹿溪智谷一景

从位置来看，交子公园商圈位于老城区与新城区的交接区域，有"承上启下"的效用。"高质量、高标准"是成都"南拓"的一大原则，交子公园商圈作为排头兵，对其谋篇布局颇显大城风范（图 10）。

交子公园以"生态公园 + 世界级商圈"的思路有机融合公园形态与都市商圈，通过开放共享、滨水渗透、设施融入等方式，充分发挥绿色开放空间体系引流、聚人、兴业作用，推动绿色空间与消费商圈无缝对接。

6. 未来新区示范——鹿溪智谷

2020 年，天府新区全面启动"成都美丽宜居公园城市建设行动计划三大示范引领性工程"之一的鹿溪智谷公园社区示范项目建设。

全面推进兴隆湖及鹿溪河上游全域水生态治理，将水质主要指标改善至地表水 Ⅲ 类，以近自然的方式打造滨水岸线和林水一体湿地景观，同步植入生态智慧监测系统，提升区域生态质量和智慧管理水平，以自然化、森林化、街区活化的手法全面推进梓州大道景观提升（图 11、图 12）。同时，精心营造了"出门即

图 12 独角兽岛

公园、处处皆场景"的高品质宜居生活空间，基于人群特质，打造了馆里、湖畔书店，推进川菜艺术中心、麓溪民宿、水上运动中心等区域精准配套，同时同步推进区域学校、人才公寓等基本配套。

四、绿色交通建设

1. 轨道交通 TOD 规划探索

从成都轨道交通规划建设情况来看，成都远期规划轨道交通 36 条，里程 1666km，轨道交通站点 697 处，站点 800m 对于人口、岗位、用地的覆盖率达 60%。现状已开通 12 条地铁，里程 518km，位居全国第四，日均客流量约 520 万乘次，轨道交通站点 800m 覆盖通勤人口比例达到 34%，位居全国第一。

（1）匹配城市发展要求，科学制定 TOD 发展路径

成都 TOD 战略提出了发展思路的四大转变：从"单站开发"向"区域统筹"转变，从"空间规划"向"策划规划协同的一体化设计"转变，从"空间建造"向"场景营造"转变，从"建设为主"向"综合运营"转变。

同时提出按照"站城一体、功能复合、产业优先、综合运营"的理念，围绕轨道交通站点打造"商业中心、生活中心、产业中心、文化地标"，实现将成都建设成为 TOD 世界典范城市的战略发展目标。

（2）策划、规划、设计一体化，高水平推进 TOD 综合开发

首先，策划引领。为提升开发项目全生命周期运营品质，实现业态精准定位、差异发展、可持续运营，开展专业策划。明确片区发展目标及定位：充分对接上位规划，加强片区资源分析与研究，合理确定片区发展目标和定位。制定产业发展体系及思路：协调衔接产业功能区规划，科学建立产业发展体系。确定功能业态及规模：构建合理的功能体系，科学测算开发规模。构建市场化商业运营模式：构建具有实操性的商业模式，制定科学合理的开发计划。

其次，规划设计。总结提炼需要共性遵循的总体要求，创造成都 TOD 的天府基因，梳理发掘差异发展的特色引导，塑造成都 TOD 的靓丽名片（图 13）。

图 13 打造"凤凰眼"的文化地标和以"芙蓉锦绘"为主题营造特色文化氛围

最后，设计一体化。依照站城一体的总体要求，达到多制式交通衔接、用地功能、地上地下空间三位一体。对外强化轨道交通站点与航空、铁路枢纽一体化便捷衔接，促进城市内外交通高效转换，对内围绕轨道交通站点构建"轨道＋公交＋慢行"的绿色交通网络。围绕站点进行圈层式用地功能布局：紧邻站点布局商业服务业设施，步行5min范围布局办公、酒店及公共服务设施，步行10min范围布局居住等功能。

以陆肖站为例，在策划阶段，从上位要求、片区特征入手，将陆肖站定位为建设"新经济新动能培育中心，以轨道交通为引领、以公园社区为特色的城市中央活力区"。在产业功能上，衔接产业功能区规划，重点承载新经济、智慧型、新服务产业功能。在业态策划上，分析现状居住人群及轨道交通服务人群，以新中产人群为主要对象，精准策划商业业态。在规划设计阶段，功能布局圈层分布，城市形态高地错落，形成以轨道交通站点为核心的"轨道＋公交＋慢行"交通体系，地下空间网络互联互通（图14）。

（3）开发运营，实现TOD项目收益及城市整体长远效益最大化

通过以下四个环节打造国际化的开放合作平台，实现TOD全环节的开放合作。在策划、规划设计环节，鼓励全球领先的TOD策划及设计公司通过建立长期战略合作关系等方式参与成都TOD规划设计，制定专业的策划方案，保障TOD综合开发的前瞻性、科学性。在开发建设环节，鼓励国际化、专业化的综合地产企业及资产管理、投资机构，通过市场化的方式参与TOD综合开发，提升TOD综合开发效率和专业运营能力，保障成都TOD综合开发的高效性和持续性。在运营及管理环节，引入具备资产管理经验、品牌影响力及资源引进能力的国际化、专业化企业参与运营管理，实现TOD资产运营价值最大化。在资产流通环节，充分利用金融与地产双驱动，通过项目转让、资产证券化等方式推动TOD资产快速变现流通，加速资金循环。

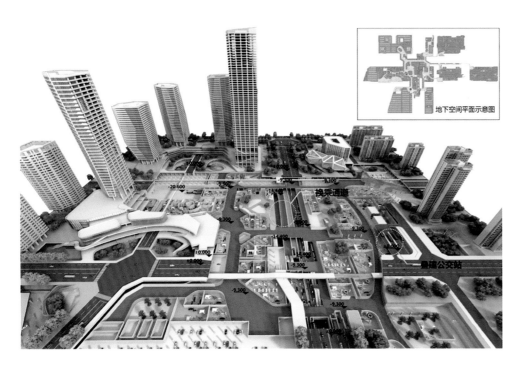

图14　功能布局圈层分布，形态高地错落，轨道交通站点为核心的"轨道＋公交＋慢行"交通体系，地下空间网络互联互通

通过"两个坚持"创造统筹化的TOD营城模式，促进片区整体高效发展。坚持开发建设统筹：政府主导，协调相关主体，统筹建设时序，同步推进新建线路规划建设与沿线站点TOD综合开发；建成区重点强化城市更新区域多方参与合作开发运营。坚持片区运营管理统筹：鼓励开发实施主体联合相关参与主体共同成立多方协调组织，统筹推动重点片区品牌建设及街区运营、片区智慧化管理。

（4）以分级分类为手段强化实施保障，推动项目高效落地

为推动TOD实施，规划以站点分级分类体系作为推进TOD综合开发的统筹纲领，构建全域轨道TOD。成都市将全市699个站点分为城市级、区域级、组团级、社区级四级及商圈核心型、交通枢纽型、综合中心型、产业社区型与生活服务型五类（表3）。

站点分级分类体系   表3

	站点级别	数量	特征
四级分级体系	城市级	16个	位于城市主中心及重大对外交通枢纽，轨道交通条件排名前10%的站点
	区域级	59个	位于城市副中心，各区（市）县主要中心或城市综合交通枢纽、产业功能区综合服务中心，轨道交通条件排名前20%的站点
	组团级	141个	位于城市组团公共服务中心或产业功能区组团中心，轨道交通条件排名前50%的站点
	社区级	483个	周边以居住功能为主的一般站点
五类分类体系	商圈核心型	23个	位于都市级商圈和片区级商圈，是承载商圈功能的核心站点，主要为城市级、区域级站点
	交通枢纽型	14个	位于城市的主要对外交通枢纽或城市综合交通枢纽，主要为城市级、区域级站点
	综合中心型	76个	位于城市、区域的综合中心，主要为区域级、组团级站点
	产业社区型	129个	位于产业功能区，周边以产业用地为主，主要为组团级、社区级站点
	生活服务型	457个	周边以居住用地为主，主要为社区级站点

将轨道交通站点分级体系作为管控的重要手段，建立分级审查、分级管控用地等实施保障机制和政策。建立城市级站点由市城乡规划委员会审定，区域级站点由市规划和自然资源局审定，组团级、社区级站点由区（市）县审定，报市规划和自然资源局备案的分级审查机制。建立城市级站点容积率以城市设计方案合理性确定，区域级站点落实城市设计，容积率在规定基础上浮不超过20%；组团级、社区级站点落实城市设计，上浮不超过10%的用地管理机制。确立对一般站点500m范围、换乘站点800m范围内土地进行锁定，土地出让前须完成站点一体化城市设计并落实相应控制性详细规划，由规划管理部门书面征求轨道集团意见后出具规划条件的土地管理政策。

（5）轨道TOD实施成效

依托规划总结形成的专著《TOD在成都——公园城市理念下成都市TOD实践探索》已出版，并在成都首届TOD发展论坛上发布。按照规划，已出台10余项配套政策和技术规范以指导TOD落地实施。陆肖站等14个TOD示范项目按照要求开工建设。2020年以来，首批3个项目正式落成亮相。

2. 常规公交规划探索

成都市现状公交建设基本情况为：公交线路 1200 余条，线网密度达到 2.95km/km²，日均客流稳定在 300 万人次。成都的公交线网密度、公交专用道长度在全国处于较高水平。

（1）匹配客流需求和轨道条件，优化公交线网层级

成都市规划围绕出行客流需求特征，明确对公交线路的要求，构建层次清晰的公交线网层级体系。分别针对"5+1"区域（锦江区、青羊区、金牛区、武侯区、成华区、成都高新区）和"7+1"区域（龙泉驿区、青白江区、新都区、温江区、双流区、郫都区、新津区、天府新区）的不同需求特征构建线网体系。

在"5+1"区域内，针对轨道未覆盖的中距离通勤需求，提供快速、准时、可靠的公交服务。未被轨道交通覆盖区域居民出行以通勤（占 68%）为主，平均出行距离达 12.1km，对时耗要求较高。针对轨道交通接驳转换需求，提供高频、覆盖两侧岗位和居住聚集区域的接驳公交，要求平均接驳距离为 1.8km，其中 45% 的接驳需求位于轨道交通站点两侧 2km 岗位和居住聚集区域。中短距离生活出行需要全天候、高度覆盖生活设施的公交系统，居民生活出行平均距离为 3.8km，从时间分布来看，呈现"全天无明显高峰、均匀分布"的特征。居民生活出行目的地均以所在社区内生活服务设施为主，主要沿社区内部支路和街巷（占 85%）出行。

在"7+1"区域内，针对内部中短距离出行需求，需要精准匹配、准时高效的公交服务。居民平均出行距离约 6.2km，属于中短距离出行需求，主要廊道平均客流量为 6400 人 /h。干线公交需保障运行高效率、准时到达、适宜发车频次等，以满足其需求。针对末端轨道交通站点向外延伸的需求，需要运量适中、高峰准时的公交服务覆盖。轨道交通末端站点外围区域居民出行需求较高（高峰主要廊道平均约 3.2 万人次 /h），以通勤出行为主（46%），生活消费出行为辅。而轨道交通覆盖不足的跨区邻接扇面，需要定向、直达的公交服务跨区邻接扇面存在密切、中等距离通勤联系；邻接扇面跨区出行以中等距离的通勤客流为主，通勤占比 75%，平均出行距离为 5.3km（图 15）。

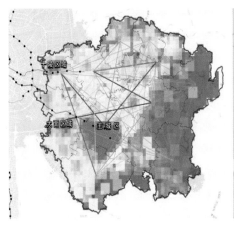
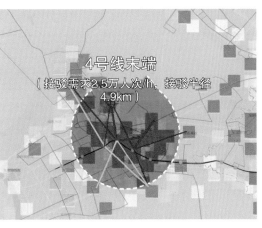

图 15　"7+1"区域内部居民出行需求

（2）保障不同层级线网功能，差异化配置相应资源

为保障骨架干线、普通干线、驳运线、特色线的功能，从路权、线路长度、站间距、站点形式、运营车辆等方面提出差异化要求。

（3）基于功能需求，分区优化公交网络

从"5+1""7+1"不同区域的公交功能入手，确定分区差异化应对策略（表4）。

差异化线网配置　　　　　　　　　　　　表4

层级	骨架干线		普通干线	驳运线		特色线（含旅游巴士、夜间公交、点对点快线）
	快线	高频干线		轨道接驳线	微循环线	
线路功能	服务轨道交通未覆盖的主要客流走廊，满足中长距离通勤出行需求		服务相邻组团间一般的客流走廊，满足中等距离出行要求	服务居住社区、产业社区内部，满足轨道交通接驳需求和短距离出行需求		特定功能
运行道路	快速路、主干路	快速路辅路、主干路	主干路、次干路	次干路、支路、街巷或小区道路		高速、快速、主次干路等各级道路
路权	全天和白天专用道比例不低于90%	全天和白天专用道比例不低于80%	专用道和优先道（早晚高峰）比例不低于50%	无特定要求		无特定要求
百公里载客（人次）	≥400		≥200	≥100		无特定要求
线路长度（km）	10~30		8~20	≤10		无特定要求
非直线系数	≤1.3		≤1.5	≤1.5	≤2.0	无特定要求
站点形式	全线设置港湾式，有条件利用道路红线空间设置公交路内换乘枢纽		有条件设置港湾式	无特定要求		无特定要求
平均站距（m）	≥800		300~500	200~300		无特定要求
运营车辆	特大、大型车辆（10m、12m、18m）		中型车辆（7m、8m）	小型车辆（6m、7m）		无特定要求
发车间隔（min）	高峰：2~5		高峰：5~10	高峰：3~5	高峰：5~10	结合实际需求（发车间隔20min以上披露发车时刻）
	平峰：6~10		平峰：流水10~20；定点>20，披露发车时刻	平峰：6~10	平峰：流水10~20；定点>20，披露发车时刻	

（4）成都快速公交实例分析

当前成都已建成开通"一环三射"的快速公交网络，总计53.4km，总客流量为27.6万人次/d，均依托城市快速路修建，具有独立封闭路权专用车道。现以二环路BRT和金凤凰大道BRT为例进行分析。

二环路BRT发挥补充辅助功能，与轨道交通7号线共同支撑环向到发需求及交通转换需求。二环路沿线出行需求旺盛（平均出行距离5.4km，高峰15万人次/h），沿线区域现有轨道交通覆盖不足，需要快速公交发挥补充辅助功能，二环路BRT可满足大部分客流到发及转换需求。四期轨道交通13及17号线开通后，轨道交通覆盖仍不足，快速公交将继续发挥补充辅助功能。二环高架是成都快速公交"一环三射"的核心廊道，发挥串联沿线公交资源及放射性快速公交线路的作用。

金凤凰大道BRT在轨道交通末端未覆盖区域发挥接驳延伸作用。廊道沿线火车北站与大丰组团间联系需求旺盛（现状需求1.8万人次/h，2035年预测需求3.3万人次/h），轨道交通覆盖不足，快速公交短期可承担延伸服务功能。廊道沿线新都区、青白江区进出城联系需求旺盛，轨道交通覆盖不足，快速公交短期可承担延伸服务功能（可减少新都区公交进出城60%耗时）。

3. 自行车道建设

自行车道可提供高品质骑行环境，满足多元化绿色出行需求。成都市居民自行车出行以短时、短距接驳为主，骑行目的向多元化发展。成都市通过打造优先舒适的自行车道交通条件，适应多元化慢行出行新需求，进一步促进绿色交通出行（图16）。

（1）构建四级自行车道网络体系

成都市以满足不同自行车出行需求为导向，细化形成四级自行车道网络体系，精细化满足多元骑行需求。依托城市用地功能、自行车出行需求和城市道路空间条件，共规划形成"9廊27线216片"的自行车道网络，共计4315km。

自行车专用道以区域级绿道和城区级绿道为空间载体，共计300km，其环境品质较好，以服务中长距离休闲娱乐和游憩健身出行为主，依托滨河绿地、环城生态区绿地和干路两侧绿带设置。自行车主通道以城市主干路和快速路为空间载体，共计468km，服务区域间以中短距离的通勤出行为主，依托区域间连续的主要干路设置。自行车优先道以城市次干路与支路为空间载体，共计885km，以服务片区内短距离的轨道交通接驳、通学、生活服务出行为主，依托社区内次要干路设置，衔接自行车主通道。自行车一般道共计2662km，以服务短距离一般生活性出行为主，依托社区内支路和街巷设置，并衔接自行车优先道。

（2）细化管控措施

为保障骑行空间与安全，成都市从规范机动车占道停车、电瓶车行驶管控和引导自行车停放规范与调度管理三个方面制定管控措施。在机动车占道停车管理方面，自行车专用道禁止机动车停放；自行车主通道取消占用自行车主通道的路内停车位；自行车优先道仅允许夜间占道停车，满足周边居民停车需求，且设置电子违章抓拍。在电瓶车行驶管控方面，自行车专用道禁止电瓶车行驶，自行车主通道与自行车优先道高峰时段部分自行车流量较大的道路可限制超标电瓶车驶入。在自行车停放规范与调度管理方面，自行车专用道利用驿站停放区进行自行车停放；自行车主通道停车点间距宜为1~1.5km，每个停车点面积宜为20~50m^2；自行车优先道停车点间距宜为0.5~1km，每个停车点面积宜为10~30m^2。

（3）实施成效

自行车道规划探索实施成效显著，三环路自行车道已按照规划改造提升，形成全线独立、舒适的骑行空间（图17）。

4. "小街区"规划探索

"小街区"是体现慢行优先的街区模式，可充分提升慢行可

自行车专用道

自行车主通道

自行车优先道

自行车一般道

图16 四级自行车道网络体系图

图17 全线独立、舒适的骑行空间

达性。在"小街区"内，由原本的车本位转变为人本位，即由车行优先、具有更多的机动车空间、为车服务的优先功能转变为人行优先、具有更多的慢行空间、以人为本的慢行环境。"小街区"是未来"公交＋慢行"出行方式的空间载体，轨道交通成网后，机动车出行比例将进一步下降。

（1）优化"小街区规制"下的道路功能层级结构

在"快速路—主干路—次干路—支路"四级体系的基础上，增加"街巷"一级，构成"5+1"级道路体系，大幅度提升城市路网密度，丰富城市的"毛细血管"。

（2）制定"小街区规制"下各级道路功能与设计标准

明确"快速路—主干路—次干路—支路—街巷"五级道路的布局标准及断面设计形式。

（3）出台技术管理规定，加强"小街区规制"下的用地和交通管控

出台《成都市"小街区规制"规划管理技术规定》，明确"小街区规制"下用地规划、建筑规划、市政交通规划等系列要求。

（4）"小街区规制"实施成效

成都"5+1"区域路网密度 8.4km/km^2，在全国大城市中排名第三。成都首个小街区示范区——天府三街大源中心片区已建成，府城大道、芳草街、三环路等区域也以小街区要求完成改造提升。

5. 街道一体化规划探索

成都市平原地区独特的自然气候条件孕育了成都人安逸闲适的生活态度和热爱逛街的出行习惯，慢行出行比例高，街道成为成都休闲文化和市井烟火气的重要载体。对于城市需求而言，成都正处于城市空间结构转型和轨道交通加速成网的阶段，绿色交通出行将更多成为市民的首要选择。对于现状基础而言，小街区、天府绿道、慢行系统等相关规划研究为成都市街道一体化规划建设奠定了技术基础。

（1）以理念转变为前提，推进公园城市街道规划建设

成都市街道一体化规划的理念转变主要有以下五个方面。一是从道路红线设计向街道一体化设计转变，开放沿街建筑退距空间，实现各类要素的一体化。二是从道路工程设计向街道景观设计转变，共享共建街道景观与地块景观，实现景观环境的一体化。三是从以车行为主向以公交和慢行为主转变，以绿色交通引领居民生活方式，实现慢行、游憩的一体化。四是从道路建设向街区场景营造转

变，创新公园城市场景营造方式，实现街道与街区功能活动的一体化。五是从只重视地上空间设计向地上、地下一体化设计转变，协调统筹街道立体空间集约利用，最终实现地上、地下的一体化（图18）。

（2）围绕公园城市六大价值，形成"6+33"的总体指引

成都市围绕公园城市美学、生态、人文、经济、生活、社会六大价值，形成"6+33"的总体指引。达成慢行优先的安全街道、界面优美的美丽街道、特色鲜明的人文街道、多元复合的活力街道、低碳健康的绿色街道、集约高效的智慧街道六个街道总体目标。

以界面优美的美丽街道目标为例，鼓励沿街建筑开放退距与街道空间一体化设计，新建街区全面落实街区制，已建街区逐步提高开放性，实现街道界面的开放共享。以多元复合的活力街道为例，对有条件路段，结合车行路面铺装的艺术化处理，在周末或工作日晚间8时以后进行机动车限行，并组织书画展览、花灯市集等主题庆典活动，实现街道空间的分时共享。

（3）结合人的活动需求，构建多类场景营造指引

结合道路等级、道路两侧用地功能、人群活动需求，对生活、商业、产业、景观、交通、特定类型六类街道进行差异化场景营造（图19）。

具体而言，生活型街道两侧以居住用地为主，人群活动包括工作通勤、生活服务获取、邻里交流等，具有宁静安全、温馨舒适的场景特质；商业型街道两侧以商业商务用地为主，人群活动包括消费购物、休闲娱乐等，具有业态多样、空间紧凑的场景特质；景观型街道两侧以景观绿地为主，人群活动包括漫步骑行、健身游乐等，具有景观丰富、绿意盎然的场景特质；产业型街道两侧以工业仓储用地为主，人群活动包括慢行通勤、物流运输等，具有简洁大方、绿色生态的场景特质；交通型街道两侧为各种类型用地，人群活动包括各类交通通勤通行，具有高效安全、减噪除尘的场景特质；特定类型街道两侧以商业文化用地为主，街道活动集文、娱、旅、商于一体，具有活力缤纷、文化丰富的场景特质。

（4）街道一体化规划实施成效

成都市已建设完成了一环路等城市主干路，猛追湾滨河路、枣子巷等一批特色慢行街道。以枣子巷为例，道路断面改造将机非混行道路优化改造为绿化带隔离的机非隔离道路，绿化带中栽植了不同高度、形态和花形的植物，形成舒适宜

图18　街道一体化

图19 生活、商业、景观、产业、交通、特定类型六类街道

人的城市步行系统，并更新了产业生态，促进功能业态优化，以中医文化为载体，引入医养业态，将枣子巷打造成集"医—养—游"于一体的中医药文化特色街区。

成都市已连续两年开展成都公园城市"最美街道"评选，邀请市民参与、共享规划建设成果。

6. 建设天府绿道城市"绿脉"

成都市在党的十九大践行绿色发展理念及成都建设全面体现新发展理念的城市发展背景下，建设宜业、宜居、宜商城市，展现"绿满蓉城、花重锦官、水润天府"的城市愿景，为市民"慢下脚步、静下心来，亲近自然、享受生活"创造条件。成都市提出"全域增绿"行动，构建"生态区、绿道、公园、小游园、微绿地"五级城市绿化系统，以环城生态区主干绿道为枢纽，构建"一轴两山三环七带"的天府绿道体系（图20）。

天府绿道市域体系是在成都市市域范围内进行的规划设计，详细规划的锦城绿道范围为环城生态区，涉及11个区县，是市域"两山两环，两网六片"生态安全格局的重要组成部分，是沿中心城区内绕城高速公路两侧各500m范围以

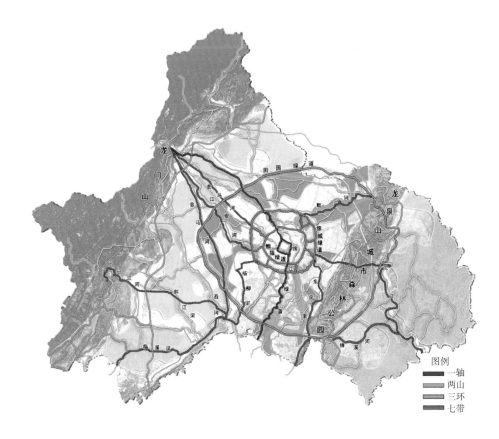

图例
一轴
两山
三环
七带

图 20　天府绿道概念图

及周边七大楔形地块内的生态用地所构成的控制区。

　　天府绿道规划总长 16930km，目前全市绿道累计建成 4408km，共植入 2000 余个文、旅、体设施，串联上百个公园、小游园和微绿地等，为市民提供更多游憩空间，为游客设立更多打卡景点，为社会创造更多经济效益和就业岗位（图 21）。

图 21　绿道一景

注释：

❶　数据来源：《成都市国土空间总体规划（2021—2035 年）》人口研究专题。

图片来源：

图 1　成都市交通管理局

图 2　https://cdlqs.chengdu.gov.cn/lqsslgygwh/s20005/2019-11/05/content_5161497a8
　　　5854fe9b8942fabd24e61f3.shtml

图 3　http：//www.hunantoday.cn/

图 4　《成都市环城生态区总体规划优化提升》（公示版）

图 5　https://www.longquanyi.gov.cn/lqyqzfmhwz_gb/c123287/2023-02/15/content_75
　　　4a69823c0c4949b37050a588017120.shtml

图 7　https://www.chengdu.gov.cn/chengdu/c148024/2021-06/17/content_f36
　　　522f625af4d709ef871a6cb3884d0.shtml；https://www.cdht.gov.cn/cdht/
　　　c139818/2023-05/04/content_7b09ffa96f5645e881943e2e238ee74d.shtml；
　　　https://www.cdht.gov.cn/cdht/c139653/gyld.shtml

图 8　https://www.cdht.gov.cn/cdht/c139820/2019-12/16/content_9813aa85724840a0b
　　　2e1e998817f3019.shtml

图 9　购成都官方微信公众号

图 10　https://www.cdht.gov.cn/cdht/c139653/2023-05/09/content_c8fcee9d20474c7f97
　　　a286afbf91d0ac.shtml

图 12　《四川天府新区总体规划（2010—2030 年）》（2015 年版）

图 13　https://www.chengdurail.com/info/1151/34522.htm

图 14　https://www.weibo.com/ttarticle/p/show?id=2309404613124350411329#_
　　　loginLayer_1705042824413

图 15　《成都市城市轨道交通第五期建设规划（2024—2029 年）》

图 16　《成都市慢行交通系统规划（2017—2030 年）》

图 17　https://www.tianfugreenroad.com/project-view.aspx?t=6&id=21；https://www.
　　　chengdu.gov.cn/chengdu/c152803/2023-11/20/content_a46e6d53af684e5a8996e
　　　960ea8fbfa5.shtml

图 18　《成都市公园城市街道一体化设计导则》

图 19　《成都市公园城市街道一体化设计导则》

图 20　《成都市天府街道规划》

图 21　《成都公园城市规划探索与实践》；https://www.chengdu.gov.cn/chengdu/home/2024-
　　　01/05/content_30295a08c60b43ac8a2d29b29e120de1.shtml

郑州

嵩山脚下、黄河之滨的魅力名城

一、城市特点

郑州是河南省省会、国家中心城市、中国八大古都之一。其西依巍巍嵩山，北临滔滔黄河，东南面向辽阔的黄淮平原，居中华腹地，史谓"天地之中"，古称"商都"。郑州是国家历史文化名城、中华文明的重要发祥地，拥有商城遗址、裴李岗遗址、双槐树遗址、北宋皇陵、轩辕黄帝故里、杜甫故里等历史名胜和文化古迹等重要文化遗产，其中大运河通济渠和"天地之中"历史建筑群两项更是世界文化遗产。

郑州是黄河中下游分界线所在地，地势西高东低。全市总面积 7567km²，下辖 6 区（中原区、二七区、管城区、金水区、惠济区、上街区）、5 市（巩义市、登封市、荥阳市、新密市、新郑市）、1 县（中牟县）及郑州航空港经济综合实验区、郑州经济技术开发区、郑州高新技术产业开发区等国家级功能区和郑东新区。

新中国成立以来，郑州城市发展从单中心向多中心逐步演化，逐步形成了沿陇海、京广两条铁路线连绵的发展轴线。在东西方向，主城区从郑州站周边区域向外围逐步拓展，特别是郑州东站、郑东新区的规划建设，有力拉动了城市向东发展。在南北方向，新郑国际机场建设及航空港经济综合实验区的发展，在既有主城区之外逐步形成了以机场为核心的新城区。

2020 年郑州市域城市建成区面积为 1284.89km²，中心城区城市建成区面积 709.69km²，其中主城区 609.35km²，航空港区 100.34km²❶。郑州全市形成了以主城区、荥阳—上街、中牟、新郑、航空港区组成的 T 字形连绵发展区为主，新密、登封、巩义等城区卫星拱卫的空间布局。

2020 年郑州市全市总人口 1260 万，常住人口城镇化率 78.4%，市域总面积 7567km²，市域建成区面积 1284.9km²，市区建成区面积 609.4km²，地区生产总值 12004 亿元。

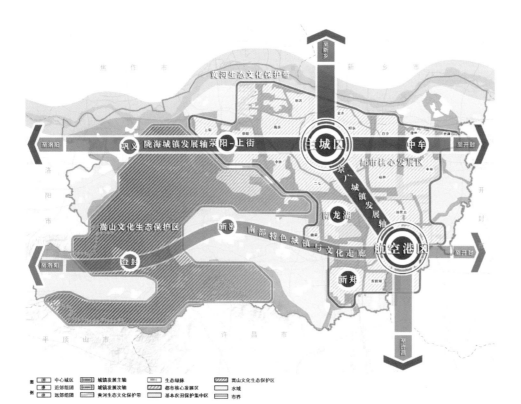

图 1　郑州市国土空间总体格局示意图

根据《郑州市国土空间总体规划（2021—2035年）》（公示版），郑州市将构建"山河辉映，蓝绿交织，一区引领，轴带集聚"的空间总体格局（图1）。

二、机动化特征与交通结构特征

根据《郑州市第五次城市综合交通调查》成果，截至2021年年底，郑州市全市机动车保有量达512万辆，其中私人小汽车保有量达445万辆。2006~2021年郑州市机动车保有量增加414万辆，年均增长率达到10%；私人小汽车发展速度更为惊人，年均增长23%（图2）。

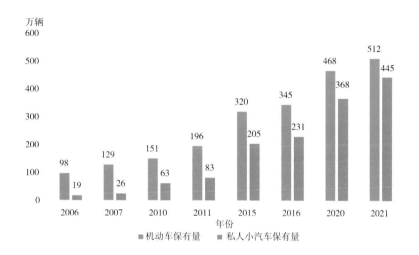

图2 郑州市机动车保有量变化情况

对比历次综合交通调查结果，郑州市出行方式结构呈现机动化出行比例快速增长，特别是私人机动化出行方式快速增长的典型态势。

机动化出行比例由2000年的19.4%提高到2017年的43.7%，其中私人小汽车出行比例由1.1%增长至21.7%，与近年来私人小汽车保有量快速增长的特征相吻合；公共交通出行比例由6.5%增长至15.4%。非机动化出行比例逐渐降低，其中电动自行车出行占比逐渐增加，2017年已经达到64%（图3）。

2017年，郑州市全方式平均出行距离为5.9km，除步行方式外的平均出行距离为7.8km（表1）。

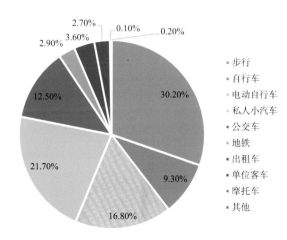

图3 2017年郑州市居民出行方式结构图

2017 年郑州市居民出行距离分布表　　　　表 1

距离段（km）	占比（%）	距离段（km）	占比（%）
0~5	71.1	21~25	1.6
6~10	15.2	26~30	0.5
11~15	6.8	30 以上	0.1
16~20	4.7	合计	100

三、公交都市

2012 年 10 月，郑州市成为全国首批 15 座创建国家"公交都市"示范城市之一，2018 年年底顺利通过交通运输部的验收并获得授牌"国家公交都市建设示范城市"。目前已经基本形成了以轨道交通和 BRT 为骨干、常规公交为主体、慢行系统为补充的公共交通综合服务体系 ❷。

2020 年，全市公共交通客运总量为 89748 万人次，其中地面公交 55647 万人次，占比 62%，轨道交通 34101 万人次，占比 39%。2007~2013 年公交客运总量呈逐年上升态势；2014 年以后，伴随私人机动化的快速发展，虽然城市轨道交通线路开通，但公交客运总量没有太大增长，基本维持在每年 10 亿~11 亿人次水平。

1. 城市轨道交通

2009 年 6 月郑州市地铁 1 号线开工建设，2013 年 12 月地铁 1 号线开通运营，开启了郑州的地铁时代。截至 2020 年 12 月底，郑州市开通运营的 7 条城市轨道交通线路总长度合计 206km，站点 132 座，分别是 1 号线、2 号线、3 号线一期、4 号线一期、5 号线、14 号线一期和 9 号线（城郊线）一期。郑州已运营轨道交通网络连通了主城区与航空港区，衔接了郑州东站、郑州站和新郑机场三大综合交通枢纽，覆盖了二七广场、CBD 等城市功能中心，初步形成了城市和交通发展的骨干。

2. 地面公交

截至 2020 年年底，郑州市共有地面公交线路 355 条，运营线路总长度 5173km，在主城区实现了公共交通站点 500m 全覆盖；运营车辆 6316 辆，空调和新能源公交车占比均达到 100%。主城区布局了衔接顺畅、换乘便捷的"快、干、支、微"四级公交网络，并在此基础上加快布局了与地铁接驳的社区巴士线网、满足特定服务需求的定制公交线网以及丰富市民夜间文化生活的夜班公交线网，基本形成了以四级公交网络为主体和以定制公交、通勤公交、夜班公交、旅游公交等为辅助的差别化、多元化的公交出行服务格局 ❸。

近年来，结合城市轨道交通建设，郑州市大力发展接驳巴士系统，已开通社区接驳巴士线路 66 条，总长度 605km，覆盖 80 个主要轨道交通站点，基本实现了公交与地铁的无缝衔接。为更好地服务夜间出行，全市布局夜班公交线路 29 条，实现主要道路夜班公交线网覆盖，并与 20 所大型医院、30 多所大中专院校、10 多个繁华商业中心、35 座地铁站等客流集中区高效衔接。

截至 2020 年年底，郑州市共有 47 条道路设有公交专用道，总长度为 589km，公交专用道设置比率达到 28%。其中，快速公交专用道 9 条，总长度为 164km；常规公交专用道 38 条，总长度 425km。公交专用道网络的形成提高了公共交通运输速度和竞争力。

3. 智慧绿色交通

近几年，郑州市依托"城市大脑"，基本建成了涵盖客服中心、门户网站、电子站牌、微信平台、手机 App 等在内的综合出行信息服务平台，公众出行便捷性显著提高；实现了交通一卡通全国互联互通，轨道交通在行业内率先实现现金、扫码、刷脸等多支付场景应用，电子支付比例超过 90%；同时，不断探索新技术应用场景，先后建成了智慧岛 5G 自动驾驶公交（图 4）、东三环 L3 级智能网联快速公交等智慧公交示范项目。

郑州市在公共交通领域持续贯彻绿色发展理念。一方面，加快推广新能源车辆，市区公交车、巡游出租车已全部更新为新能源车辆；另一方面，结合新能源公交车辆的推广使用，先后建成 66 座充电站、3 座撬装加氢站等配套设施。

图 4　郑州市智慧岛 5G 自动驾驶公交车

四、慢行交通系统

2016 年郑州市编制了《郑州市中心城区步行和自行车交通系统专项规划》，提出构建郑州市中心城区"人本生态、高效有序、快慢协调"的步行和自行车交通系统，为郑州市慢行系统建设提供了统一指导（图 5）。

郑州市通过多种途径持续完善慢行交通系统。在主城区，依托城市市政道路建立了网络状的步行和自行车交通网络。在城市外围地区，结合轨道交通站点建设绿道系统，形成步行、非机动车与轨道交通的便捷衔接，提升交通系统整体绿色发展水平。结合沿黄河旅游线路、城市公园等，建设了一批绿道网，为居民休闲提供了条件，提升了城市发展品质（图 6、图 7）。

五、城市生态建设

郑州市以绿色发展理念为引领，以改善生态环境质量为核心，全面推进生态文明建设，先后获评"全国绿化模范城市"和"国家生态园林城市"，并在 2017 年成功举办中国（郑州）第十一届园林博览会。

图5　郑州市主城区慢行休闲廊道布局图

图6　郑州市公共文化中心区慢行交通
系统建设情况（左）
图7　郑州市黄河生态绿道建设情况（右）

1. 森林城市建设

郑州市以建设成为"城在林中、林在城中、山水融合、城乡一体"的森林生态城市目标为指引，大力推进生态体系建设，在中心城区建设精品绿地，在城市近郊实施森林围城，在外围进行公益林建设，初步形成了以西部石质山区水源涵养林、中部平原农田保护林、东部防风固沙林、北部防风滞尘风景林和城镇绿化为主的大绿化基本格局。

根据《郑州市"十四五"生态环境保护规划》，截至2020年年底，郑州市森林覆盖率达到35%，绿地率和人均公园绿地面积分别达到36.1%、13.79m²。

2. 生态环境治理

以建设美丽郑州为目标，全市上下大力改善生态环境质量。2020年，郑州市空气质量优良天数比例达到63%，比2015年增加92天，大气环境质量改善明显。地表水环境质量持续显著改善，国控和省控断面全部达到Ⅳ类及以上水质，Ⅰ～Ⅲ类水体比例达到75%，城市建成区黑臭水体全面消除，市级集中式饮用水水源地全部达到Ⅲ类及以上水质。全市土壤环境质量总体保持稳定，受污染耕地和建设用地安全利用率均达到100%，土壤污染防治体系逐步完善，土壤环境风险得到基本控制。全市实现非电燃煤锅炉"清零"、平原地区散煤动态"清零"。水泥、耐火材料、钢铁等重点行业实现超低排放全覆盖。通过划定"三线一单"，实施生态环境分区管控，加快工业结构调整❹。

3. 郑东新区生态建设

2003年河南省启动郑东新区建设，其规划建设之初就引入了生态城市的理念。在黑川纪章事务所编制提出、最终由市政府确定的概念规划中，通过引入生物圈概念，结合鱼塘遍布、地下水位高的地理条件，规划了兼具水利、生态和景观功能的龙湖，形成以龙湖为核心的龙湖生物圈；以道路、水域为载体，构建了多样化、多层次的生态回廊，实现了与郑州市嵩山生物圈、黄河生物圈的有机连接。

目前，郑东新区建成区面积近120km²，入住人口达130万，建成公共绿地面积40km²，水域面积18km²，核心区绿化覆盖率接近50%，由一片鱼塘村路蝶变为一座现代化国际化新城，成为展示郑州乃至河南对外开放形象最靓丽的窗口和名片，高水平的规划设计更是被习近平总书记誉为"新城区建设的点睛之笔"❺。

六、城市文化和文明建设

1. 城市历史文化保护

郑州是华夏文明的重要发祥地，历史上曾五次为都，文化底蕴深厚，拥有大运河通济渠和"天地之中"历史建筑群两处世界文化遗产。

大运河通济渠是中国北方地区最早、沟通黄河与淮河两大水系的运河遗存，也是贯通南北、连接海上丝绸之路的主要内陆水系。大运河郑州段是通济渠河道保存较为完整、历史风貌较为协调的重要河段，历史上曾是大运河贯穿南北、连接东西的交通要地，沿用约1500年。其始于公元前361年魏惠王开凿的鸿沟水系，西起洛阳市，沿洛河自偃师与郑州市巩义交界处进入郑州境内，经巩义市、荥阳市、惠济区、金水区、中牟县5个县（市、区），东南与开封相接，郑州境内全长约150km。

登封"天地之中"历史建筑群分布于河南省郑州市登封市嵩山腹地及周围，由建于公元1世纪至20世纪的11处建筑院落组成，包括少林寺常住院（图8）、初祖庵、塔林、会善寺、嵩岳寺塔、嵩阳书院、中岳庙、少室阙、太室阙、启母阙、观星台。现存东汉、北魏、唐、五代、宋、金、元、明、清、民国时期单体建筑367座，构成了一部中国中原地区上下两千年形象直观的建筑史，具有极高的历史、艺术、科学价值。

图8　嵩山少林寺

2. 黄帝故里拜祖大典

　　轩辕黄帝故里位于今河南省郑州市新郑市，为弘扬中华优秀传统文化，自1992年开始每年农历三月初三都会在新郑市举办祭拜先祖黄帝的仪式，2006年祭拜黄帝仪式升格为"黄帝故里拜祖大典"。2008年6月，黄帝祭典（新郑黄帝拜祖祭典）被列入第一批国家级非物质文化遗产扩展项目名录。大典典礼的仪程包括盛世礼炮、敬献花篮、净手上香、行施拜礼、恭读拜文、高唱颂歌、乐舞敬拜、祈福中华、天地人和九项。一年一度的黄帝故里拜祖大典，生动诠释了黄帝文化、黄河文化的丰富内涵与魅力，成为传承弘扬中华优秀传统文化的重要平台，进一步铸牢中华民族共同体意识。

七、城市亮点与经验借鉴

1. 郑东新区生态城市建设

　　在郑州城市发展史上，郑东新区的规划建设对城市空间拓展、能级跃升、品质提高具有重要意义，其规划建设充分体现了生态城市的发展理念。一是以组团式发展有序推进城市开发建设，不仅有利于功能的有机集聚，也避免了摊大饼式扩展带来的问题；二是新区建设与重大交通设施相互促进，郑州东站、城市轨道交通等重大交通设施的建设不仅提升了郑东新区与区域的联系能力，也促进了新区与既有老城区的一体化融合；三是注重生态空间建设，规划建设了兼具水利、生态和景观功能的湖泊水系，布局了多样化的公园绿地，为居民日常活动提供了高品质的生态空间。

2. 传统文化弘扬与转化

　　近年来，郑州市充分挖掘各类历史文化资源，持续开展黄帝故里拜祖大典、少林武术节等文化活动，对讲好中国故事、传承中华文明具有非常重要的意义。同时，节庆演艺活动也充分带动了地区旅游发展，以文化带动经济前行，文化和旅游取得深度融合发展。

注释：

❶ 《郑州市人民政府关于 2020 年郑州市城市建成区规模的通告》
❷ 《郑州市"十四五"都市区公共交通一体化专项规划》
❸ 《郑州市"十四五"都市区公共交通一体化专项规划》
❹ 《郑州市"十四五"生态环境保护规划》
❺ https://www.zhengdong.gov.cn/quqing/index.jhtml

图片来源：

图 1　《郑州市国土空间总体规划（2021—2035 年）》(公示版)
图 4　https：//baijiahao.baidu.com/s?id=1633831361100635309
图 5　《郑州市中心城区步行和自行车交通系统专项规划》

杭州

西子湖畔的宜居创新之城

一、城市特点

杭州市，简称"杭"，古称临安、钱塘，是浙江省经济、文化、科教中心，长江三角洲中心城市之一，G60科创走廊中心城市。截至2022年年末，杭州市下辖10个市辖区、2个县，代管1个县级市，总面积16850km²，常住人口1237.6万，建成区面积801.63km²，城镇化率达到84%。

杭州是一座历史名城，也是一座创新之城，既充满浓郁的中华文化韵味，又拥有面向世界的宽广视野。

1.空间格局演变

杭州是一座依湖临江而建的城市，江、河、湖、海、溪五水并存，因水而生，因湖而名，因运（河）而兴。杭州的城市发展长期以西湖沿湖地带为中心，"三面云山一面城"，最初市区面积仅430km²，是当时全国市区面积最小的省会城市之一，严重制约了杭州城市化进程和经济社会的可持续发展。

20世纪90年代以来，杭州城市管辖规模不断扩大，城市空间格局日新月异。其由最初的"东城西湖、北工南居"，经历了沿江发展、跨江发展和拥江发展的不同阶段，向着"多中心、网络化、组团式、生态型"的特大城市新型空间格局逐步演变。

2.人口吸引力

自全国第六次人口普查以来，杭州市常住人口从870万增加到1238万（图1），涨幅在浙江省内城市中居首位，并与第二位城市拉开明显距离，体现出杭州作为省会城市的人口聚集力。近年来，杭州市继续推出一系列"持续加码"的人才政策、一系列持续优化提升的服务举措，持续强化人口虹吸效应。据统计，杭州市2022年新增人口达到17.2万，在全国排名第二，长三角地区位列第一，人才净流入率持续保持全国领先。

3.优势特色

（1）优良的生态环境

杭州地处浙东北和浙西南的交界地区，地形地貌复杂多元，山地多平原少，自东向西呈现平原—丘陵—山地的分布特征。山脉体系主要为"两脉夹一带"，

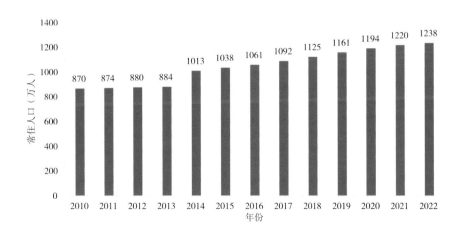

图1　第六次人口普查以来杭州市常住人口变化趋势

北支主干山脉为天目山、白际山、昱岭，南支主干山脉为千里岗、龙门山，中部阔带状中低山地和丘陵带为临安—淳安山地、分水江东部丘陵。此外，杭州森林覆盖率连续多年位居全国省会和副省级城市首位，在"双碳"目标指引下，通过"降碳减排"和"增加碳汇"一系列规划举措，系统构建绿色低碳发展格局。

（2）深厚的文化积淀

杭州是传承千年的遗产城市和文化地域，是首批国家历史文化名城。跨湖桥遗址的发掘显示早在 8000 多年前就有人类在此繁衍生息，距今 5000 多年前的良渚文化被称为"中华文明的曙光"。自秦朝设县治以来，杭州已有 2200 多年历史，五代吴越国和南宋王朝均建都于此。杭州人文古迹众多，西湖及其周边有大量自然及人文景观遗迹，具有代表性的有西湖文化、良渚文化、丝绸文化、茶文化。杭州因风景秀丽，素有"人间天堂"的美誉。

（3）创新活力的产业和城市服务

杭州作为中国电子商务之都，数字经济和创新领域有着很高的发展水平与活力，拥有众多的电商企业、创新型企业和科技园区，同时也在城市服务方面有着不断的创新和发展。例如，阿里巴巴、网易、京东在电商、移动支付、云计算、大数据等领域处于领先地位的企业为杭州的数字经济提供了强有力的支持。杭州城西科创大走廊、余杭经济技术开发区、钱江经济开发区等为城市创新发展提供了良好的环境和平台。同时，智慧城市建设、数字政府建设、智能交通等也为杭州创新活力提供了发展引擎。

二、交通特点

1. 出行特征

根据 2019 年杭州市区居民出行调查❶，居民每人日均出行次数 2.49 次，与 2015 年相比增加了 0.07 次。从出发、到达时间来看，早高峰集中在 7：00~9：00，晚高峰集中在 16：00~18：00；从出发时间的一个高峰小时来看，早高峰为 7：00~8：00，晚高峰为 17：00~18：00，晚高峰小时系数为 13.2%（图 2）。

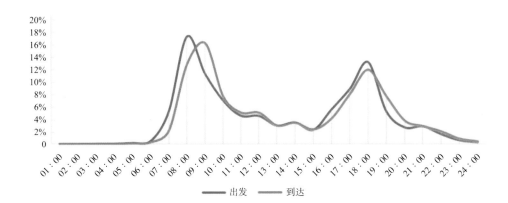

图 2　交通出行时间分布

从出行方式分担率来看，步行、助动车和电动车、私人小汽车是杭州市居民最常见的三种出行方式，三种出行方式共计占出行总量的72.6%；公交车出行排在第四位，所占比例为12.8%，地铁出行占比为4.8%（图3）。

从出行时耗来看，地铁和班车的平均出行时耗相对最高，分别为53.0min和52.3min；其次是公交车和其他方式，分别为45.1min和46.5min；步行的平均出行时耗相对较低，为16.7min，明显低于整体平均水平；自行车、助动车和电动车的平均出行时耗约为21min（图4）。

相对而言，地铁在通勤出行中的占比最高，约为地铁在弹性出行（生活购物、文娱、餐饮、体育）中占比的2倍（图5）。此外，地铁出行吸引力随着出行距离的增加明显增长，在20~30km的中长距离出行中有一定优势（图6）。

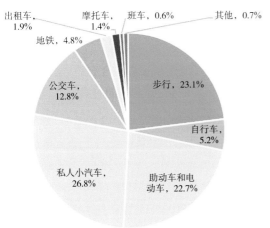

图3　居民出行方式结构

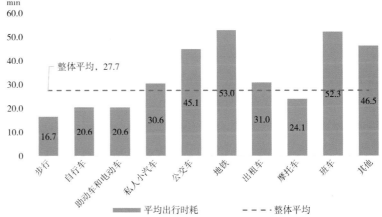

图4　不同出行方式平均出行时耗

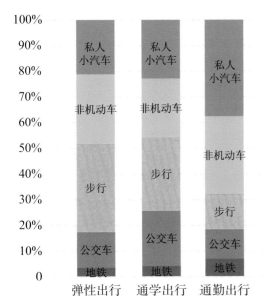

图5　不同出行方式出行结构

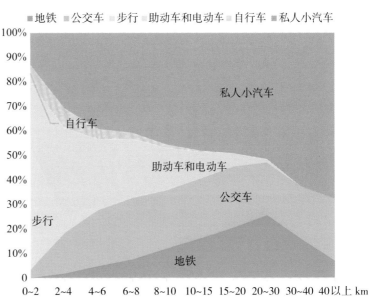

图6　不同出行距离出行结构

在游客出行特征方面，杭州市游客日均出行次数多在3次以内，其首选的市内交通工具为出租车，其次为公交车。选择公共交通工具（公交车、地铁）的比例超过三成，选择绿色交通工具（公交车、地铁、电动车、公共自行车）的比例接近五成（图7）。

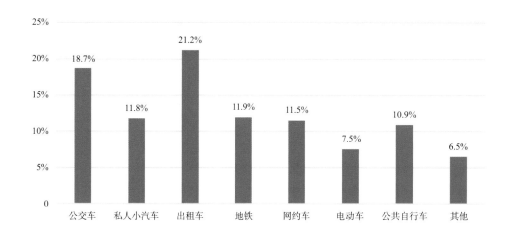

图7 游客出行方式结构

2. 轨道交通

在杭州的城市发展中，轨道交通作为城市快速交通的重要组成部分，扮演着越来越重要的角色。自2012年地铁1号线开通运营以来，截至2022年年末，杭州市共开通运营轨道交通线路12条。

杭州市轨道交通运营里程达到516km，共设车站260座（换乘站不重复统计），换乘车站46座。其总里程位居长三角地区城市第二，仅次于上海市的936km；在全国55座开通轨道交通的城市中，杭州排名第六。轨道交通成为杭州高覆盖、高效率的城市出行方式，为城市发展提供了强劲动能。

在轨道交通线网不断拓展的同时（图9），杭州市轨道交通客流量整体上呈现不断上升的良好态势，最高单日客流量逐步突破100万人次、200万人次、300万人次大关。2023年3月，杭州轨道交通客流量首次超过400万人次，创历史新高。

同时，轨道交通客运量占公共交通客运总量的比例，近三年从43%增长至63%，在全国中心城市中排名第三，仅次于上海和深圳，增长趋势明显。

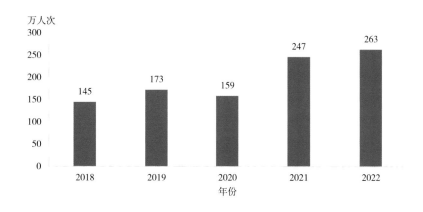

图8 轨道交通日均客运量对比 ❷

3. 慢行系统

步行、助动车和电动车、自行车等慢行交通是杭州居民最常见的出行方式，近年来杭州市慢行交通的规划建设逐步走向系统化和有序化，慢行空间建设日益充足，慢行设施配置日益完善，慢行特色功能逐渐彰显，慢行系统的建设管理均走在全国前列。

总体来看，2020 年杭州市中心城区的道路网密度为 7.2km/km² [❸]，在全国排名第六，在长三角地区城市中与上海并列第一。其中，老城核心区如湖滨地区路网密度达到 15.2km/km²，处于国际较优水平。杭州市的主、次干路在设计时一般都已考虑非机动车道的设置，宽度不小于 2.5m，且设有绿化带进行隔离。此外，杭州市绿道系统发达，截至 2022 年年底，全市已累计建成约 4600km 绿道网，包括滨河绿道、环湖绿道、沿江绿道、沿路（绿化带内）绿道、沿山绿道以及多处湿地绿道，绕城内绿道密度达到 1.5km/km²，无论是建设的标准还是建设的规模均已处于全国领先水平。

三、发展轨迹与经典回眸

1. 轨道交通 TOD 发展历程

杭州市在加快推进轨道交通建设的同时，充分发挥轨道交通的带动效应，对沿线土地进行地上、地下综合开发，提升地铁建设带来的社会效益和经济效益。

（1）起步探索阶段——"轨道 + 物业"开发

杭州市轨道交通综合开发探索实践起步较早，2005 年便开始学习国内外先进城市经验，结合杭州的实际情况，采用商业综合体与轨道交通站点结合的方式，构建杭州初代 TOD 样板。"轨道 + 物业"开发有效带动了沿线地区的发展。此阶段的综合开发站点主要有龙翔桥站、凤起路站、武林广场站、西湖文化广场站、打铁关站、七堡车辆段、客运中心站等（图 9~ 图 11）。

杭州市在探索阶段形成五大设计理念包括：①在建成度高的城市中心区段"线跟人走"，地铁主要起到公交服务功能；在建成度低的城市近郊和外围区段"人跟线走"，拉开杭州城市发展框架；②系统学习日本的 TOD 样本和中国香港的公交社

图 9　客运中心站综合开发——地铁东城购物中心

图10　西湖文化广场站综合开发——地铁商务大厦

龙翔桥站工联大厦　　　　凤起路站地铁商业街

图11　站点地下空间一体化开发

区模式，高强度、高密度混合开发；③地上、地下空间联动开发、集约优势；④交通设施一体化、多元化、无缝衔接；⑤文化资源整合和利用。

（2）稳步推进阶段——加强政策保障

2018年，杭州市成为全国唯一的轨道交通地上、地下空间综合开发创新试点城市，坚持高位推动、统筹规划、政策引领、数字赋能，促进项目有效落地。杭州市先后建设了五常车辆段综合开发·未来天空之城、西站枢纽综合体等代表项目，积极探索TOD+"未来社区"的具有杭州特色的TOD开发模式。同时，杭州市委、市政府从政策方面给予了以下充分保障。

一是实行多元化供地组合，推进综合开发。2018年杭州市出台了《杭州市城市轨道交通地上地下空间综合开发土地供应实施办法》，变单一的出让模式为多元的供地组合，分层设定"地下、地表、地上"空间使用权，对于地表以上不具备单独规划建设条件的经营性地上空间，允许带技术能力要求、带建筑设计方案、带场站施工方案，实行"三带"出让；对于地表以下的经营性地下空间，可以协议方式办理出让手续。

二是明确差异化审批标准，创新审批服务。轨道交通综合开发预留工程与轨道交通车站及附属设施、车辆基地、隧道区间等密不可分，必须进行同步规划、设计和施工。为此，杭州市创新出台了《杭州市城市轨道交通上盖物业预留工程前期审批指导办法（试行）》，明确了预留工程选址审查、方案预审、同步建设、质量验收、成本核算等工作的责任主体、审批程序及政策措施，提出了轨道交通综合开发涉及的绿地率、地下空间边界控制、消防、人防等差异化审批标准。

（3）高质量发展阶段　　完善顶层设计

进入发展新阶段，杭州市以"头雁风采"打造浙江"重要窗口"的"未来理想城市之窗"，持续推进轨道交通 TOD 引领城市未来发展的有效路径。全市已形成以轨道交通引领城市发展、以 TOD 开发引领未来城区建设的共识。

2020 年 10 月，杭州市出台了《关于推进轨道交通可持续高质量发展的实施意见》，提出要高水平打造"轨道上的城市"。2022 年 2 月，《杭州市轨道交通 TOD 综合利用专项规划》获得了市政府批复，作为全国首个市级层面的 TOD 综合利用专项规划，填补了长期以来杭州市 TOD 发展缺乏顶层设计的空白（图 12）❹。同时，杭州市以引领性、示范性、可实施性为原则，谋划了首批 TOD 示范项目，指导开展了城市设计国际方案公开征集。以示范项目为抓手，打造功能综合化、开发立体化、出行便捷化的城市 TOD 活力节点，探索轨道交通 TOD 高质量发展实践路径，形成更多可学习、可复制、可推广的成果，推动全市 TOD 开发梯次递进。

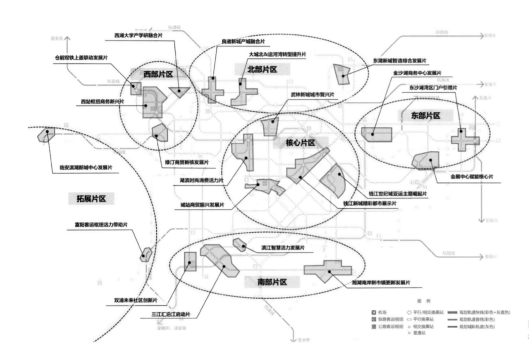

图 12　杭州市轨道交通 TOD 发展总体格局

2. 典型案例

（1）西站枢纽综合开发

2022 年 9 月，杭州市新一代高铁枢纽标杆——杭州西站及湖杭铁路正式投入运营，此"一站"+"一线"共同构建起杭州铁路西翼通道。进入平稳运营阶段，西站枢纽区域的工作重心也随之由"建站"转移到"建城"，未来将聚集数字经济、总部办公、高端酒店、会议展览、空中观景空间等多种业态，采用 TOD 模式实现交通枢纽与城市建设、产业发展的紧密融合。

杭州西站枢纽综合开发项目通过对西站站房、南北广场、地铁等进行一体化设计建设，推动地上、地下空间立体复合，交通设施无缝衔接，铁路运输功能和城市综合服务功能大幅提升，最大限度地节约集约利用土地，实现站在城中、站中有城。

地下通过两侧的城市商业通廊实现与站南、站北的连通。通过与南北城市的综合开发互相连通，实现地下空间的城市与站房、站南与站北的高效互通，实现站与城的高度融合。

地表利用传统的车站南北广场，结合西站枢纽功能需要，建设南北综合体，地上总建筑面积 130 万 m²。通过规划优化和挖潜，规划设计了高 399m 的摩天建筑群，将成为杭州市新地标和未来城市新标杆。同时，还设置了酒店、会展、商业综合体等多功能物业，满足未来城市交通枢纽综合复合业态；布置了城市空中步行景观连廊，通过设置在站房两侧的城市空中步行连廊实现站房与上盖开发、站房与城市、城市与上盖开发及站南与站北之间的便捷互通，实现多维度的站城融合。

地上充分利用站房候车大厅东、西两侧站台雨棚盖板上方，通过结构优化和空间转换，对原先不可开发的盖板上空间进行二次利用，设置四幢建筑。以站城融合为设计理念，以"全域互联、无缝接驳"为设计核心，以"站房与南北综合体的纽带"为定位，以"城市会客厅"为社交属性，打造一座江南韵味与科创气息相结合的文、商、旅复合型文创街区空间。

（2）七堡车辆段综合开发

七堡车辆段是杭州市地铁 1 号线和 4 号线的车辆基地，毗邻沪杭甬高速公路、德胜城市快速路，邻近杭州东站枢纽。

七堡车辆段上盖综合体项目是杭州实施"地铁＋物业"理念开发的第一个车辆段上盖综合体，项目总占地 50hm²，总建筑面积约 130 万 m²，是国内最大的地铁上盖综合体之一，有效实现了一地两用、综合开发。2020 年 1 月，七堡车辆段上盖综合体模式入选《轨道交通地上地下空间综合开发利用节地模式推荐目录》，作为全国六大典型之一进行推广。

项目在满足综合维修大楼、控制中心等建筑布置的情况下，对列车停放区、检修库等区域进行分层利用。落地区 0m 以下为地铁车站、地下公共过街通道和停车泊位等居住配套；上盖区 0~9m 板间为地铁功能区，设置了车辆运营、检修库；9~13.5m 板间设置有公共停车位，同时也为 13.5m 板以上的开发建筑设置了停车位；13.5m 以上为绿化、教育、居住等多种用途，积聚城市生活，激发城市活力（图 13、图 14）。

通过车辆段上盖再开发，新增绿化用地 93 亩、小学用地 34 亩、幼儿园用地 18 亩、经营性用地 293 亩，进一步提升了车辆段周边城市环境，社会效益、经济效益显著，开创了"一地两用，分层出让""三同步，一体化实施""突破审批流程"等创新举措❺。

（3）武林广场站地下空间一体化开发

杭州武林广场地下商城（地下空间一体化开发）位于杭州市下城区传统的武林商圈内、西湖风景名胜区以北、京杭大运河以南。武林广场站为地铁 1 号线、3 号线换乘车站，是地铁枢纽站之一。项目利用轨道交通建设契机，根据提升业态、传承文脉、注重生态、改善交通的开发设计理念，对地下空间进行综合开发利用，实现地下空间互联互通，盘活老城商圈。其总用地面积约 3.97hm²，地下总建筑面积 9.44 万 m²。

图13 七堡车辆段综合开发现状

七堡车辆段上盖核心办公区

七堡地铁站地下空间商业开发

图14 核心办公区及地下商业开发

其中，广场地面还原成集散空间。地下空间设计为地下3层结构，地面广场延续到地下一层，二层形成下沉广场和庭院空间。地下一层、二层有面积共计逾6万 m² 的商业区：地下一层主要为休闲购物，与杭州大厦、国大城市广场和武林银泰周边商业设施相连；地下二层为餐饮、超市和部分零售商业，与地铁站厅层相通，并可以直达地面；地下三层主要为机动车停车位和地铁1号线、3号线区间隧道（图15、图16）。

（4）地铁口非机动车"口袋停车场"

为减轻地铁口交通压力，杭州制定了全市已运营站点近500个出入口的"一点一方案"，打造地铁口非机动车"口袋停车场"100余处，可容纳车辆4万余辆，有效缓解了地铁口周边通行压力，更为非机动车社会治理提供了有益尝试，方便市民地铁周边日常出行。

例如，在打铁关站C1口西侧，单独开辟了一块非机动车停车场。在博奥路站B口，借用金惠初中东面部分临时机动车停车场地建设非机动车停车场，场地占地340m²，共计有车位260个，通过加装花箱，开辟单独的非机动车专用通行道与机动车停车场隔离，保障通行安全。在禹航路站D1口东南侧，有机融合"口袋公园"景观，新增占地面积约 400m² 的停放场地，约可容纳非机动车 200 辆。该停放点无缝衔接周边地铁站口、停车场、公共自行车点、公交站点，满足百姓"零距离"换乘意愿。在金沙湖站 B 口，非机动车停车区和绿化相结合，实用又美观（图 17）。

图 15　武林广场站地面

图 16　武林广场站下沉广场与地下商城

图 17　地铁站非机动车"口袋停车场"

（5）结合地铁站点打造特色步行街区

杭州市配合城市轨道交通的开通运营，将车站"最后一公里"作为慢行空间重点保障区。在保障路内基本慢行空间的同时，打通街巷道路，促成细密的城市肌理，从而提高慢行交通的可达性。以车站为中心构建立体化、多样化与便利性的慢行网络，实现慢行与公共交通的无缝衔接，达到便生活、保安全的目的。

例如，结合凤起路地铁站、龙翔桥地铁站等建设龙游路步行街、湖滨步行街。人们从地铁站出来可穿越慢行友好的步行街前往西湖景点，营造开放、包容、多元、活力的城市氛围，有力展现城市特色，丰富了市民和游客的休闲选择。同时打造出杭州最具烟火气和市井气的"武林夜市"，促进夜经济发展。

四、杭州城市亮点与经验借鉴

1. 轨道交通 TOD 发展经验

为了形成推进合力，杭州市率先成立"市轨道交通可持续高质量发展领导小组办公室"，由市政府副秘书长任专职主任，抽调相关部门业务骨干进行实体化运作，充分发挥轨道交通地上、地下空间综合开发协调职能。以示范项目为重要抓手，凝聚"以轨道交通引领城市发展，以 TOD 开发引领未来城区建设"的战略共识，高起点规划、高标准设计、高品质建设轨道交通 TOD，高水平打造"轨道上的杭州"。以轨道交通建设为契机，完善区域业态功能布局，优化用地结构，充分发挥轨道交通对城市未来发展的带动作用。

2. 公交"六进"发展经验

杭州为重点解决市民通勤、送学、就医、买菜等基本出行需求，在充分总结分析既有定制公交、社区微公交运行经验的基础上，深化推出公交进学校、进小区、进企业、进园区、进医院、进中心"六进"服务举措（图 18）。截至 2024年 4 月，共开通"六进"线路 231 条，覆盖全市 224 家企业、25 家三甲医院、54 个产业园区、195 所学校，推动地面公交线网客流总量提升 21.9%，每百公里客流量提升 31.2%。

3. 多元化定制公交服务发展经验

为进一步满足市民多样化出行需求，杭州按照"公益性定位、市场化运作"的原则，建立了多层次、差异化的公交服务体系。一是开设服务企业单位的"心动巴士"。2023 年，累计开通"心动巴士"330 条，日均客运量 2.6 万人次，票款收入突破 9000 万元。二是开设服务学生的"求知专线"线路，将家长和学生由各住宅小区接送至中小学、少年宫和各培训机构。2023 年，累计开通"求知专线"602 条，日均客运量 3.1 万人次，票款收入约 4411 万元。三是开设"小莲清风廉运"线路，为全市各级机关、单位提供廉洁教育定制公交服务。2023年，已构架起了包含 6 大主题、64 条线路、92 个学习点的廉洁教育定制公交体系，日均客运量 1.3 万人次（图 19）。

图18　公交进学校、进小区、进医院、进商业中心、进企业

图19　"心动巴士""求知专线""小莲清风廉运"定制公交服务

4."公交+"的景区疏堵保畅治理经验

西湖景区作为杭州市的核心景区之一，交通环境常年面临巨大压力。通过完善地面公共交通、轨道交通接驳体系、设置"公交+"多模式换乘体系、优化线路配置等方式，有效从公共交通角度破解景区治堵难题。一是优化西湖景区公交线网，构建"两环十射九连八换乘"的景区公交线网体系；二是在西湖景区周边10个地铁站打造便捷的"地铁+公交"景区接驳线；三是在景区外围8处停车场推行"出租车网约车+公交"换乘、"旅游大巴+公交"换乘、"小汽车+公交"换乘。

2024年5月，西湖景区公交共运送旅客226.31万人次，双休日日均有34.12万人次选择"地铁+公交"的出行方式进出西湖景区。西溪路2处"出租车网约车+公交"换乘点换乘公交分别直达灵隐和苏堤南，最快分别仅需7分钟和12分钟，2处换乘点日均客流达2.67万人次，相当于为灵隐景区、太子湾景区和雷峰塔景区日均减少近1万辆出租车、网约车（图20）。

图20 西湖景区"两环十射九连"示意图和出租车网约车接驳

5.公交片区单元化治理经验

杭州市针对城市内外组团区域公共交通发展不均衡问题，以丁桥片区为试点，科学划分大（街道）、中（地铁站周边住宅及生活业态）、小（社区、商场、医院）三层单元，依托线上出行智能研判与线下实地走访调研相结合，精准分析出行需求，实施公交定向优化。后在全市19个区域开展公交单元化治理，构建"一区域一方案"，打造"一个区域一张网"的公共交通融合发展体系。群众公交满意率提升20.4%，公交日均客流提升18.8%，公交运行效率提升15%，乘车在途时间缩短7.6分钟（图21、图22）。

图 21　组织召开杭州市区单元化片区公交治理相关会议

图 22　深入社区进行调查

6."小街区、密路网"发展经验

杭州市针对老城区、更新区、新城区的不同发展阶段和发展需求，因地制宜、精准施策，不断完善路网体系。老城区主要围绕未建支路，挖潜路外停车，释放路内空间，加强地铁站、公园边、商业区慢行网络联通，提升慢行品质；更新区主要加快规划道路建设，打通干路断头路，增加道路网连通度，完善公交、慢行等各类交通设施的供给，促进绿色出行；新城区要求遵循国家标准要求，通过详细规划严控路网指标，引领路网设施的布局与发展。

7. 城市绿道发展经验

杭州市通过广织绿道网络服务城乡居民，建设最美绿道展示自然人文，拓展绿色空间提升城乡实力，坚持发展低碳经济、建设低碳城市，将保护生态、改善民生与发展经济有机结合。在绿道规划建设中，杭州市始终传承西湖文化、运河文化、钱塘江文化的独特韵味。在绕城以内的主城区，打造以西湖风景名胜区为"绿芯"、钱塘江与运河绿地为"绿带"、河道沿线绿地为"绿脉"、各类公园绿地和广场为"绿点"的城区绿道系统，连接城乡生态、产业、文化，为杭州这座钱塘江畔的创新活力之城营造出新的发展空间。

8. 地下空间发展经验

为缓解城市交通拥堵、拓展城市发展空间、改善城市环境、提高安全韧性，杭州市积极推动"地下城"建设，打造更为立体的城市，包括近湖地区国际文旅地下城、钱江新城公共中心地下城、未来科技城公共中心地下城等。通过编制地下空间专项城市设计、地下空间控制性详细规划，明确地下空间管控要求，充分挖掘城市地下空间资源。并相继颁布实施《杭州市地下空间开发利用管理办法》《杭州市城市地下综合管廊管理办法》《杭州市地下空间开发利用管理实施办法》等政策，为地下空间的综合开发利用提供了有力保障。

注释：

❶ 《杭州市综合交通专项规划（2021—2035 年）》
❷ 中国城市轨道交通协会，城市轨道交通历年统计和分析报告
❸ 杭州市规划和自然资源局，杭州市主城区慢行品质提升实施行动计划, 2022
❹ 《杭州市轨道交通 TOD 综合利用专项规划》
❺ 杭州市规划设计研究院，地铁建设节地的杭州经验研究, 2023

图片来源：

图 18 https://mp.weixin.qq.com/s/y-9-I4kVgIEjUAouV-SA2A；https://mp.weixin.qq.com/s/iP20oOi21Gq_MnUH2j28vw；https://mp.weixin.qq.com/s/y-9-I4kVgIEjUAouV-SA2A；https://www.163.com/dy/article/I0KHTQRJ0525DTFO.html

图 19 https://view.inews.qq.com/k/20230923A02ZCH00；https://baijiahao.baidu.com/s?id=1602071107900439424；http://hz.bendibao.com/traffic/2018823/73083.shtm

图 20 https://new.qq.com/rain/a/20240417A099VU00；https://baijiahao.baidu.com/s?id=1793314623074188452

图 21 https://mp.weixin.qq.com/s?__biz=MzkxMDA4MTk1OA==&mid=2247501697&idx=1&sn=fdcbc8c9dc89cdd940612de7c6145677&chksm=c06ad962eb1b337c744879b666c0d52bd47c14326ab2b392878f5f103fc37ceaac916ef3d767&scene=27

图 22 https://mp.weixin.qq.com/s?__biz=MzA4MzQxODYyMw==&mid=2649771462&idx=1 &sn=ad73efd955281bb6d6a4e6fd4132231f；https://www.hangzhou.gov.cn/art/2022/8/10/art_812269_59063063.html

苏州

古典园林与现代文明交相辉映之城

一、城市特点

苏州市，简称"苏"，古称姑苏、平江，是江苏省辖地级市、Ⅰ型大城市、上海大都市圈和苏锡常都市圈重要城市、国务院批复确定的长江三角洲重要的中心城市之一、国家高新技术产业基地和风景旅游城市。苏州市地处华东地区、江苏省东南部、长三角中部、太湖东岸，东傍上海市，南接嘉兴市、湖州市，西连无锡市，北依长江。全市地势低平，境内河流纵横，湖泊众多，太湖的水面绝大部分在苏州市境内。属于亚热带季风海洋性气候，四季分明，雨量充沛。截至2022年，全市下辖6个区、代管4个县级市，总面积8657.32km^2，常住人口1291.1万。

苏州古城位于苏州市姑苏区中部（图1），是苏州历史最为悠久、人文积淀最为深厚的中心城区。古城始建于春秋吴阖闾元年（公元前514年），为春秋时期吴国都城，距今已有2500多年的历史，是吴文化的重要发祥地、古代江南地区的经济和文化中心。1982年，国务院将苏州列为首批24个国家历史文化名城之一。2012年，姑苏区成为全国唯一的"国家历史文化名城保护示范区"。苏州古城自建城以来位置始终未变，基本保持着古代"水陆并行、河街相邻"的双棋盘格局，"三纵三横一环"的河道水系和"小桥流水、粉墙黛瓦、古迹名园"的独特风貌。与宋《平江图》（中国现存最早的城市平面图）相对照，总体框架、骨干水系、路桥名胜基本一致，举世罕见。

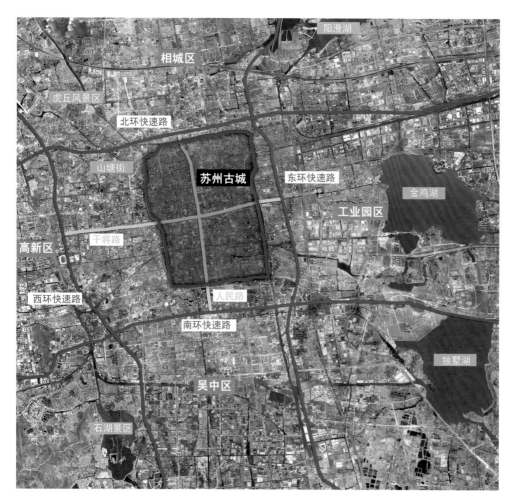

图1 苏州古城区位图

二、机动化发展进程与交通需求特性

截至 2021 年年底，苏州市全市机动车保有量达 478.9 万辆，在全国位居前列，其中汽车保有量达 471.4 万辆❶。2012~2021 年苏州市机动车保有量增加 239.6 万辆，增势较为迅猛，年均增长率达到 8.0%，汽车年均增长 11.4%（图 2）。

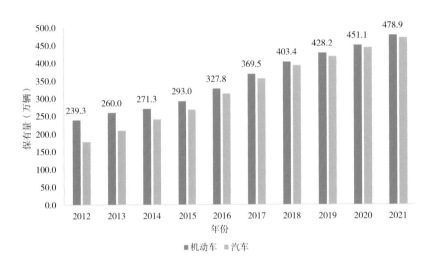

图 2　2012~2021 年苏州市机动车与汽车保有量变化情况

对比历年居民出行调查结果❷，苏州市区居民出行方式结构呈现个体机动化持续增长的态势。受机动化发展等多重因素影响，私人小汽车出行比例由 2019 年的 30.2% 增长至 2021 年的 32.2%，公共交通出行比例由 14.7% 下降至 12.5%。苏州市非机动出行比例总体较高且近年逐年增长，由 2019 年的 30.6% 上升至 2021 年的 32.5%，其中步行比例有所降低，由 19.8% 下降至 19.5%（图 3）。

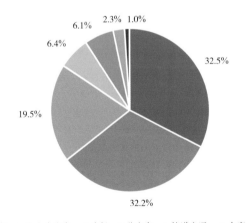

■ 非机动车　■ 私人小汽车　■ 步行　■ 公交车　■ 轨道交通　■ 大客车　■ 出租车

图 3　2021 年苏州市区居民出行方式结构图

三、绿色交通体系的发展

苏州市始终坚持全面保护古城风貌的理念。1986 年，苏州市城市总体规划提出"全面保护古城、跳出古城发展"的指导思想，为之后古城的保护与发展指明了方向。1986 年、1996 年、2011 年苏州市三版城市总体规划分别明确了在古城西侧、东侧及南北方向各规划建设城市新区的总体思路，逐步疏解古城的部分功能和人口。从 1986 年至今，苏州市开展了五轮历史文化名城保护规划，确立了古城全面保护的纲领。基于古城保护的核心理念，古城交通始终坚持绿色交通发展之路，根据不同时期的交通特征与规划背景，可将古城绿色交通体系发展历程大体分为三个阶段。

1. 第一阶段（21 世纪初期 ~2013 年）

随着苏州市城市化、机动化进程加快，古城道路交通压力逐渐增加。2007 年版苏州市综合交通规划提出为保护古城，应鼓励在古城发展公共交通和慢行交通。在此绿色交通发展理念指引下，2009 年，苏州市开展中心城区慢行系统规划，将古城定位为全市的慢行核心区域；2011 年，古城主干道干将路开辟全路段式公交专用道（图 4）；2012 年，苏州市轨道交通 1 号线开通，东西向贯穿古城并设 4 站，古城绿色交通体系初步建立。

2. 第二阶段（2013~2017 年）

2013 年，苏州市综合交通战略规划确立了古城"公交 + 慢行"的绿色交通发展战略。在古城绿色交通发展战略指导下，苏州市随即开展交通需求管理、古城拥堵收费技术、差别化停车收费等多项古城相关交通专项政策研究，并在片区交通改善、慢行交通规划及道路规划等方面制定相关规划。围绕"公交 + 慢行"的古城绿色交通相关专项规划与政策储备逐步完善，为古城绿色交通体系的发展明确了方向并奠定了坚实基础。

3. 第三阶段（2018 年至今）

随着市区机动化进程加快以及古城内轨道交通 5 号线、6 号线建设的不断推进，苏州古城道路交通压力进一步加剧。自 2018 年起，古城外围规划建设多处旅游换乘停车场，截流自驾游车辆进入古城；2019 年 8 月，古城施行外地车牌号车辆限行政策，调控私人小汽车出行需求，在一定程度上缓解了古城道路交通压力。近年来，古城私人小汽车出行主导态势加剧，公共交通出行竞争力不强，古城绿色交通发展之路面临挑战。随着新一轮苏州市国土空间规划、综合交通规划及历史文化名城规划的加快推进，为促进古城保护与更新，苏州市在古城层面开展了整体政策研究、交通提升规划等多项整体性、系统性规划研究，旨在统筹整合古城交通资源、增强交通综合治理合力，古城绿色交通体系进入协同发展新时期。

四、公共交通发展

1. 轨道交通

2021 年，苏州市轨道交通 5 号线开通（图 5），与轨道交通 1 号线、4 号线共同服务古城区域。轨道交通在古城共设 9 个轨道交通站点，形成"三线九站"的线网格局。轨道交通站点 500m 覆盖率达到 44.9%，800m 覆盖范围达到 81%（图 6）。

轨道交通 1 号线呈东西走向，连接木渎、高新区、古城区和工业园区等重要组团，全长 26.1km，在古城内分别设有养育巷站、乐桥站、临顿路站和相门站 4 个站点。4 号线呈南北走向，串联相城、平江新城、火车站、途经古城人民路，向南经吴中区延伸至吴江松陵，全长 41.5km，在古城内分别设有北寺塔站、察院场站、乐桥站、三元坊站和南门站 5 个站点。5 号线呈东西走向，串联吴中区、苏州高新区、姑苏区、苏州工业园区，贯穿吴中胥口、木渎南部、苏州高新区、苏州古城、苏州工业园区，全长 44.1km，在古城内设有南门站和南园北路站 2 个站点。

2. 常规公交

伴随着轨道交通 1 号线、4 号线的开通，苏州城市主干道干将路、人民路（图 7）先后开辟全路段式公交专用道，示范引领公交优先发展。

截至 2021 年，苏州古城共开通 67 条常规公交线路，公交站点 500m 覆盖率近 100%（图 8）。自 2013 年苏州市区首条社区巴士在古城开通以来，在常规公交的基础上，旅游公交、定制公交陆续开通，为古城出行提供特色化公交服务。

2023 年，苏州古城首条旅游公交 9029 路开通（图 9），营运时间为每天 7：30~17：00，行车间隔在 15~25min。该线路由白塔东路出发，途经临顿路、人民路、东中市、西中市、上塘街、广济路、金门路、阊胥路、景德路，最后回到白塔东路。不仅集中了平江历史街区、拙政园、狮子林、耦园等热门旅游景点，还在北寺塔

图 4　苏州古城干将路公交专用道

图 5　苏州轨道交通 5 号线列车

图 6　2021 年苏州古城轨道交通站点周边覆盖范围

站、石路站、察院场站与地铁 2 号线、4 号线"无缝接驳"，让市民、游客能够在方便快捷的出行中沉浸式感受姑苏古城深厚的文化底蕴。

五、步行与自行车交通发展

苏州古城整体格局保护和特色塑造始终受到高度重视和严格控制，基本保持着古代"水陆并行、河街相邻"的双棋盘格局，古城历史路网肌理延续至今（图 10）。古城主、次干道长约 32km，全路网密度超过 10km/km²❸，慢行街、巷、弄占比高，支弄网发达，慢行基础优越。

近年来，面向市民现代化的出行与生活需求，苏州古城道路与慢行品质得到进一步的提升。1994 年，古城东西向主干道干将路建成通车，为双向 4 车道，全线设有完整的步行道与骑行道，采取"两路夹一河"的设计手法，多条现代管线一次入地，在较大程度上提升了古城市政公共设施服务水平。2003 年，古城南北向人民路开展综合改造，为双向 4 车道，设有全路段式公交专用道，形成古城南北向交通中轴线。2012 年、2016 年、2021 年，伴随着轨道交通 1 号线、4 号线、5 号线的建设，干将路、人民路、竹辉路先后开展综合整治提升工程，干道设施功能品质得以进一步提升。

2016 年，苏州环古城健身步道全线贯通，全长 15.5km，大幅提升了古城居民慢行出行品质，被评为"2017 年江苏最美跑步线路"（图 11）。此外，平江路、观前街（图 12）等步行街巷也充分彰显出古城特色、驰名中外。

苏州古城骑行系统也得到长足的发展，公共自行车网络不断拓展。2021 年，古城公共自行车站点共有 143 个，150m 覆盖率46.4%（图 13），自行车站点与轨道交通、公交站点紧密结合，较好地提升了苏州古城居民的骑行品质，促进了公共交通和慢行的融合发展。

图 7　苏州古城人民路公交专用道

图 8　苏州古城常规公交站点周边覆盖范围

图 9　古城首条旅游公交

图10　南宋《平江图》　　　　　　　　　　图11　苏州环古城健身步道

图12　苏州古城观前街

六、交通限行管理

2019年，苏州古城实施分区域、分时段外牌车限行管理。2019年7月，苏州市公安局发布《关于对古城部分区域、道路采取临时交通管理措施的通告》，根据轨道交通6号线施工建设进度，自2019年8月5日起对古城部分区域、道路采取相关交通管理措施：工作日早高峰（7：00~9：00）和晚高峰

图 13　2021 年古城公共自行车点周边覆盖范围

（16：30~18：30）禁止非苏州市号牌小客车（蓝牌）驶入古城区域以内道路（以护城河为界）；每日 7：00~19：00 禁止非苏州市号牌小客车（蓝牌）驶入东汇路和西汇路以南、莫邪路以西、干将东路以北、人民路以东区域。

七、亮点与经验

　　苏州古城是吴（地）文化核心传承地、苏式生活体验地、国际文化旅游胜地、文化创意集聚地。而今历史文化名城保护上升到前所未有的高度，在名城保护与可持续发展的双重诉求下，苏州古城必须构建高品质的绿色交通体系，发展轨道交通、常规公交、慢行交通等绿色集约的交通方式。

　　为实现这一目标，苏州古城交通体系持续构建绿色、可控与特色交通系统。在绿色交通方面，以建设高品质公交和慢行系统为核心，提升绿色交通系统的品质与吸引力，从而在古城保护的基础上进一步激发古城的活力，引导居民选择绿色出行，促进古城永续发展。在可控交通方面，制定科学的机动车管控政策，引导私人小汽车出行行为转变。为满足居民的多元出行需求，在特色交通方面，针对苏州古城的诸多特色，如水陆并行的双棋盘格局、粉墙黛瓦的整体建筑风貌、小桥流水人家的居住环境、古朴典雅的古典园林以及传统特色街巷风貌等，苏州古城交通持续推动保护与可持续发展有机融合，通过划定特色化交通分区，构建特色公交、水上交通等特色交通系统，更好地演绎苏式风情，彰显东方水城魅力。

注释

❶　数据来源：《2021 年度苏州交通发展年度报告》
❷　数据来源：《2021 年度苏州交通发展年度报告》

❸ 数据来源：《2021年度苏州交通发展年度报告》

图片来源：

首图 《2021年度苏州市交通发展年度报告》
图 2 《2021年度苏州市交通发展年度报告》
图 3 《2021年度苏州市交通发展年度报告》
图 5 《2021年度苏州市交通发展年度报告》
图 6 https://mp.weixin.qq.com/s/5S9vdxVmmpAoWzTibmX4Jg
图 7 https://mp.weixin.qq.com/s/l53S1_ODuMJ_x6BBd_qVKw
图 8 《2021年度苏州市交通发展年度报告》
图 9 https://mp.weixin.qq.com/s/KQ_rn60Vli7R0ZpM6i1Bjw
图 10 http://www.szbkmuseum.com/?list_40/99.html
图 12 https://mp.weixin.qq.com/s/aXejwUqaWMZcoAsRCZoSiA
图 13 《2021年度苏州市交通发展年度报告》

黄河流域的美丽泉城

一、城市特点

济南市，简称"济"，别称泉城，是山东省省会、全国 15 个副省级城市之一，环渤海地区南翼的中心城市，山东半岛城市群和济南都市圈核心城市。济南因境内泉水众多而被称为"泉城"，素有"四面荷花三面柳，一城山色半城湖"的美誉，是国家历史文化名城、首批中国优秀旅游城市，史前文化——龙山文化的发祥地之一。

济南市下辖 10 个市辖区（历下区、市中区、槐荫区、天桥区、历城区、长清区、章丘区、济阳区、莱芜区、钢城区）、2 个县（平阴县、商河县）。2021 年济南市市域面积 10244km²，全市总人口 934 万，常住人口城镇化率74.2%；市区面积 2419km²，市区人口密度 911 人 /km²。

二、土地利用与城市结构

济南市中心城建设用地集中在北部黄河和南部山区之间的适宜建设区域，在现状城区用地的基础上，主要向东、西两翼拓展。规划范围向东扩展至市区边界，向西南扩展至长清城区。《济南市城市总体规划（2011—2020 年）》提出中心城规划范围由上一版总体规划的 526km² 扩大到 1022km²（图 1）。

济南中心城空间结构为"一城两区"，其中"一城"为主城区，"两区"为西部城区和东部城区，以经十路为城市发展轴向东、西两翼拓展（图 2）。主城区为玉符河以东、绕城高速公路东环线以西、黄河与南部山体之间地区，西部城区

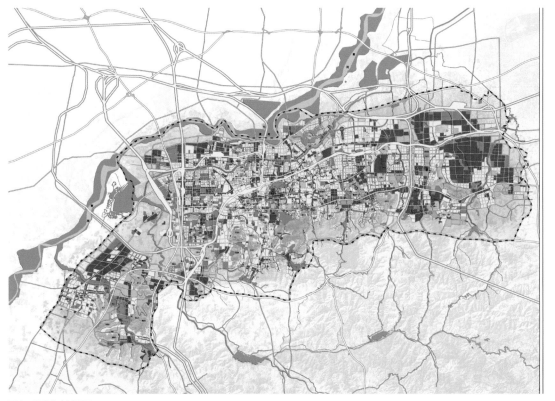

图 1　济南市土地利用

图　例

屈住用地
行政办公用地
商业金融业用地
文化娱乐用地
体育用地
医疗卫生用地
教育科研设计用地
文物古迹用地
其他公共设施用地
工业用地
绿地
水域
历史文化街区
道路广场用地
规划边界

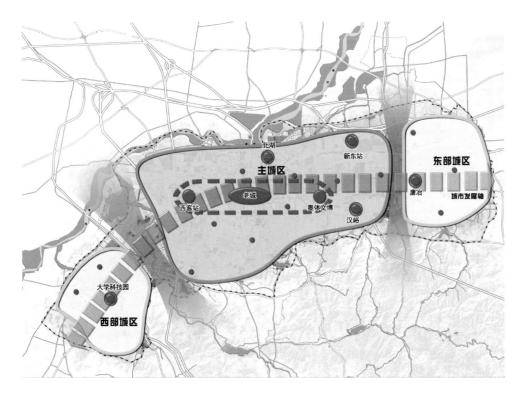

图2 济南市功能结构分析

为玉符河以西地区，东部城区为绕城高速公路东环线以东地区。主城区与西部城区、东部城区之间以生态绿地相隔离。

三、机动化与交通需求特性

根据 2019 年济南市居民出行调查，中心城区居民人均日出行次数为 2.38次，居民出行率为 89%，较 2013 年增长 4 个百分点；莱芜区居民人均日出行次数为 2.69 次；章丘区居民人均日出行次数为 2.48 次；济阳区居民人均日出行次数为 2.79 次。

伴随城市发展，济南市中心城区人口规模不断增大，中心城区出行总人次达到 1018.6 万人次 /d，莱芜城区总人次达到 201.4 万人次 /d，交通需求增长迅速。

根据 2019 年调查数据显示，正常工作日内，济南市中心城区居民的出行方式结构中，步行占 26.0%，自行车（含电动自行车）占 26.1%，公交车占 19.6%，私人小汽车占 22.1%。居民主要的交通出行方式依然为步行和自行车，占到了 52.1%（表 1）。

2019 年济南中心城区居民平均出行时耗为 31.27min，居民平均出行距离明显增加。与 2013 年相比，济南市居民平均出行时耗延长了 3.3min，上下班通勤出行时耗超过 30min 界限，分别达到 31.9min 与 33.9min。

从早高峰出行距离来看，居民全日平均出行距离为 8.08km，其中短距离（小于 5km）占比 51.8%，中距离（5~20km）占比 38.3%，长距离（大于20km）占比 9.9%（表 2）。

济南市高峰期间交通出行方式比例表　　表1

出行方式	全天比例（%）	高峰比例（%）	出行方式	全天比例（%）	高峰比例（%）
步行	26.0	22.9	私人小汽车	22.1	24.3
自行车	3.9	4.2	单位小汽车	0.5	0.5
电动自行车	20.7	21.2	单位客车	0.5	0.6
公交车	19.6	20.0	摩托车	0.4	0.4
出租车（含网约车）	4.4	2.8	其他	0.4	0.5

济南市早高峰出行距离分布表　　表2

序号	出行距离（km）	早高峰出行量占比（%）	序号	出行距离（km）	早高峰出行量占比（%）
1	0~5	51.8	5	20~25	3.1
2	5~10	23.3	6	25~30	2.2
3	10~15	9.9	7	30以上	4.6
4	15~20	5.1			

四、公共交通系统

自2012年10月被列为国家公交都市建设示范工程首批15个创建城市之一以来，济南市公交都市创建工作驶上了高质量发展的快车道。2020年9月，济南市入选"国家公交都市建设示范城市"，公共交通引领城市发展。济南市以公共交通引领城市道路规划建设，在道路建设中，同步建设公交配套设施，实现了公交车穿隧道、上高架，服务范围不断扩大。

1. 轨道交通

截至2022年12月，济南市轨道交通运营线路共有3条，分别为轨道交通1号线、2号线、3号线一期，运营里程共计84.1km，共设车站43座。3条线路呈现"一横两纵"形态，与城市空间结构相吻合，拉开了城市发展框架。济南轨道交通二期建设规划6条线路已经全部启动建设，项目建成后，将形成8条线路、总里程243.7km的城市轨道交通网络。

2. 绿色公交

济南市首批690辆新式纯电动公交车已于2021年年底在K13、K47、K58、K75、K116等线路上投入运行，为市民提供更加舒适、环保的出行服务。该批车辆的成功投运也标志着济南市中心城区公交车清洁能源及新能源比例达到100%。

3. 快速公交（BRT）

济南市已运营13条快速公交线路、33条BRT支线（32条普通线路、1条高峰通勤线路），共107座BRT站台。截至2020年，济南市快速公交主线长121.1km。快速公交票价2元，可使用各类IC卡，BRT站点可免费换乘其他线路。截至 2019 年 12 月，济南市快速公交日均运送乘客 16.7 万人次，免费换乘 3.5 万人次。

济南中心城区形成了由北园大街、历山路、经十路、纬十二路组成的 BRT 线网"内环"和由北园大街—工业北路、二环西路、二环东路以及二环南路组成的 BRT 线网"外环"。

五、特色交通模式

1. 新能源汽车

截至 2023 年 2 月，济南市新能源汽车保有量达到 10.8 万辆，一年之内就新增 4.5 万辆。2023 年以来，全市共办理新能源汽车注册登记 6373 辆，其中机动车登记服务站办理 4300 辆，占到了总量的 67.47%。

2021 年济南市制定了《关于加快新能源汽车推广应用的若干政策》，多措并举，从生产、消费、基础设施建设等方面多方发力，加快营造全市的新能源汽车生产和应用的良好环境，全力推动济南市新能源汽车产业高质量可持续发展。

2022 年年底，济南市制定了建成 50000 个充电基础设施的目标。截至 2023 年一季度，已建设完成 18325 个充电桩，其中公共充电桩 5032 个、专用充电桩 2008 个、私用充电桩 11285 个。已建成换电站 15 座，覆盖区域包括主城区及高速服务区。

2. 新能源出租车服务站点与换电站

2020 年 5 月，济南市首批 36 辆新能源纯电动出租车在山东通达新能源充电站投入使用，这标志着济南市出租汽车行业告别"油气时代"，迈入"新能源时代"。

山东通达出租汽车有限公司将在济南二环北路建成济南市最大的电动车充电站——山东通达新能源充电站，一期已建成 124 个充电桩，二期 70 个充电桩正在建设中。

六、慢行交通系统建设

1. 步道系统建设

根据济南市绿道网规划初步方案（图 3），济南利用山体绿道、泉水绿道、环湖绿道、滨河绿道的独特优势，构建总长约 2680km 的城市绿道系统，以满足市民户外运动休闲需求（图 4），提升宜居宜业环境和城市竞争力。2023 年，济南市因地制宜新建各类绿道项目 15 个、100km，特色道路绿化建设项目 11 个，整治提升行道树项目 13 个、10000 株。建设实施中突出地域特色，扮靓城市风貌，项目完成后将进一步串联城市自然山水人文，服务百姓休闲游憩健身，促进城乡绿色协调发展，让人民群众共享生态文明建设成果。

济南千佛山绿道项目一期工程已顺利完工（图 5），新建绿道 20km，改造提升 36km，实现了大千佛山各景区绿道的初步贯通，已启动的二期工程将新

图3 济南市绿道规划总体布局图

图4 华山湖步道

建绿道22km，改造提升20km。大千佛山景区绿道为济南市一级城镇型绿道（图6），位于"泉城风貌文化轴"之上，其一级骨干线路形成一条"最济南"的文化绿道，徜徉其中，可以体验济南的独特风貌。深秋季节，沿绿道漫步，犹如行走在画中。绿道蜿蜒起伏，随处可见红叶、绿树、灰墙，流云飞舞，一幅色彩斑斓、浓烈奔放的秋韵画卷在人们的眼前徐徐展开。

2022年，随着龙洞至大华紫郡段山体绿道建设完工，济南市以奥体文博片区山体为轴线的U形游览观光绿道网格系统全部串联，总长度达74.7km。

龙洞至大华紫郡段山体绿道按照"生态优、功能强、景观美"的建设原则，结合现有地形，因地制宜，依山而建，有针对性地规划建设了活动场地、无障碍

图5 千佛山绿道

图6 佛慧山绿道

入口和步行入口，在部分节点安装路线标识牌等多元化服务配套设施，满足不同人群的登山需求。

2. 自行车交通发展

目前，济南市共有美团、青桔、哈啰三家企业在运营共享单车，共计在济南市投放共享单车 12.8 万辆，日均单车使用量 6.6 万辆，日均单车使用订单数达到 18.5 万辆次。

各共享单车企业通过多种方式对共享单车的停放和骑行等进行约束。对文明骑行者设有专门的优惠奖励措施，如给予更大力度的打折优惠或者发放免费骑行券等。据统计，2022 年以来，济南市哈啰用户中有 4040 人有过扣分记录，同比减少五成多，标志着济南市民文明骑行指数明显上升。

为了进一步提升辖区共享单车管理水平，在主管部门指导下，济南市各共享单车企业推行了单车管理"路长制"。"路长制"是主管部门联合 3 家共享单车企业推行的管理制度，以"细化网格、道路实名、责任到人"为原则，由共享单车运维员担任"路长"，实名对应到每一路段。任何路段出现需要处理的调度工单，"路长"就是第一责任人。同时，济南启用全市主要道路 240 余处监控摄像头，试点共享单车"可视化"调度。通过"线上监控 + 线下巡查"的方式，点对点精准识别车辆堆积位置，指导共享单车企业快速调度。

七、城市生态建设

2022 年济南市生态文明创建成果实现新突破，历下区、章丘区垛庄镇、平阴县洪范池镇、市中区石崮沟村被命名为第三批省级"绿水青山就是金山银山"实践创新基地，长清区被命名为第三批省级生态文明建设示范区，命名总数居全省首位。

济南市落实黄河流域重大国家战略，深入推进污染防治攻坚战，推进人与自然和谐共生，加快发展方式绿色转型，在 2022 年前 11 个月，济南市 $PM_{2.5}$ 浓度为 35 μg/m³，同比改善率 10.3%。

1. 森林覆盖率

截至 2018 年年底，济南市林地面积 460.48 万亩，占全市土地总面积的29.97%，全市森林覆盖率为 25.56%。❶

2. 工业污染城市的整治

2016 年，为落实中央供给侧结构性改革的重大战略部署，位于工业北路以北的原济钢厂区和济南化肥厂厂区从 2017 年开始启动搬迁工作。历经 5 年的搬迁、拆除、改造，原来高耸的烟囱、宽大的厂房、密集的管道已经全部拆除，除了部分工业遗迹和树木原址保留外，大部分地块已经夷为平地。

济南市片区开发坚持"生态优先、绿色发展"的理念，先行完成了中央森林公园（图 7）、韩仓河生态景观带提升等绿色生态项目的建设。其中，森林公

图 7　济钢中央森林公园

图 8　济南趵突泉

园占地面积约 780 亩，绿地率高达 86%，是国内为数不多的大型城市森林公园之一；韩仓河生态景观带河面宽约 80m，两侧绿化带各宽约 30m，绿地率为 74%，是以防洪防汛为基础，集生态防护、休闲游赏功能于一体的互动式生态景观带，森林公园与韩仓河生态景观带相结合，形成东部新城独特的生态景观。

3. 济南泉群

济南别称“泉城”，泉群众多、水量丰沛，也被称为天然岩溶泉水博物馆。济南城内百泉争涌，分布着久负盛名的十大泉群（图 8、图 9）。济南也因此成为少有的集“山、泉、湖、河、城”于一体的城市，自古就有“家家泉水，户户垂柳”“四面荷花三面柳，一城山色半城湖”的美誉。

图 9　济南黑虎泉

八、城市文化与文明建设

文化是时代的号角、前进的风帆。近年来，济南市坚持以社会主义核心价值观为引领，把"文化济南"建设作为推动高质量发展的重要内容，在文化事业产业发展和推动全民阅读上持续发力，有力推进了城市文化品位和软实力的稳步提升。

1. 城市历史文化保护

济南具有厚重的历史文化底蕴。

一是名士文化。天下第一泉风景区的文化展馆中，娥英祠、晏公庙、秦琼祠、南丰祠、曾巩展览馆、李清照纪念堂、稼轩祠、铁公祠、白雪楼、秋柳诗社、老舍纪念馆等，都是为纪念济南名士而建。这些影响至今的历史文化名人与天下第一泉风景区有着不解之缘，设馆纪念不仅体现济南人重恩重义的传统，也反映出济南这座城市的价值取向。

二是泉水文化。泉水主题是第一泉风景区展馆不可或缺的内容。泺源堂的泉水文化展馆陈列着"泺"字甲骨文等泉水相关考古文物，展出历代关于泉水的文献典籍，每件展品都折射出人对泉水的理解和运用，凸显济南人伴泉而生的悠久传统；百花厅的泉水自然地质展览馆是一座科普馆，展示济南泉水成因；环城公园的泉水生活馆营造一幅生动的泉水人家生活画卷；超然楼一楼的泉水电子体验馆则用高科技手法打造出追忆千年泉水文化的体验之旅。

三是建筑文化。天下第一泉风景区围合着济南老城，辖区保留有许多古建筑。万竹园有3套院落、13个庭院、186间房屋，还有5桥、4亭、1花园及望水泉、东高泉、白云泉等名泉，石雕、木雕、砖雕为之"三绝"。北宋熙宁年间，曾巩在趵突泉北岸修建"齐州二堂"之一的"泺源堂"，后在元代改为"吕祖庙"，至明代扩为三座大殿，为现在格局，是市级文物保护单位。大明湖北岸的北极庙始建于元代，门前那段石阶"长滑梯"给游人留下深刻印象。秋柳人家、玉斌府是济南四合院的代表，记录着市井生活和社会变迁。建筑无声，却是活的历史。

2. 城市特色文化建设

济南市以"泉文化"为特色，规划建设了以泉水文化为主题、串联主要泉水景观节点的特色魅力泉道空间（图10、图11）。延续泉水生活传统，保障济南古城延续发展与泉水文化的孕育，重点打造四大泉群地区，贯通四大泉群水系。利用泉道，串联解放阁、舜庙、老城墙、护城河入口等文化景观节点，形成济南独具特色的泉道旅游线路。结合环山游步道、城乡绿道串联寺观泉水与泉水村落，在没有泉水的新城组团，通过精致的互动现代水景设计的打造，实现泉水文化在新城区的延续。

大明湖古时就有"第一泉水湖"的赞誉，与趵突泉、千佛山并称为济南三大名胜。2023年新春，济南因"超然楼亮灯"频繁出现在各大互联网平台热搜榜单。自它"出圈"后，每日傍晚超然楼广场都会排满前来观光的游客，大家举起手机穿过层层叠叠的人群，记录下亮灯的绝美瞬间。与超然楼一同爆火的还有大明湖的各航线游船。赶巧的话，人们还可以在湖上观看超然楼亮灯。

图10 济南五龙潭

图11 五龙潭文化节

九、城市亮点与经验借鉴

1. 泉与城市的互生关系

济南依泉而建、伴泉而生、因泉而名，泉水是济南的灵魂。"山泉湖河城"浑然一体的独特自然禀赋，让济南成为一个天然的"聚宝盆"，而泉水则是这个"聚宝盆"中最深厚的给养、最优美的弧线。泉水塑造了济南独具特色的城市风貌。古人择居立邑，必以靠山临水为首选。作为济南这座历史文化名城最具特色的自然资源，在数千年的自然条件与人文社会交织积淀过程中，泉水对济南城市的孕育、择址和城市建设产生了深远影响，形成了富有泉水特色的济南城市风貌。先民在建济南城的时候，就充分利用了当时的资源，做到了"三防"：以大明湖（图12）为城内预留的散水池，防止水患；城内泉池四布，水源众多，防止火患；济南古城是中国最坚固的古城之一，城墙采山石而建，城防坚固，利于防乱。

展开今天济南的城市地图，仍然能够清晰地看到近代以来城市格局的脉络。春秋战国时期，齐国在历山之下、泺水之滨修筑了历下城。汉代在历下城的基础上，设置历城县。在几千年的历史发展过程中，济南历经多个朝代变迁，由一个狭小的城邑不断延展、突破，成为今天的现代化大城市。从演变的特点来看，济南在城市发展过程中形成了泉水与城市生活相互交融、泉水与城市建设紧密相连、泉水与城市园林建设相互交织的城市发展格局。毫不夸张地说，济南的发展史就是生活在这块土地上的人民对他们赖以生存的泉水进行规划和利用的历史。直到今天，济南以泉水命名的街巷仍有30多处，乡镇、村庄80多处，体现了泉、城、人的完美统一，是自然与人文融合的见证，正所谓"水生民，民生文，文生万象，泉生济南"。泉与城的完美融合、相生相长，体现的是人与自然的和谐统一、精神与物质的和谐统一。济南泉水淙淙细流历经千年不绝，进入新时代，新济南沐泉重生，古老与现代相映，历史与未来交融，汩汩清泉让古城换新颜，续写新的泉与城的故事。

2. 城市文化建设

一座城市的文化是这座城市的灵魂所在，行走于济南市中，可以体会到济南文化的无处不在。趵突泉群等象征着泉文化，李清照、辛弃疾等名人故居象征着

图 12　济南大明湖

名士文化，齐长城等遗址象征着齐文化，山东省美术馆、山东省博物馆等丰富的展览体现了现代文化活动……重视文化建设充实了济南的城市内涵，提升了济南的城市形象与吸引力，使济南人民更有归属感与认同感，游客对济南更有亲切感。城市的文化建设是生态美好城市、魅力城市建设中不可或缺的一部分，其他城市在发展过程中可以借鉴济南的文化建设发展经验，打造自身独具特色的城市内在魅力。

3. 绿色交通发展理念

可持续的交通发展战略是城市可持续发展的必要条件，济南市大力发展绿色交通，并独具创新性。推行公交、慢行优先，大力倡导绿色、低碳交通理念，以路权分配改革为切入点，因地制宜开辟全天候、高峰期和节假日公交专用道，推动公交运行循环成网。路口实现公交优先放行和公交绿波控制，提高公交车平均速度。济南的新能源汽车占比越来越高，全市的公交车已全部采用新能源车辆，公交车、共享单车等已经成为济南市民出行的重要方式。济南轨道交通二期建设正在全速推进，公共交通正在逐步引领城市交通的发展。除此之外，BRT、定制公交等公交新模式在济南的应用也已相当广泛。

注释：

❶ 《济南市打好自然保护区等突出生态问题整治攻坚战作战方案（2018—2020 年）》推进落实情况评估报告

图片来源：

图 1　《济南市城市总体规划（2011—2020 年）》

图 2　《济南市城市总体规划（2011—2020 年）》

图 3　《济南市绿道网规划》（公示版）

福州

历史悠久、休休有容的海滨山水城市

一、城市特点

福州市，简称"榕"，别称榕城，古称闽都，是福建省省会，地处福建省东部、闽江下游及沿海地区。截至 2022 年，全市总面积 11968.53km²，全市常住人口 844 万，市域人口密度 705 人 /km²，常住人口城镇化率 73%；市辖区面积 1761.2km²，人口密度 2360 人 /km²。

福州建城史可追溯至 2200 多年前，早在秦汉时期名为"冶"，而后因为境内西北一座福山而更名为"福州"。福州自古人杰地灵，英才辈出，是产生进士、状元最多的地区之一。近代以来更是孕育出林则徐、严复、林森、萨镇冰等风云人物，可谓"一座福州城，半部中国近代史"。现如今，福州这座拥有福州新区、21 世纪海上丝绸之路核心区、自由贸易试验区、生态文明示范区、自主创新示范区、海洋经济发展示范区、国家城乡融合发展试验区"七区叠加"优势的"有福之州"，勇担国家使命，敢闯敢试，多点突破，奋力打造改革开放新高地。

福州市以自然地理格局为基础，构建"双城双轴、两翼一区"的开放式、网络化、集约型、生态化的城市空间总体格局（图 1）。

"双城"指贯穿闽侯县城至三江口的闽江平原区域的福州主城和闽江口三角区域的滨海新城。"双轴"指以闽江为发展带，经福州主城，至滨海新城，终于平潭，自西向东构筑闽江至台湾海峡的沿江发展轴，以及以海峡西岸滨海地区为发展带，北接宁德，中经罗源湾、连江可门、马尾琅岐、滨海新城、福清湾和江阴湾，南连莆田的滨海发展轴。这两条城市发展轴是"3820"战略工程为福州擘画的"东进南下、沿江向海"的宏伟蓝图。

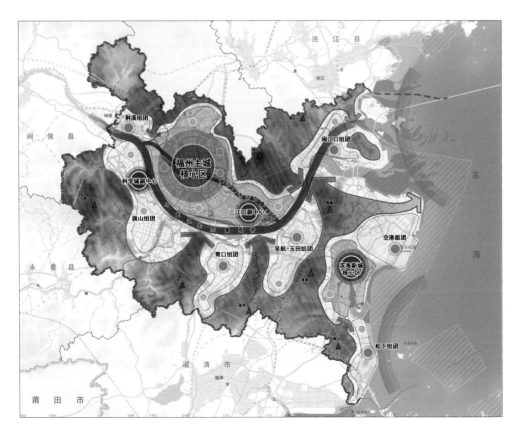

图 1　福州市中心城区空间结构规划图

二、机动化与交通出行特征

截至 2021 年年底，福州市域机动车保有量达到 186 万辆，较上年增加 7.9%；其中私人小汽车（私人小微型客车）保有量达到 126.84 万辆，较上年增加 10.12%；摩托车保有量达到 30.32 万辆。

根据调查数据，福州五城区常住人口 334.6 万，人均出行次数 2.17 次/d，出行总量为 724.74 万人次/d。流动人口 21.1 万，人均出行次数 2.59 次/d，出行总量为 54.81 万人次/d。总出行量 779.55 万人次，其中绿色出行方式出行量 626.13 万人次，绿色出行比例达到 80.32%。福州市总体交通方式构成如表 1 所示。

福州市总体交通方式构成一览表 表 1

出行方式	出行次数（万人次）	占比（%）	出行方式	出行次数（万人次）	占比（%）
步行	188.4	26.00	地铁	28.3	3.90
自行车（含电动车）	277.0	38.22	私人小汽车	114.9	15.86
出租车	26.5	3.65	其他	1.2	0.17
地面公交	88.4	12.20			

（数据来源：福州市规划设计研究院集团有限公司调查数据）

三、公共交通发展

近年来，福州市开展绿色出行创建行动，引导群众优先选择公共交通、步行和自行车等绿色出行方式，是转变城市交通发展模式的重要抓手，是实现节能减排的有效途径，对促进城市经济社会可持续发展具有重大意义。2022 年，福州市成功通过交通运输部绿色出行创建考核评价。目前福州已基本形成了以轨道交通为骨干，常规公交为主体，定制公交、社区公交、出租车、共享单车等多元化交通方式为补充的城市公共交通绿色出行体系。

1. 轨道交通

福州目前已开通 1 号线、2 号线、4 号线、5 号线、6 号线一期共 5 条线路，运营里程 139km，日均客运量 80.8 万人。2023 年 12 月 31 日，福州地铁客运量达到 134.34 万人，创历史新高，客运强度 0.97 万人次/km。未来福州还将建成 2 号线东延线一期、4 号线一期、5 号线后通段、6 号线东调段及福州地铁滨海快线，在建线路总长约 116km。届时轨道交通将更好地承担公共交通骨干功能。

福州始终秉承"轨道交通是城市发展的引擎"的理念，在规划建设轨道交通线路的同时，强化站点与周边用地的一体化衔接，通过轨道交通用地上盖综合开发加沿线用地高密度开发的模式，促进居住和就业人口向轨道交通沿线有序聚集，切实提升轨道交通服务人数。目前，福州已建成多个 TOD 示范项目，涵盖住宅、商业、办公与大型公共建筑等多个类型。此外，福州滨海新城 CBD 核心区正在紧锣密鼓地建设输配环区域工程（图 2），占地面积 340 亩，地下建筑面积 52 万 m^2，

图2　滨海新城输配环工程效果图

地下建筑共4层，是集轨道交通、地下环路、市政过街通道、机场行李托运、出租车换乘、公交场站、大型地下停车场等功能于一体的城市综合立体交通枢纽，并依托配套的商业运营、观光旅游功能，实现"生活—出行—度假"三种模式有机结合，预计2024年竣工。

2. 常规公交

在常规公交方面，福州城区目前运营公交线路数共296条，线路长度为5418km，全市站点500m覆盖率为93.7%。面对私人小汽车的竞争，福州公交在服务品质方面下功夫，多措并举，通过加快推进城市公交枢纽建设，强化地铁接驳融合，科学调配运力，提升常规公交服务水平，打造高品质公交服务。在支付方式上，福州公交支持"e福州"App、银联卡、支付宝和微信等多种方式扫描乘车，实现了品类齐全的非现金支付方式支付，并实现公交、地铁的刷卡刷码换乘优惠。此外，福州还创新性地引入市民信用积分——"茉莉分"作为公交出行票价折扣的依据，鼓励市民绿色出行。

在优化服务的同时，福州公交加快智能化转型，打造"最强大脑"支持企业运营全面提效。通过更新车载设备和建设智能调度系统，目前福州市已实现公交车辆运行视频监控、实时位置、智能调度、排班匹配、趟次统计、电子路单、电子围栏、报表统计、历史轨迹回放等功能，提高了公交系统运行效率。此外，福州陆续开通了多条智能公交调度线路，通过智能监测车辆运行状态、发车时间、当日计划行驶趟次、已行驶趟次、准点率等信息，从而更加科学地发出调度指令，保持合理车距，避免乘客长时间候车。经过智能调度优化，公共汽（电）车正点率已提升为90.02%，运行效率较智能化转型前显著提高❶。

四、慢行步道系统建设

福州市构建通勤、换乘和休闲三位一体，具有福州城市特色的慢行交通系统。结合福建省"万里福道"建设，福州共建设"福道"1145.9km，慢行交通设施不断改善，营造了良好的、适宜行人和非机动车出行的慢行交通环境（图3）。

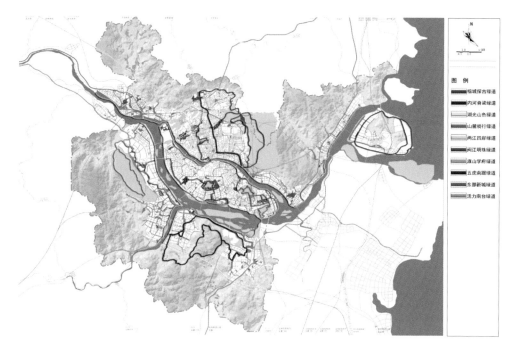

图3 十大绿道分布总图

福州市最具特色的城市休闲步行绿道依山傍水而建，现已形成"吉道""文道""福道""乐道"四大步道系统（图4、图5），全线总长约125km。四大步道系统串山连水，串联起福州城的山道、水道、巷道，市民漫步其间即可"看山、望水、走巷、忆乡愁"，畅游整个福州城❷。

福州市第一条独具特色的城市森林步道"福道"全长19km，环山而建，串联左海公园、梅峰山地公园、金牛山体育公园、国光公园、金牛山公园，体现出"行走林梢上，穿梭森林间"的诗意。从最初的金鸡山公园栈道，到开创多项先河的金牛山城市森林步道，再到人与自然和谐共生新样板的福山郊野公园步道，"福道"不断升级，是福州生态建设的生动案例，写就"山、水、人、城"和谐交融，因其独特的环保理念和精细施工，先后揽获"国际建筑奖""新加坡总统设计奖""人类城市设计奖""中国土木工程詹天佑奖"等国内外大奖。"福道"集休闲观光、健身锻炼于一体，满足市民日常休闲健身需求，也成为外来游客览城观景的好去处。

为满足连续慢行，福州市不断推进市区人行天桥（图6）、地下通道建设，通过立体设施保障慢行路权，如江滨大道青年会广场、上渡路人行天桥、洪塘大桥地下仓前路烟山鹊桥等。在道路建设的审批阶段，要求新建、改建的道路均需设置独立路权的非机动车专用车道、人行道，保障人、车各行其道，对于较宽且有宽度大于2m绿化带的道路，应设置二次过街安全岛，并在新建道路上得到落实。

图 4 福州福道

图 5 江滨"吉道"人行天桥

图 6 新建青年桥人行天桥

五、生态城市建设

为高质量实现"天更蓝、水更清、城更绿"，福州市坚决打好污染防治攻坚战。通过"保卫蓝天"计划，2021年福州市环境空气优良天数比例达100%，空气质量在全国168座重点城市排名第五、省会城市排名第三，"福州蓝"成为闪亮名片。通过"碧水攻坚"计划，河湖水系水质得到明显改善。10年来，福州城市生态建设卓有成效，全市生态质量显著提升，先后获得"全国人居环境范例奖""首批创建生态文明典范城市""国家森林城市""全国森林旅游示范市"等荣誉（表2）。

福州生态情况部分指标   表2

指标	2012年	2021年	指标	2012年	2021年
建成区绿化覆盖率（%）	40.6	43.09	森林覆盖率（%）	54.9	58.41
建成区绿地率（%）	37.15	40.07	全年空气质量优良率（%）	99.45	100

1. 内河治理

福州依水而生、傍水而兴，城区水系纵横、河网密布，曾被誉为"东方威尼斯"。内河是福州市重要水体资源，共拥有107条内河，总长度约274km。

2016年，福州市启动城市内河黑臭水体治理。为打赢黑臭水体治理攻坚战，恢复水系生态，福州市全面梳理内河存在的问题，把污染源治理、水系周边环境整治、水系智慧管理、老旧小区治理、"城中村"改造等与黑臭水体治理统筹结合起来，采取全面截污、全面清淤、全面清疏、全面治理污染源、全面实施"城中村"（老旧小区）改造提升，把水引进来、让水多起来、让水动起来等措施。

按全域治水理念，治理范围从总长64.96km的44条黑臭水体扩展至总长274km的107条河道，并按照"一河一策"全面施治。为全面截污，福州市痛下决心，把所有内河两侧6~12m范围的房子全部拆除，沿河埋设约250km截污管，新建、改造、修缮896个截流井，截源断污，彻底拦截沿河直排污水。

图7　综合治理后的白马河重现光彩

通过新建、排查并修复改造 2500 多 km 管道，畅通管网。在机制上，福州市整合 3 个部门的 5 家单位（水利局 2 家、城管委 1 家、建设局 2 家），首创设立城区水系联排联调中心（污水处理厂、管网、河道一体化管理体制），整合全市涉水部门的管理权限，让治水机制更加顺畅。

福州城市内河黑臭水体治理成效显著，2018 年获评全国黑臭水体治理示范城市。2019 年年底已完成全部 107 条主干河道治理，建成区 44 条黑臭水体全部消除。福州将城市内河持续打造成为文明河、经济河、旅游河、生态河。在白马河（图 7）、晋安河、流花溪（图 8）等地，一条条内河旅游精品线路涌动着出游活力。以水为"媒"，福州市还重点打造了温泉游、闽江游等一批项目，打造特色水街、温泉街区等特色样板工程。

2. 城市公园

福州市依托海绵城市建设与水系综合治理，建成一大批以串珠公园为代表的城市公园。2021 年，福州新增公园数超过 200 座，总数达到 1400 座以上。公园绿地面积 5471.7hm²，年末建成区新增绿地面积 1264.77hm²，建成区绿地率 40%。全市新增公园绿地面积 198.4hm²，人均公园绿地面积 14.82m²。

串珠公园以整治后的内河步道及绿带为"串"，延伸出的块状绿地为"珠"，打造听鸟鸣、闻花香、赏绿意的诗意栖居空间。福州将内河治理和环境改善有机结合，推进生态驳岸、串珠公园建设，同步实施种树、修路、亮灯、造景、建园等举措，打造靓丽的榕城内河风景线。建设串珠公园不仅要让市民"赏绿"，更要让市民"享绿"。为此，福州市在公园设计之初改变以往大面积种植地被的方式，转而采用"大树加草坪"，尽可能扩大居民的活动空间，打造可进入式绿地。

近几年，串珠公园的打造延伸到市区各"小、散、杂、碎"的角落，从河畔到街头再到社区。福州市提出街头小公园理念，充分利用街头边角地植树造荫，添绿增彩。2022 年共建成 77 个街头小公园，配套完善园路、绿荫广场、体育设施等，拓宽城市公共休闲空间。

图 8　福州流花溪公园

同时，福州市围绕体育健身、儿童休闲等主题打造多个主题公园。目前已建成 13 个主题公园、8 个精品公园，满足群众个性化需求，包括以"智慧 + 体育健身"为主题的西河智慧体育公园、台江区智慧体育公园、魁岐体育公园、旗山湖公园等，以儿童休闲为主题的飞凤山奥体公园、闽清江滨公园、罗源滨江儿童乐园、永泰塔山公园等。除此之外，其他多元化主题公园如福州人才公园以闽都人才林为中心，打造"福州人才风采长廊"，将人才元素与公园生态环境融合，实现展示人才、服务人才、激励人才功能；正在建设的福清市溪下湿地公园以气象科普为主题元素，将科普文化与公园景观游览有机结合。

六、城市文化与文明建设

福州作为国家历史文化名城具有丰富的历史遗存和文化内涵。近年来，福州市一手抓古厝保护，一手抓文化创新，多措并举着力打造"福"文化品牌，提升福州文化软实力，打造闽都文化高地。

1. 古厝保护

2002 年，时任福建省省长的习近平同志在为《福州古厝》一书撰写的序言中提到："保护好古建筑、保护好文物就是保存历史，保存城市的文脉，保存历史文化名城无形的优良传统。"多年来，福州始终牢记习近平总书记嘱托，对 3 个历史文化街区（风貌区）、17 个特色历史文化街区、261 条传统街巷开展全面的保护修缮工作，用实际行动守护千年古城风貌，发扬闽都历史风韵，让福州古厝文化鲜活起来。

位于闹市的三坊七巷（图 9）长久以来都是福州人流最密集的场所之一。三坊七巷自晋代发轫，初成于唐五代，至明清时期达到鼎盛。时至今日，传统的

图 9　福州三坊七巷历史文化街区

坊巷格局风貌基本得以传续。作为国内现存规模较大、保护较为完整的历史文化街区，三坊七巷有"中国城市里坊制度活化石"和"中国明清建筑博物馆"的美称。三坊七巷人杰地灵，白墙灰瓦的坊巷间走出过林则徐、沈葆桢、严复、林觉民、冰心、林徽因等众多文化名人。每条坊巷两旁的白墙灰瓦都诉说着福州千年的历史。

"百货随潮船入市，万家沽酒市垂帘。"不同于三坊七巷的书香雅致，紧邻闽江的上下杭历史文化街区在古韵中更添一分市井的烟火气。上下杭地处福州城市中轴线上，不仅是闽商的发祥地之一，更是海上丝绸之路的重要节点，见证了早期福州与世界的贸易接轨以及八闽早期的贸易繁荣，素有"福州传统商业博物馆"的美称。街区内聚集了 260 多家商行，经营物资达 500 多种。私营钱庄兴盛时达 100 多家，成为当时的金融中心。而今这里旧貌换新颜，白日古街清新，夜晚有酒微醺。

2. 温泉之都

福州是一座泡在温泉里的城市，是首批三大"中国温泉之都"城市之一。福州对温泉的开发利用已有 1700 多年历史，自古就有"龙脉金汤"的美誉，至今还存有唐代前的古汤池 7 处。福州市区内便有丰富的温泉资源，且具有分布广、储量大、水温高、水压大、埋藏浅等特点。近年来，福州大力推进温泉项目建设，完成温泉文化展示体验点、温泉大众汤屋和特色街镇、资源勘察等一系列项目建设，不断完善温泉产品种类，提升服务品质，满足群众需求。

做好科学合理的规划，是开发利用的第一步。福州市先后颁布并实施《福州市中心城地下热水资源保护与开发利用专业规划》《福州市建设"中国温泉之都"总体规划》《福州城区温泉资源保护与开发利用专项规划（2021—2035 年）》等，基本建立了福州温泉开发、保护的科学规划体系，有力指导温泉产业的发展。科学的规划加快了资源储量探采的步伐，近年来在福州主城区新发现螺洲温泉、淮安温泉和长乐滨海温泉，资源可开采量从约 1 万 t/d 提升到了 2.5 万 t/d。此外，福州累计敷设温泉主干管道近百公里，温泉供应覆盖面约 30km^2，资源供应更有保障。

为避免乱开乱采，福州市温泉管理保护率先建章立制。1991 年福州市颁布实施《福州市地下热水（温泉）管理办法》，是我国温泉资源开发保护管理工作的第一部地方性法规，为温泉有序开发、有效保护打下了坚实基础。此后，福州市先后颁布《福州市人民政府关于实施〈福州市地下热水（温泉）管理办法〉的若干意见》《福州市温泉有偿使用公开挂牌出让办法》等规章制度，不断完善城区温泉资源管理制度。

近些年福州加快推进温泉产业项目建设，建成一系列温泉休闲项目，以福州中心城区为核心，辅以大樟溪、闽江、滨海三条温泉休憩带，独具"山、城、江、海"特色形态，打造海内外著名的温泉旅游度假胜地。同时，福州市率先开展温泉品牌建设，完成"福泉金汤"温泉商标注册，福州温泉"洗汤"习俗获批市级非物质文化遗产，开展国际温泉旅游节，推出一系列温泉精品旅游线路，常态化开展"百姓汤幸福泉，温暖在榕城"系列品牌宣传活动，"中国温泉之都"影响力不断扩大。

3. 文明城市建设

福州市大力推进文明城市建设。2022 年，福州市全面铺开"优服务、守秩序、美市容、靓小区、强村镇、行文明"六大专项行动，通过开展城市品质提升专项行动、连片旧屋区改造、老旧小区整治、多轮城区缓堵、新增公共停车位、古厝保护修缮等，不断刷新城市颜值、改善人居环境、提升城市品质，让城市"既有面子，又有里子"。

为切实提升居家社区养老服务水平，针对"一餐热饭"问题，福州全市共建设了 509 家"长者食堂"，并实现城五区及长乐区 3 个街道社区全覆盖，其他区域街道（乡镇）"长者食堂"全覆盖，从而解决老年人用餐难问题。并创新推出"长者食堂＋学堂"服务品牌，因地制宜打造社区老人公共活动空间，成为老年人增长知识、学习技能、连接社会的平台，实现老有所养、老有所依、老有所乐。悠悠烟火气，打造养老"新生态"的福州模式。

福州市全方位开展市民文明素质提升行动，推进文明礼仪知识进窗口、进机关、进企业、进社区、进学校。提升读书月、我们的节日、爱心茶摊、高考直通车、文明旅游等文明实践活动品牌影响力，尤其是具有本地特色的"福州好人"评选、"书香榕城"全民阅读、"拗九节"孝文化传承（图 10），鼓励市民群众形成文明健康的生活习惯。

七、城市亮点与经验借鉴

1. 生态红利全民共享

近年来，福州市聚焦水环境保护、生态修复等领域，生态文明建设卓有成效。福州城俨然是"碧波映城，城托青山""人在城中，城在画里"，"有福之州"

图 10 "拗九节"活动

的人们生活在实实在在的绿水青山之中，公众生态环境满意率达 92.32%，获评中国十大"大美之城"。福州打造生态文明示范城市，走出一条福州特色的发展之路。一是先后出台多项政策文件，明确将生态发展作为优先发展方向。二是充分发挥规划引领作用，陆续开展多项相关规划，包括城市"生态修复、城市修补"总体规划等，指导城市建设践行绿色生态高质量发展理念。三是推进开展多项生态文明建设专项行动，如黑臭水体治理、城市品质提升、古厝保护等。专项工作有诸多创新，如福州坚定不移治水护水，创新性地将绿地、湿地建设与水环境治理、水生态修复有机结合起来，打造独特水生态样板，将内河治理和环境改善有机结合，建设滨河林荫绿道、生态驳岸、串珠公园；郊野公园的设计既保护了原生态自然植被，又保留了山林乡野风貌；弯弯"福道"让市民能够登高览城、沐浴山林，并通过智慧步道等设施建设，推出"数字 + 金融 + 生态"理念，既提升公园固碳能力，又引导市民参与绿色生活。

2. 绿色出行蔚然成风

福州市居民绿色出行比例达 80%，绿色出行已成为居民生活的重要部分。总结经验可归纳为以下三个方面。其一，因地制宜发展合适的交通模式。福州属紧凑型城市，居民平均出行距离为 5.8km，具备发展绿色交通的良好基本条件。福州市始终倡导绿色、健康的出行方式，并针对不同发展阶段提出了针对性的管理措施。在轨道交通尚未建成阶段，福州大力发展常规公交，通过设立公交专用道、采购大型车辆补充运力等措施，为市民提供有利的公共交通出行保障。进入轨道交通时代，福州市通过优化线网、强化接驳、换乘优惠、创新线路模式等措施进一步明确以轨道交通为骨干、常规公交为主体的绿色公共交通发展战略。同时，福州加快电动车等个体绿色出行方式管理体系建设，通过芯片牌照进行分区管理、违法行为管理等方式规范电动车出行，营造良好的绿色出行氛围。其二，开足马力加快绿色交通基础设施建设。近年来，福州市大规模投入，推进包括轨道交通、城市慢行步道、骑行道在内的绿色出行基础设施建设，同时积极谋划非机动车停放区、P+R 停车场、公交场站等配套设施规划建设，取得了显著成效。良好的基础设施成为福州绿色出行蓬勃发展的坚实基础。其三，强化绿色出行宣传。福州开展形式多样的绿色出行创建宣传活动，引导群众优先选择绿色出行方式，如推出绿色出行宣传月、"福道"定向越野等特色品牌活动，并通过宣传海报，发放消费券、纪念品等方式扩大活动影响力。福州市不断丰富的绿色出行宣传媒介与活动类型，扩大了宣传覆盖面和影响力，提高公众对城市绿色生活方式的认知度和接受度。

3. 文旅融合增强城市活力

福州市紧盯现代化国际城市和世界知名旅游目的地的战略目标，坚持"全域统筹，以点带面，多业融合"，一手抓古厝保护，一手抓文化创新，多措并举，着力打造"福"文化品牌，提升福州文化软实力，积极推动文旅深度融合发展，做大、做强、做优文旅经济，打造闽都文化高地，加快全域生态旅游市建设。借助丰富的古建、温泉、水系资源，福州市精心谋划一批以古厝游、温泉游、内河游、滨海游为代表的精品旅游线路。充分发挥世界遗产大会后续效应，保护、开发、传播好非物质文化遗产，以创新理念推动文旅融合，不断丰富文旅新场景，推动"非遗"进景区，通过丰富多彩的展演形式使游客获得多维感官震撼体验，吸引更多游客前来感受福州文化的独特魅力。

注释：

❶ 《福建省福州市绿色出行创建行动考核评价申请报告》
❷ 《福州市城市慢行系统规划研究》

图片来源：

图 1　《福州市国土空间总体规划（2021—2035 年）》（公众版）
图 2　福州市滨海新城 CBD 核心区输配环区域工程方案设计
图 3　《福州市绿道总体规划》
图 4　福州市道路运输事业发展中心
图 5　福州市道路运输事业发展中心
图 6　福州市道路运输事业发展中心
图 7　https://mp.weixin.qq.com/s?__biz=MzIyOTU5NDMzMg==&mid=2247702694&idx=3&sn=60c29d0f0839f59e085c22decbdb4d19&chksm=e84ddd15df3a5403ff60af308c54446ab7a0e2bcad240ee969b12d8b41e4201e05571a0caea6&scene=27
图 8　https://www.sohu.com/a/307232372_267106
图 9　https://baike.baidu.com/item/%E4%B8%89%E5%9D%8A%E4%B8%83%E5%B7%B7/21899
图 10　https://mbd.baidu.com/newspage/data/dtlandingwise?nid=dt_4640354019755366683&sourceFrom=homepage

生态城市与绿色交通：中国经验
ECO-CITY AND GREEN TRANSPORT: CHINA'S EXPERIENCE

（下册）

陆化普　等　编著

中国建筑工业出版社

PREFACE

前言

在人类发展的历史长河中，城市的诞生无疑是一个极其重要的里程碑。20 世纪以来，全球城市化的快速发展使我们进入了城市时代。然而，随着城市规模的不断扩张和人口的持续增加，城市面临着前所未有的挑战。生态破坏、环境污染、道路交通拥堵等问题日益凸显，迫切需要全世界的城市及交通规划建设和管理者们探索可持续发展的路径，破解发展难题，创造更加美好的家园。

从 1898 年霍华德的"田园城市"，到 1933 年的《雅典宪章》，再到 1977 年的《马丘比丘宪章》，人类在构建更加美好城市的道路上不断探索、思考和总结。《雅典宪章》给出了城市的基本功能定义，提出了功能分区和以人为本；《马丘比丘宪章》强调不再为了过分追求功能分区而牺牲城市的有机生长，并且强调城市规划中公众参与的重要性，将人、社会和自然紧密联系起来进行考虑，强调注重人文和城市空间组织的人性化。1999 年第 20 届世界建筑师大会讨论通过了《北京宪章》，强调以广义建筑学与人居环境科学理论为基础，主张融合建筑、地景与城市规划等学科全方位发展，是指导 21 世纪城乡建设的行动纲领。

为充分借鉴发达国家生态城市与绿色交通的发展经验，我和我的团队曾用大约 10 年时间陆续开展了大量国际优秀城市案例考察分析，并于 2014 年撰写出版了《生态城市与绿色交通：世界经验》一书，目的是充分借鉴国际经验，为建设更美好的中国城市提供一些理论与经验支撑。当时我就有一种憧憬，希望我国城市经过一段时间的探索和实践，能够赶上甚至超过国外的优秀城市，由经验的学习者变成经验的提供者，让中国经验走向世界。令人兴奋的是，改革开放以来，随着经济社会的发展，人们对传统文化的传承以及对城市发展规律的认识不断深入，中国城市陆续借鉴先进理念和经验，结合本地自然地理和历史文化，在中国大地上广泛展开了建设更加美好城市的创新实践，取得了一系列惊人成就，正在走出一条中国特色的生态城市与绿色交通发展之路，在人类城市发展进程中写下了浓墨重彩的一笔。在创新发展的实践中，一批优秀的中国城市系统工程思想日益深入人心，城市规划建设品位不断提升，生态城市绿色交通实践硕果累累。正是在这样的背景下，我产生了撰写《生态城市与绿色交通：中国经验》的冲动。

正如党的二十大报告中所说：中国式现代化是人口规模巨大的现代化，是全体人民共同富裕的现代化，是物质文明和精神文明相协调的现代化，是人与自然和谐共生的现代化，是走和平发展道路的现代化。我国土地资源、水资源、能源相对缺乏，在有限的适宜居住空间里人口总量和人口密度大，生态环境相对脆弱。与此同时，我们也有厚重的历史积淀和宝贵的文化遗产需要传承与发扬。因此，中国生态城市与绿色交通建设要充分考虑我国的发展环境条件，全面体现中国式现代化的特色和内涵，满足人民群众的美好生活需要，目标是建设绿色、智慧、人文、宜居、创新、韧性的未来城市。具体来说，就是要实现土地使用的节约集约、居民出行的便捷高效、资源环境的节能减排、出行服务的世界一流，以及传统文化的传承发展、治理能力的不断提升、良好人才成长环境的精心营造、安全可靠且富有韧性的智慧城市。实现上述目标的关键是交通与土地使用的深度融合，构建绿色

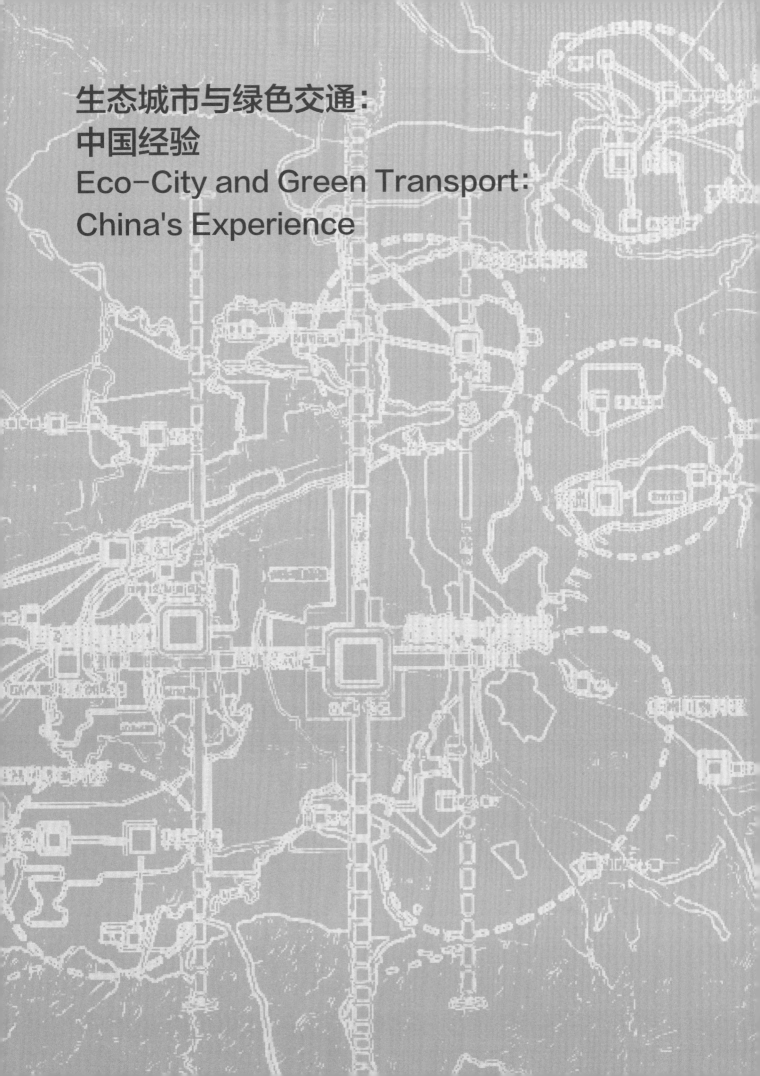

生态城市与绿色交通：
中国经验
Eco-City and Green Transport:
China's Experience

交通主导的综合交通体系，通过智能化等手段提高交通基础设施的使用效率，实施科学的停车供给和智能管理，培养出行者良好的交通行为习惯和营造交通文明氛围等，尤其是形成合理的城市结构与用地形态，促进职住均衡和混合土地使用模式，科学构建 5 分钟、10 分钟和 15 分钟生活圈以改变交通需求特性等，这些同时也是实现城市高质量发展的关键。

习近平总书记指出，要"坚持人民城市人民建、人民城市为人民，提高城市规划、建设、治理水平"。为此，增强市民的幸福感、归属感和安全感，以及不断满足市民多样化的需求是城市建设者们的努力方向。

本书正是从生态城市与绿色交通发展的上述关键出发，以优秀城市案例为对象，较为系统和深入地分析、凝练了生态城市与绿色交通发展的中国经验和优秀案例，帮助大家更加深刻地认识中国在生态城市与绿色交通领域已经发生和正在发生的巨大变革，进而思考和探索未来中国城市和交通系统发展路径，走出一条城市高质量发展的中国之路。

本书的优秀城市案例剖析总体架构是首先介绍城市的基本特点、城市结构与土地使用、城市综合交通系统的发展状态；在此基础上对生态城市与绿色交通的探索过程和工程实践进行较为系统的分析凝练。由于不同城市有不同的发展条件、传统习惯和发展重点，本书并未拘泥于优秀城市选取的内容和结构的完全整齐划一，恰恰相反，而是突出了不同城市的特点、亮点及其探索实践的过程分析，以期使读者能够得到更多、更深的启发和思考。也就是说，突出城市特色和亮点、总结不同城市独特的发展经验是本书的重要特点。

从《生态城市与绿色交通：国际经验》一书的撰写到现在，刚好经过了大约 10 年时间，很多团队成员经历了从学生到教授、从城市和交通领域的新兵到成熟的研究者和规划设计部门学术带头人的转变。众多研究者的经验和历练，以及我国生态城市与绿色交通的创新探索和成功实践，为《生态城市与绿色交通：中国经验》的撰写提供了丰富的营养和资料，也是本书得以完成的前提条件。非常感谢参与本书撰写的各位教授、院长和城市科学研究者（书后附有参加执笔的全部作者的简介）。这些执笔者在繁忙的工作中抽出自己的宝贵时间，怀着对我国城市无比热爱的心情以及高度的社会责任感与历史责任感积极参与本书撰写，他们严谨求实、细心考证、认真凝练和总结，共同完成了这本对实现城市高质量发展具有参考和借鉴意义的作品。同时，也非常感谢对本书提供各种支持的各位朋友和同仁，对大家的支持深表谢意。

希望本书能够成为孜孜不倦思考、探索生态城市与绿色交通的管理者、研究者、规划设计者、建设者和高等院校广大师生有价值的参考资料和教学参考书，期待读者能够从本书中得到启发和借鉴。

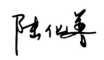

2023 年 1 月于清华大学

生态城市与绿色交通：
中国经验
Eco-City and Green Transport:
China's Experience

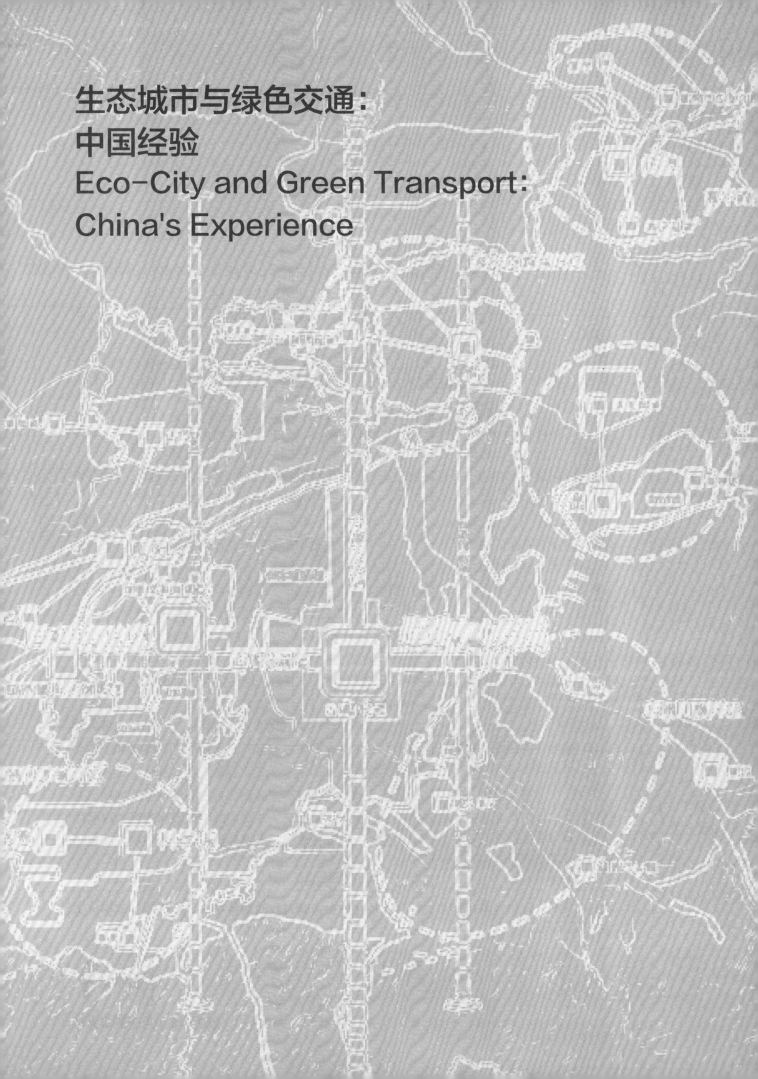

CONTENTS
目录

大连

生态优先、公交主导的东北滨海明珠

一、城市基本情况

大连市地处欧亚大陆东岸，中国东北辽东半岛最南端，东濒黄海，西临渤海，南与山东半岛隔海相望，北依辽阔的东北平原，是重要的港口、贸易、工业、旅游城市。全市陆域总面积约 1.3 万 km²。

1. 城市概况

大连全市辖 7 区（中山区、西岗区、沙河口区、甘井子区、旅顺口区、金州区、普兰店区）、2 市（瓦房店市、庄河市）、1 县（长海县），包括金普新区、保税区、高新技术产业园区 3 个国家级对外开放先导区，以及长兴岛临港工业区和太平湾合作创新区等。2022 年全市常住人口为 753.1 万，其中户籍人口 608.7 万，占总人口的 80.8%。

历经百余年的风雨沧桑，大连从一个被殖民占领的商港，逐步发展成为东北振兴的"排头兵""领头羊"，进入我国大型城市行列，并逐步发展成为东北地区的经济和产业核心城市。大连的城市发展充满了各种挑战与机遇。

1898 年，大连开埠建市，沙俄强行租借旅大地区，以打造远东最大商贸港为目标，将大连定位为重要的陆海交通枢纽，并按照当时巴黎的城市建设理念与规划手法，对大连港及其周边地区进行了系统规划。1905 年日俄战争后，日本占领旅顺、大连地区，意图将大连打造成为远东军事基地和对外侵略桥头堡，分别于 1909 年、1919 年、1934 年编制了《大连市区规划》等规划。1905 ～ 1945 年的 40 年间，大连城市人口由 1.8 万增加到 70 万。

新中国成立后，大连的城市规划及建设加速，经历了不同的发展阶段。1984 年，大连被设立为 14 座国家沿海开放城市之一。1985 年，大连被国务院批准为计划单列市。为适应改革开放新的发展环境，1980 年，大连市重新编制了城市总体规划，并首次将旅游作为城市性质，为城市发展提出了新的方向。1991 年，大连国家级高新技术开发区成立，组团结构的带状城市布局逐步确立，为了适应环境发展战略，编制了新一版城市总体规划，提出城市发展方向跳出老城区，开始建设金州区和开发新区。

2000 年以后，大连城镇建设速度大幅加快。城市近郊组团发展迅速，城市空间结构产生巨大变化。一些大型生产型工业逐步迁出中心城区，城市功能优化和提升稳步推进。东北老工业基地战略、东北亚国际航运中心建设、辽宁沿海经济带战略等进一步加快了城市发展步伐❶。

进入新时代，全新的国土空间总体规划提出以大连山海相映、城绿相生的自然地理格局为依托，构建"一脉入海、双湾聚心、蔚蓝映岛、绿楔连城、千山涵水、百乡依山"的国土空间新格局（图 1）；以"多中心网络化"的低碳型城市空间发展模式为原型，适应大连带状城市"南端集聚、北部疏朗"的城镇发展格局，筑牢"一脊三阶"的生态基底；尊重山海格局，强化沿廊道的紧凑型城镇组团式发展，形成"廊道生长、沿湾集聚、多心网络"低碳可持续发展的市域空间结构。优化中心城区空间结构，形成襟山连海、双湾聚心、两翼齐飞、紧凑组团的格局❷。

2. 地形地貌

大连多山地丘陵，少平原低地，市域地形北高南低、北宽南窄，地势由半岛中部轴线向东南侧黄海及西北侧渤海倾斜，黄海一侧长而缓。整个地势平均海拔约50m，山地与平地之比为4：1，陆域土地构成"六山一水三分田"。主要山脉为千山山脉的延伸，境内山峰主要有庄河步云山，是大连境内的最高峰，海拔约1130m。

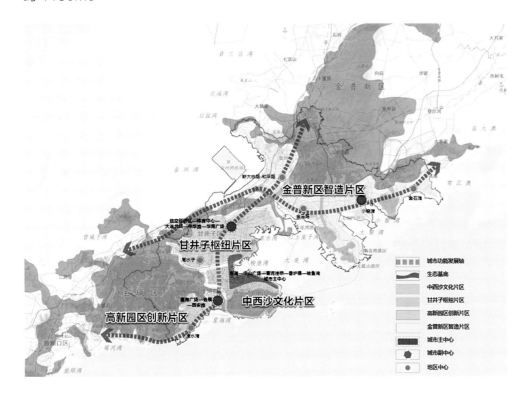

图1　大连市国土空间规划格局

3. 港口与海洋资源

大连横跨黄海、渤海，其大陆海岸线东起庄（河）—东（港）海域分界线，西止浮渡河口，全长1371km，占辽宁省大陆岸线的65%，拥有全国沿海分布最广泛、最具开发活力的海岸类型，包括基岩海岸、砂砾质海岸和淤泥质海岸三种。其中，基岩海岸线长度占大陆岸线的33.0%，辽宁省基岩海岸大多集中于此。该类岸线类型集中分布于辽东半岛南端，大连湾、大窑湾、小窑湾、双岛湾等是我国典型的基岩港湾岸。淤泥质海岸线占大陆岸线的44.0%，主要分布于青堆子湾—登沙河沿岸、复州湾两侧。砂砾质海岸线占大陆岸线的23.0%，在岬湾交错拥有复式海岸性状的杏树屯、黄龙尾、金州湾、太平湾等地较为发达。

大连地区共有海湾39个。其中，面积大于200km^{2}的有普兰店湾和金州湾。岛屿星罗棋布，共有礁坨541个，其中有70%集中于黄海北部海区。最大岛屿为长兴岛，面积223km^2，是中国第五大岛。长山群岛在空间范围上包含长海县所辖的里长山列岛（主要有大长山岛、小长山岛、广鹿岛及周边岛屿）和外长山列岛（主要有獐子岛、海洋岛及周边岛屿），共有195个岛。

大连全市港口已形成以大连港为龙头，以旅顺港、皮口港、长兴岛港口区、青堆子湾港口区等港口为支持的港口航运体系。其中，大连港位于辽东半岛南部、东北亚经济圈中心位置。核心港区陆域面积约 18km², 主要分布在大港、黑嘴子、甘井子、大连湾、鲇鱼湾、大窑湾等港区。现有集装箱、原油、成品油、粮食、煤炭、散矿、化工产品、客货滚装等 84 个现代化专业泊位，其中万吨级以上泊位 54 个。大连市现承接着东北地区 70% 以上的海运和 90% 以上的外贸集装箱转运任务，是东北地区及内蒙古农产品出口、原油进口、矿石进口的主要出入海口 ❸。

二、机动化与交通结构特性

1. 出行特征

（1）出行量与出行方式

根据 2021 年综合交通调查，大连市域居民日出行总量约 1720 万人次，中心城区居民日出行总量约 1172 万人次。中心城区范围内，通勤出行仍以中西沙甘—金州—开发区之间为主，普湾、旅顺与核心区通勤联系相对较弱。大连中心城区居民出行以公共交通和步行方式为主（图 2）。

（2）出行距离

2021 年大连全域居民平均出行距离为 6.76km，中心城区居民平均出行距离为 6.38km（图 3），与 2011 年平均出行距离为 5.77km 相比有所增加，表明随着城市空间的逐步扩展，居民出行距离不断增加。

2. 机动车保有量

近年来大连市机动车保有量增长迅猛，由 2010 年的 81.6 万辆增加到 2019 年的 186.3 万辆，近 10 年时间增加了 104.7 万辆，年平均增长率达到 9.8%；小型客车由 2010 年的 45.4 万辆增加到 2019 年的 151.7 万辆，近 10 年间增加了 106.3 万辆，年平均增长率达到 14.6%（图 4）。在各类型机动车中，汽车和摩托车占比较大，数量变动较大。

按历史增长规律进行分析，得出全市机动车保有量增长率曲线和绝对量变化曲线，机动车从 2000 年开始经过平稳增长，增长率自 2010 年开始有下降趋势。机动车增长基本符合一般城市机动化发展 S 形曲线规律，当前属于平稳增长阶

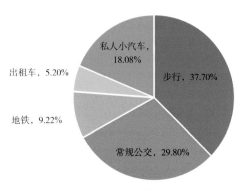

图2 2021年居民出行调查出行方式构成

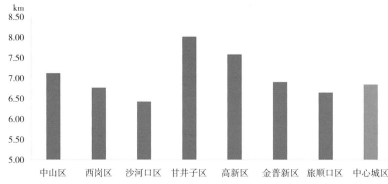

图3 各区居民平均出行距离

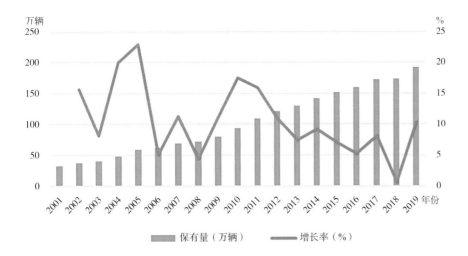

图4　大连市机动车增长率变化情况

段。综合机动化发展的各相关因素，预测 2035 年大连全市机动车保有量将突破 300 万辆❹。

三、绿色交通体系建设

近年来大连市高度重视城市公共交通优先发展政策措施的制定和实施，积极推进公交专用道和路权信号优先工作，不断提高公交车优先工作，不断提高公交车辆运行速度。"十三五"期间，根据城市开发、道路建设情况和市民出行需求，陆续增设新线路，提高线网密度，增加公交线路覆盖率，加强与主要公交走廊的联系，提升公交运行效率。对线路、线网进行了科学调整，规避了由于城市呈南北向狭长布局、交通干道数量不足以及网络结构不清晰、系统协调性不足带来的部分线路里程过长等问题。

围绕"建设人民满意交通"目标，坚持实施公交优先发展战略，扎实推进公交都市创建工作，初步形成以城市地铁为骨干、公交为主体、多种方式为补充的城市公共交通发展格局，公共交通服务能力明显增强。2020 年，大连市通过交通运输部公交都市建设示范工程验收，获得"国家公交都市建设示范城市"称号。大连市仍不断加大公交优先发展战略的实施力度。

1. 常规公交网络与环保车辆

大连市中心城区常规公交线路总长度达 2057km，线网长度为 519km，线网密度约为 4.1km/km²，随着公交覆盖面增大，乘客步行距离逐步缩短，推动交通出行结构向"轨道 + 公交 + 慢行"转变。此外，大连市还加强公交专用道的建设，目前已建成公交专用道 66 条，在早晚高峰时期大幅减少了公交车辆拥堵时间，使乘客乘车体验满意度大幅提升，同时提升了公交运营效率，促进了公交都市建设。

"十三五"期间，大连全市基本实现了所有地铁站点与周边常规公交的便捷换乘。中心城区公共交通机动化出行分担率达到 63%，建成区公交站点 300m 覆盖率达到 68%，其中中山区、西岗区和沙河口区均达到 85%，公交站点

500m 覆盖率基本达到 99.7%，实现建成区公共交通全覆盖，市民公交出行更加便利。

大连公交车数量近年来平稳增长。截至 2020 年年底，大连市共有纯电动公交车辆 1810 辆、氢能源车辆 40 辆、混合动力车辆 90 辆、无轨电车 65 辆、有轨电车 72 列、LNG 公交车 956 辆，大连公交客运集团所有黄标车辆全部淘汰。截至 2021 年 3 月底，大连公交客运集团拥有运营车辆 3831 辆，折合 5000 余标台，其中节能环保车型 3034 辆，节能环保车型比率达到 79.2%[5]。

2. 城市地铁

大连中心城区现已开通运营大、中运量轨道交通线路 6 条，分别为 1 号线、2 号线、5 号线、3 号线及支线、12 号线、13 号线一期，线路长约 237km，车站 106 座。除上述已开通运营线路之外，目前正在建设及近期计划建设的轨道交通线路有 4 号线、1 号线北延线、13 号线二期，预计至 2025 年全市运营开通轨道交通线网里程将达到 297km[6]。

3. 有轨电车与 BRT 系统

1909 年 5~9 月，大连有轨电车正式建设，同年 9 月正式投入运营。大连是继香港（1904 年开通）、天津（1906 年开通）、上海（1908 年开通）之后，中国第四座运行有轨电车的城市。到 1939 年，大连电车线路最多时达 11 条，有轨电车共 37 辆。作为一座有轨电车历史未曾中断过的城市，大连不仅保留了部分产于 20 世纪 30 年代的有轨电车，还在 20 世纪 90 年代~21 世纪初研发生产了现代有轨电车（图 5）。

大连市现运行的 2 条有轨电车线路分别为 201 路和 202 路，总长 23.4km。其中，201 路长 10.8km，共 17 个车站，日均客运量约 1.41 万人次；202 路长 12.6km，共 19 个车站，日均客运量约 4.41 万人次。最能代表大连有轨电车线路历史风貌的是 201 路有轨电车"东关街—市场街—北京街"段。目前这条 1km 长的路段周边已经划定为历史保护街区，也是大连现存最古老的一段有轨电车线路。建市百余年后的今天，大连 201 路有轨电车依然稳健地行驶在车水马龙的街面上，车体经过改造后仍沿用老电车的底盘和车窗、车门。人们坐在古董似的有轨电车里，望着车外的老房子，感觉自己仿佛坐上了回到过去的时光列车。而驶出这段路，人们迈步下车便又回到了 21 世纪[5]。

大连市现有 BRT 线路 1 条，长约 14km，全程设 14 个车站，日均客运量约为 4.23 万人次。

4. 枢纽与换乘体系建设

大连市坚持枢纽建设与线路同步的原则。依据城市对外交通设施和城市骨干交通（快速路、轨道交通等）规划方案，并综合考虑城市内外交通出行衔接的需求分布（图 6），共规划 7 处一级客运枢纽、10 处二级客运枢纽、18 处三级客运枢纽。加快步行交通体系建设，适应山地地形条件，因地制宜灵活建设步道系统，与公交枢纽及站点无缝衔接。根据城市空间及轨道交通网络布局，制定并实

图5 大连有轨电车

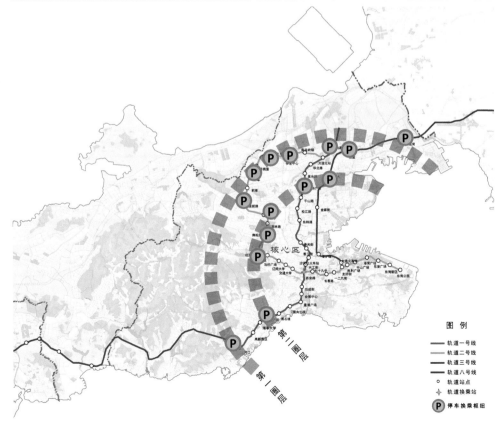

图例

— 轨道一号线
— 轨道二号线
— 轨道三号线
— 轨道八号线
○ 轨道站点
✦ 轨道换乘站
Ⓟ 停车换乘枢纽

图6 P+R轨道交通换乘体系示意

施 P+R 换乘规划 ❼。华林路、河口等地区部分 P+R 停车设施已经建成，对换乘引导起到了较好的效果。

四、绿色步道系统规划建设

大连市中心城区绿道主要分布于海滨、河滨与山体之上，较有代表性的有滨海路、马栏河绿道、南部山体登山路径、西郊森林公园滨湖绿道等，也有些依托城市干路建设，如金马路绿道。以上绿道多依托优良的自然条件，进行了合理的路径设计，并采用专用塑胶或木质材料进行铺装建设，作为优良的生态产品，为市民及游客提供了良好的游憩、健身场所。

大连市拥有蓝绿交织的生态网络基底，山、海、林、水、园等自然资源优渥，人文及自然风景旅游资源分布广泛，城市组团由自然山体分隔，有良好的绿道建设条件。在综合分析绿色资源分布和生态敏感性等条件，全面考虑城市特色风貌塑造及慢行交通、通风网络构建等因素及相关规划的基础上，规划提出大连市绿道系统总体结构为"十廊垂山海，六环牵林湾，连网织绿城"（图 7）。

大连市区域绿道自西向东，分别围绕城区集中建设用地、区域山体隔离，形成六大闭合环状系统，相邻环之间共享同一条区域绿道，彼此连接。旅顺绿环、西部山体绿环、金州城区北部绿环、核心区南部绿环内部沿河流、道路规划内部连接道，将大环游径分隔成多个闭合小环游径。

根据所处区位及环境景观风貌，大连中心城区绿道分为沿湾绿道、环山森林绿道、入湾滨海绿道、进山休闲绿道。

为贯彻落实"美丽大连"战略，大连市开展了"半山漫道"规划，借鉴香港

图 7　绿化系统规划示意图

"麦理浩径"、成都"天府绿道"等理念，在允分利用现有登山路径的基础上，新增多条进山小径，衔山萦海，丰富市民休闲健身空间，提升城市品质[8]。

五、生态城市建设

大连市以现有保护区域及永久山体、河路廊道为基底，构建"一屏、一脊、一带、多廊、多田园"的生态修复总体格局，在保障生态系统完整和生态服务功能的基础上，推进生态安全格局、城镇发展布局、农业发展格局相适应。

1.北部低山生态屏障

依托水源保护区、水源涵养区、自然保护地，充分发挥其安全防护、生态修复、水土保持和水源涵养功能，为中心城市生态安全提供保障，建设北部低山水源涵养与水土保持屏障。北部低山水源涵养区以提升安全防护、生态修复、水土保持与水源涵养功能为重点；自然保护区和森林公园等以提升生物多样性功能为重点，重点保护良好的森林生态系统，为中心城市生态安全提供保障；重要生态系统维护区重点发挥水土保持与生态防护等功能作用，为城市发展提供安全屏障。

2.绿色生态涵养中脉

依托千山余脉生态涵养区，构建与都市风貌相互因借的自然山水和乡野农业景观体系。由市域北部生态涵养区、中部都市近郊大黑山生态涵养区和西部森林公园组成，以主要丘陵山地以及之间的林地为基础，构建贯穿南北的生态涵养中脉。结合天然林、生态公益林、自然保护区、森林公园、水源涵养林、海防林等工程建设，加强对森林生态系统的保护与恢复。

3.黄、渤两海滨海海岸带

结合滨海自然景观、特色海岛及休闲旅游资源，重点打造富有滨海景观魅力与休闲旅游价值的黄海、渤海魅力滨海带。通过串联滨海步道，加强对生态类型岸线的环境保护力度，实施岸线修复和建设工程，打造大连湾等魅力海湾。重点保护大连南部风景区、庄河及普兰店的黄海岸线、旅顺口区岸线等具有重要生态功能的区域，生态保护区、岛屿、河口等类型岸线要严禁任何有损生态环境的开发建设，严格控制填海造地，确保自然生态环境免遭破坏。

4.多条山海生态景观复合廊道

生态廊道依托主要河流、海岸带、小型山脉等带状自然生态要素，发挥基础设施走廊、交通干线、大型城市防护绿地、农田林网防护绿地等线状人为生态要素作用，在此基础上采取加宽防护绿地、拓宽生态控制区域、增加植物缓冲带等工程措施和植物措施。

5. 以农业为主题的生态田园

包括各类都市观光、休闲与有机健康的农产品生态田园，其中以旅顺北部生态农业片区、普湾生态农业片区、渤海生态农业片区、北黄海生态农业片区和城子坦—大刘家生态农业片区为主要生态斑块，发展有机农业生产，开发绿色食品。

六、未来城市发展

大连市未来将继续尊重自然、人与自然和谐共生及现代化建设的需要，依据高效利用国土空间、实现国土空间高质量发展的要求，以大连山海相映、城绿相生的自然地理格局为依托，提出构建"一脉入海、双湾聚心、蔚蓝映岛、绿楔连城、千山涵水、百乡依山"的国土空间格局，形成主体功能明显、优势互补、高质量发展的国土空间开发保护新格局。

空间结构上强化中心城区"双湾聚心、两翼齐飞"的整体空间格局。

在城市建设过程中坚持交通与土地利用协调发展的基本理念，推行公共交通引导的城市发展模式。以轨道交通 TOD 综合开发模式为核心，加快引导城市格局的优化和集约高效的土地利用。通过优化土地用途、增加服务设施、制定交通政策等来吸引客流，促进轨道交通的使用最大化，从而赋予轨道交通更多的功能属性和更强的核心引力，使轨道交通系统建设逐步从适应城市发展向"引导城市规划、引导城市功能布局、引导城市产城融合"模式转变，让城市由私人小汽车时代逐步向轨道交通时代转变。在城市"摊大饼"式发展趋势下，TOD 模式成为缓解交通问题、提高城市生活幸福感的有效途径。与此同时，TOD 模式在日本、中国香港等地的实践中，充分利用了轨道交通开发带来的土地溢价，形成了以土地反哺轨道交通基础建设的新思路。在我国各大城市加快轨道交通线网建设速度的当下，其为建设资金来源提供了新途径。

大连市轨道交通 1 号线、2 号线、3 号线等线路已经运营数年。围绕轨道交通站点的各类研究、政策制定、项目建设也一直在学习和摸索过程中积累和前行。自 2020 年起，轨道交通 4 号线、5 号线的建设紧锣密鼓启动，大连市 TOD 项目建设进入一个快速发展期。结合西拓北进发展战略，大连市提出了外围 TOD 发展组团（新市镇）结构规划，对主要轨道交通站点进行分类，并对应功能提出 TOD 开发要求。为实现 TOD 价值的最大化，支撑城市建设和地铁建设，大连市组织开展地铁 4 号线沿线土地综合利用相关工作研究，对站点与周边土地利用关系进行分析，深入论证 4 号线沿线土地 TOD 开发策略，筛查适合 TOD 建设的重点站，从轨道交通与沿线土地开发利用互动关系这一角度出发，研究轨道交通对优化城市空间结构所起到的作用，分析轨道交通与城市土地利用之间的相互关系，从实际存在的问题出发，借助轨道交通骨架，以 TOD 为核心模式，优化沿线及重要站点周边用地功能，实现轨道交通与城市功能协同发展，以市场为引导力推动城市更新进化。

七、发展亮点与经验借鉴

1. 坚持公共交通 TOD 发展引领

大连市自轨道交通 3 号线建成通车以来，一直高度重视公共交通对城市发展的引领和促进作用，积极通过轨道交通系统来影响城市空间结构的调整和土地资源的集约高效利用。大连的滨海丘陵地理形态、土地资源稀缺以及特有的带状滨海城市形态，使得其对交通与土地利用协调发展关系异常关注。正是这种积极的引领作用促进了新城（原经济技术开发区）与老城的协调发展，城市和社区公共中心的合理转移有利于实现"西拓北进"发展战略。通过对地铁沿线土地资源的梳理和沿线物业开发价值体系的建立，大连市按照 TOD 发展模式对沿线 500~800m 范围的土地开发规划进行系统研究，以按照开发规模进行总量控制的原则，从空间上优化轨道交通沿线土地的使用性质与开发强度，通过空间层面的整合，高效利用站点周边土地，同时腾出大量开敞空间进行绿化及公共空间的营建，突出改善了城市原有的高度控制。通过 TOD 引导，有效组织了部分原聚集在沿海地区最具滨海优势的生产企业搬迁，对产业结构的调整有一定的驱动作用。特别是轨道交通 1 号线、2 号线、5 号线建成通车后，形成多个新兴城市发展组团，实现了中心区人口的有机疏解。轨道交通沿线地区土地得到高效利用，对周边土地产生一定积极影响，增强了沿线地区的经济活力，很多原有的郊区土地"市区化"，提升了土地的利用价值，从而改变土地的利用类型，如轨道交通带来的人口聚集效应对规划的城市副中心梭鱼湾周边用地产生了积极的吸引作用。

2. 突出公交枢纽、步行与公交接驳体系建设

大连市的客运交通体系特点突出，公共交通多年来一直承担着主要的出行运输任务，在全方式出行方式中，公交一直保持大于 40% 的较高占比，公交车辆的配置水平在国内也处于极高的规模。这得益于良好的公交枢纽建设和步行换乘体系建设。首条地铁开通后，大连市又进行了地铁站点 P+R 换乘停车设施的建设，为吸引公交客流创造了更好的基础条件。由于山地微丘的地理地貌等原因，大连坚持走特色自行车交通发展之路，完全尊重出行者对自行车的选择意愿和市场需求，以公交枢纽接驳地区、高校集中地区、运动休闲地区等为对象，发展局部地区以接驳为目的的自行车出行系统。所以在全方式出行中自行车方式的出行比重一直比较低，这种出行方式选择，也为公共交通的发展创造了客流条件。

3. 坚持开放包容原则

大连是一座开放、包容的城市，特殊的城市发展历史让这座城市的文化呈现出极大的包容性与多样性。特有的山海空间使得城市地势起伏跌宕，人们对交通方式的选择也因此个性化较为突出。在城市交通建设与管理中，大连市充分关注这种文化与地理要素，坚持保留并发展了有轨电车系统。在老城区，传统样式的有轨电车仍然行驶在大街上，是城市的一道风景线和城市符号，也是全国唯一一条仍在运行的传统有轨电车线路。同时，现代有轨电车也畅行在这座城市，改进的现代有轨电车乘坐舒适、运行可靠，同样已经是城市交通不可或缺的一员。大

连并没有大规模发展自行车交通，这是居民出行意愿的客观选择。这是因为北方的气候特点、山地地形及城市出行文化等原因，使得自行车的普及较为困难。大连市充分利用黄海、渤海港湾地理优势，构建以大连诸港湾及旅游海岛为链接纽带的"海上游大连"复合消费型旅游产品，既丰富了滨海游览内容与形式，又形成了特有的"海上交通"方式；滨海地区、特色景区、高校等区域性特色自行车交通，既满足了运动、出行、游乐等需求，又实现了非机动化交通的科学组织与管理。

4. 营建山海相依、人城融合的生态与绿化环境体系

大连市突出以人为本的城市理念，促进和实现人与城的融合发展。以总体城市设计为抓手，对山、海、城、绿等空间体系实施有机统筹管控，从构筑优美的城市空间环境形象和加强城市空间活力角度出发，通过对大连自然山水特征、历史文化特色、都市空间特色的把握与梳理，明确大连城市空间特色定位，构建了未来城市空间形态的总体框架与发展思路。中心城区"一脉连城，九湾九品"的城市空间结构，最大限度地保护了城市的生态要素和发展文脉 ❾；丰富多彩的"漫道"网络建设也是绿化与出行融合发展的亮点之一，如围绕南部风景区、西郊森林公园，通过沿湾活力绿道构筑起山海相连的"半山漫道"环路；在北部城区通过进山休闲绿道，串联小型山体及城市公园，形成沿渤海的纵向"半山漫道"等；对山体、矿山积极开展生态环境保护修复工作推进生态城市建设有序开展。

注释：

❶ 刘长德 . 大连城市规划 100 年 [M]. 大连：大连海事大学出版社，1999
❷ 《大连市国土空间总体规划（2021—2035 年）》（报批稿）
❸ 《大连市国土空间生态修复规划（2021—2035 年）》
❹ 《大连市综合交通体系规划（2021—2035 年）》
❺ 《大连公交客运集团有限公司"十四五"发展规划》
❻ 《大连市轨道交通网络专项规划（2021—2035 年）》
❼ 《中心城区轨道交通沿线土地开发策略及重要站点周边城市形态设计》
❽ 《大连半山漫道规划研究》
❾ 《大连市总体城市设计》

图片来源：

首图 大连建发设计院
图 1 《大连市国土空间总体规划（2021—2035 年）》（公示稿）
图 2 《大连市综合交通体系规划（2021—2035 年）》
图 3 《大连市综合交通体系规划（2021—2035 年）》
图 4 《大连市综合交通体系规划（2021—2035 年）》
图 6 《大连市综合交通体系规划（2021—2035 年）》
图 7 《大连市城市绿地系统规划（2021—2035 年）》

贵阳

山城融合的大数据之都

一、城市特点

"江从白鹭飞边转，云在青山缺处生"，描绘的便是贵阳的盛景。贵阳以温度适宜、湿度适中、风速适合、紫外线辐射低等气候优势，荣登"中国十大避暑旅游城市"榜首，被中国气象学会授予"中国避暑之都"称号。贵阳是中国重要的生态休闲度假旅游城市，是首个国家森林城市。古代贵阳盛产竹子，以制作乐器"筑"而闻名，故简称"筑"，也称"金筑"。

作为贵州省省会，贵阳是贵州的政治、经济、文化、科教、交通中心，中国西南地区重要的中心城市之一，西南地区重要的交通枢纽、通信枢纽、工业基地及商贸旅游服务中心，全国综合性铁路枢纽；是国家级大数据产业发展集聚区、呼叫中心与服务外包集聚区、大数据交易中心、数据中心集聚区，也是西南地区重要的区域创新中心、国家循环经济试点城市。

贵阳市是一个多民族杂居的城市，汉族人口占大多数，布依族次之，苗族人口居第三位，除此之外，还有回族、侗族、彝族、壮族等 20 多个少数民族。

2021 年贵阳市市区面积 2526km^2，全市常住人口 598.7 万，市域城镇人口 479.4 万。

1. 山地城市

贵阳是山城，位于大娄山以南，苗岭以北，武陵山以西，老岭山以东。境内黔灵山脉、百花山脉、南岳山脉、红凤湖—高峰山等是重要的山脉生态廊道。贵阳是喀斯特地貌发育的典型特征地区，拥有"山奇、水秀、石美、洞异"的喀斯特自然景观。贵阳"山中有城，城中有山"，山与城混杂相间、彼此融合，人与自然和谐共生（图 1）。

图 1　贵阳市山城风貌

2. 森林城市

贵阳有"林城"的美誉，2022 年贵阳市森林覆盖率达 55.3%，已经形成"森林围城、森林绿城、森林护城、林在城中、城在林中"的生态格局。森林的高覆盖率使贵阳市空气含氧量充沛，空气质量优良率 100%。

3. 生态城市

贵阳是一座"城在林中，林在城中，绿带环绕，湖水相伴"的具有高原特色的现代化都市，是中国首个国家森林城市、"中国避暑之都"，是"全国文明城市""国家卫生城市""全国水生态文明建设试点城市"。2018年美丽中国——生态城市与美丽乡村经验交流会上，贵阳市荣获"全国十佳生态文明城市"称号。多年来，贵阳市一直走低碳环保、生态文明的城市发展之路，在城市的生态文明建设方面获得了诸多成就。

4. 度假胜地

贵阳是贵州"金三角"旅游区的依托点，是贵州旅游业的支撑点；既有以山、水、林、洞为特色的高原自然风光，又有文化内涵极为丰富的人文景观，还有古朴浓郁、多姿多彩的少数民族风情。在贵阳可以体验到汉文化与少数民族文化的水乳交融，可以感悟到当年王阳明在修文龙场悟道，创立阳明心学的境地，可以去历史文化名镇青岩，品味汉文化、少数民族文化、中国传统文化和西方文明，欣赏各种宗教形式在这里碰撞的奇观。

贵阳以因夏季特别是最热月平均气温舒适度的优势荣获"中国避暑之都"称号，一直稳居中国避暑旅游城市榜首。贵阳市荣登2023年中国十大"大美之城"、中国十大休闲之城榜首，入选"国家智慧旅游试点城市"名单，荣获中国十大活力休闲城市称号等。

5. 大数据城市

2015年，贵阳·贵安大数据产业发展集聚区创建工作获得工业和信息化部批准，首个国家级大数据发展集聚区正式"落户"贵州，这也标志着"中国数谷"正式落户贵阳。正在崛起的贵阳"中国数谷"创造出5个"中国首个"，即中国首个大数据战略重点实验室、中国首个全域公共免费Wi-Fi城市、中国首个"块上集聚"的大数据公共平台、中国首个政府数据开放示范城市和中国首个大数据交易所。2019年，贵阳市软件和信息技术服务业收入160亿元，增长14.3%，电信业务总量626.6亿元，增长53.5%；引进大数据优强企业70个，浪潮大数据产业园、戴尔软件服务外包基地、腾讯西南技术支撑中心等74个项目开工建设，无人驾驶个性化定制共享工厂等61个项目建成。

同时，贵阳还完成大数据融合标杆项目25个、示范项目308个，"数智贵阳"上线运行，"刷脸支付"在公共交通领域得到应用，贵阳市电子政务外网应用量子通信保密技术一期工程投入使用；开展大数据国家标准示范验证8项，发布大数据地方标准10项，《贵阳市健康医疗大数据应用发展条例》施行，中国首个融媒体数据安全实验室投入使用。

二、城市结构与土地利用

1. 市域结构

尊重大尺度的自然地理格局，尊重人类活动现状及现有的建设情况，贵阳市域结构北部为生态屏障区，南部为都市繁荣区，城市中山水林带环绕，与生态发展区特色村交相辉映（图2）。

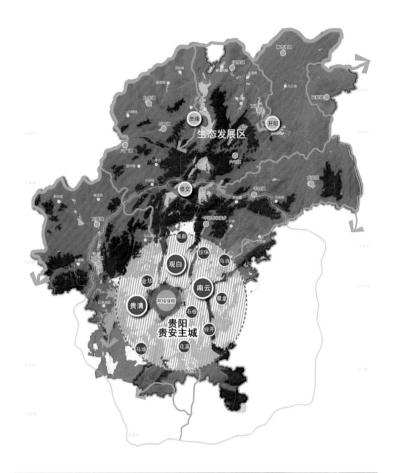

图2 贵阳市域结构

图3 贵阳城市结构

2.城市结构

2022年规划新城市结构符合"绿心城市"的城市模型（图3）。阿哈湖成为城市的创新绿核，是"城市绿心""城市客厅"，更是区域性创新策源地、生态文明的集中展示地。由此，贵阳提升了城市格局，一个崭新的"一核三中心多组团"城市结构形成。"三中心"指南云中心、观白中心、贵清中心。南云中心以南明区、云岩区为主，功能以省级综合服务功能为主，凝聚省会功能，是代表老贵阳城区的魅力中心；观白中心以观山湖区、白云区为主，以市级综合服务功能为主，服务市域，是代表新贵阳的活力中心；贵清中心以贵安新区、清镇市为主，是以创新为引领的跨越发展新高地，是代表未来贵阳的动力中心。

3.土地利用

贵阳是山地城市，受地形分割。现状贵阳市区由老城区、花溪组团、小河组团、龙洞堡组团、观山湖组团、乌当组团六大组团组成，组团与组团之间相距5~10km，其间重峦叠嶂、绿带环绕，是典型的山地组团式城市。老城区土地高密度利用，显得非常拥挤，感觉逼仄，使人难以有心情舒畅旷达之感。主要的医疗设施、教育设施、商业设施也集中在老城区，导致老城区更加拥堵不堪。疏解老城是贵阳城市空间建构的根本需求。

规划工业生产用地向园区集中，消除零散的、不成体系的工业生产点。产城融合，工业化与城市化紧密地结合在一起。工业园区作为综合的城市区，而不是单一功能的专项生产区，在城市外围分布。

大数据产业是城市的主导功能，为此专门规划了数博大道。这条轴带是城市的未来之轴、命运之轴，将打造为信息化时代的示范之轴（图4）。

三、交通出行特性

1.出行次数

新一轮城市综合调查数据分析显示，目前贵阳市域范围内，老城核心区的人均净出行次数为2.40次/d，观山湖区及周边组团的人均净出行次数为2.21次/d，其他组团的人均净出行次数为2.87次/d。

2.出行方式构成特征

新一轮城市综合调查对贵阳中心城区（老城核心区、观山湖区及其他组团）的居民出行方式进行了统计（表1）。

由出行分担率指标可以看出，老城核心区、观山湖区的自行车、步行、公共汽车的出行比例之和大于80%，绿色出行比例很高。相比之下，私人小汽车的分担率比较低，较好地体现出绿色出行的理念。

3.出行距离特性

贵阳市居民出行以短距离出行为主，平均出行距离为5.4km，2km以内

中心城区不同区域的出行方式构成　　　　　　　　　　　表1

出行方式	出行方式占比（%）		
	老城核心区	观山湖区	其他组团
步行	42.79	31.24	60.68
自行车	0.50	0.43	0.63
电动自行车	0.68	1.24	0.80
摩托车	0.34	0.54	1.56
出租车	1.68	1.99	0.56
公共汽车	42.80	51.91	20.81
私人小汽车	8.30	10.99	11.51
公务小汽车	0.96	0.34	0.52
公务客车	1.85	0.80	2.71
县际客车	0.01	0.27	0.09
其他	0.09	0.25	0.13

的出行比例最高，占到48.78%，2~4km的出行占比排第二位，为16.52%，4km以内的出行占比达到65.3%；4~6km出行占比排第三位，为9.69%，6km以内的出行占比达到74.99%，接近3/4；其他比例相对较小，总体趋势为出行距离越长，比例越小。日常生活性出行以4km以内的中短出行为主，但与之对应的慢行出行环境不佳（图5）。

4. 出行空间分布

老城区出行量占规划城区范围出行总量的76%。外围片区的区间出行以老城区为最主要联系方向，城市"向心交通"特征明显，"一核两心"的空间发展构想尚未实现。各组团间有一定的交通出行需求，现状虽已建成二环及三环快速通道，但受地形以及路网结构不完善因素影响，组团间的出行距离过大，部分组团间出行路径仍穿越老城区，加剧了老城区的交通压力。

近年来，贵阳市加大交通基础设施建设，推动主城区内部及主城区至周边卫星城镇骨架路网建设，构建快速路、主干路、次干路、支路四级路网体系，优化

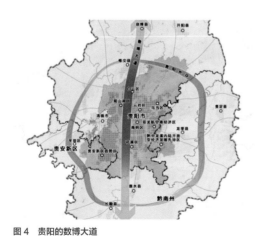

图4　贵阳的数博大道

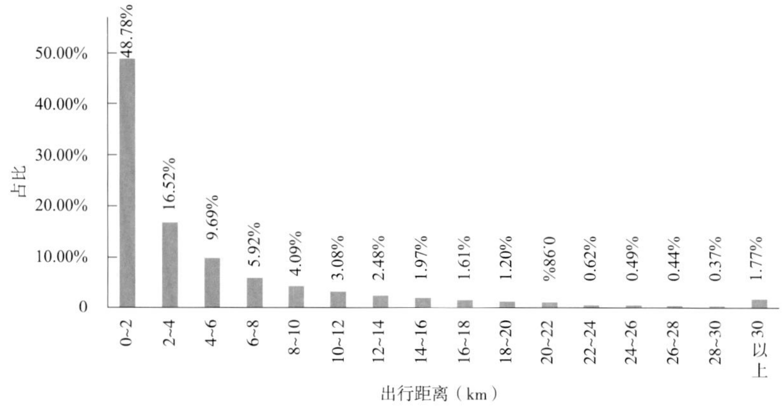

图5　出行距离占比分布

关键节点，形成等级清晰、功能合理的城市路网体系。在城市内部，积极推进由轨道交通、快速公交、常规公交、自行车、步行等构成的绿色交通体系发展，优先推动轨道交通、快速公交等大容量公共交通建设，大力发展常规公交基础设施建设，在交通条件较好的地区适度发展自行车交通，全面完善步行系统，在城市交通系统建设方面取得了长足进步。

5. 道路交通系统

贵阳市快速路、主干路、次干路与支路的级配构成为 0.77：1.0：0.65：1.03，次干路、支路通行能力有限，造成大量交通流集中于主要干道。这个因素导致贵阳重视快速路与主干道的发展，对次干路及支路的建设欠账很多，处于结构性失衡的状态（图6）。

由于自然山体的阻隔，贵阳城区的用地呈现跳跃式发展。现状"老城区 + 外围组团"的城市结构和用地模式决定了其路网结构为"方格网 + 对外放射"形式，老城区的道路网络由于地形原因形成了兼有自由式风格的方格网。目前，北部区域与中心城区之间连接通道不足，多数区域连接通道仅有1或2条（包含公路）。息烽、开阳、修文、乌当这些区域内部连接通道较少，且等级较低，缺少骨架路网。《贵阳市综合交通体系规划（2020—2035年）》提出贵阳新交通格局是"环 + 射线"的骨架路网结构，加强中心城区与外围区县连接，形成快速通道，以速度换取空间。

贵阳都市圈的路网骨架是"三环四廊十五射"。"三环"是指贵阳外环、四环、快速环，"四廊"是指"修息开"交通廊、开阳交通廊、惠水交通廊、平坝—安顺交通廊，"十五射"是指白龙大道—云烽快速路、数博大道北段、同城大道、产业大道、云开路、建设大道等。

6. 公共交通发展

（1）轨道交通系统

贵阳市打造环城快铁、地铁、低运量轨道交通等制式的"1+5+N"轨道交通网络。其中地铁轨道交通线网规划了9条线路，共计466.9km、257个站点。首先，该线网规划与城市大的空间结构匹配，勾勒了大贵阳绿心城市的骨架，同时满足现有建成区交通的需要，服务建成区；其次，放射线线网充分考虑利用轨道交通带动城市发展的潜力，疏解城市功能，向外发展新区；再次，该线网规划充分考虑了老城区的需要，为老城区有机更新提供了良好契机。

（2）公交系统

现状贵阳市公共交通存在轨道交通覆盖不足、常规公交服务质量有待提高、公交吸引力不足、道路拥堵等问题。常规公交站点500m覆盖率为91%，低于国家要求。常规公交平均运行速度12km/h，高峰小时部分线路甚至不足5km/h，远低于公交线路运行要求。近年来贵阳市机动车保有量迅猛增长，截至2019年，贵阳市机动车保有量突破190万辆，平均年增长率为21%。私人小汽车快速发展给常规公交出行带来极大冲击，公交出行吸引力逐年下降（表2）。

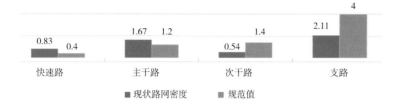

图 6 现状路网密度与规范值比较

	2019 年中心城区公交线路指标		表 2
编号	指标	现状中心城区数值	规范建议值或经验建议值
1	公交线路数量 / 条	306	—
2	公交线网密度 /km/km^2	2.8	3~4
3	线路重复系数	5.4	1.25~2.5
4	非直线系数	1.61	≤ 1.4
5	平均线路长度 /km	18.0	8~12
6	换乘系数	1.17	<15
7	百公里收入 / 元	475	≥ 300
8	运行速度 /km/h	12	>15

（数据来源：贵阳市交通委员会等，《贵阳市综合交通体系规划（2020—2035 年）》研究报告）

现状对多层次公共交通网络的要求十分迫切为此，规划建构"以轨道交通为主体，以常规公交为基础，以有轨电车和 BRT 为补充"的高品质、多层次、多样化公共交通体系。规划至 2035 年，公交机动化分担率提升至 60%，轨道交通站点 800m 半径服务覆盖率由 23% 提升至 50%。道路公交形成"快、干、支、微"+ 定制公交网络结构。

（3）步行与自行车交通发展

贵阳正在逐步完善以健身绿道、骑行车道、登山步道为重点的生态慢行系统。根据贵阳市绿道系统功能定位及选线原则，同时依托数博大道城市中轴线、南明河滨河生态景观线及旅游公路环线等城市重要廊道，在贵阳市内规划"一环一横一纵多支线"市域绿道结构："一环"是指旅游公路环线，"一横"是指南明河滨河风情绿道，"一纵"是指同城大道—数博大道都市活力绿道，"支线"是指各区县绿道联络线。根据市域绿道层级划分原则，在市域范围内规划布局 3 条市级绿道、8 条特色区县级绿道。

四、城市亮点与经验借鉴

1. 生态城市建设经验

（1）绿心城市

贵阳新一版城市国土空间总体规划中以阿哈湖创新绿心为基础，构建绿心城市。城市布局为环形城市，环形的中心是阿哈湖绿心。绿心被数博轴穿越，赋予绿心"城市客厅"、创意高地、创新高地的功能。该格局迅速提升了贵阳的城市总体格局，改变过去组团单纯分散发展的局面，在保持各组团内部完整的前提下，一下子有了灵魂，有了高度，一个新的绿心城市出现在高原上。

（2）千园之城

贵州省是全域公园，贵阳是公园城市。依托山脉、水系、绿地、林地等自然基地，将公园形态和城市空间有机融合，建设更多的开敞式、景观化的公园、山体、广场、院落等公共生态空间。塑造"园在城中，城在园中，城园相融"的千园之城。这是新的城市国土空间总体规划对千园之城提出的升级要求。其体系包括自然生态公园、城市公园、社区公园三级公园体系，通过这个体系打造森林廊道、山水景观、休憩空间、生态田园。

（3）森林城市

贵阳市建设了两条环城林带，规模宏大。第一环城林带是在 20 世纪 80 年代，贵阳基本建成长 70km、宽 1 ~ 7km 的林带，形成全国省会城市中独有的森林景观；第二环城林带是在 2002~2008 年，建成长 304km、宽 5~13km 的林带。城市同时采取退耕还林、封山育林、生态修复措施，森林覆盖率逐年提高，荣获国家森林城市称号，规划到 2035 年森林覆盖率保持在 55%以上。

（4）山水城市

水是城市的灵魂，贵阳市域内有清水河、南明河、猫跳河、息烽河、谷墩河、鱼梁河、马林河、青岩河—涟江等廊道，城市对这些廊道倍加珍爱，建设成为廊道公园。对于阿哈湖、百花湖、红枫湖、岩鹰湖等国家级湿地公园，贵阳市采取重点建设的方针。水源对策是北托乌江、南依黔中，以及红枫调节的三源配置，优水优用，水畅其流。

（5）地域城市

基于地域特点和历史文脉，贵阳市提出了"爽爽贵阳，宜居天堂，悟道圣地，知行合一""省会风范，筑城风韵，现代风尚、山水风光""红色文化，阳明文化，民族文化，生态文化"等发展方针，凸显城市特色，是十分重要的城市建设思路。

2.绿色交通建设经验

贵阳市高度重视建设绿色交通运输体系，牢固树立可持续发展意识，将提高运输效率、降低能耗与污染排放水平作为目标，依托交通运输部"公交都市建设示范工程""低碳交通运输体系建设""绿色循环低碳交通运输体系建设区域性试点"等示范工程，大力建设综合交通运输体系，推广节能环保运输装备，发展先进的组织运营方式，健全节能减排的工作机制，倡导绿色低碳出行理念。

（1）互联互通

互联互通，保持贵阳与主要经济圈、经济带、经济体的畅通便捷，是贵阳的千年大计。贵阳城市定位为"西部陆海新通道重要节点城市、全国十大高铁枢纽、国家物流枢纽中心城市"，是十分准确的。

通过交通流，贵阳进入国际大循环，与国际商品贸易和客运联系逐步加强，南北向国际陆运通达能力明显提升，区域连接功能日益增强。

通过交通流，贵阳融入国内大循环，主动连接粤港澳大湾区、长三角城市群、成渝地区双城经济圈。

通过交通流，贵阳强化了其在黔中城市群的交通枢纽地位与核心引擎作用。

通过交通流，贵阳作为省会城市在全省交通网络上的中心地位得到加强。尤其是贵阳—毕节、贵阳—都匀、贵阳—凯里城际列车的开行，强化了贵阳作为交通枢纽的带动作用。与安顺共建一体化综合交通体系，推动贵阳、贵安、安顺全方位紧密协作。联动遵义构建贵州高新技术创新走廊，联合遵义陆港型国家物流枢纽，助推黔货出山。

（2）公交都市

贵阳市从 2014 年开始实施"公交都市"工程。贵阳市首先完善了公共交通专项规划体系：包括编制有关公共交通的各项（包括运营、场站、应急、衔接、信息化等）建设规划，编制有关公共交通运行（包括管理体系、路权优先、线网优化等）的相关研究报告，出台公共交通专项管理办法（包括市场准入准出、安全评价、投诉处理、试运营验收、配套设施建设、车辆购置等），建立了贵阳市"公交都市"绩效动态考核制度等。

在制度政策体系的保障下，贵阳市加快基础设施建设，逐步打造以城市轨道交通为骨干的城市公共交通体系，规划中的轨道交通网建成后将全部覆盖中心城区和外围组团区域，实现中心城区和各组团之间 30min 内通达，90% 以上的居民单程出行时间不超过 45min 的目标。同时，加快市域快速铁路网建设，不断完善城市各组团间的轨道交通网络骨架。在公交方面，自 2014 年起，贵阳市实施快速公交（BRT）系统建设，不断推动快速公交网络化运营，增建公交专用道（含优先道），提高城市主要干道公交专用道覆盖率，加快公交场站建设。

贵阳市大力推进集智能调度、运营监控和公众出行信息服务等功能于一体的城市公共交通智能化系统建设，完善城市公共交通 IC 卡的建设和管理，实现公共交通一卡通跨省市互联互通等。

（3）轨道上的都市——蜕变

贵阳市规划的轨道交通站点全部按照 TOD 模式进行规划，大幅提高城市通勤效率和城市建设水平。贵阳把 TOD 作为城市发展的新机遇，作为城市疏解的新动力，作为老城城市更新的力量源泉。贵阳市将按照 TOD 模式重塑城市结构，或者说以 TOD 模式承载城市新结构、新空间，并以 TOD 模式更新旧城。这种 TOD 模式使轨道交通得以充分利用，大幅减少地面汽车交通。

贵阳市综合考虑站点的空间位置、服务范围、功能定位、通达条件等，并将 TOD 站点在城市所处的级别分成 4 级，即城市级 TOD、组团级 TOD、片区级 TOD、小区级 TOD；同时，按照主导功能与产业布局等将 TOD 站点分为 6 个类别，即综合发展类 TOD、商业发展类 TOD、产业发展类 TOD、生活服务类 TOD、交通枢纽类 TOD、景区休闲类 TOD。

贵阳市 TOD 规划设计主张混合用地，建设城市综合体、建筑综合体。建筑与城市对功能具有强大的适应性，根据城市的需要，同一空间可以承载不同的功能，在城市漫长的历史中可以适应功能的变迁。而根据详细规划定死城市功能则可能造成 TOD 用地规划难以符合目前的城市详细规划。

贵阳市 TOD 规划设计遵循"功能复合，以人为本"的原则，在控制区域内开发规模总量的基础上，根据城市各经济产业结构特点、人口规模等进行总体策略研究，制定开发策略，冉根据具体站点进行规划研究，从而实现站点客流量最大、TOD 范围生活环境最优、土地利用均衡性最佳的规划目标。将主要产业向站点核心区集聚，提高核心区容积率，在区域内为绿地与公共开敞空间预留土地，且保证公共交通服务设施能够完全满足区域内的需求。

贵阳市 TOD 规划设计主张轨道交通站点一体化规划，经验如下。

空间布局：在满足轨道交通功能及规范要求时，尽量削弱站内与站外空间中的物理隔离设施，即硬隔离设施；在必须分隔的空间，多采用软隔离方式进行处理；将地上、地面、地下三个部分空间打通，实现有机互联，以形成连续开放、活力高效的公共空间。

功能布局：以站点主导功能为主、其他功能为辅，同时以交通基础设施建设作为引领，促进各功能板块的相互融合，复合开发。

以人为本：将人的基本生活需求（衣食住行、安全等）、社交要求（倾听、倾诉等）、精神要求（认同感、欣赏能力、幸福感等）等融入站点规划中，以构建宜居的美好城市。

文化建设：城市文化是城市精神的重要组成部分。

TOD 规划的开发强度应遵循集约用地的原则。站点核心区中高强度开发，辐射影响区中低强度开发，实现轨道交通效益最大化。鼓励商业、服务业、办公用地的开发强度向核心区集聚，核心区控制最低容积率。

贵阳市主张轨道交通廊道建设。轨道交通规划、设计阶段，规划部门及设计单位统筹考虑轨道交通网络上的功能协同布局，特别是在一条轨道交通线路上的 TOD 应实现功能协同、职住平衡，大幅减少轨道交通换乘。

在 TOD 范围内形成完善的城市公共空间体系，并衔接各类城市公共交通、公共服务等公共设施，以及居住、商业商务、文化娱乐等城市开发功能。

贵阳市建立了 TOD 一体化规划设计成果评价指标体系，以规范 TOD 建设。该体系对居民生活质量、环境质量、公共交通、智慧化水平、空间布局、综合效益等进行评价，在这些准则的基础上，设计了 26 个评价指标（表 3）。

（4）替代能源推广

贵阳市在交通运输体系中大力推广替代能源：对运营车船燃料消耗的准入与退出进行了标准化管理；在贵阳市区、花溪区、乌当区、清镇市、开阳县等地大力推广液化天然气（LNG）城市公交车辆、营运车辆和双燃料（CNG）出租车等，同时加强配套设施建设，建设加气站和撬气站 10 余座，不断推动相关的配套设施建设；推进了贵阳市公共交通清洁化项目，包括 LNG 公交车的示范、M100 甲醇公交车的示范、气电混合动力公交车示范、清镇公交出租车油气混合清洁能源示范等以及相应加注站的建设，落实"公交优先"的各种具体措施。

（5）智能交通建设

贵阳市大力发展智能交通体系建设工程，包括智慧交通、智能公交、智能停车、智能枢纽、智能客货服务。具体措施主要包括三个方面。

一是完成公交信息交换平台建设。包括完成公交综合监测系统、公交信号优先调控系统、公交运输管理系统、公交运行监测指挥系统的建设，完善物流公共信息服务平台建设，建立贵阳市交通运输信息指挥（服务）中心，实现智能运输

TOD 评价指标体系　　　　　　　　　　　　　　　　　　　　　　　　　　　表 3

目标层	准则层	指标层
TOD 评价指标体系	居民生活质量	出行平均时耗
		人均社区公共空间
		社区公共设施需求满足率
	环境质量	有害气体排放量
		站点区域内绿地率
		站点区域内能源消耗量
	TOD 站点服务覆盖水平	站点 400m/800m/1km 半径人口覆盖率
		核心区和 400m/800m/1km 半径岗位覆盖率
		站点 400m/800m/1km 半径建成区覆盖率
	公交服务水平	道路拥堵指数
		公共交通分担率
		公交线网及站点覆盖率
		平均换乘次数
		轨道交通与常规公交平均换乘距离
		公交线与轨道交通线重复度
	信息化水平	人流数据化管理
		TOD 智慧城市水平
	慢行系统水平	站点 400m/800m/1km 半径范围内步行道路网密度与机动车路网密度之比
		站点 400m/800m/1km 半径范围内非机动车道路网密度与机动车路网密度之比
	停车设施	站点周边停车位供求关系匹配度
	空间布局	平均容积率
		职住均衡度
		土地使用混合度
	综合效益	站点区域活力指数及空间品质
		覆盖人口收入水平变化率
		TOD 魅力度指数（综合指标）

监管、调度，并建立交通运输能耗统计监测平台。结合贵阳大数据交易中心建设，充分利用物联网、云计算、大数据处理和移动互联网技术建成物流信息网络体系。

二是公众出行信息服务系统建设。包括行人出行提示子系统、多媒体播报子系统等，采用互联网、热线、手机、电子站牌、车载移动媒体等方式构建公交信息服务平台，实现公共交通出行者的路径规划和换乘提示，并为乘客提供推送式信息服务。

三是城市公共交通 IC 卡的建设和管理。贵阳市进行了公交 IC 卡智能结算管理平台升级，加快实现售票、检票、计费、收费、统计全过程自动化管理；通过构建集公交数据分析、查询、安全加密、备份恢复等功能于一体的管理系统，高效率地进行 IC 卡消费的数据统计、账务清算工作；加大公交 IC 卡发卡力度，分年度制定公交 IC 卡发卡计划；实行公交 IC 卡票价优惠制度，全面提升公交 IC 卡使用率；实现公共交通一卡通跨省市互联互通等。

（6）慢行道系统建设

人行道建设。贵阳中心城区各主干道、次干道、支路等城市道路均设有人行道，现状总长度约 1168km。其中，主干道步行道总长约 502km，宽度为

3~5m；次干道步行道总长度 152.3km；支路步行道总长度 513.2km。贵阳市中心城区现状步行专用道（步行街）共计 6 处，中心城区各区现状各有一处商业步行街。

自行车道建设。贵阳市的自行车道主要集中在中心城区的白云区、观山湖区、花溪区，总计长度为 74.3km。目前贵阳市共有 5 处休闲自行车道，总计长度 15.6km，分别为长坡岭森林公园、小车河湿地公园、十里河滩、花溪平桥黄金大道、多彩贵州城（图 7）。修葺良好的休闲自行车道与自然景观融合在一起，打造出贵阳独具特色的骑行休闲一体化出行服务。

以城镇社区生活圈为单元，统筹配置社区公共服务设施和公共开敞空间。规划至 2035 年，贵阳中心城区卫生、养老、教育、文化、体育等社区公共服务设施步行 15min 覆盖率达 100%，公园绿地、广场步行 5min 覆盖率达 100%。

贵阳贵安新区现状慢行系统分布较为零散，设置标准低，通行环境差。规划建设观山湖区、白云区非机动车道 100km，支撑贵阳贵安新区投放 7.5 万辆共享电动单车，解决群众"最后 1 公里"出行问题。规划至 2035 年，绿色交通出行比例提升至 70%。

贵阳市逐步完善以健身绿道、骑行车道、登山步道为重点的生态慢行系统。例如，2019 年，贵阳绿道系统规划建设中中心城区慢行（绿地）系统主要建设"一环"（老城区环城生态绿廊）、"四带"（4 条慢行主廊道）、"多优先"（17 个慢行优先区）。规划自行车系统主廊道 165km，满足大型功能区连通及跨组团连通。连通道路 521km，满足功能区内连通；休闲道路 302km，连接公园、绿地。绿道（慢行休闲道）系统规划有郊野型绿道和都市型绿道。

又如，2022 年贵阳市启动建设观山湖区绿道。该绿道连通金融城、观山湖公园、阅山湖公园、百花湖公园，含市、区、社区三级绿道体系，其中郊野绿道全长约 44km，城区绿道全长 80 余 km。该绿道是生态健康、人文教育、社区生活、智慧科技、城市夜经济的载体。

此外，以 TOD 为核心构建城市的公共活动空间、户外生活空间、郊野生活空间、文化生活空间，将是未来贵阳 TOD 城市建设的新对策。

3. 交通建设规划思想及经验

一是贵阳交通建设谋划与全球、全国、全省互联互通的三级交通大格局。该交通格局建构起来后，将以深厚的内力改变贵阳由于地理区位造成的边缘局限。所以贵阳交通规划是大手笔，不在小地理格局中"打圈圈"，是千年大计；不求功在当代，但求利在千秋。

二是贵阳基于轨道交通进行的 TOD 规划是出色的，TOD 将改变贵阳的城市顶层设计及底层建构，实现城市的跨越式发展，使贵阳成为高质量发展的省会大城市，确立贵阳在贵州的核心龙头地位。

三是地理格局、山水资源、生态资源、地域特色是贵阳城市的根，贵阳的规划建设始终没有脱离这些"命根子"。大力投入生态城市、山水城市、森林城市、公园城市的建设，以环境建设为抓手，使城市面貌大幅度改变，是贵阳宝贵的经验。山城融合、产城融合、人城融合，贵阳走出了一条新路子。

基于上述三条，形成了贵阳城市的四大亮点：开放、高效、生态、特色。

此外，贵阳善于抓住历史机遇，把稍纵即逝的机遇做成大文章。在特定的历史时期，贵阳利用自身的能源优势，导入大数据产业，并以此把大数据打造成为城市的一张显赫的名片，使贵阳实现跨越式发展，摆脱了中低端工业化的束缚，成为高原生态城市中的一颗璀璨明珠。

图片来源：

首图　http://travel.qunar.com/p-oi706434-jiaxiulou-1-8?rank=0
图1　贵阳市人民政府，国土空间规划文件（草案），2022年11月
图2　《贵阳市国土空间总体规划（2021—2035年）》（公示版）
图3　《贵阳市国土空间总体规划（2021—2035年）》（公示版）
图4　《贵阳市国土空间总体规划（2021—2035年）》（公示版）
图5　贵阳市交通委员会等，《贵阳市综合交通体系规划（2020—2035年）》研究报告
图6　贵阳市交通委员会等，《贵阳市综合交通体系规划（2020—2035年）》研究报告

宝鸡

秦岭和渭水滋润的生态城市

一、城市特点

宝鸡古称陈仓，即典故"明修栈道，暗度陈仓"的发源地，嘉陵江发源于此。建城于公元前762年，公元757年因"石鸡啼鸣"之祥瑞改称宝鸡，是关中—天水经济区副中心城市、陕西省第二大城市。宝鸡是中华文化重要支脉——宝学（宝鸡之学）所在地，有8000年文明及2700余年建城史，誉称"炎帝故里、青铜器之乡（图1），佛骨圣地、社火之乡，周秦文明发祥地、民间工艺美术之乡"。远古姜水育炎帝，商末周原兴周，凤雏宫奠定四合院庭落模型，春秋雍城兴秦，镇国之宝石鼓、何尊（图2）、毛公鼎等均出于此，西府社火、凤翔木版年画、泥塑等彰显中华工艺。宝鸡是全国文明城市、中国优秀旅游城市、国家森林城市、国家园林城市、国家环保模范城市、全国绿化模范城市、中国十大生态宜居城市之一，中华环境奖、中国人居环境奖获得城市；也是我国西部工业重镇、高端装备制造业基地、新材料研发生产基地、中国钛谷。宝鸡位于陇海、宝成、宝中铁路交会处，是我国重要的铁路交通枢纽。

宝鸡市地处陕西省关中平原西端，秦岭南屏，渭水中流，关陇西阻北横，渭北沃野平原，位于陕、甘、宁、川四省（自治区）接合部，东连陕西省杨凌、咸阳市和西安市，南接陕西省汉中市，西、北与甘肃省天水市和平凉市毗邻，是关中—天水经济区副中心城市、关中平原城市群重要节点城市（图3），也是连接陕西省、关中地区与西北内陆地区的核心枢纽。全市南北长160.6km，东西宽156.6km，总面积18116.93km²，其中市辖区面积3574km²。

宝鸡市辖金台、渭滨、陈仓、凤翔4区，岐山县、扶风县、眉县、陇县、千阳县、麟游县、凤县、太白县8县（图4）。截至2022年年底，宝鸡全市常

图1 宝鸡青铜器博物院

住人口 326.47 万，常住人口城镇化率为 59.42%，总户数为 1165364 户，户籍人口为 372.86 万人，全年地区生产总值 2743.10 亿元，比上年增长 2.8%。三次产业结构比为 8.5 : 57.5 : 34.0，按常住人口计算，人均地区生产总值 83801 元。

图 2　宝鸡青铜器博物院内展出的何尊

宝鸡市位于秦岭纬向构造体系与其他构造体系的复合交接部位，具有南北衔接、东西过渡的特点，可分为南部的秦岭褶皱带、中部的渭河断陷带和北部的鄂尔多斯台向斜区 3 个地质构造单元。渭河断陷盆地处于鄂尔多斯台向斜和秦岭褶皱带之间，形成渭河平原及其两侧不对称的黄土台原，渭河由西向东横贯其间。宝鸡市河流网排列以秦岭为界，分属黄河、长江两大水系。黄河水系河流主要是以渭河为干流的渭河水系，渭河横贯宝鸡市境内长 206.1km；长江水系以嘉陵江上游河段为主干，宝鸡市境内长 72km，秦岭主脊南侧还分布着汉江水系的支流滈水河、红崖河等（图 5、图 6）。

宝鸡市中心城区由金台区、渭滨区和陈仓区的中心区域构成（金台区中包括蟠龙新区、渭滨区中包括高新区），地处渭河河谷地带，北邻黄土台塬，南依秦岭山脉。受地形制约，宝鸡以往的城市建设用地均选择在狭长的河谷地带，呈现出自西向东带状拓展的特征。宝鸡市中心城区现状建成区面积为 106km^2，由 29 个街道（镇）组成（图 7）。

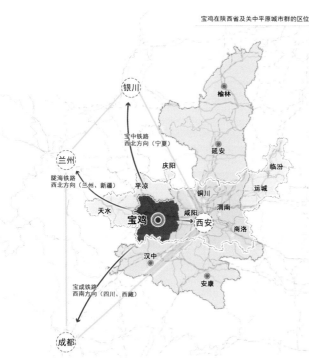

图 3　宝鸡在陕西省及关中平原城市群的区位

图 4　宝鸡市域总体格局

图5 秦岭北麓天台山风景区

图6 宝鸡太白山云海

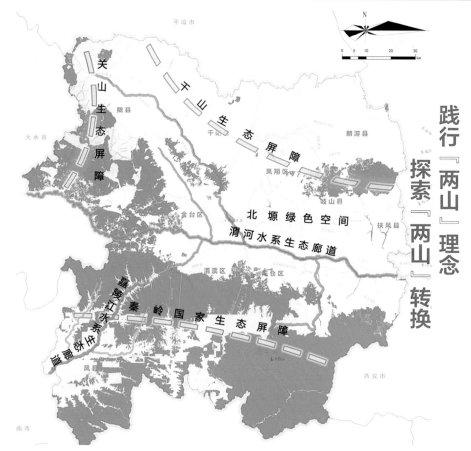

图7 宝鸡市域绿色生态空间格局

二、城市空间结构

宝鸡市区构建"轴带发展，组团布局，蓝绿融通"的空间结构。轴带发展是指沿渭东西向城市发展带、蟠龙新区—高新区南北向城市发展轴和陈仓—凤翔南北向城市发展轴。组团布局是指将中心城区划分为 6 个组团，分别为金渭组团、代马组团、陈仓组团、科创组团、蟠龙组团、凤翔组团。蓝绿融通是指以秦岭为屏，依托南部秦岭北山地形成城市生态屏障；以渭河为脉，结合渭河两岸组团功能形成多元绿色开敞空间；多廊贯通，结合城市水系、坡面、重大交通线路等布局绿化空间，形成中心城区与外围生态空间相连的重要廊道（图 8 ）。

图 8　宝鸡市中心城区空间结构

三、机动化与交通结构特性

2022 年宝鸡市居民日均出行次数为 2.64 次；根据宝鸡市 2016 年交通调查数据，每日流入和流出宝鸡市界的机动车总量约为 148 万辆次，其中每日流入和流出中心城区的机动车总量约为 130 万辆次。

2016 年宝鸡市民每日平均单程通勤时间为 26.65min，其中步行平均耗时 21.29min，公交平均耗时 34.26min，与其他城市相比较短，这与宝鸡城区面积小、公交线网发达和城市交通状况良好相关（表 1、图 9 ）。

根据宝鸡市统计局的统计数据，截至 2022 年年末，全市机动车保有量达到 49.22 万辆，千人机动车保有量为 130 辆。

宝鸡市居民出行以短距离为主，平均出行距离为 4.49km。出行距离 0~2km 的比例最大，为 23.50%，3~4km 的比例为 19.09%，其后随着距离的增加，出行比例逐渐减小。居民出行距离主要集中在 6km 以内，约占出行总量的 79.18%（表 2 ）。

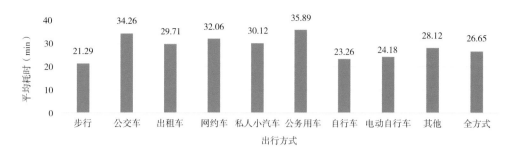

图9　宝鸡各种出行方式平均耗时

各种出行方式平均出行耗时（单位：min）　表1

出行方式	步行	公交车	出租车	网约车	私人小汽车	公务用车	自行车	电动自行车	其他	全方式
出行耗时	21.29	34.26	31.52	38.6	30.12	42.25	23.26	24.12	28.12	26.65

宝鸡市居民出行距离分布　表2

出行距离（km）	0~2	2~3	3~4	4~5	5~6
比例（%）	23.50	15.26	19.09	11.99	9.34
出行距离（km）	6~7	7~8	8~10	10~15	>15
比例（%）	7.71	5.90	3.76	2.08	1.37

（数据来源：2016年宝鸡市居民出行调查）

四、公共交通系统

宝鸡市入选国家"十三五"第一批公交都市创建城市。《宝鸡市公交都市创建工作实施方案》提出坚持"创新、协调、绿色、开放、共享"五大发展理念，构筑城市"绿色"交通体系，为将宝鸡市建成最具幸福感城市提供出行服务保障。同时，《宝鸡市"十四五"综合交通运输发展规划》提出要推动高品质客运服务体系发展，持续推进公交都市高品质建设。

宝鸡市城市公交线路共有72条，其中常规线路54条，延点、延时、区间、快线、高峰区间等特色线路18条，线路总长度971.48km，非直线系数为1.43。宝鸡市城市公交线路重复系数为3.62，其中建成区为3.88；公交

图10　宝鸡公交新能源汽车

图11　宝鸡公交充电桩

线网密度为 0.76km/km²，其中建成区为 1.97km/km²；300m 站点覆盖率为 23.20%，其中建成区为 58.72%；500m 站点覆盖率为 37.24%，其中建成区为 83.41%。

宝鸡市城市公交停靠站点共 449 处（其中中心城区 421 处），平均站距 632.22m；港湾式停靠站 151 个（72 处双侧、7 处单侧设置），设置率为 17.87%。宝鸡市城市公交首末站和枢纽站共 24 座；停保场 6 个（含在建），总占地面积（不含代征用地）为 212173.33m²，停车位 1204 个，城市公交车辆进场率为 100.00%；充电桩 223 个，充电功率 9270kW。

宝鸡市城市公交车辆共 1067 辆，折合 1342.2 标台，万人拥有量为 13.98 标台，平均车龄为 5.16 年；天然气车 748 辆（占 70.10%），纯电动车 165 辆（占 15.46%），气电混合动力车 154 辆（占 14.43%），绿色公交车辆比率为 100%；空调车 375 辆（占 35.15%），非空调车 692 辆（占 64.85%）（图 10~ 图 13）。

宝鸡市不同出行方式分担率如表 3 所示，体现了打造"公交—慢行"设施融合的绿色出行目标体系，提升公共交通运行效率，降低人均碳排放强度，不断完善城市步行和非机动车慢行交通系统，提升步行、自行车等出行品质，打造 15 分钟社区生活圈（图 14）。

图12　宝鸡公交智能化站台（左）
图13　宝鸡公交智能调度监控指挥中心（右）

宝鸡市不同交通方式分担率　　　　　　　　　　　　　　　表3

交通方式	地铁	公交巴士	步行/自行车及其他	私人小汽车	出租车
分担率（%）	—	25.77	47.29	21.59	5.35
绿色交通合计（%）		73.06		21.59	5.35

（数据来源：2016 年宝鸡市居民出行调查）

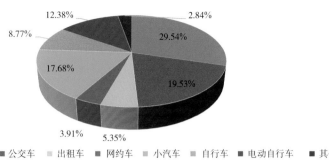

12.38% 2.84%
8.77% 29.54%
17.68%
19.53%
3.91% 5.35%

■ 步行 ■ 公交车 ■ 出租车 ■ 网约车 ■ 小汽车 ■ 自行车 ■ 电动自行车 ■ 其他

图14 宝鸡市居民出行方式构成比例

财政的资金支持、公共交通运力的加大投放、日益完善的城市基础设施都是宝鸡创建公交都市的底气。针对公交企业因实施低票价、减免票、承担政府指令性任务等形成的政策性亏损，宝鸡市按照"年初预拨、次年清算"的方式，市财政每年足额预算列支补贴，分批更新购置新能源公交车辆366辆，并同步建设充电站等配套设施，建成玉涧堡停车场、贾家崖停车场、火车站调度站等14座通用充电站、401个充电桩，满足全部新能源公交车、电动出租车及部分社会车辆的充电需求。

五、自行车和步行交通系统概况

城市绿色慢行系统（自行车＋步行交通系统）既是一个生态工程、社会工程，更是一个经济工程，依托宝鸡市独有的城市特征，从空间战略规划设计、建设、实施三个层级，对宝鸡市区周边自然资源、文化资源、历史资源进行了梳理、整合，合理规划慢行系统的走向，推进宝鸡市建立融入区域层级丰富、特色突出的绿道网，覆盖城乡，联系资源，服务经济。依据宝鸡市绿色生态格局及城市发展建设需求，共形成17条线路，其中包括滨河绿道4条、城市慢行道2条、区域绿道11条，由此形成鱼骨形城市绿色慢行系统布局，沿城市发展主要方向东西向有4条，其中包括渭河南北岸绿道2条；由城市主干道形成的慢行道2条；南北向线路主要依托千河、金陵河、清姜河、茵香河、马尾河等支流及城市绿色生态廊道形成，共13条（图15）。

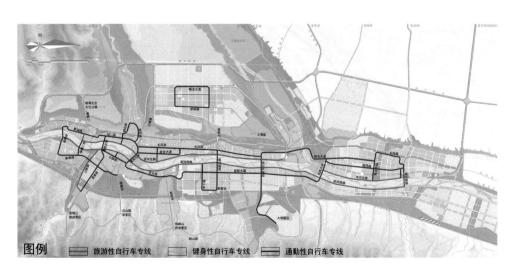

图例 ▬ 旅游性自行车专线 ▬ 健身性自行车专线 ▬ 通勤性自行车专线

图15 宝鸡市绿色慢行规划总体布局

1. 自行车系统解决"最后一公里"交通

　　绿色慢行系统建设一方面将为宝鸡市民提供大量户外活动空间，增进居民的融合与交流，助推"民生优先"战略目标实现；另一方面，慢行交通是解决城市"最后一公里"交通的最佳选择，也是最直接影响换乘舒适性的交通接驳方式。做好城市公共交通与慢行交通的接驳，有利于居民舒适、便捷地实现换乘，而且能够提升城市整体交通效率，优化城市出行结构。宝鸡市精细打造慢行交通系统，新建、完善滨河北路林间步道、金台大道等 47.2km 城市绿道的慢行空间环境与设施，新建人行天桥、步行桥 18 座，形成了安全、便捷的慢行系统；加强共享单车管理，通过电子围栏管理和北斗导航技术，有效解决了共享单车乱停乱放问题。如今，绿色骑行、健康步行日渐成为广大市民的自觉行动。

2. 建设安全、舒适、温馨的步行交通系统

　　宝鸡步行交通系统分为较为明显的三个层次：一是区域绿道，主要分布在山地、塬上等地区，将城市周边重要的历史文化、自然风景区等旅游资源联系起来形成网络，为居民提供风景观光、历史人文体验、深林呼吸的功能；二是滨河绿道，主要分布在渭河及其支流等河流沿岸的区域，提供亲水体验的功能；三是城市慢行道，将城市内部的公园、重要功能区联系起来，重在为居民提供休闲游憩场所，为居民到达城市各功能区提供通达、绿色、低碳的交通环境。

六、交通体系建设亮点与特色

1. 塬上生态与绿色

　　按照"一环一屏，一脉四核、多廊绿网"的绿地系统结构，加强蟠龙塬上下塬通道建设。规划形成 6 条蟠龙塬上下主要通道，均衡通道布局，加强蟠龙塬与其他组团的交通联系。上下塬通道向南规划形成蟠高快线、龙盘西路、龙盘东

图 16　宝鸡蟠龙新区对外交通

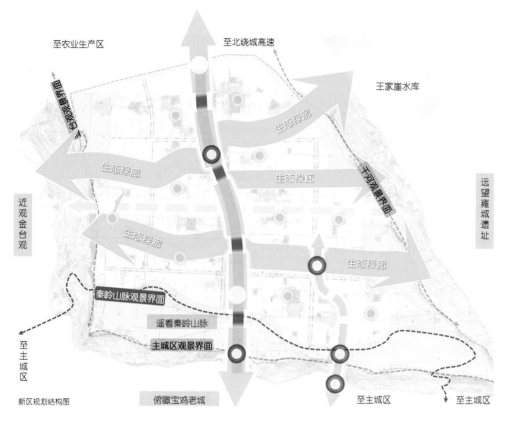

新区规划结构图

图17　蟠龙塬生态绿廊

路，向东规划形成新底县路，向西规划形成蟠龙大道、宝蟠路，分别联系老城区、行政中心、会展片区等区域（图16）。

蟠龙新区规划建设生态绿地和公园绿地，使新区生活更宜居；规划预留有轨电车通道，建立绿色交通体系，使新区生活更便捷；规划步行500m设置社区服务设施、1000m设置社区中心，使新区生活更便利。通过规划优化提升，满足建设宜居宜业美丽幸福城市的要求（图17）。

2. 绿道与沿渭河景观

统筹推进休闲绿道、亲水碧道、文化驿道、山林郊野径等廊道网络系统建设，串联道路绿化、综合公园、社区公园等绿色空间，构建"一轴四带、三山三环多网"的休闲游憩体系，以渭河为骨干，串联两岸城市公园及开敞空间，打造"周风

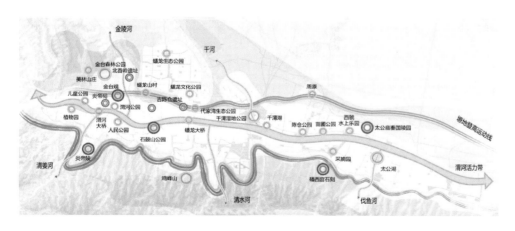

图18　宝鸡立体公园城市

北塬登高运动线

渭河活力健身带

南麓绕城运动环

历史文化游径

图 19　宝鸡绿道

秦韵·活力渭水"魅力都市景观轴。以千河、茵香河、金陵河、清水河为绿带，有机结合功能性岸线与城市景观优化开敞空间体系，构建 4 条特色滨水主题景观带。以交通道路及古驿道（古驮道）、栈道、登山步道串联自然公园、郊野公园、风景名胜区等，构建秦岭北坡、陇山山系、北山山系三大山林游憩体验区。依托凤翔塬、蟠龙塬等黄土台塬，打造凤翔古都游憩环、蟠龙科教时尚环、金台康养休闲环，形成东西向沟通台塬生态斑块、南北向沟通塬上塬下的三维游憩步道。结合都市景观轴、滨水景观带及其他城市慢行步道建设，建设多功能城市绿道网，实现绿道功能复合化（图 18、图 19）。

3. 组团城市与交通

构建"两横两纵"的快速路网络，将中心城区 6 个组团全部串联，满足跨组团、长距离快速交通联系需求，支撑城市空间拓展。规划形成 2 条横向快速路，即连霍高速公路城区段、渭滨大道—滨河路，加强渭河两岸东西向快速交通联系；规划形成 2 条纵向快速路，即凤蟠大道—蟠高快线、新国道 G244，加强中心城区与凤翔城区的快速交通联系（图 20）。

4. 自行车与步道系统

优化步行交通系统，保障非机动车路权。倡导健康步行，整合街巷、人行道、人行过街以及无障碍设施，完善形成独立、连续、安全的步行网络，打造高密度商业步行圈、15 分钟生活圈。外围地区重点针对城镇地区完善步行交通系统；乡村地区结合乡村道路提升改造，改善乡村道路的步行条件，保障步行安全。鼓励利用建筑后退空间、机非隔离带、行道树等设置自行车停车位，在商业、办公、医院、学校等自行车停放需求较大区域，为电动自行车提供充电设施。

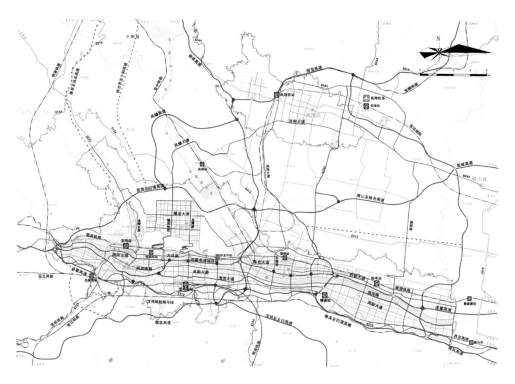

图20　宝鸡中心城区综合交通

图片来源：

首图　www.bjqtm.com

图1　www.bjqtm.com

图2　https://www.sohu.com/a/475504557_121106869

图3　《宝鸡市国土空间总体规划（2021—2035年）》

图4　《宝鸡市国土空间总体规划（2021—2035年）》

图5　https://www.sohu.com/a/488416923_100185418

图7　《宝鸡市国土空间总体规划（2021—2035年）》

图8　《宝鸡市国土空间总体规划（2021—2035年）》

图10　宝鸡市公共交通有限责任公司

图11　宝鸡市公共交通有限责任公司

图12　宝鸡市公共交通有限责任公司

图13　宝鸡市公共交通有限责任公司

图14　宝鸡市公共交通有限责任公司

图15　《宝鸡市绿色慢行系统规划》

图16　《宝鸡蟠龙新区控制性详细规划》

图17　《宝鸡蟠龙新区控制性详细规划》

图18　《宝鸡市国土空间总体规划（2021—2035年）》（公示版）

图19　《西北地区优秀规划设计作品集》

图20　《宝鸡市国土空间总体规划（2021—2035年）》

柳州

百里柳江上的如画桥城

一、城市特点

柳州因"三江四合，抱城如壶"，别称"壶城"；又因"有八龙见于江中"，也称"龙城"。早在旧石器时代晚期，就有"柳江人"在此生息繁衍。柳州建城至今已有2000多年历史，是广西第二大城市、西南地区工业重镇和国家级历史文化名城。

1. 地形地貌

柳州地形地貌多样，以山地和丘陵地貌为主（平原主要分布在融江—柳江、洛清江中下游河谷两岸）。其中，位于大苗山上的元宝山海拔2081m，为柳州境内最高峰，也是广西第三高峰。柳州总体上属于珠江水系西江流域，柳江是境内最大河流，由于其穿城的一段将市区北部绕成壶形，故有"壶城"的别称。

2. 城市布局

柳州已形成"城镇集约高效、村寨集聚和谐、农林综合发展、生态和谐友好"的土地利用模式，构建了"一圈（柳州都市圈）、二区（北部、南部）、四纵五横（铁路、公路）、六城（鹿寨、柳江、柳城、融安、融水、三江），分布有多个基本农田集中区"的土地利用总体格局。

柳州基于"一心两城多组团"的超大城市空间结构，塑造"一主两次轴向拓展"的空间发展路径。

3. 民族构成

柳州是一个多民族相聚而居的地区，壮族和侗族是柳州最古老的原居民族，分别源于先秦百越之地不同的越人支系。全市共有壮族、汉族、苗族、侗族、瑶族等48个民族的居民，少数民族占全市总人口的56.4%。

二、交通系统建设

1. 出行特征

2020年柳州市居民日均出行次数为2.71次，每日平均单程通勤时间为23.86min。根据统计年报，柳州市中心城区居民日出行次数约为543.47万人次，其中步行、电动自行车、私人小汽车三者出行量最大，分别占26.31%、35.45%、19.48%（表1）。而私人小汽车中的新能源车辆比例居全国第一。

柳州市总体交通方式构成一览表 表1

交通方式	出行次数（万人次）	占比（%）	交通方式	出行次数（万人次）	占比（%）
步行	142.99	26.31	私人小汽车	105.87	19.48
自行车	7.50	1.38	搭乘小汽车	29.78	5.48
电动自行车	192.66	35.45	公务大中客车	1.30	0.24
摩托车	13.91	2.56	共享汽车	0.38	0.07
公交车	30.00	5.52	其他	7.61	1.40
出租车	11.47	2.11	总计	543.48	100.00

（数据来源：柳州市城市规划展览馆）

2. 公共交通建设

2020年9月，柳州市入选"国家公交都市建设示范城市"。柳州市通过实施公交提速、线网优化、场站枢纽、智能公交、绿色公交、服务提升、需求管理、特色示范八大工程和保障措施，基本形成了以快速公交为主干，以常规公交为主体，以社区公交、水上公交、出租车、公共自行车等多元化交通方式为补充的城市立体交通体系。同时发展特色公交，开通通勤公交39条、社区公交21条、定制公交23条、水上公交8条、暖心公交2条、旅游公交3条、共享巴士2条等。城市公交乘客满意度由86%提高到91.03%，柳州公交邓红英热线、让座文化、礼让文化等极大地促进了柳州市城市文明建设。地铁预计2024年或2025年开通。

（1）绿色公交

柳州新增新能源公交车辆772辆，优化调整公交线路298条次，公交线路数量由94条增加到147条。在柳州的大街小巷，随处可见清洁能源公交车。通过柳州公交App、微信公众号、"龙城市民云"等线上实时服务系统，市区所有公交线路、车辆全部实现微信扫码乘车。

（2）快速公交（BRT）

柳州市设置了"一主七支两区间"共10条快速公交线路，线路全长214.85km，客流量大，日均客运量9.62万人次。

（3）水上巴士

柳州建设了8条水上公交路线，如今，水上巴士（图1）已经成为柳州市的一道风景线，不仅为市民提供交通服务，更为人们观光柳江提供了便捷的工具。

3. 特色交通

（1）新能源汽车共享

柳州市的新能源汽车渗透率目前已位居全国第一。在停车方面，柳州市政府组织了"全民找车位"活动，柳州市民开着小型新能源汽车，发现某个地方可以停车，只要拍下这个照片、上传地址，满足条件即可申请。目前柳州新能源汽车保有量超过10万辆，累计建设总计5900个公共插座、5200多户个人插座，另外设立了直流和快充桩400多个、慢充桩1500多个。

（2）通学路系统

为解决接送学生上下学引发的交通拥堵问题，柳州市于2013年10月在中心区弯塘小学设置首条"护学通道"（图2、图3），以步行专用道连接学校和学生接送区，实

图1　柳州市水上巴士

图2　"护学通道"实施后学生通行照片

图3　小学生等候区

现了学生与车流及其他人流的物理隔离。

"护学通道"投入使用后获得学校、学生及家长的一致好评，引起社会各界的高度关注，国家层面、自治区、柳州市的多家新闻媒体给予了正面、积极的翔实报道，获得国家"畅通工程"检查工作组专家的充分肯定，取得了良好的社会效果，并被评为全国平安校园建设优秀成果三等奖。柳州市"护学通道"实施后，因其费用小、效果好、可复制的特点，被公安部纳入公安行业标准《中小学与幼儿园校园周边道路交通设施设置规范》，在全国推广。

4. 慢行交通系统建设

（1）步道系统建设

柳州市围绕打造舒适慢行空间，提升城市慢行交通水平，推进城市慢行交通系统和城市绿道建设，共建成休闲步行道及自行车专用道201.1km。其中，建设东环大道、体育路等自行车专用道139.87km，建设滨江东路、古亭山森林公园等城市步行绿道共61.24km，较好地满足了市民骑行和步行需要。河东片区步行和自行车交通系统还被列为全国第三批城市步行和自行车交通系统示范项目。

柳州市沿柳江建设了完整的滨江步道（图4），步道绿意盎然，沿江风景美不胜收。柳江在柳州市内蜿蜒而过，为了加强江两岸的联系交流，柳州市建设了数座精美的桥梁。桥梁上设置的人行步道（图5）供市民往来以及欣赏江景。到了夜晚，江边华灯璀璨，众多市民沿江散步，渲染出温馨美好的城市氛围（图6）。

除滨江步道之外，柳州市还建设了很多步行街，如窑埠路、五星步行街、青云步行街、龙城地下商业街等。这些步行街不仅为行人提供了放松、休闲的好去

图4　滨江步道（左）
图5　白沙大桥步行道（右）

图6　柳江大桥步道夜景

处，还能有效疏导交通。例如，龙城地下商业街共有 21 个出入口，分散了地面上的步行人流，地面上的步交叉口不设行人过街设施，行人过街全部通过地下商业街的出入口，大幅提高了交叉口的运行效率。

窑埠古镇（图 7）作为柳州十大重点城市建设工程，被称为百里柳江点睛之作，其地处 CBD 核心地段，属于柳江人气步行商业区。窑埠古镇再现了窑埠老镇古朴风貌，展现了古埠码头昔日的繁荣景象。窑埠古镇建设内容包括古埠商业街区及侗寨文化风情园区，已成为柳州城市文化的新名片。

（2）自行车交通发展

柳州市积极开展公共自行车租赁系统四期工程建设，共设立 450 个租赁点，投放公共自行车 1 万辆，日均租用次数约 1.5 万次，公共自行车与公共交通枢纽站衔接比例达 92.7%，有效解决了市民出行"最后一公里"问题。

柳州市的公共自行车发展良好，在市内经常可见公共自行车租赁点及停放点。居民使用时只需要通过"龙城市民云"App 或者 IC 卡就可以租车。"龙城市民云"App 可以方便地查询到停放点的布设位置，并且使用完毕必须把车停到规定停放点才算结束程序，避免出现乱停乱放的现象。

三、城市生态景观

柳州市在城市生态建设方面可谓全国典范，不仅获得了"中国人居环境范例奖城市""中国节能减排 20 佳城市""全国文明城市提名城市""无障碍环境示范城市"等众多称号，还入围了"2016 中国最美丽城市排行榜"以及"2016 中国最干净城市排行榜"等（表 2、图 8）。

2012 年，柳州市获评"国家森林城市"。近年来，柳州市的森林覆盖率逐年上升，自 2012 年以来着力打造花园城市，并于 2016~2018 年实行了花园城市 2.0 版建设计划。经过数年努力，一座"缤纷花园之城、灿烂人文之城、绿色生态之城"呈现在市民眼前，柳州也因此被誉为"紫荆花都"。

图 7　窑埠古镇

柳州生态建设部分指标			表2
指标	2010年	2015年	2017年
全区城市（县城）污水处理率（%）	76.13	89.1	94.70
全区城市生活垃圾无害化处理率（%）	67.24	94.56	95.30
全区城市（县城）建成区绿化覆盖率（%）	31.06	34.56	36.53
全区城市（县城）森林覆盖率（%）	62.60	65.02	65.02
全区空气质量优良天数（天）	261	303	308

图8　山清水秀的柳州市

1.工业污染整治

已有近百年工业发展史的柳州，在20世纪以重化工业为主的粗放型增长方式推动了工业经济的快速发展。但由于当时人们环境保护意识较差，工厂排放的废气、废水、废渣对环境造成了严重污染。柳江被工厂排出的污水染黄，空气中的二氧化硫浓度严重超标，柳州市区年酸雨率高达98.5%，成为我国四大酸雨区之一。"十雨九酸"的恶果导致农业产量大幅下降，植被遭大肆破坏，给人民的生活带来严重影响。

20世纪90年代，为彻底改变环境污染的局面，柳州市开始使用法治化手段治理污染。对已对城区造成环境污染的企业采取关、停、并、转，技术改造以及退城入园等方法，全面启动"史上最严"排污准入机制，大幅度降低工业"三废"排放对城市的污染。21世纪初，柳州市以实施"碧水蓝天"工程、建设"百里柳江画廊"为切入点，全面修复城市生态功能，建设具有柳州山水特色和文化底蕴的滨江景观带。柳州市确立了源头重治、系统共治、河长主治、工程整治的工作思路，建立了严格的水资源管理制度——"三条红线"，水环境质量得到显著提升。2020年，在全国300多座地级及以上城市中，1~9月柳江水质监测情况排名第一，地表水水质优良比例达到100%，城市集中式饮用水水源地水质达标率为100%。

柳州市以实际行动证明了工业发展与生态文明建设并不是对立的，二者可以相容共存，关键就在于工业发展过程中能否坚持将可持续发展作为实践指南，并将其贯穿于发展的整个过程。

2. 柳州花海

柳州因美丽、宜居闻名，春夏时节，城中各种花朵竞相开放，将城市点缀得缤纷多彩，素有"花海"美称。

每年4月，柳州市大街小巷的26万株洋紫荆花竞相盛开。这座被粉色花朵装点的城市美丽如画，吸引来自全国各地的游客慕名前来（图9）。

每年5月，雀儿山公园7000m² 柳叶马鞭草竞相开放，繁茂而娇艳的花儿将大地铺满紫色，犹如一片粉紫的云霞，美不胜收（图10）。

即便到了秋冬季节，柳州依然绿意盎然，花团锦簇。秋季，都乐公园内的红萼龙吐珠惊艳绽放（图11）。它花型奇特，开花时深红色的花冠由花萼内伸出，状如吐珠。红萼龙吐珠几乎全年可以开花，秋末冬初时花开得最盛。同时，橙钟花也为柳州的秋日带来一抹亮丽的"活力橙"。其因耐热性高，生长速度快，颜色温暖、明亮，早已成为全球众多热带花园的宠儿（图12）。

3. 城市历史文化保护

柳州具有厚重的历史文化底蕴，在工业发展过程中，柳州并未忽视历史文化，而是将城市历史文化的保护与传承放在城市建设的重要地位。自2009年实施"文化建设十大工程"以来，柳州走上了一条由工业之城变为文化大市、由文化大市向文化强市转型的可持续发展之路。

文庙，也称孔庙，是祭祀孔子的地方（图13）。柳州文庙始建于唐贞观年间，唐以后几经废兴。1928年，文庙毁于全城大火，主体建筑付之一炬。2009年，柳州市政府于柳江南岸灯台山西麓重修柳州文庙。如今，其已成为

图9　柳州紫荆花（左）
图10　雀儿山公园的柳叶马鞭草（右）

图11　都乐公园红萼龙吐珠（左）
图12　都乐公园橙钟花（右）

图13　坐落于城市之中的文庙

图14　柳侯公园及柳侯祠

"百里柳江"景观带上重要的文化标志性建筑，彰显着儒学在中国传统文化中的重要地位。

　　柳侯公园（图14）位于柳州市柳江北岸，为纪念唐代大文豪、曾任柳州刺史的柳宗元而建，也是广西著名的游览胜地。修建于市中心的柳侯公园不仅具有园林休闲功能，还有群众休闲活动、历史纪念、传统文化传播等多方面的社会教化功能。以柳宗元为主线的传统文化与优美的自然景观相结合，形成了独具特色的城市园林，在和谐社会建设中发挥着独特的作用。

4. 登山看城市

　　去柳州旅游的话，当地人一定会这样建议：要俯瞰柳州全景，可以去两个观景胜地，其一是马鞍山山顶，其二是云顶观光台。

　　马鞍山古称仙弃山，是柳州市中心区最高的山峰之一，它东西突兀，中间凹陷，形如马鞍，因而得名。其为东西走向，长500m，高270m。古代被称为天马山，因其雄峙江畔，很像呼啸腾空的奔马，素有"天马腾空"的美誉，被誉为柳州八景之一。

　　在马鞍山的玻璃观景平台可以看到柳州城卧于群山环抱中，一栋栋摩天大楼整齐排列着，却与山水之景相得益彰，毫不违和。柳江穿城而过，形态各异的大桥横亘在柳江水上，为柳州平添几丝风韵。

　　云顶观光台位于柳州地王大厦第76层，高303m，是一处壮丽的城市高空景观旅游和城市会客厅。观光台不仅提供了极佳的观光视角，也为游客提供了一个放松休闲的空间。无论是当地居民还是来自其他城市的游客，都可以在这里体验到独特的城市风光和文化氛围。在诸多服务设施中，最引人注目的是空中玻璃栈道。这个栈道环绕观光层外围，宽1.5m，行走一圈长度达208m，带给中外游客惊心动魄的高空漫步体验，为柳州这座城市增添了独特的魅力。

四、城市亮点与经验借鉴

1. 水与城市的互生关系

柳江对柳州的重要性不言而喻，二者共生互利。在柳江的水质保护方面，柳州也曾走过先污染、后治理的弯路，环境污染给城市发展带来灾难性后果。后期柳州加大治理力度，改善了柳江水质，还柳州人民一个山清水秀的宜居环境。同时，柳州建设了多座风格迥异的跨江大桥，大桥上设计了人行步道，沿江建设了滨江步道，并开通了水上巴士，以亲水理念最大限度地利用柳江美景，将柳江文化充分融入柳州的整体建设过程中。柳江如百里画廊（图15），江水清澈，两岸风光秀美，充分体现了城市依水而生，水因城市而活。这启示我们城市建设要与生态和谐共存，城市才能实现可持续发展。

2. 城市文化建设

文化是一座城市的灵魂所在，人们行走于柳州城市之中，可以体会到柳州文化无处不在。文庙象征着儒家文化，柳侯公园记述了柳州的历史文化，柳州工业博物馆镌刻着柳州市的工业文化与环境治理理念，螺蛳粉小镇、螺蛳粉博物馆、螺蛳街等传扬了柳州的美食文化，数座精美独特的桥梁展示着柳州的桥梁文化与民族文化，亲水的滨江步道与自行车道彰显了柔美的柳江文化……重视文化建设充实了柳州的城市内涵，提升了柳州的城市形象与吸引力，使柳州人民更有归属感与认同感，让游客对柳州更有亲切感。城市的文化建设是生态美好城市、魅力城市建设中不可或缺的一部分。其他城市在发展过程中可以借鉴柳州的文化建设发展经验，打造独具特色的城市内在魅力。

3. 绿色交通发展理念

可持续的交通发展战略是城市可持续发展的必要条件，柳州大力发展绿色交通，并具有创新性。柳州的新能源汽车发展十分超前，全市的清洁能源小汽车比例较高，充电设施与停车设施配给充足，可共享使用，已经成为柳州市出行的重要方式。除此之外，清洁能源公交车、水上巴士、快速公交、定制公交等公交新模式在柳州的应用也相当广泛。

图15　柳江绕城

4. 人性化城市建设

　　行走于柳州，相信每个人最大的感受就是和谐宜居。柳州的城市规划、景观营造、交通布局、设施建设，无不处处体现着以人为本的治理理念。在这里，人们能享受美好的生态环境，欣赏动人的城市美景，按照自己的节奏选择适宜的交通工具游走于大街小巷。出租车小哥在奔忙的旅途中，可以在服务中心坐下歇歇脚；电动车驾驶员可以在短时间内快速地寻找到充电站或者换电站；来游玩的人可以便捷地租车自驾，或体验独特的公共交通方式。不同的群体都可以在柳州这座充满人文关怀的城市中找到自己的栖身之所。

图片来源：

首图　https://bbs.dji.com/pro/detail?tid=115287

图2　柳州市公安局交通警察支队

图10　https://www.sohu.com/a/550011004_121117464

图11　https://mp.weixin.qq.com/s?__biz=MjM5MzA0NDk4Nw==&mid=2653704995&idx=
　　　1&sn=75f7921ca0258864a95e44df37ab3a2d&chksm=bd45f3b78a327aa1987a0f9d
　　　c3843c7cffb06c1e28c63746f3614e57c24a55dd6689930b523f&scene=27

图12　https://mp.weixin.qq.com/s?__biz=MjM5MzA0NDk4Nw==&mid=2653704995&idx=
　　　1&sn=75f7921ca0258864a95e44df37ab3a2d&chksm=bd45f3b78a327aa1987a0f9d
　　　c3843c7cffb06c1e28c63746f3614e57c24a55dd6689930b523f&scene=27

厦门

高颜值的生态花园之城

一、城市特点

1. 城市概况

厦门市，简称"厦"或"鹭"，别称鹭岛，是国务院批复确定的中国经济特区和东南沿海重要的中心城市、港口及风景旅游城市，曾荣获"联合国人居奖"。厦门市是以厦门岛为中心，岛外四区（海沧区、集美区、同安区、翔安区）为多核的组团式"海湾型城市"，形成了山、海、城交融的城市景观。截至 2022 年年末，厦门市常住人口达到 530.8 万，城市建成区面积 405.56km²，全市城镇化率达 90.19%。

2022 年年底，厦门市建成区绿地率、绿化覆盖率分别为 41.5%、45.65%，人均公园绿地面积达到 14.84m²。厦门市绿地系统规划指出，重点加强综合公园及社区公园的规划布点，保证每区至少一个区域性综合公园，居住地集中片区满足社区公园 500m 服务半径全覆盖。利用城市区域性城市绿道、城市水系，规划带状公园，串联点状绿地，形成城市公园绿地网络化结构体系，逐步构建"一区一环两带多廊道"的指状放射网络型市域生态与绿地系统布局结构（图 1）。

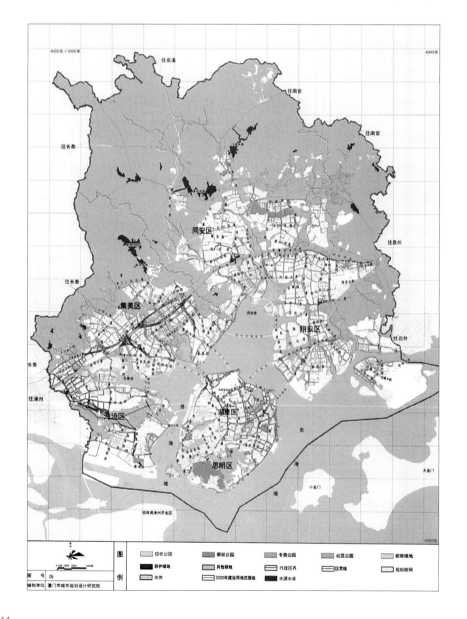

图 1 厦门市绿地系统规划图

2. 地理特征

厦门市位于福建省南部，与漳州、泉州相连，地处"闽南金三角"中部。厦门市由厦门岛、鼓浪屿及其众多小岛屿、岛礁和同安、集美、海沧、翔安、杏林湾、马銮湾、同安湾等组成，陆地面积 1700.61km²，海域面积约 390 多 km²。其中，厦门岛面积约为 157.76km²（含鼓浪屿），是福建省的第四大岛屿，全岛海岸线约为 234km。

3. 人口分布

2022 年年末，厦门市常住人口 530.80 万，常住人口城镇化率 90.19%。全市人口出生率 7.56‰，人口死亡率 3.40‰，人口自然增长率 4.16‰，比上年下降 1.12 个千分点。其户籍人口 293.00 万，户籍人口城镇化率 87.6%。户籍人口中，城镇人口 256.59 万。思明、湖里两区合计 131.90 万人，占全市户籍人口的 45.0%。

4. 城市结构与土地使用

根据《厦门市国土空间近期实施规划（2021—2025 年）》公示材料，未来厦门市总体格局为：在生态格局方面，构筑"一屏一湾十廊"的生态安全格局，保护北部山体生态屏障，保护西海域、九龙江河口海域、同安湾海域、厦门东部海域和大嶝海域等厦门湾海域空间，构建连山通海的十大山海通廊；在城镇格

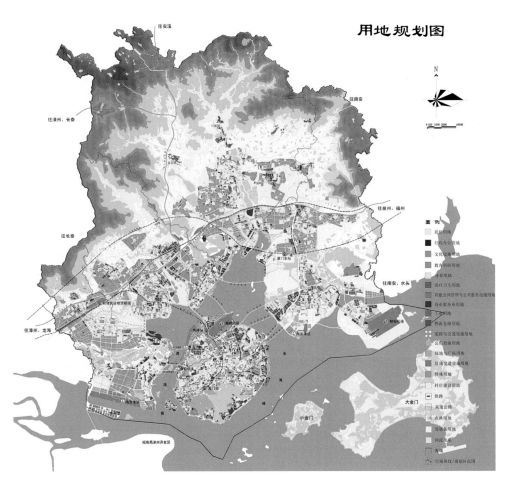

图 2　厦门市用地规划图

局方面，深化"一岛一湾"城市空间结构，持续构建"两带三轴四组团"城镇格局，即两条沿海发展带、三条山海发展轴、四大城市组团（厦门岛、东部组团、西部组团、北部组团），如图 2 所示。

二、城市居民出行特性与交通系统特征

1. 居民出行特性

根据 2020 年度厦门城市交通发展报告，厦门市居民人均出行次数 2.55 次/日，估算全市出行总量约 1300 万人次/日；与 2015 年相比，人均出行次数增加了 0.21 次/日。从出行方式分担率来看，步行、自行车、电动自行车、共享单车及公共自行车等慢行交通方式的出行比例为 44.7%，较 2019 年略有上升，是厦门市居民最主要的交通方式；公共交通方式出行比例为 18.4%，其中地铁出行方式占比 3.2%，较上一年显著增加，常规公交和快速公交出行比例为 15.2%，较 2019 年有所下降；私人小汽车（包括自驾和搭乘）出行比例为 20.1%，较 2019 年略有下降；摩托车的出行比例为 11.1%；出租车、网约车占比 4.7%，较 2019 年有所上升；轮渡、单位客车等其他方式占比为 1.0%（图 3）。

从出行目的来看，回家、上班、上学、购物、餐饮成为厦门市居民主要出行目的，上班和上学出行分别占出行总量的 23.41% 和 8.71%，购物和餐饮出行量占总出行量的 7.29%（图 4）。

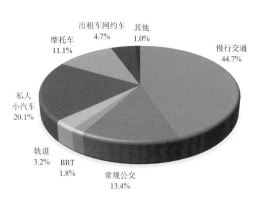
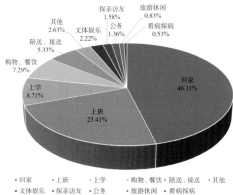

图 3 厦门市居民出行方式分担率（左）
注：居民出行方式占比结合居民出行调查和各交通系统大数据综合推算
图 4 厦门市居民出行目的构成图（右）

厦门市居民平均出行时间为 24.19min，依据各交通小区之间最短出行距离推算，居民平均出行距离为 4.50km；与 2019 年相比，平均出行距离增加了 0.29km，平均出行时耗下降 0.4min（表 1）。

2020 年厦门市居民平均出行时耗与距离 表 1

区域划分	全市	思明区	湖里区	海沧区	集美区	同安区	翔安区
平均出行时间（min）	24.19	26.22	25.46	23.19	23.92	20.87	23.02
平均出行距离（km）	4.50	4.16	4.13	3.98	4.87	4.67	5.74

（数据来源：《厦门市 2020 年度居民出行小样本调查》）

2. 机动车保有量

截至 2023 年 1 月，厦门全市机动车保有量超过 200 万辆，千人机动车保有量达到 380 辆。近年来厦门市机动车保有量如图 5 所示。

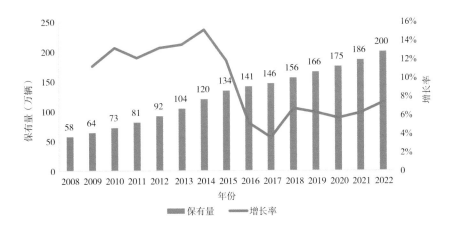

图 5　厦门市机动车保有量（2008~ 2022 年）

3."四桥一隧"通道交通特征

厦门岛通过"四桥一隧"（海沧大桥、厦门大桥、集美大桥、杏林大桥、翔安隧道）连接岛外各区。随着厦门市经济的不断发展，岛内外联系日益密切。机动车保有量的逐年增长，导致"四桥一隧"超饱和运行（表 2）。

"四桥一隧"流量及负载　　　　　　　　　　　　　　　表 2

桥隧	方向	日均流量（辆）	日均合计流量（辆）	设计流量（辆）	负载（实际流量/设计流量）
海沧大桥	出岛	75423	146594	50000	2.9 倍
	进岛	71171			
杏林大桥	出岛	56076	106826	55000	1.9 倍
	进岛	50750			
集美大桥	出岛	51402	102579	55000	1.9 倍
	进岛	51177			
翔安隧道	出岛	46460	93708	50000	1.9 倍
	进岛	47247			
厦门大桥	出岛	44730	87755	25000	3.5 倍
	进岛	43025			

三、公交发展

1. 常规公交

截至 2020 年年底，厦门市正在运营的常规公交线路共 408 条（含 39 条农客线路），线路总长 7036.7km。公交车拥有量 4314 辆，其中农村客运车辆数 163 辆。2019 年万人拥有公交车辆数 14.2 标台，常规公交日均客运量约 193 万人次。

2. 快速公交（BRT）

截至 2022 年年底，厦门 BRT 已投入运营线路共 8 条，其中 6 条为常规快线，2 条为高峰快线，线路合计长度 183.5km，日均客运量约 18 万人次。全线共设置 7 个 BRT 综合交通枢纽站，可供 BRT 停车、检修以及社会车辆停车换乘。高峰期间，BRT 采取流水式发车以及高峰线等运营模式增加运力，缓解短线高峰客流拥堵，提高出行舒适性。此外，厦门市快速公交运营有限公司通过积极协调相关部门，实现了 BRT 站点与地铁站、公交站的无缝衔接，提高市民换乘便利性，近年来日均客运量如图 6 所示。

3. 地铁

截至 2021 年 6 月，厦门市地铁开通运营线路共 3 条，包括地铁 1 号线、2 号线、3 号线首通段。线路采用地铁系统，里程总长 98.4km，共设车站 77 座（开放运营 71 座）。2021 年，轨道交通日均客运量约 54 万人次，轨道交通骨干网络作用日益凸显，近年来地铁日均客运量如图 7 所示。

四、绿色交通系统建设

1. 无车岛屿——鼓浪屿

鼓浪屿位于厦门岛西南侧，是厦门市第三大岛屿，小岛占地面积 1.9km²，现有岛上原住居民约 7000 人。鼓浪屿作为国家 5A 级旅游景区，因近年来客流剧增，岛上环境受到一定破坏，自 2017 年 6 月 30 日起实施上岛游客总量控制，单日接待量（含厦门市市民）不超过 5 万人。

为加强鼓浪屿景区交通管理，维护景区交通秩序和旅游秩序，2007 年厦门市政府出台《厦门市鼓浪屿风景名胜区交通管理办法》，禁止机动车、电瓶车、板车、电动自行车、自行车等各种交通车辆在鼓浪屿风景名胜区行驶。外地游客可通过岛内厦鼓码头、轮渡码头、岛外海沧区嵩屿码头乘坐邮轮至鼓浪屿内厝澳或三丘田码头上岛，钢琴码头作为鼓浪屿岛上居民专用码头用于居民通勤，鼓浪屿街道现状如图 8 所示。

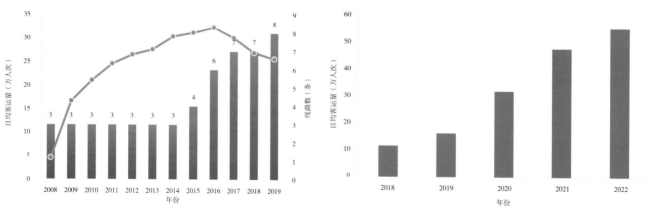

图 6　BRT 历年日均客运量　　　　　　　　图 7　厦门地铁日均客运量对比

图 8　鼓浪屿现状街道实景

2. 公交"六进"

厦门市已逐步形成"以地铁、BRT 为骨干、常规公交为网络"的公共交通出行服务体系。为促进公交与轨道两网融合，以公交微循环线路的形式开展进"小区、园区、学校、医院、商圈、企业"的公交"六进"服务，填补接驳周边地铁、BRT 站点的"最后一公里"公交线网薄弱区域（图 9）。目前，首批 6 条"六进"公交线路已开通，涉及 2 个园区、1 个小区、1 个学校、1 个医院、1 个商圈。

3. 空中 BRT

厦门市快速公交系统是国内首个采取高架桥专有路权模式的 BRT，目前已投入运营线路达 8 条，日均客运量由开通之初的 2.5 万人次增长至 27 万人次（最高日 39.95 万人次），以全市 6% 的公交运力承担了 15% 的运量。BRT 系统将岛内经济发达区域与岛外集美区、同安老城区、工业区厦门北站及环东海域紧密连接起来，有效促进了跨岛发展战略的实施（图 10）。在设计上，创造性地把高架桥车站设计为车站结合过街天桥，并配置电动扶梯等设施以方便市民，引入美学评价体系的优化设计，充分体现了公共空间与自然环境、高架桥梁与道路景观的和谐统一（图 11）。

图 9　公交进小区、进医院、进园区

图 10　厦门市 BRT 系统

图 11　BRT 站点设计

　　厦门 BRT 规划建设阶段也同步考虑了停车场及枢纽站的综合开发，既满足交通功能，又提升用地开发价值，开发收益反哺 BRT 建设和运营，共建 7 个枢纽站。裙楼及地下部分主要功能为 BRT 停车及检修、公交首末站、地下社会公共停车场等公共交通枢纽，以及修建配套用房作为生产办公及便民商业经营使用。枢纽站上部独立开发，主要是商品房和保障性住房，其中第一码头枢纽站部分区域还作为轮渡码头候船大厅，与轮渡航线无缝接驳（图 12）。

4. 风雨连廊

　　厦门串联重要交通枢纽、商业、公园、医院、学校等公共设施，推进地铁站点与周边设施的风雨连廊建设（图 13）。目前已试点完成两批共 11 个风雨连廊项目建设，将已运营地铁站与重要交通枢纽、公共建筑设施、居民区、办公区无缝衔接。

5. 自行车系统

　　厦门市自 2013 年起全面启动岛内公共自行车系统建设，一期工程总长约 102km 的自行车道已经全部建成，二期工程约有长 92km 的自行车道处于在建状态。自行车道的建设受到现状道路条件制约，布设形式不尽相同。

图12 BRT枢纽综合开发

图13 文灶站及邮轮中心站风雨连廊

　　根据实际情况，厦门岛内的自行车道主要包含3种类型。①专用自行车道。专用自行车道拥有独立路权，主要以旅游休闲绿道为主，如环岛路（沿海）、五缘湾自行车道、空中和海上自行车道等，采用彩色铺装，且骑行环境较好，骑行体验好。②设在机动车道上的自行车道。设在机动车道上的自行车道分两种情况：一种是利用机动车道的辅道作为自行车道，如金尚路、湖滨北路等；另一种是在原本的机动车道上划线标识出自行车道，如望海路等。但该种自行车道未实施机非隔离，骑行存在一定的安全隐患。③设在人行道上的自行车道。设在人行道上的自行车道一般有3种情况：第一种为专门铺设的自行车道（如云顶北路、湖滨东路的自行车道），人行道和自行车道分离；第二种为通过划线分隔出的自行车道；第三种仅设置自行车道标识，但与人行道完全混合。从实际使用率来看，厦门市自行车道的使用率普遍偏低，多数骑行者选择在机动车道或者辅道最右侧车道骑行，导致最右侧机动车道通行效率有所降低，骑行安全性也在一定程度上随之下降。

《厦门市绿道与慢行系统总体规划》（2013年）确定了厦门市绿道网总体结构为"一环、两带、四放射"。"一环"是指厦门市本岛环岛路滨海绿道，"两带"是指沿厦门湾的滨海绿道和沿城市外围的山体绿道，"四放射"是指利用岛外各区溪流，即过芸溪、后溪、东西溪和东坑湾—九溪作为城市放射绿道。

厦门湖里区空中自行车道示范段（BRT洪文站—BRT县后站）2017年1月竣工。全线共规划11个出入口，其中6处与BRT站点衔接，3处与人行天桥衔接，4处与建筑物衔接。厦门市空中自行车道充分利用BRT高架桥下空间建设，起点为BRT洪文站，终点为BRT县后站，全长约7.6km，单侧单向两车道，车道总宽度4.8m（图14）。空中自行车道设计峰值流量为单向2023辆/h，设计速度为25km/h。采用智能化闸机"鉴别"进入车道的车辆，并采用多重传感监测技术、可见光及红外图像采集处理等技术实现对自行车、电动车和摩托车的快速通过式检测识别。车道每隔50m便有一处监控摄像头，应急中心调度员可通过监控发现违规者，并通过广播予以警告。同时，摄像头还可智能分析骑行流量，及时启动应急预案。为加强空中自行车道管理和通行规定，2017年1月，厦门市公安局发布《关于自行车专用道交通安全管理的通告》，对通行车型、逆向行驶、违规停车、超速行驶等违规行为作了明确的处罚规定。

厦门市空中自行车道服务设施较为齐全，在一定程度上吸引了市民选择自行车出行，提升了市民自行车出行的安全性和舒适感。但是也存在一些问题，如线路里程过短、可达性较差、部分路段和入口坡度较大等设计使用感不佳的因素导致使用率不高，即使在工作日的早晚高峰车流量依然较低，值得在未来对此进行探索与分析。

图14　厦门空中自行车系统

6. 步行道

厦门环岛路是一条沿海而建的旅游干道，有厦门"最美大道"和"世界上最美的公路之一"的美誉。环岛路全长 43km，建成后被列入厦门新二十名景之一，吸引大量游客和市民前来闲步、游玩。环岛路滨海步道位于厦门岛南部，起点为厦门大学白城沙滩，终点位于黄厝石头广场，全长 5.3km，全段彩铺。环岛滨海步道将沿线厦门大学白城沙滩、胡里山炮台、白城立交桥、音乐广场、白石炮台遗址等景点串联起来，另外沿线路边布设很多雕塑作品，美化沿线风景。沿线还通过设置多个大型停车场，满足市民和游客的小汽车停车需求，使得市民和游客能便捷地前往海边，典型路段如图 15、图 16 所示。

2019 年厦门市政府开始实施滨海慢行道景观提升工程，针对位于厦门岛西部国际邮轮城段沿线慢行道不连续、公共性不足，沿线旅游景点缺乏联系性和协调性等问题进行改造。工程完工后将串联山海健康步道、铁路公园等慢行道，进一步完善厦门市慢行系统。

图 15 环岛路滨海步道

图 16 海湾公园滨海步道

厦门市山海健康步道（狐尾山—仙岳山—湖边水库—观音山步道）起于邮轮码头，终于观音山梦幻沙滩，串联了厦门岛中北部重要的生态节点，形成贯穿本岛东西方向的山海步行通廊，沿线串联"八山三水"（狐尾山、仙岳山、园山、薛岭山、虎头山、金山、虎仔山、观音山、筼筜湖、湖边水库、五缘湾），全长约 23km。

山海健康步道充分考虑与现状步道以及主要城市交通节点的衔接，沿线共设置 52 个接驳出入口（其中 8 个出入口与公园衔接），出入口的平均间距约280m，出入口设置方式主要有坡道、普通梯道、椭圆形楼梯、椭圆形电梯、垂直电梯、直接平接等。同时，步道坡度在设计时充分考虑了行人行走及跑步健身的需求，全线达到无障碍通行标准（图 17）。

图17 厦门市山海健康步道

山海健康步道全线设置 14 个驿站节点，服务半径为 500~700m，配套服务用房、公厕、自动售卖机等服务设施。

7. 立体停车库

作为厦门岛外发展的城市副中心和国家级台商投资区，厦门市海沧区近年来发展迅猛，是厦门岛外城镇化率最高的地区，机动车保有量迅速增长与城市停车设施建设滞后的矛盾日益突出，停车位严重不足。为此，厦门市海沧区政府统筹规划，分步实施，建设与管理并重，按照问题导向提出"道路小区、地上地下、试点示范"的建设思路，充分利用学校操场地下空间、市政道路支路地下空间、市政道路慢车道及人行道地下空间、边角绿地地下空间等建设地下停车库。2017 年 6 月，海沧区政府在海沧区行政中心区域的政务中心和文化中心试点全国首个预制装配沉井式地下智能停车库，该沉井式机械车库主体部分由一台搬运机、一台车库核心升降机、两个转运平台以及一个车主等候长廊组成，占地面积仅 120m²，沉井深 13m，地下共 5 层，单个沉井可以停放 50 辆小汽车，以探索采取集约用地的方式解决停车泊位不足的问题（图18）。

8. 街道景观

厦禾路起于鹭江道，止于嘉禾路，是承载厦门市经济社会运行的大动脉之一，始终承担着岛内交通主通道的重任。厦禾路两侧建设为集居住、商业、金融、文化娱乐等各种功能于一身的现代化城市综合体。

2019 年 3 月厦门市政府对厦禾路景观进行了提升，提升工作包括市政绿化和综合整治，坚持"以人为本"，综合考虑市民需求、投资规模和景观效果，完

图18 海沧区沉井式机械车库

善、规整市政设施，改善市民休闲空间，进一步提升城市的宜居度和承载力，打造了高颜值的景观大道（图19、图20）。

9. 换乘枢纽

　　厦门万象城毗邻湖滨南路与湖滨东路两条一级城市主干道，总建筑面积达到15万 m^2，是厦门市重要的商业圈之一。该商业圈与地铁1号线和3号线（在建）换乘站——湖滨东路站无缝衔接，形成地铁＋商业综合体，助力区域消费水平的提升（图21）。

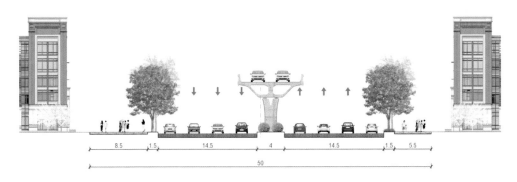

图19 厦禾路横断面示意图（单位：m）

图 20　厦禾路街道景观

图 21　地铁＋商业综合体（1号线湖滨东路站）

10. 智能交通

　　厦门市的智能交通系统体现在两个领域：一是厦门市交通局所属部门的智能交通系统建设，侧重于综合交通运输系统的运行管理等；二是厦门市公安局交通警察支队的智能交通系统建设，侧重于道路交通运行的管理等。

　　厦门市交通运行监测指挥中心作为厦门市城市交通、公路、铁路、空港、邮电一体的综合交通信息化、智能化建设的牵头单位和应用载体，总体定位为综合交通"五个中心"（即运行监测中心、信息数据中心、应急指挥中心、决策支持中心、信息服务中心），立足于服务政府决策、行业监管、企业运营、公众出行，承担全市综合交通运输行业的数据采集分析、运行监测、信息应用和投诉服务等工作，为全市综合交通运输体系提供信息技术支持和综合指挥调度协调平台。

　　厦门市公安交通指挥中心经过20多年的发展，不断创新升级，以最新科技为支撑，成为厦门市交通排堵保畅的"指挥大脑"；通过视频巡查及时掌握交通状况；运用大数据研判，对交通管理难点、痛点进行精准预测、精准调度、精准预防；优化信号智能调配，完成全市395个路口信号灯联网联控；管控421套

"电子警察"及 2000 多套视频监控设施，提升了路面监管能力，强化交通违法查处与整治；多部门联动，对各种交通事件进行快速处理，有效改善了城市道路交通安全与秩序。

2019 年 11 月，厦门市政府与百度公司签署战略合作协议，双方将在人工智能、云计算、智能交通等领域进行深度合作。其中，在智能交通领域，在百度地图数据及能力、百度大脑、大数据分析、自动驾驶、V2X 等技术的加持下，百度为厦门定制智能交通管理解决方案，为民众提供更加优质的出行服务。同时，双方将建设以车路协同、自动驾驶接驳、物流、环卫等为代表的示范性场景，并推动引入上下游生态合作伙伴，在智能网联汽车研发及应用、基础设施智能化升级、车路协同等方面形成自主可控的完整产业链，共同打造厦门特色的"智能网联和智能交通标杆城市"。

五、城市亮点与经验借鉴

厦门市是一座高素质的创新创业之城和高颜值的生态花园之城，也是人与自然和谐共生的环境友好型城市。改革开放以来，厦门市政府高瞻远瞩、锐意创新，实现经济、民生、生态共生互促的可持续发展，全力打造"生态厦门"。

近年来，厦门市将生态环保融入城市交通建设、管理之中，走出了一条创新之路，不仅满足了人民对便利出行的需求，也满足了人民对美好生活的向往。绿色交通战略有效助力厦门持续提升生态环境质量，成为城市绿色发展的"新"动能，并为国内其他城市发展绿色城市提供了经验借鉴。

1."大交通、大绿色"的发展导向

交通运输行业是城市经济发展的先行官，也是生态立市的重要基础领域。长期以来，厦门市始终以"大交通、大绿色"为发展导向，把绿色交通作为一项与城市可持续发展、民众美好生活紧密相关的系统性民生工程来推进，通过基础设施生态品质建设、绿色出行模式引领、交通智慧创新发展、绿色交通制度深化，真正实现"生态和谐、普惠民生、智慧引领、管理多元"的城市绿色交通发展模式，形成公众高度满意、社会广泛认可、全国典型示范、国际良好展示的绿色发展新格局。

2.立体化城市公共交通系统逐渐形成

倡导公共交通绿色出行，前提是必须提高公共交通出行的便捷度。厦门市正在加快形成以地铁、BRT 为骨干，以常规公交为网络、慢行系统为补充的城市公共交通系统，其中空中 BRT、空中自行车道等都为国内首创。此外，厦门市积极创新引入"互联网＋出行"新服务，推出社区公交、微循环公交、接驳公交等方式，解决市民出行"最后一公里"问题，还探索运营新模式，打造"约巴""里享行"等特色公交品牌，提供更具灵活性和个性化的公交服务，满足市民差异化出行需求。

3. 促进交通用能清洁化

厦门市积极推动新能源技术在交通行业的应用,从源头上让交通运输行业"绿"起来。在这个过程中,以公交、出租车、网约车等交通出行领域为主要切入点。截至2022年年底,厦门市公交车新能源车辆已占全市运营车辆的86.5%;出租车全部为新能源和清洁能源车型;在网约车方面,《厦门市网约车运营服务管理地方标准》明确要求新增车辆零排放,合规车辆占全市网约车总量的60%,纯电动比例位于全国前列。为让新能源汽车"跑起来",厦门市已建成300个充电站,约9500个充电桩,能够满足4万辆电动汽车的充电需求。

4. 提升交通智慧化水平

近年来,厦门市主动牵手5G、大数据、云计算、人工智能等新技术,着力探索提升交通综合治理能力,让出行变得更智慧。应用交通大数据技术,厦门构建了全市统一的综合交通大数据中心体系,实现交通大数据7大类、60项行业数据的整合接入,打造"一图、一库、一平台"的大交通信息共享服务体系。

图片来源:

首图　https://www.zhihu.com/question/392419631/answer/1217265161
图1　厦门市市政园林局
图2　《厦门市城市总体规划（2011—2020年）》
图7　中国城市轨道交通协会
图9　厦门市交通运输局
图10　部分源自http://k.sina.com.cn/article_3205414217_pbf0ebd4900100hqsr.html
图11　厦门市交通运输局
图12　厦门市交通运输局
图14　厦门市公共自行车管理有限公司
图17　部分源自https://www.k1u.com/trip/59806.html; https://xm.bendibao.com/tour/2023215/82613.shtm
图18　全国首个预制装配沉井式地下机械停车库建设完成,https://www.bim188.com/info/d1302.html

常州

精致典雅的生态宜居之城

一、城市概况与特点

常州是一座有着 3200 多年历史的江南文化古城（历史上有"龙城"之别称），素有"中吴要辅、八邑名都"的盛誉，以"鱼米之乡"著称；同时，又是一座充满现代气息、经济较发达的新兴工业城市，以新能源之都作为发展目标。其经济基础雄厚，乡镇企业发达，入选全国城市综合实力 50 强和投资环境 40 优城市。

1. 地形地貌

常州市地处江苏省南部、长三角腹地，东与无锡市相邻，西与南京市、镇江市接壤，南与无锡市、安徽省宣城市交界，与上海市、南京市两大都市等距相望。常州地貌类型属高沙平原，山丘、平圩兼有。其境内地势西南略高、东北略低，平原水网地区高差 2m 左右。其西南部为天目山余脉，西部为茅山山脉，北部为宁镇山脉尾部；中部和东部为宽广的平原、圩区。南濒太湖，北襟长江，京杭大运河穿境而过，滆湖、长荡湖镶嵌其间，形成河道纵横、湖泊相连、江河相通的江南水乡特色。

2. 气候特点

常州属于北亚热带季风区，气候温润，雨量丰沛，日照充足。2021 年，全市平均气温为 17.8℃，极端最高气温为 38.6℃，极端最低气温为 -8.4℃；全市平均降水量为 1408.5mm；全市平均日照总时数为 1925.5h❶。

3. 历史文化

常州从古至今都是引领潮流的明星城市，历史上在运河时期即为三吴重镇，历史积淀深厚，是长江文明和吴文化发源地，国家历史文化名城；近代以来更开风气之先，是中国民族工商业发源地之一、全国知名的工业明星城市；改革开放后创造了"苏南模式"，掀起了"全国中小城市学常州"的热潮。文化遗存丰富，大量民间文学、传统音乐戏剧等入选国家级非物质文化遗产名录，文化服务产业发达。

4. 旅游资源

常州境内名胜古迹众多，历史文化名人荟萃。风景名胜、历史古迹有圩墩村新石器遗址、春秋淹城遗址、天宁寺、红梅阁、文笔塔、北宋藤花旧馆、苏东坡舣舟亭、太平天国护王府遗址、瞿秋白纪念馆等，现代旅游度假景区更有中华恐龙园、溧阳天目湖旅游度假区、金坛茅山风景区、动漫嬉戏谷主题公园、东方盐湖城、华夏宝盛园等。目前全市共有省级以上旅游度假区 4 家，其中国家级旅游度假区 1 家；国家 A 级景区 32 家，其中 5A 级旅游区 3 家，4A 级旅游区 8 家。

5. 常州概况

常州市辖区内有 5 个行政区（金坛、武进、新北、天宁、钟楼），1 个县级市（溧阳），全市共有 33 个镇、29 个街道，行政区域总面积 4372km²。

2022年全市常住人口536.62万，其中城镇人口418.64万，城镇化率达到78.01%。2022年全市实现地区生产总值9550.1亿元❷。

二、土地利用与城市结构

1. 土地利用

全市城镇用地主要集中在中心城区、金坛区与溧阳市城区以及全市的各镇镇区，农村居民点用地广泛分布于市域，交通运输用地在市域内纵横交错，水利设施用地主要沿河湖分布。不同市、区之间差别较大，天宁区、钟楼区和常州经开区开发强度最高，新北区、武进区其次，金坛区、溧阳市开发强度较低。

2. 城市空间结构

全市紧扣"国际化智造名城、长三角中轴枢纽"城市定位，深入推进"532"发展战略，大力建设"两湖"创新区，推进老城厢复兴。中心城区形成"双心、四副"空间结构（图1），其中"双心"即城市主中心（常州主城）和城市新中心（"两湖"创新区），"四副"即东部、南部、西部、北部四个副中心。

城市主中心（常州主城）包含老城厢、行政中心、湖塘、天宁新城、钟楼新城等重点区域，保护历史文化，推进城市有机更新，强化城市综合服务职能，提升城市空间品质和治理维护水平。

城市新中心（"两湖"创新区）位于滆湖和长荡湖周边区域，依托优质生态资源，突出创新与科研功能，建设交通枢纽、企业总部、高端酒店、文体场馆、商业综合体等高品质城市功能设施❸。

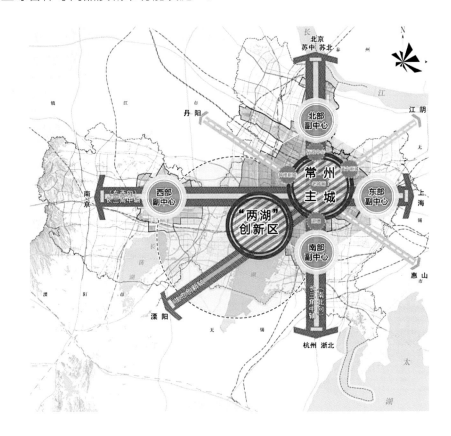

图1 常州市中心城区空间结构图

三、机动化与交通结构特性

2021 年，常州市区人均出行率 2.60 人次 / 日，平均出行距离 5.25km，平均出行时耗 34.92min。常住人口平均通勤距离 4.58km，平均通勤时耗 34.35min。45min 通勤时间内居民占比 74.76%，5km 通勤距离内居民占比 64.19%。根据高德地图、滴滴出行等出行运营商发布的交通运行年度报告，常州交通健康指数位居全国同类城市第一方阵（其中的出行距离为直线距离）。

截至 2021 年年底，常州市区注册登记机动车达到 143.3 万辆，其中私人小汽车保有量为 112.18 万辆，千人私人小汽车拥有量为 247 辆❹（图 2）。

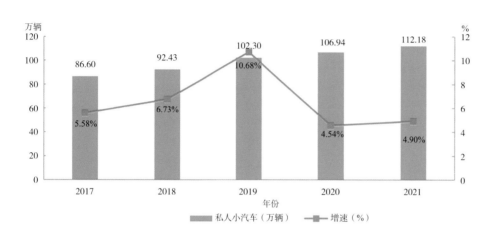

图 2 常州市区私人小汽车拥有量发展及增速变化图

根据居民出行调查，市区居民日出行次数约 981.8 万人次，其中电动自行车、私人小汽车和步行是最主要的三种出行方式，占比分别为 34.3%、26.8% 和 23.7%；公共交通（含轨道交通）出行占比约为 8.5%，绿色出行方式出行量占出行总量超 70%❺。

四、公交都市

自 2012 年交通运输部启动公交都市创建工作以来，常州是全国内第三批、"十三五"首批创建城市之一，创建周期为 2017~2020 年。2022 年 9 月，常州市国家公交都市建设示范工程通过验收，充分展示了常州市公共交通发展取得的成效，轨道交通 1 号线、2 号线先后开通，公共自行车有序投放，构建以多层次、一体融合的轨道交通为骨干，以常规公交为主体，以特殊公交为补充的多模式、立体化的公共交通出行体系，实施多项优惠便民乘车政策，市民公共交通出行满意度等指标高居全国前列，较好地满足了人民群众对高质量公共交通出行的需求。

1. 轨道交通

截至 2021 年 6 月，常州市地铁运营线路共有 2 条，即常州地铁 1 号线（2019 年 9 月 21 日开通）、2 号线（2021 年 6 月 28 日开通），里程总长约 54km，共设车站 43 座。

2020 年 11 月 14 日上午，由常州市自然资源和规划局打造的"先锋自然号"

地铁专列正式上线发车。"先锋自然号"专列融入地铁文化，秉承"心怀家国、先锋自然"的愿望，将列车打造成"望得见山、看得见水、记得住乡愁"的一道移动风景线（图3）。

图3 "先锋自然号"主题列车

2. 快速公交（BRT）

常州是江苏省最早建设 BRT 系统的城市。2008 年，常州快速公交 1 号线一期从项目规划到建成耗时 11 个月，至全线开通耗时不到 15 个月，是世界上建设同等规模快速公交项目实施周期最短的项目，创造了"常州速度"。常州快速公交 1 号线全线通车后第一天客流量就突破了 10 万人次。

经过多年运营，常州市 BRT 系统凭借简洁时尚的流线型站台、色彩鲜明的大容量车辆以及先进的智能化设施（图 4），已经成为常州市民不可或缺的出行选择，更是广受媒体、游客、市民赞誉，在国内外具有较大影响。2010 年，常州市快速公交 1 号线与鸟巢、水立方等著名建筑一起获得第九届中国土木工程"詹天佑奖"，成为首个荣获"詹天佑奖"的公共交通项目，对全国城市公交优先发展具有典型示范意义。

常州市 BRT 作为公交骨干网，基本形成"十字主线 + 支线 + 环线"的网络结构，线路长度合计 168km。

常州市 BRT 系统主要特点有：①绿色环保。采用新型环保车辆，执行欧Ⅳ排放标准，耗能低；路段设置 BRT 专有路权，避免了拥堵时车辆的反复加减速和停车，有效减少了车辆的尾气排放。②科学设计和建设。充分考虑常州道路特点、乘客出行特点、交叉口通行能力、线网特点等，将 BRT 路权选在道路中央，车辆采取右开门形式（图 5）。③运输能力高效。全线平均运行速度达到了 25.64km/h，系统输送能力约 5000 人 /h。

图4 常州市 BRT 车辆

图 5　常州市 BRT 公交站

五、特色交通

1. "两湖"创新区绿色出行

2022 年，常州以对标一流的雄心、结构重塑的决心和持之以恒的匠心，提出打造"生态创新区、最美湖湾城"（图 6），彰显"两湖"创新区生态环境优势，实现人、城、湖的共融共生，打造既有国际品质又植根于常州本土，最有魅力、最生态、最宜居、最令人向往的最美湖湾城。

为响应"两湖"创新区生态环境发展诉求，引导建立"绿色低碳"的交通出行结构和发展方式，打造一个不依赖小汽车（机动车出行比例在 10% 左右）、步行优先的绿色出行系统（图 7），"两湖"创新区综合交通规划提出以下发展策略。

一是构建"轨道＋慢行"出行模式。围绕轨道交通站点形成 15 分钟步行圈或骑行圈，打造辐射枢纽周边的慢行系统。

二是构筑"绿色低碳、舒适畅达、智慧便民"的地面常规公交体系。以空间集约化发展的理念打造以人为本的新型公共交通微枢纽，提供多种交通方式之间便捷舒适、无缝衔接的转换服务。

三是突出滨湖特色，建设完善的慢行网络分级体系。构建面向多元化需求的四级骑行道系统，包括区域骑行道、休闲骑行道、接驳轨道交通通勤骑行道、一般通勤骑行道❻。

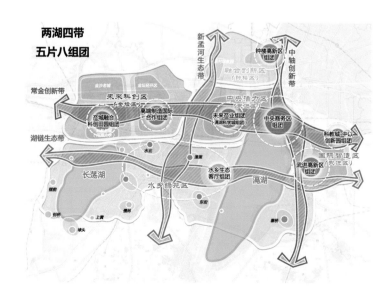

图 6　"两湖"创新区空间结构示意图

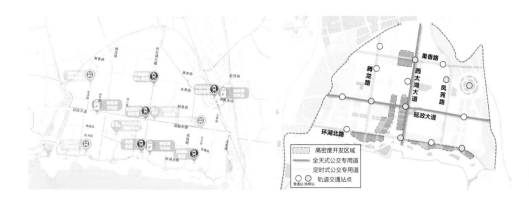

图 7 "两湖"创新区核心区多层级枢纽体系概念示意图

2. 新能源汽车

常州市从 2009 年年初开始开展新能源汽车推广应用试点工作，到 2014 年"切换赛道"正式进入新能源领域。随着利好政策和政府的大力支持，越来越多的新能源企业（星星充电总部——万帮数字能源、宁德时代、中创新航、比亚迪、理想汽车、蜂巢能源等）陆续入驻常州。2022 年常州已位列"全国新能源投资热度最聚集城市"榜首，常州已然成为新能源产业中最亮眼的一张城市名片，目标在 2025 年形成万亿级产业规模。

截至 2021 年年底，常州市区新能源车辆共 32673 辆，较上年增长 58.58%（图 8）。市区新能源车辆万人拥有量为 71.88 辆，新能源车辆新增数占机动车新增数的 16.07%。共设置充电桩 7293 个，其中直流桩 2216 个，交流桩 5077 个。

常州市深入践行绿色发展理念，围绕"碳达峰、碳中和"目标，不断推广绿色装备和能源，推进节能减排改造。市区常规公交车辆数为 2080 辆，其中新能源（含新能源纯电动、气电混动、油电混动）车辆 1321 辆（图 9），占比 63.5%❼。

图 8 常州市区新能源汽车数量变化图

图 9 常州市新能源公交车

3. 学校接送系统

近年来，常州市政府积极推动学校地下接送中心建设（图 10），将路面停车转移到地下，减少路面车辆积压，保障学生上下车安全和道路畅通。结合常州实际情况，推动将"新建、改建、扩建学校，按照规划要求配建、增建停车场和接送中心"写入《常州市机动车停车场管理办法》，最大限度地争取相关立法保障、政策保障。

"因校定案""一校一策"确定学校接送中心建设方案。目前，常州全市共建成启用 13 家地下接送中心，另有 20 多所学校的接送中心已开展前期相关工作。以常州市第一中学为例，科学划分接送中心功能区域，合理设置教师停车区、家长停车区、即停即走区以及接送集散区（图 11），增设停车泊位 450 个、即停即走车位 24 个、接送等候区 1450m^2，学生可通过安全通道直接走进各自教室。常州市第一中学地下接送中心启用以来，"白天不添堵，晚上可共享"，家长在学校周边的接送时间由原来的 8min 缩短为 3min，学校周边道路通行效率提高了40%，极大地缩短了接送时间，提高了安全系数。❽

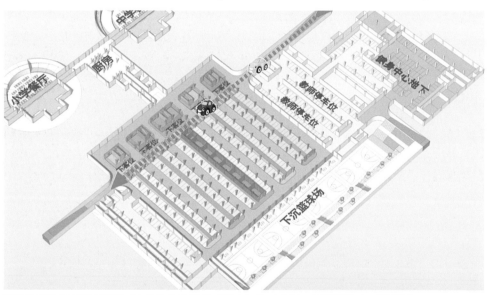

图 10　学校接送中心功能分区示意图

图 11　常州市第一中学地下接送中心

4. 定制专线

近年来，常州推出了校园定制公交专线（图12），线路尽可能覆盖学生的出行区域，让学生实现"零换乘、零等候"，提供"车站到校园"一站式无缝接驳服务。线路覆盖市区主要站点，教学日每天定时、定点承接600余名学生上下学。票制、票价均为1元，可使用公交卡刷卡，学生卡享有3折优惠。

除校园定制公交专线以外，学校师生还可通过"常州公交i巴士"微信小程序募集、定制个性化出行需求，出行费用由个人承担（图13）。

为缓解交通拥堵，同时保证学生接送安全，部分学校（如位于常州市中心的实验小学、解放路小学和广化小学等）还为家长接送提供专业校车服务，校车外观设计成"大鼻子"造型，可以有更好的防撞击效果，内饰采用环保阻燃材料、软化扶手及软包护栏，以及分色安全带设计（图14）。

图12　常州市校园定制公交专线

图13　"常州公交i巴士"微信小程序定制公交

图 14　常州市校车专线

六、慢行交通系统建设

近几年，常州市更加重视绿色交通的发展，推进绿道网建设，提升慢行交通品质，践行习近平生态文明思想，加快"生态绿城"建设。截至 2021 年年底，已建生态绿道共 191 条，合计 712.2km。❾

提倡"绿色出行，优质生活"，将常州打造成具有幸福感的绿色健行城市，创建"骑行之城"和"步行之城"。以沿山、沿江、沿河、沿湖绿色廊道为骨架，形成布局均衡、文化彰显、风景优美、设施完备、满足市民休闲活动需求的绿道系统。

1. 步道系统建设

（1）沿山生态绿道

溧阳 1 号公路全长 365km，其中瓦屋山环线全长约 30km。其路面均用黑色沥青浇筑，中线用红、黄、蓝三色标记，形成了全国独一无二的"彩虹路"（图 15）。瓦屋山环线沿途有国家 4A 级景区、全国红色旅游景区、全国爱国主义教育示范基地、新四军江南指挥部纪念馆、"世外桃源"箬箐里村、鹅湖公园景区以及天路、神女之心等热门旅游景点。其景色秀丽，生态环境绝佳，沿线覆盖有 60km² 的原始森林，近年来多项体育赛事在此举办，获评"魅力江苏 最美体育"2022 年度江苏最美跑步路线。

溧阳 1 号公路不仅是溧阳旅游业的"颜值担当"，更是服务沿途村民、增创致富机遇、振兴乡村发展的"实力担当"。其激活了乡村的"旅游细胞"，从农家乐到乡村游，从全域旅游到乡村振兴，让原本因"陷于深山"而苦恼的乡村悟到了"绿水青山就是金山银山"的深意。

（2）沿水生态绿道

常州市大运河工业文旅健身步道全长 7km，分别位于运河南岸与北岸，由工农桥相连；路面主要以苏波洛克砖、花岗石铺就，部分道路铺装为水泥、塑胶（图 16）。路线沿途有运河文旅长廊、三家百年企业（常州大明纱厂、常州戚墅堰电厂、常州戚墅堰机厂）以及运河公园等景点。有 2 处国家级工业遗产（常州大明纱厂、常州戚墅堰机厂）、1 处江苏省工业旅游区（大明天虹 1921 创意园）、2 处市级文物保护单位（大明厂民国建筑群、福源米厂），成为江苏"运河百景"标志性运河文旅产品。此外还有被誉为"最美梧桐路"的延陵东路等，历史文化

图15 瓦屋山环线（左）
图17 常州市青果巷（右）

图16 常州市大运河工业文旅健身步道

氛围浓厚。

（3）历史文化街区

"一条青果巷，半部常州史。"青果巷沿古运河呈梳篦状展开，呈现出"深宅大院毗邻，流水人家相映"的空间格局和江南水乡传统民居的风貌特色（图17）。巷内以明、清、民国时期的建筑为主，分布有名宅故居、祠庙殿宇、桥坊碑石、林泉轩榭、古井码头、戏楼剧场、学堂校舍，是常州国家历史文化名城的"活化石"。千百年来，这里先后孕育出百余名进士和唐荆川、盛宣怀、瞿秋白、赵元任、周有光等一大批名士大家，有着"江南名士第一巷"的美誉。青果巷历史文化街区自整体投放运营以来，共吸引游客近2000万人次，荣获中国华侨国际文化交流基地、国家级夜间文化和旅游消费集聚区、国家级旅游休闲街区等殊荣。

（4）马拉松赛道

自2014年首次举办马拉松赛事以来，常州西太湖半程马拉松从赛事规模到赛事效应都实现了质的飞跃，曾四度斩获中国田径协会"金牌赛事"称号，三度入选国际田径联合会"精英标牌赛事"名单，成长为长三角乃至全国影响力最大的半程马拉松赛事之一。赛时风起"两湖"、水波流转，浮岚暖翠、桃蹊柳陌，尽显"生态创新区、最美湖湾城"的独特魅力。15000名参赛者齐聚"两湖"，一起跑马逐梦前行，饱览"两湖"胜景，点燃"两湖"激情（图18）。

作为常州市政府主办的 10km 路跑赛事，"我为蓝天跑"遥观宋剑湖马拉松赛多年来坚持"小而美"的运作，致力于为遥观人民打造"家门口的高品质路跑赛事"，将优质赛事、健康生活送到百姓家门口。8km 的宋剑湖蓝色赛道集中展示了遥观的生态优势和绿色化转型成就，彰显了遥观高质量发展的独特魅力，同时也见证了数千名跑者无畏拼搏、健康向上的生活态度。

（5）打造精品街道

街道犹如城市动脉，从中可以感受一座城市的品质，体会一方水土的文明高度。2020 年，常州市共创建了 14 条精品街道，2021 年进一步扩大范围，各辖市、区创建 2 条精品街道，各街道（镇）创建 1 条精品街道，共创建 77 条"一路一特色"的精品街道。借助精品街道的示范引领作用，不断推进还路于民、还绿于民、还景于民，以此为基础大力弘扬文明风尚，以点带面持续促进城市品质提升。

在精品街道建设中，以城市主要道路（含高架路）及两侧区域、市民主要休闲服务功能区域和市民集中居住区域等为重点，依据城市容貌综合治理标准，围绕广告店招、景观照明、城市家具、道路设施、建筑立面、沿街绿化等内容，实施全要素规划建设管理，让道路环境更加整洁、街容街貌更加美观、空间视觉更加靓丽。

近年来，为加快推进常州老城厢复兴，常州市按照国家 5A 级景区标准，深入挖掘老城厢深厚的历史文化底蕴和丰富的旅游资源优势，着力实施"风貌街巷"焕新专项行动，努力打造"品质城厢"。

罗汉路改造以"拓展宜人慢行空间、精细打造步行道"作为理念，按照"百年学府路"的文化定位，在沿街围墙重点植入江苏省常州高级中学校史文化设计，重点提升改造非机动车通行区域，分块设置休闲等待区、人行步道、设施带和非机动车道四个功能区域，并配建 Wi-Fi 智慧休憩亭等景观小品，通过高品质硬件与精细化管理有机融合，完善功能、提升品质（图 19）。

红梅路改造对标国家 5A 级景区标准要求，优化交通设施、导视标识设计，在保障车辆通行的同时，增大人行步道体量，为市民留足"慢生活"的空间。路面的灯光投影营造出"天空星星萤火，脚下步步梅开"的"常州最美林荫路"（图 20）。

此外，老城厢范围内的东西狮子巷、泰兴里、钟家弄、十子街、桃园路、南园路等道路改造工程也相继完成。从一条路到全域路，常州市根据地块特点和性质，强化"一路一策"研究，多渠道改善居民出行条件，多途径保护城市肌理，让老城厢焕新颜、百姓露笑脸。

图 18 常州西太湖半程马拉松赛道

图 19 "百年学府路"——罗汉路

图 20 "常州最美林荫路"——红梅路

2. 公共自行车交通发展

常州市公共自行车以"永安行"为主，基于物联网和数据云技术的共享出行系统的研发、销售、建设和运营服务，依托"永安行"App 向消费者提供共享出行服务业务（图 21）。"永安行"自行车为有桩公共自行车（图 22），覆盖范围较广且点位较密，借还均须在指定租赁点，借还方便且无乱停乱放现象。

截至 2021 年年底，常州市区共有有桩公共自行车服务网点 2286 个，共投放公共自行车 45000 辆，累计年使用量 1743 万人次。公共自行车工作日高峰期间平均骑行距离 2.16km，平均骑行时间 14.75min，有效解决了市民短途出行需求和"最后一公里"问题❿。

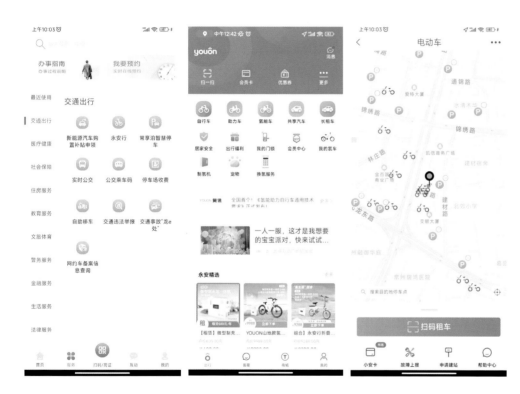

图 21 "我的常州"和"永安行"App

图 22 "永安行"公共自行车

七、城市生态建设

为贯彻落实中央关于加强生态文明建设的决策部署，常州市大力推进"自然环境之美、景观风貌之美、文化特色之美、城乡协调之美"交相辉映的美丽常州建设。近年来全国绿化模范城市、国家森林城市、国家园林城市、首批江苏省优秀管理城市等一大批荣誉花落常州，无不见证着常州市绿色发展的变迁，书写着百姓生活的幸福生活。

1. "生态绿城"建设

常州在江苏省首先创新性地提出以"生态绿城"建设为主要抓手，自2014年起，围绕"增核、扩绿、联网"三大措施，开展生态源保护、郊野公园、中心城区绿地、生态细胞、生态廊道、生态绿道六大工程体系建设。通过不断地拓展建设内涵、提升建设水平、完善管理机制，建立了一套"从宏观到微观、从规划到建设"的行之有效的建设机制，完成了"从城到乡，从点到线到面"等一系列建设项目成果。历经多年见缝插绿、破墙透绿、拆违建绿、规划扩绿的绿化建设与发展，一座处处皆绿、人人可享的生态之城已经悄然成型。常州市民正分享着城在林中、路在绿中、房在园中、人在景中这一"生态绿城"建设带来的绿色福利（图23）。

图 23　红梅公园鸟瞰

2. 敞开公园建设

常州市于2002年以人民公园敞开改建为起点，在全国率先全面启动了"还绿于民"的敞开公园建设工程。从全市市政公园拆除围墙免费敞开，到出门走几步就能有游园绿地，免费开放的公园绿地已经成为市民休闲健身的首选、市民家门口的乐园。一座座敞开公园的建成，既带动了周边区域人居环境的改善，也促进了城市整体生态品质的提升（图24）。常州市凭借公园敞开建设，不仅获得了"中国人居环境范例奖"，标准化敞开公园管理服务模式也成为全国敞开公园管理服务的模板，将"常州经验"推向全国。

图24　紫荆公园

3. 花事园事活动

常州市自2008年起启动"一园一花、一园一展"花事园事活动，积极培育"常州市民赏花月历"特色品牌。到2023年，其已经发展成为全年23座公园、30场次、18个花卉品种的花事活动，深受市民喜爱。各大公园开展的梅花节（图25）、桃花花会、牡丹花展、绣球花展等活动全年延续不断，结合花事活动开展的年宵花会、风筝节、游园会、摄影展等园事活动也层出不穷（图26），月月有景赏、季季有花看已经成为常州市民观花赏景的新常态。经过多年发展，在常州已经形成十余个花展品牌，每年有近600万人次入园赏花，市民能感受到绿荫多了，花开艳了，城市美了，生活更舒适了。

图25　梅花节

图26　园艺展

4. "月季之城"建设

常州是全国五大月季中心之一，中国古老月季的重要发源地。为丰富种质资源，推广普及市花月季，常州市积极开展"月季之城"建设。2010 年常州市以举办第四届中国月季花展暨 2010 世界月季联合会区域性大会为契机（图 27、图 28），引入大量"新优特"品种月季，架起了中外月季界直接沟通的桥梁。2012 年，常州市创建世界级的月季专类园——紫荆公园（图 29），建成国际上独一无二的中国古老月季发展演化展示长廊以及以中国古老月季为特色的月季基地，成为中国目前月季品种数较多和中国古老月季品种最为集中的月季种质收集地。同时，借 2010 年月季大会和 2013 年第八届中国花卉博览会举办的契机，常州市建成了一批月季大环境应用项目，包括月季景观示范路、月季特色迎宾路、月季示范学校、月季示范单位、月季种植示范点、社区邻里月季园等。通过在各大公园、绿地内广泛种植月季，常州市花月季的氛围逐步浓厚，与市民的距离拉得更近，也距"创常州月季之辉煌，树中国月季之标杆"的目标越来越近。

图 27　月季花展（左）
图 28　钟楼实验小学（右）

图 29　紫荆公园月季园（左）
图 30　长江沿岸绿带（右）

5. 长江大保护

长江常州段曾是江苏省沿江城市中长江岸线最短、功能布局最全、"化工围江"特征最明显的区域之一。化工企业的快速发展带来了可观的收益，但也承受了巨大的生态环境压力。面对生态容量越来越小、环境约束趋紧的严峻形势，常州市出台了《长江经济带（常州沿江地区）生态优先绿色转型发展规划（2018—2035 年）》，形成"1+6"规划体系，制定化工企业安全拆除、土壤管控实施规范，在江苏省率先发布《化工企业安全关闭现场监督管理服务规范》等2 项地方标准，填补政策空白。两年内累计投入资金 45 亿元，安全拆除 43 家化工企业，累计腾地近 4000 亩，实现沿江 1km 范围内低质低效化工生产企业全部清零。化工企业腾退后随即开展长江沿岸造林绿化专项行动,通过高质量植绿、大规模增绿、抢救性复绿,加快推进化工企业腾退地块连片复绿,带动"江边森林"和"滨水生态景观长廊"建设(图30)。近年来,完成沿江300m范围内生态复绿和景观湿地系统建设,建成水清、岸绿、景美的长江生态廊道,沿江区域新增复绿面积超过3000亩,生态岸线占比80.6%,居江苏省第一,走出了一条生态优先、绿色发展之路(图30)。❶

6. 生态创新区建设

"两湖"创新区位于江苏省西部丘陵湖荡生态带和太湖流域的交汇区,是常州市建设长三角生态中轴的引领区。常州市提出"生态创新区、最美湖湾城"的建设目标,框定"北城、中湖、南塘"的空间格局,明确"湖城共生、以湖四定"等发展策略。其中,"以湖定人、以湖定地"要求根据"两湖"水环境容量约束人口和用地总量。"以湖定城、以湖定产"要求以湖区水环境影响评价为核心,细化空间适宜性分析,明确生态涵养区、生态提升区、生态修复区、生态保育区、城镇集中区5类功能分区,落实差异化的生态功能定位和生态管控要求,最终实现城、湖、人共荣共生。此外,"两湖"创新区积极推进生态环境修复、生态绿心建设和绿色低碳发展,明确河湖水质达标率100%、蓝绿空间比重不低于70%等指标要求,着力打造水清岸绿、空气常新、净土丰饶、鱼水和谐、留住乡愁的水韵"两湖",把湖湾自然风光等公共空间更多地留给人民,塑造长三角"生态样板"(图31)。

7. 老城厢片区更新

老城厢片区是常州市历史文化积淀最为核心的地区,人文荟萃,街巷里弄聚集了人间烟火气,但部分老小区设施老旧、环境破败的现象也十分严重(图32)。为进一步提升城市功能品质,改善人居环境,让市民家园更有颜值、市井生活更有品位,常州市高起点推进老城厢片区复兴。首先以"绣花"精神,积极开展道路环境整治提升,以微改造方式换"风貌街巷"新颜;其次,积极开

图31 "两湖"创新区

展老旧小区的整治提升，优化人居环境品质；在江南园林整饬复建方面，积极修复意园、近园，通过功能重整、设施更新及景观提升，恢复江南园林特色。在老城厢片区积极开展水韵绿城建设，打造关河等滨水绿廊；开展老城厢清水工程，在北市河、南市河等河道，采取上游补水、下游抽排的动力驱动、沉水植物种植、超磁系统净化等措施，积极改善河道水质，恢复河道生态系统；在部分河段，利用不清淤河段构建水生态系统实验打造的以沉水植物为主的"水下森林净化系统"，为水生态修复全面实施

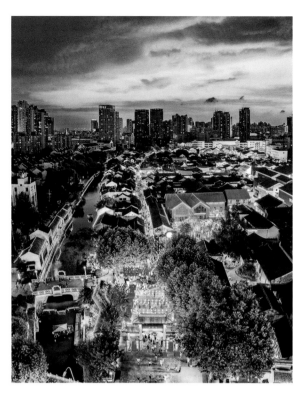

图 32　老城厢片区

提供了珍贵的工程经验。常州市越来越多的市民被这水清岸绿的秀丽风景和人间烟火所吸引，三三两两散步于老城厢的水岸街巷，"水清岸绿""鱼翔鸟栖""草长莺飞"的江南水乡愿景，如今正在老城厢变为美丽"实景"。

八、城市亮点与经验借鉴

1. 运河之美，古韵今风

　　大运河作为常州的母亲河，千百年来孕育了红色文化、名人文化、工商文化等文脉内涵。近年来，常州市紧扣"红色、名人、工商"三大特色亮点，立足"水态、形态、生态、文态、业态"五位一体科学规划，坚持"文化为魂""保护优先""项目带动"，全力推进世界遗产与现代城市的有机融合，还河于民、还景于民，创造良好的生态效应、多彩的空间环境、独特的文化魅力，努力把大运河文化带常州段建设成为高颜值的生态长廊、高品位的文化长廊、高效益的经济长廊。

2. 公交导向，以人为本

　　常州公交从创业初期的 4 条线路、12 辆公交车，发展到现在的 290 条线路、2133 辆公交车，多元化定制线路，新能源环保公交蓬勃发展……半个多世纪的风雨、洗礼，见证了常州公交发展的沧桑巨变，铭记常州公交发展的光辉历程。常州市始终坚持"公交优先""以人为本"的发展理念，不断精益求精，服务提质增效，打造高效互补、多模式、多层次的公共交通体系，服务百姓出行，推动常州高质量发展！

3. 城市焕新，美丽蝶变

　　近年来，常州市践行"绿水青山就是金山银山"的理念，持续放大"一江一河四湖五山"自然资源禀赋优势，打造长三角生态中轴，让绿色成为城市发展最鲜明的底色。紧密结合老城厢复兴发展、老旧小区改造、精品街道提升、旅游休闲街区建设等工作，在全市建成一批"美丽街区"，提升文化特色亮点，多策并举开展城市容貌综合治理，道路的整体建筑风貌得到提升，景观生态得到提质，市容秩序得到整治，充分发挥了以点带面的示范效应，城市建设催生常州"美丽蝶变"，不断增强人民群众的获得感、幸福感、安全感。

注释：

❶ 《常州市国土空间总体规划（2021—2035年）》
❷ 《常州统计年鉴2023》
❸ 《常州市国土空间总体规划（2021—2035年）》
❹ 《2021常州市区综合交通发展年度报告》
❺ 《常州市区居民出行调查》（2023）
❻ 《常州"两湖"创新区综合交通规划》（2022）
❼ 《2021常州市区综合交通发展年度报告》
❽ 常州一中建成超大地下接送中心，家长可免费停车30分钟，扬子晚报网，2021年8月31日，https://www.yangtse.com/content/1275474html
❾ 《2021常州市区综合交通发展年度报告》
❿ 《2021常州市区综合交通发展年度报告》
⓫ 常州市生态环境局：大江流日夜，共护一江水，新华日报，2022年11月2日，https://xh.xhby.net/pad/con/202211/02/content_1127377.html

图片来源：

首图　《常州市国土空间总体规划（2021—2035年）》
图1　《常州市国土空间总体规划（2021—2035年）》
图3　https://www.sohu.com/a/432222578_679312
图4　https://baike.baidu.com/item/%E5%B8%B8%E5%B7%9E%E5%BF%AB%E9%80%9F%E5%85%AC%E4%BA%A4/4043474?fromtitle=%E5%B8%B8%E5%B7%9EBRT&fromid=4352452&fr=aladdin；https://mp.weixin.qq.com/s/JcISBR_GevNqwvYAatOXSA
图5　https://mp.weixin.qq.com/s/JcISBR_GevNqwvYAatOXSA
图6　《常州两湖创新区概念规划》
图7　《常州"两湖"创新区综合交通规划》
图9　部分源自 https://society.sohu.com/a/677514211_121123780
图12　https://mp.weixin.qq.com/s/9SAEI9u5sbTIAyLrIZzpQQ；https://mp.weixin.qq.com/s/DoGamj-ATAx3YESbhVelFw
图13　部分源自 https://baike.baidu.com/item/%E5%B8%B8%E5%B7%9E%E5%85%AC%E4%BA%A4D5%E8%B7%AF/60541110?fr=ge_ala
图15　http://travel.sohu.com/a/636501128-121106832
图16　https://mp.weixin.qq.com/s/rbGfgDCIRmFvIGLI6tny5Q
图17　https://mp.weixin.qq.com/s/az9A2_sFHW3DHi6Nn3G8Cg
图18　http://www.1989c.com/wenda/324186.html；https://mp.weixin.qq.com/s/4u_dLuljQVD51uFz-TbWNg
图19　https://mp.weixin.qq.com/s/mKPF2RtRD8WnrSNo2PQ7vA
图20　https://mp.weixin.qq.com/s/mNI3JlcKIFSPcqj5N2kdUQ
图22　https://mp.weixin.qq.com/s/bnmIZhjNQ5LQR7cyHqo2tw

图 23　常州市规划馆
图 24　常州市规划设计院
图 25　http://www.hualongxiang.com/chazuo/16048402
图 26　常州市城市管理局
图 27　常州市城市管理局
图 28　常州市城市管理局
图 29　常州市城市管理局
图 30　https://cjjjd.ndrc.gov.cn/gongzuodongtai/yanjiangyaowen/jiangsu/202207/
　　　　t20220712_1330417.htm
图 31　http://js.ifeng.com/c/8Frp1wAnBmd
图 32　https://jsnews.jschina.com.cn/zt2023/ztgk_2023/202310/t20231022_3304523.
　　　　shtml

大庆

坐落在百湖之上的绿色油化之都

一、城市特点

大庆，别称"油城、百湖之城"，是黑龙江省下辖的地级市，位于黑龙江省西南部，是黑龙江省省域副中心城市。大庆市总面积 21204.89km²，建设用地面积 1435.3km²，占比约 6.8%。

大庆市地形地貌呈缓坡状平原区特征，地势东北高、西南低。大庆大面积为冲洪积湖积低平原，局部为冲洪积河漫滩、风积沙丘地貌。冲洪积湖积低平原分布于大庆市中部广大地区，地形平缓，显微波状起伏。冲洪积漫滩区呈条带状分布于沿江地带，地势平坦，地面湿润，并分布有较多的季节性泡沼、沼泽湿地和小块的残留阶地，故被称为"百湖之城"。风积沙丘呈北西—南东向条带状分布，大部分已固定或半固定（图 1）。

图 1　大庆市区湖景

大庆市下辖 5 个市辖区（萨尔图区、龙凤区、让胡路区、红岗区、大同区）、3 个县（肇州县、肇源县、林甸县）、1 个自治县（杜尔伯特蒙古族自治县）。2020 年年末，市域总人口 278.16 万人，城镇化率 72.48%，中心城区常住人口 144.4 万人，市域人口密度 131 人/km²。

二、土地利用与城市结构

1. 土地利用

土地利用方面，大庆市耕地得到了有效保护，强化了国家粮食安全保障。规划实施以来，大庆市落实最严格的耕地保护制度，严格控制新增建设占用永久基本农田，在保证耕地数量的同时加强耕地质量、生态环境保护建设，大力建设高标准农田，完善田间道路系统，加强农田防护能力，保护了农出生态环境的安全。

建设用地规模受到严格控制，节约集约用地取得一定成效。规划实施以来，大庆市采取有保有压的用地政策，充分发挥规划的宏观调控作用，控制一般项目用地需求，优先保障重点区域、中心城区、重点项目的用地需求。新增建设严格按照规划确定的管制规则使用土地，城镇建设及工业企业布局均趋于集中，各类建设用地的选择布局都与土地利用总体规划的用途分区及管制分区保持一致，中心城区控制范围内 99% 的新增城镇建设用地落在城市开发边界内。

规划实施机制逐步完善，规划宏观调控作用不断加强。规划实施以来，逐步形成了市、县、乡三级国土空间总体规划体系，建立健全了国土空间年度计划、建设用地项目预审、规划调整审批、占用基本农田补划等制度，并将这些制度运用到对建设项目的筛选和审查上，保障了一大批符合国家产业政策和环保政策的用地项目，规划的土地利用管理和调控作用不断增强。

2. 城市空间结构

市域城镇体系空间结构基本形成。大庆市域城镇体系已经形成以滨洲铁路、让通铁路、国道 G010、国道 G203、省道 S201、大庆—肇源县道等交通走廊为纽带，以大庆市主城区为核心，以县域中心城镇为枢纽的"一市多镇体系、组群组团布局"和"一区、二轴、四中心"的城镇体系结构。大庆市主要通过加强四级城镇之间的社会经济联系，采取"分片组合，相对集中"等手段来完成市域四级城镇的合理发展和布局，通过各级城镇一环扣一环、强有力的吸引与辐射作用，有效地带动、组织、协调各级城镇的协同发展。

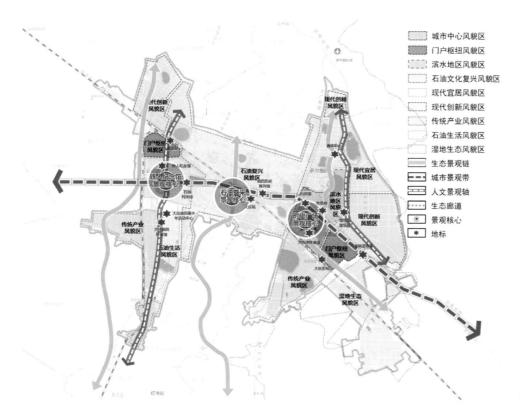

图2　中心城区风貌结构规划图

图3 大庆市域总体空间格局

　　中心城区城市发展方向与总体规划相符，形成"一轴三区"的总体空间结构。"一轴"即沿滨洲铁路城市发展轴线基本形成，城市服务中心大部分沿世纪大道沿线布置，串联起东部片区、中部片区和西部片区；"三区"即东部片区、西部片区和中部片区结构比较清晰（图2、图3）。

三、市域交通现状

1. 航空

　　大庆市萨尔图机场是黑龙江省第7座机场，为黑龙江西部地区提供航空运输服务，是黑龙江省西部最繁忙的支线航空港之一。萨尔图机场位于萨尔图区北部的春雷地区，距大庆市东城区19km，距大庆市西城区29km；距离哈尔滨太平国际航空港170km。萨尔图机场现状为国内支线机场，飞行区等级4C级，总占地面积186hm²，跑道长2600m，宽45m。

2. 铁路

　　目前，大庆市普速铁路、高速铁路均已通达，但未全覆盖。境内铁路形成T字形交叉主动脉。哈大齐高速铁路将大庆至哈尔滨通行时间缩短至50min，大庆至齐齐哈尔仅需30min，在大庆境内有杜尔伯特站、大庆东站、大庆西站三座车站。在普速铁路方面，大庆现有穿越南北的让通铁路、横贯东西的滨洲铁路、哈齐客运专线，通过滨洲铁路、哈齐客运专线向东可与哈尔滨地区相连，向西可直通齐齐哈尔及以远地区，通过通让铁路可直达通辽地区及以远地区。

3. 水运

水运港口借助松花江和嫩江，目前肇源港未形成规模。截至 2019 年年底，全市共有水路运输企业 2 家，其中肇源 1 家、杜蒙 1 家。全市现有港口 1 个，即肇源港，航道总里程 416km。水路运输个体工商户 6 家，营运船舶 17 艘，其中肇源 10 艘、杜蒙 7 艘。全年水路客运量 3.09 万人次，客运周转量 7.7 万人·km；货运量 6.99 万 t，货运周转量 2232.42 万 t·km。

四、中心城区交通

1. 路网结构

市区（5 个区）现状已形成"六纵十横加放射"的公路网结构。

大庆市早高峰时段路网整体服务水平相对较好。现状公共交通有 76 条线路，中心城区内部公交线路 56 条，线路平均长度 19.5km。其中，跨区公交线路共 23 条，平均长度 29.1km；区内公交线路共 33 条，平均长度 16.3km。

目前，主城区形成以"两区两线"为主，东、西部片区部分来往公交线路在萨尔图公交总站中转换乘的公交线网布局模式。

"两区"是东部和西部片区形成相对独立的完善的公交线网；"两线"是依托中三路和世纪大道形成的服务于东、西部片区之间的公共交通走廊。

2. 步行与自行车系统

大庆市结合寒地气候特征以及"天然百湖之城"的特色，构建连续贯通的步行网络，打造安全、舒适、富有特色、低碳的步行环境；注重步行与公交的有效衔接，倡导"公共交通为主、步行交通为辅"的绿色出行方式，缓解交通压力，提高综合交通系统的运行效率。

引导绿色出行，完善慢行交通。以市区湖泊绿地系统和城市人行道路为基础，串联零散蓝绿空间和现状主要人行道路，形成完善的步行交通体系，构建均衡覆盖的人行网络。

以市区内河湖绿化为廊道，基于道路现状优化道路断面并增加自行车道，连接各重要公共节点。自行车交通系统东、西城区独立布局，通过增加自行车道，提升路侧慢行空间品质。其中，西城区形成三个环形自行车道，分别为西湖路—西苑路—庆虹西路—中央大道、六号路—昆仑大街（铁人大街）—创业大街—世纪大道、铁人大道—创业大道—明湖路—南四路。

东城区形成三个环形自行车道，分别为东辅路—环城路—十一号路—长岛路—五号路、火炬新街—世纪大道—东辅路—环城路—经九街、火炬新街—世纪大道—呈祥街—万峰路—龙凤大街—东辅路—九号路。

同时，由世纪大道串联东、西城，形成"六环一线"的自行车道结构，在萨政东路、纬三路、发展路等规划了自行车道系统，提升路侧慢行空间品质。

3. 不同交通方式分担率（表1）

主要交通方式出行分担率　　　　　　　　　　　　　表1

交通方式	出行次数（万人次）	占比（%）	交通方式	出行次数（万人次）	占比（%）
步行	105.30	32.3	私人小汽车	88.02	27.0
非机动车	20.54	6.3	出租车	22.17	6.8
单位用车 / 公务车	33.58	10.3	其他	6.85	2.1
常规公交	49.55	15.2			

五、城市生态建设

1. 生态环境保护

大庆市研究区域生态特征和存在的关键问题，结合生态要素空间分布，依托生态源地的识别和生态阻力面的构建，提取重要生态廊道，构建大庆市域"一核一区一带多廊多点"的生态安全格局，保障大庆市特有的高质量生态品质。

"一核"是指黑龙江省大庆市扎龙湿地生态核心，锚定湿地生态核心作用，以及土壤储碳、植被固碳、防洪蓄水、均化径流、调节气候、净化水质、物种存续等复合功能，在国家层面具有重要生态意义。

"一区"是指杜蒙—肇源林草湿荒生态交错区，各类湿地、草原、湖泊相对密集，形成动植物重要的栖息地生境与迁徙通道，包括农牧、林牧、农林、水陆等多种植被复合生态交错区，具有重要的生态多样性保护价值，是嫩江下游天然储水空间与区域水量平衡的调节器。

"一带"是指松花江—嫩江生态保护带，构建市域生态骨架，增加沿江蓄滞空间，平衡区域水量，缓冲农业污染，富集动植物及微生物资源，保障市域生态基底空间，落实省域生态格局保护要求，与周边省份共同维护重要的生态廊道。

"多廊"是指安肇新河、双阳河、松嫩运河、中引干渠渠系、南引干渠渠系等闭流区域内的水交换与水土保持通道——形成串联闭流区域各生态要素交流的水系生态廊道，推进河道渠系沿途湿地、草原退化区的恢复与治理，加强流域水生态环境保护。

"多点"是指重要生态斑块和生态节点。重要生态斑块包括黑龙江扎龙国家级自然保护区、连环湖湿地等，生态节点包括龙凤湿地、各类森林公园、湿地公园、湖泊水库等。

大庆市生态保护极重要区4133.99km²，占全域总面积的19.4%，主要分布在林甸西部和杜蒙西北部的黑龙江扎龙国家级自然保护区、林甸东部的黑龙江东兴省级自然保护区、肇源南部的黑龙江肇源沿江省级自然保护区。其中，杜蒙占比最大，占全县面积的34.10%；肇州占比最小，占全县面积的6.80%（表2）。

2. 塑造魅力空间体系

根据市域现状空间景观要素分布，大庆市结合市县职能和发展定位，规划构建"一带三廊，一核多点、多片区"的景观风貌结构（图4~图6）。

生态保护极重要区面积 表2

地区	极重要区	
	面积（km²）	占比（%）
大庆市区	561.32	11.01
林甸县	555.13	15.78
杜尔伯特蒙古族自治县	2026.74	34.10
肇源县	726.82	17.82
肇州县	163.89	6.80

"一带"指滨洲复合景观风貌带，延续滨洲铁路区域性历史人文景观廊道的定位，外部连接哈尔滨和齐齐哈尔两座历史文化名城，内部沿线串联大庆油城和杜蒙草原两片特色风貌区以及扎龙湿地、龙凤湿地等自然景观节点，打造多元复合的景观风貌轴带。

"三廊"指滨江生态风貌廊道、让通风貌廊道和林肇风貌廊道。保护并延续松花江、嫩江两条区域性河流水系，延续区域山水景观格局，突出湿地生态风貌，打造滨江湿地生态风貌廊道；以林肇公路和让通铁路两条区域性交通联系通道为载体，打造沿路景观廊道；让通铁路连接大庆油城主城区与南部肇源历史文化风貌区，途经森林公园和西大海湿地两片自然景观特色风貌区，体现了由多元都市向自然文化景观的衔接与过渡，强调文化内涵的对比与呼应。

"一核"指多元都市风貌核心。以大庆中心城区为核心，集中体现以"大庆精神""铁人精神"为代表的现代油城都市风貌，融合体现"湖绿融城"的"寒地水乡"风貌，打造多元并蓄的油城都市风貌。

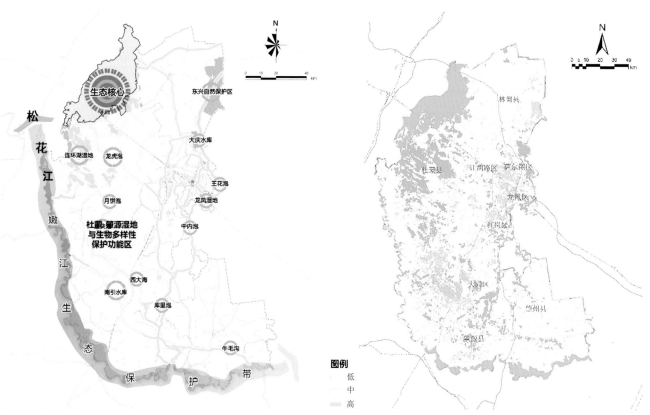

图4 大庆市市域生态安全格局图   图5 大庆市生态保护重要性分级图

"多点"指依托自然景观资源和历史人文资源空间分布，结合区县职能和发展定位，以区、县城区为载体，打造多个风貌节点中心。依托温泉这一特色资源，结合旅游度假的功能定位，将林甸县城打造为温泉特色景观中心；杜蒙县城结合民族文化特色，打造草原特色风貌中心，集中展示蒙元风貌特色；依托历史文化资源分布以及与大庆主城区的空间关系，将红岗区和大同区打造成红色文化传承中心；充分保护与利用"杨小班鼓吹乐棚"这一国家级非

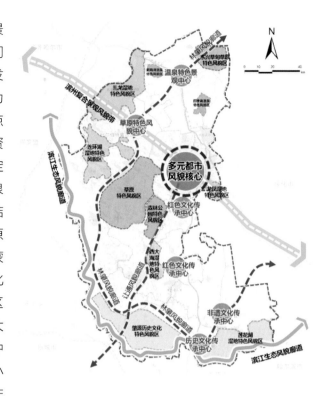

图6　市域景观风貌结构规划图

物质文化遗产，将肇州城打造成"非遗"文化传承中心；结合肇源县历史文化遗产分布广、数量多、等级高等特点，将肇源打造成历史文化传承中心。

"多片区"指根据现状资源要素空间分布和分类，规划打造湿地、草原、温泉、森林和历史文化五类特色风貌区，分类展示多样风貌。湿地特色风貌区包括黑龙江扎龙国家级自然保护区、龙凤湿地、连环湖、西大海、莲花湖等多处集中连片的湿地，展示"水天一色、芦苇荡漾、候鸟成群"的湿地景观风貌；草原特色风貌区包括以五马沙陀自然保护区为核心形成的绿色草原牧场和东兴草甸，展现"铺青迭翠、芳草连天"的草原景观风貌；温泉特色风貌区包括鹤鸣湖和四季青镇，展现"医康养健、水气氤氲"的温泉景观风貌；保护并利用大庆森林公园这一市域内少有的林地集中区，打造森林公园特色风貌区，展现"琼林玉树、青翠欲滴"的森林景观风貌；针对肇源县境内沿江区域历史遗迹集中分布的特点，打造历史文化特色风貌区，展示"古今辉映、多元融合"的文化景观风貌。

六、城市亮点与经验借鉴

1. 四季分明

春天，湿地公园变成了候鸟回归的天堂。有"鸟界大熊猫"美誉的东方白鹳会途经或栖身这里。万顷芦苇复苏，多种候鸟回归，美好春光如期而至，高速公路和乡村公路相映成趣，构成一幅和谐美丽的山水画卷。

夏天，时代广场成了人们休闲的好去处。穿过广场中心往前走，就来到了万宝湖，人们乘着形态各异的游船在湖里悠闲地划着水。

秋天，是采摘的季节。采摘园的水果品种非常丰富，有葡萄，有香瓜，有李子。

冬天，三永湖变成了雪的世界。孩子们在这里堆雪人、打雪仗。水面上是一层厚厚的冰，人们有的溜冰，有的散步，还有的抽陀螺……欢声笑语传遍了三永湖的每一个角落。

2. 文化铸魂

结合中心城区现有各类能够反映大庆历史底蕴与文化特色的文化资源，打造24处空间节点（8处"铁人精神"展示节点、12处红色记忆节点、4处城市印象节点），策划3条文化路线（"铁人精神"文化路径、石油会战文化路径、工人生活展示文化路径），打造4处城市特色片区（油田红色文化体验区，铁人文化展示区，大庆城市记忆展示区，八百垧油田生活记忆体验区），讲好"大庆故事"（图7）。

图7　主干路旁抽油机林立的独特石油城景观

3. 绿色发展

可持续的交通发展战略是城市可持续发展的必要条件，大庆大力发展绿色交通。清洁能源公交车、水上巴士、BRT、定制公交等公交新模式在大庆的应用相当广泛。

4. 以人为本

无论是城市规划还是城市建设，无论是新城区建设还是老城区改造，大庆市都坚持以人民为中心，聚焦人民群众的需求，合理安排生产、生活、生态空间，走内涵式、集约型、绿色化的高质量发展之路，努力创造宜业、宜居、宜乐、宜游的良好环境，为人民群众创造更加幸福美好的生活，使人民群众获得感更强。

图片来源：
图2　《大庆市国土空间总体规划（2021—2035年）》
图3　《大庆市国土空间总体规划（2021—2035年）》
图4　《大庆市国土空间总体规划（2021—2035年）》
图5　《大庆市国土空间总体规划（2021—2035年）》
图6　《大庆市国土空间总体规划（2021—2035年）》

雄安

正在崛起的绿色交通标杆国家级新区

一、雄安新区概况

1. 新区自然环境

雄安新区规划范围涉及河北省雄县、容城、安新 3 县及周边部分区域，规划面积 1770km²。雄安新区地处北京、天津、保定腹地，区位优势明显，交通便捷通畅，生态环境优良，资源环境承载能力较强，现有开发程度较低，发展空间充裕，具备高起点、高标准开发建设的基本条件。

雄安新区位于太行山以东平原区，地势由西北向东南逐渐降低，地面高程多在 5~26m，地面坡降小于 2‰；属太行山东麓冲洪积平原前缘地带，堆积平原地貌；在气候上属暖温带季风型大陆性半湿润半干旱气候，春旱少雨，夏湿多雨，秋凉干燥，冬寒少雪。

雄安新区位于海河流域的大清河水系流域。区内河渠纵横，水系发育，湖泊广布。其中，白洋淀是华北平原最大的淡水湖泊，由 140 多个大小不等的淀泊组成，百亩以上的大淀 99 个，总面积 366km²。

2. 新区设立基本情况

2017 年 4 月 1 日，中共中央、国务院印发通知，决定设立国家级新区——河北雄安新区。设立雄安新区，是以习近平同志为核心的党中央深入推进京津冀协同发展作出的一项重大决策部署，是千年大计、国家大事。这对于集中疏解北京非首都功能，探索人口经济密集地区优化开发新模式，调整优化京津冀城市布局和空间结构，培育创新驱动发展新引擎，具有重大现实意义和深远历史意义。

雄安新区以"世界眼光、国际标准、中国特色、高点定位"为理念，建设绿色生态宜居新城区，创新驱动发展引领区，协调发展示范区，开放发展先行区，努力打造贯彻落实新发展理念的创新发展示范区。

雄安新区规划建设以特定区域为启动区、起步区先行开发，启动区城市建设用地约 26km²，起步区城市建设用地面积约 100km²。

3. 新区发展定位与规划建设重点任务

雄安新区定位作为北京非首都功能疏解集中承载地，要建设成为京津冀世界级城市群的重要一极、现代化经济体系的新引擎、推动高质量发展的全国样板、高水平社会主义现代化城市。

规划建设雄安新区有七方面重点任务：①建设绿色智慧新城，建成国际一流、绿色、现代、智慧城市；②打造优美生态环境，构建蓝绿交织、清新明亮、水城共融的生态城市；③发展高端高新产业，积极吸纳和集聚创新要素资源，培育新动能；④提供优质公共服务，建设优质公共设施，创建城市管理新样板；⑤构建快捷高效交通网，打造绿色交通体系 ❶；⑥推进体制机制改革，发挥市场在资源配置中的决定性作用和更好发挥政府作用，激发市场活力；⑦扩大全方位对外开放，打造扩大开放新高地和对外合作新平台。

二、雄安新区交通系统发展要求

1. 交通系统发展的总体要求

按照网络化布局、智能化管理、一体化服务要求，加快建立连接雄安新区与京津及周边其他城市、北京新机场之间的轨道交通网络；完善雄安新区与外部连通的高速公路、干线公路网；坚持公交优先，综合布局各类城市交通设施，实现多种交通方式的顺畅换乘和无缝衔接，打造便捷、安全、绿色、智能交通体系。

2. 对外交通系统发展的要求

突出强调轨道交通在对外交通中的主体作用，提出通过雄安新区的设立加快推进"轨道上的京津冀"建设❷（图1）。

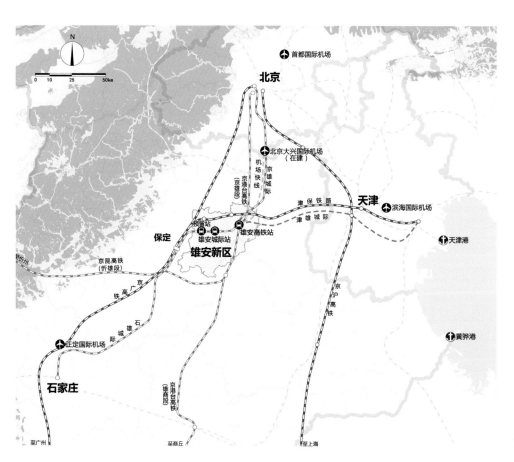

图1 雄安新区区域轨道交通网规划

重点强化与北京的交通联系，增强新区承接北京非首都功能疏解的能力。牢牢抓住疏解北京非首都功能这一"牛鼻子"，加强与北京各重点功能区、对外交通枢纽的交通联系，提供多通道、多方式、差异化的交通服务。

3. 起步区及启动区城市交通系统发展的要求

强调绿色交通模式，提出构建"公交＋自行车＋步行"的绿色城市交通发展模式。

合理布局城市道路系统、公共交通系统、步行和自行车交通系统及各类交通设施，充分利用智能交通技术，构建起步区以公共交通为骨干、步行和自行车交通为主体的出行模式；鼓励绿色出行，制定绿色交通政策，通过全面保障公共交通、步行和自行车交通需求，有序减少私人小汽车出行，合理管控停车，实现起步区绿色交通出行比例90%的目标，在各类交通设施和交通工具中全面实施无障碍设计，打造起步区便捷、安全、绿色、智能、高效的交通体系（图2）。

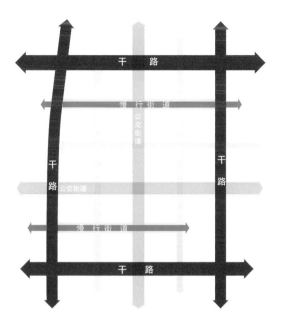

图2　起步区交通系统结构示意图

三、雄安新区城市交通系统建设情况

1. 城市骨干道路

围绕起步区规划"四横十二纵"干路网络，雄安新区城市骨干道路正在快速形成。启动区 EB4（道路编号）以北主干路基本建成，EB4 以南主干路全面开工建设，支撑了三校一院、央企总部等疏解项目的开发建设；五组团北片主干路全面开工建设，为加快四所高校的疏解落地提供了交通保障；其他组团内部分主干路也已开工建设（三组团 EA1、EA4 全线），打通起步区与容东、雄县、昝岗的联系通道。

在骨干道路建设中，尺度宜人的道路断面逐步落实，道路空间按照行人、自行车、公共交通、私人小汽车的优先次序进行分配，非机动车道最小宽度为2.5m，人行道最小宽度为2m，慢行加景观断面空间占比平均超过50%（其中主干路为55%，次干路为59%）。同时，充分利用"小街区、密路网"带来的道路资源优势，同步建设系统的公交专用廊道系统（公交型单元集散道路），从根本上保障了公交车的路权优先（图3、图4）。

2. 支路与街道

雄安新区认真贯彻落实中央城市工作会议精神，坚持构建"小街区、密路网"的城市肌理，通过合理加密支路体系实现差异化的街区尺度布局。

在起步区路网密度 10~15km/km^2 的基础上，启动区提出差异化的分区密度管控要求，组团中心区道路密度达到 10~20km/km^2，北侧科教园区达到8km/km^2 以上，南部淀边区域达到 4~8km/km^2，以契合不同片区的主导功能和用地开发需求（图5）。

在推进骨干道路建设的基础上，结合启动区开发建设同步完善支路网，配合地块开发和疏解项目同步建设地块支路。西北居住片区、东北居住片区等地块支路已开工建设；移动、联通等央企代建支路正在设计阶段；另外，为疏解项目配套建设的市政支线道路工程一批次也已经开工建设，合计里程约7km。采用多种方式灵活组织支路交通，如在西北居住片区、东北居住片区等代建支路建设过程中，结合两侧用地功能和建筑业态开展特色化、街道化设计，目前已实施超过5类支路断面❸。

同时，在启动区范围内开展街道肌理优化研究，调整支路布局方案，完善支路功能分类，作为后期宗地划分和土地出让的依据。

图3 启动区EB4以北建设实景 　　　　　　　　　　图4 容东片区乐安街公交专用道实景

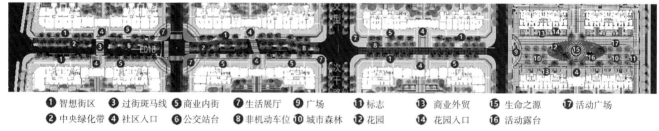

❶ 智想街区　　❸ 过街斑马线　　❺ 商业内街　　❼ 生活展厅　　❾ 广场　　⓫ 标志　　⓭ 商业外贸　　⓯ 生命之源　　⓱ 活动广场

❷ 中央绿化带　❹ 社区入口　　❻ 公交站台　　❽ 非机动车位　⓾ 城市森林　⓬ 花园　　⓮ 花园入口　　⓰ 活动露台

图5 启动区居住片区支路断面多样化设计图

3. 特色绿道与学径（图6）

启动区城市绿道建设以结合市政道路一体化建设为主，兼顾服务城市日常出行游憩功能。在道路建设过程中，充分利用两侧绿带对慢行空间进行扩展，一体化设计道路与绿道断面，非机动车道拓宽至4.5m（部分道路达到7m），人行道拓宽至4m，改善了慢行出行环境，落实了绿色出行的要求，尺度宜人的道路断面基本实现。目前，利用路侧绿地与市政道路一体化设计的绿道已建设完成26km，绿道网络骨架已经形成。

利用沿水系两侧生态空间建设的独立绿道，建设进度与生态空间的建设保持同步，与中央绿谷等蓝绿空间一并实施的独立绿道已建设完成，并已预留下穿市政道路桥梁的通行空间。

启动区结合西北、东北等居住组团同步推进儿童无障碍学径建设，利用道路两侧建筑退线和绿道空间，与人行道一体化设计，北京援建"三校"周边学径已建设完成；其他区域的学径与地块开发同步，开展设计与实施。

图6　启动区独立绿道建设实施情况

4. 交通枢纽和公交场站

交通枢纽场站是绿色交通出行系统中的重要环节。启动区尤其重视枢纽场站与城市功能的一体化开发。

首先，将雄安城际站等城市交通枢纽设置在启动区东西轴邻近开发强度最高的区域，实现交通枢纽站点与城市功能一体化开发。目前，雄安城际站处于设计阶段。城际站为地下站，按4台6线规模设计，为地面、地下3层综合交通枢纽，包括铁路、城市轨道（M1线、M2线）、市域轨道（R1线）等多种交通系统，形成多方式无缝衔接的综合交通枢纽（图7）。

图7　雄安城际站分层功能示意图

其次，将传统的公交场站功能优化细分，将主要为车辆运行服务的公交场站定义为组团公交枢纽，在组团外围布局，兼顾内外交通转换衔接；启动区组团公交枢纽独立占地，D地块公交场站位于启动区东北角，用地面积2.44hm²，目前已开工建设。

同时，将为乘客换乘的公交场站定义为公交换乘中心，利用生活圈的空间组织模式分散化、小型化布局，将公交换乘中心与生活圈中心的公共建筑耦合建设，使其成为社区中心的有机组成部分，让公交服务贴近市民需求。启动区内部的公交换乘中心不独立占地，正在随疏解项目和配套建筑同步实施。例如，目前华能地块内配建的公交换乘中心与社区物流配送中心处于设计阶段，建筑方案中将公交换乘中心与物流配送中心实际落位，公交换乘中心位于首层西北角，物流配送中心位于B1层。

5. 智慧交通系统

在启动区数字道路建设方面，以照明灯杆为载体开展"多杆合一"，为物联网设备的挂载并形成智能杆件预留条件。"多杆合一"EB4 以北部分与道路同步实施，已建设完成；EB4 以南与市政道路同步开工建设❹（图 8）。

同时，作为先行试验区域，容东片区首片数字道路正式投入运营。该项目总里程 153km，建设规模覆盖容东片区 12.7km² 用地。在容东片区主干路、支路及街巷道路上，部署了多功能信息杆柱、激光雷达、电子卡口摄像头、车路协同摄像头等感知设备，通过云、网、边、端智能交通基础设施及相关配套设备，实现全覆盖、全感知数字化道路。依托数字道路的智能网联汽车道路测试与示范应用正式启动❺。2022 年 4 月，雄安新区智能网联汽车道路测试与示范应用正式启动，首批测试重点针对未来城市公交的智能网联运营需求❻，在容东片区选取 6 条共计 25km 道路，开展点到点线路运行测试。目前，3 条无人驾驶公交线路、7 辆无人驾驶公交车已于容东片区开展基础功能、性能测试。

四、雄安启动区城市绿色交通发展的思路

1. 深入分析研判"城市交通病"的成因，提出系统性的解决路径

在雄安新区规划伊始，研究城市发展规律，总结既有城市建设的经验教训，利用新区"一张白纸建新城"的优势，建设一座没有"城市病"的城市，并为其他城市提供经验，便是规划编制的重要主题。

在城市交通领域，贯彻中央"打造绿色城市交通体系"的总体要求和"要布局高效交通网络，落实职住平衡要求，在这里工作，就在这里居住、在这里生活，交通不搞大进大出""交通要以人为本，以人的感受作为标准，不搞宽马路"的指示精神，系统研究了既有城市长期面临的"城市交通病"，发现很多最突出的"病症"背后有着深层次的"病因"，甚至一些核心的"病因"并不出现在交通系统本身。例如，职住分离和公共服务资源不均衡带来的长距离潮汐式通勤、私人小汽车过度使用带来的交通拥堵和停车难、步行和自行车通行空间被侵占及环境不佳带来的吸引力不足、传统公交服务模式单一带来的发展瓶颈等。

所以，在分析城市交通问题成因的基础上，借助新区"一张白纸建新城"的优势，从"病因"出发，从城市出发，提出让交通和城市同步健康可持续"生长"，不再重蹈"先生病、再治病"的覆辙❼。

在雄安新区城市规划之初，就提出紧扣人民美好生活的需求，从用地布局、功能安排、密度控制、路网格局各方面综合施策，通过构建"城市生活圈布局—公共服务资源均衡—控制出行距离—绿色出行街区—新型公交服务—三级绿道体系—引导小汽车使用"一整套绿色出行导向的逻辑体系，谋划城市交通问题的系统性解决方案。

2. 统一思想认识，推动绿色出行

雄安新区在起步区和启动区提出了"公交 + 自行车 + 步行"的城市交通出

行模式和绿色出行比例90%的目标（图9）。为了完成这个高目标，必须做到各方面统一思想认识，着力避免理念和方案脱节的情况。在90%绿色出行目标的指导下，根据出行需求安排各交通子系统出行目标、做到每个子系统有目标、有分工、有对策❽。

首先是慢行交通领域，步行、自行车出行比例如要达到40%~50%，必须从城市和交通两方面入手：在城市布局上必须功能混合，公共服务在空间上相对均衡；在交通方面必须为慢行交通创造良好的出行品质。

其次是公共交通领域，传统定点、定线的公交面临发展瓶颈，需要优先发展高品质、多样化的地面公共交通，重点建设智能运行的需求响应型公共交通。并为未来轨道交通的发展预留条件，提供可持续发展的后劲。

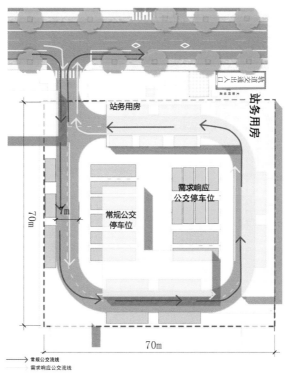

图8 启动区城市公交换乘中心示意图

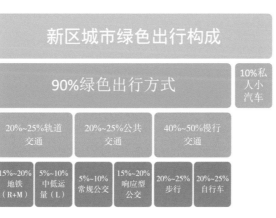

图9 雄安新区城市绿色出行构成示意图

再次是对私人小汽车靠需求侧管理引导使用，慎用为私人小汽车服务的工程措施。

同时，雄安新区形成了明确绿色交通优先的交通政策，强化交通政策对绿色出行的引导作用，积极开展绿色出行激励、新型交通服务和清洁能源车辆发展等研究，先后出台《关于推进交通工作的指导意见》《关于制定雄安新区城市公共交通价格（试行）的通知》等文件，明确了新区交通政策的顶层设计、实施路径和具体任务，为高标准、高质量打造绿色交通体系提供了依据❾。

3. 紧扣生活圈布局公共服务，落实"小街区、密路网"（图10）

利用雄安新区"一张白纸建新城"的优势，首先从根本上扭转不合理的职住分离布局，避免在外围集中建设大规模单一功能的居住组团，避免大进大出的长距离通勤，即避免城市"交通病"的重要根源。

雄安新区在规划层面按生活圈谋划启动区空间布局，强调用地功能混合、职住均衡，在较小的尺度范围配置公共服务等各类资源；同时，深刻领会"小街区、密路网"与城市生活圈的组织模式的关系，认识到街区变小、街道变窄等的现象背后其实是城市空间组织模式的变化。启动区接近一半的用地出行距离在

图 10　雄安新区容东片区"小街区、密路网"实景

3km 之内，慢行和公交具有天然优势，广义的"家门口的活动"越来越多。利用好"小街区、密路网"是启动区破解既有城市"交通病"的根本遵循❿。

基于绿色出行目标、交通出行特征和交通运行特征分析，提出启动区交通体系组织的思路，即构建外路内街、外动内静的绿色出行街区。"密路网"要为绿色出行服务，依托主要干路形成若干街区，外围为机动车通道，内部公交和慢行廊道连接生活圈中心，整体为交通稳静化区域，作为落实绿色出行理念的最小空间单元，把"公交、慢行"送到家门口。

4. 从规划到落地的传导，形成"雄安方案"（图 11、图 12）

在从规划到设计再到实施的过程中，雄安新区启动区特别重视绿色出行理念的层层传导，对各类交通基础设施的落地管控形成了"工程建设方案"+"责任规划师"的做法。

在控制性详细规划的基础上，通过工程建设方案，重点明确道路系统、公交系统、慢行系统和停车系统的上位要求以及关键传导要素，确保在落地实施时理念不走样。例如，道路系统的上位要求是"小街区、密路网"，应在道路的多样化使用、空间资源分配、交通组织措施等要素方面作好实施传导；公交系统的上位要求是"网络化、全覆盖和高品质"，应在分散化的场站布局、共享使用的场站空间、新型的公交服务等要素方面作好实施传导；慢行系统的上位要求是"构建完整连续的绿道网络、兼顾通勤功能"，应在通行空间保障、关键节点衔接等方面作好实施传导；停车系统的上位要求是"尊重拥有、引导使用、不设置独立的公共停车场"，应在停车配建指标优化细化、共享停车场设施等方面作好实施传导。

在工程建设方案基础上，通过片区责任规划师以规划条件、项目方案审查等手段严格管控、引导项目设计方案，最终形成符合工程建设方案的相关设计方案，保障启动区道路、地块建设符合规划、经济合理、协调一致、避免冲突。

图11　规划传导实施建设方案图

具体来说，雄安新区在破解通勤与交通拥堵、提升步行自行车吸引力、破解地面公交发展困境、物流配送与城市交通和数字道路与智能城市五个方面积累了城市绿色交通发展的经验。

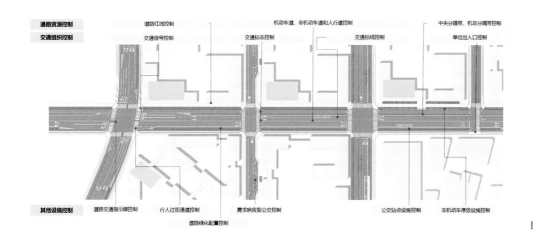

图12　"雄安方案"一张交通空间总图

五、绿色交通发展的雄安经验之一：破解机动化通勤与城市交通拥堵问题

1.面临的问题与挑战

职住分离和机动车过度使用带来长距离通勤和城市交通拥堵。当前城市发展的显著问题之一是功能分区愈加明显，居住地与工作地之间的距离逐年增大，职住分离日益严重，导致大规模、常态化、长距离的通勤交通占比不断增大。破解这一难题，是提高城市居民的生活品质、减轻交通拥堵和空气污染等城市交通问题的关键。《2022年度中国主要城市通勤监测报告》显示，中国主要城市单程平均通勤时间为36min，其中北京最长，平均耗时达47min，超过1400万人单程通勤时长超过60min，承受极端通勤。因此，改变职住分离日益严重的现状、促进职住均衡，是我国城市规划建设进程中亟待解决的关键问题之一。

2.雄安解决方案（图13）

（1）按生活圈布局公共服务设施，用地混合，功能均衡，缓解职住分离，避免潮汐式的大进大出

在雄安新区规划建设实践中，首先从启动区城市空间结构入手，改变简单的功能分区，而是结合"小街区、密路网"的道路系统，共规划6个十五分钟生活圈、16个十分钟生活圈和35个五分钟生活圈。以生活圈为基本空间布局模式，强调功能混合、职住平衡，在较小的尺度范围配置公共服务等各类资源，缩短出行距离，避免产生大进大出的潮汐型、钟摆式交通。

（2）依托生活圈，构建外路内街、外动内静的绿色出行街区

依托主要干路形成若干街区，外围为机动车通道，内部公交和慢行廊道连接生活圈中心，整体为交通稳静化区域。作为落实绿色出行理念的最小空间单元，把公交、慢行送到家门口。

外围道路承担交通功能，保障机动车通行能力；内部街道承担交往功能，与用地紧密结合，塑造多样化的空间，为人的活动提供载体；结合生活圈中心布局

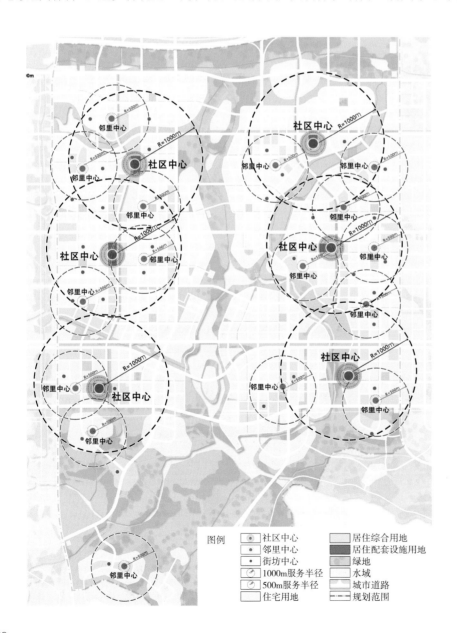

图例
● 社区中心
· 邻里中心
· 街坊中心
⊘ 1000m服务半径
⊘ 500m服务半径
　 住宅用地
　 居住综合用地
■ 居住配套设施用地
　 绿地
　 水域
　 城市道路
-·-· 规划范围

图13　雄安新区启动区生活圈划分图

小型化、分布式的公交场站设施，贴近客流吸引点，提升公交组织效率和服务水平；不设独立占地的公共停车场，社会出行需求通过地块配建的共享停车场解决，纳入土地出让条件，确保对外开放。

3. 经验总结

通过构建以生活圈为主的空间组织模式，实现职住均衡、功能混合，切实降低出行距离，更有利于公交和慢行发挥优势，在较小的尺度范围内组织交通、组织生活，是解决长距离通勤带来交通拥堵等问题的有效手段。

依托"小街区、密路网"，在生活圈层面构建绿色出行单元，明确不同主导功能片区的道路、公交、慢行和停车系统组织模式，在空间和设施层面为绿色出行创造良好的基础条件，以利于整体绿色出行目标的达成。

六、绿色交通发展的雄安经验之二：系统性提升步行、自行车出行吸引力

1. 面临的问题与挑战

将绿道建设和"窄路密网"融合，在城市新建伊始植入"绿色出行基因"。"窄路密网"条件下，城市慢行系统在可达性提升的同时，也面临着慢行通行空间随道路断面进一步被压缩；交叉口距离拉近导致频繁过街，安全隐患进一步增加；城市绿道与市政道路网络难以实现有效融合等一系列问题。另外，学校、轨道交通站点、交通枢纽等片区的慢行出行空间得不到保障，环境品质不高，都影响了慢行系统的吸引力。

2. 雄安解决方案

（1）将绿道系统布局和城市日常出行需求高度耦合（图14）

在实现市政道路两侧慢行道全覆盖的基础上，将绿道作为城市慢行交通系统的重要组成部分实施统筹考虑，兼顾服务休闲游憩功能与日常交通出行；绿道网络与城市生活圈、绿地系统、道路系统深度耦合，实现"绿道入城市"；深化绿

图14 雄安新区启动区绿道实景

图15　雄安新区悦容小学周边学径使用情况

图16　雄安新区启动区路口渠化处的非机动车道加宽

道空间建设形式，形成以与市政道路一体化设计、兼顾服务日常出行的一体化绿道为主体的网络，有效提升"窄路密网"条件下的慢行空间路权；保障绿道网络连续性，强化绿道与市政道路的衔接处理，采用节点下穿与地面过街相结合的方式，保障过街安全与便利 ❶。

（2）构建雄安特色的安全、无障碍的学径，解决安全上下学（图15）

重点关注幼儿通学，结合启动区范围内中小学校及周边 500m 步行范围内的住宅用地、居住综合用地、居住配套设施用地，利用市政道路网络和用地内部道路规划布局，形成服务儿童通学的连续、无障碍步行路径，主要利用道路两侧建筑退线空间与人行道实施一体化设计。

（3）交叉口渠化保障步行、自行车出行过街空间和安全（图16）

结合交叉口展宽，优先保障慢行空间。首先确保交叉口非机动车道的有效通行宽度不小于路段的相应宽度；在交叉口具备相应展宽条件时，还应优先对非机动车道进口道进行适当加宽，由标准宽度 2.5m 拓宽至 3.5m，保障非机动车进口道空间充足。

（4）交通枢纽地区形成多层立体的慢行系统

在雄安城际站等枢纽的接驳体系设计中优先安排慢行系统，形成多层立体、网状均质的蛛网形接驳系统。在地面层，耦合绿道、自行车泊位、枢纽出入口，实现无缝换乘，内外衔接一体化优化绿道网络，实现枢纽便捷畅达。在层间关系上，通过多个竖向交通节点实现地上、地下的人行联系，竖向交通节点在主要出入口、候车厅、出站口等邻近设置，便于人流集散，同时提高乘客进出站便利性。

3.经验总结

雄安新区启动区针对"窄路密网"条件，将绿道系统与市政慢行系统统筹考虑、一体化设计，结合城市、郊野地区因地制宜深化绿道空间形式，灵活运用节点下穿、地面过街相结合的方式，极大地补充、提升和完善了城市慢行网络的完整性、连续性，保障空间路权。

雄安新区启动区的儿童无障碍学径建设，从规划层面切实考虑儿童通学需求与路径科学选取；从空间保障入手，研究探索城市道路、绿道和沿线用地退线空间的一体化设计；落实保障机制，确保学径设计不走样，目前已形成了一整套学径规划建设的流程机制。

图17 启动区北京援建学校人行横道、出入口稳静化处理

雄安新区启动区的道路交叉口和出入口优化设计，从空间保障上赋予慢行交通优先路权保障，通过保障人行道连续、机动车上下坡的处理方式，降低了出入口对人行道和行人的冲击，街道风貌得到极大改善，行人出行体验实现极大提升（图17）。

雄安新区启动区城际站枢纽在建筑设计时充分考虑使用者需求与体验，通过优化内部步行流线组织、梳理与周边用地及其他交通方式的衔接关系，极大地提升了枢纽地区集散效率和空间品质。

七、绿色交通发展的雄安经验之三：破解既有地面公交发展困境，提高公交服务水平

1. 面临的问题与挑战

满足人们日益增长的对高品质、多样化公共交通出行服务的需求。随着经济的发展，人们对高效、舒适的交通出行的需求日益增加，而既有地面公交存在各种问题，无法满足现阶段的出行需求。例如，乘客出行需求升级，趋于多样化、个性化，"温饱式"的常规公交服务无法满足生活需要；城市空间相同功能布局集中，职住分离严重，客流走廊潮汐性明显，高峰期通道拥挤，公交出行的效率与舒适性被严重制约。同时，公共交通基础设施建设滞后，公交廊道不畅，公交专用道与其他交通流线交织严重，枢纽场站不足，实施中过分强调其邻避性，位置、规模难以按照规划落实，其组织出行、聚集人气的综合服务功能远未发挥。

2. 雄安解决方案

挖掘公交需求变化，供给侧主动改革，在常规公交之外提供多样化公共交通服务（图18）。

图 18　雄安新区多样化公共交通服务模式图

（1）挖掘疏解人群的跨城联系需求，提供服务北京—雄安双城生活的定制化城际公交服务

雄安新区作为北京疏解非首都功能集中承载地，与北京联系紧密，面对疏解人群未来将形成的北京—雄安双城生活模式，需要加强雄安与北京的交通联系。央企、高校这类体量较大的疏解单位往往是整体疏解、搬迁，更适用于城际公交班车、校车这类有组织的交通方式❷。

（2）面对高品质出行需求，探索需求响应型的智能化公交服务

从满足基本出行向提供快捷、高品质交通服务转变，通过大数据、云计算等技术手段，基于对公交出行需求计算，智能生成线路，实现公交调度方案的自动生成和实时优化，提供地块到地块的公交服务。利用价格调控，为有高品质、高时效性要求的乘客提供个性化的共享出行服务。

（3）利用"窄路密网"背景，明确道路主导功能，提前布局公交专用路系统

雄安新区整体采用"小街区、密路网"的路网体系，路网模式从传统的"宽路稀网"转变为"窄路密网"，从所有道路承担所有功能转变为不同交通功能空间分离（图 19）。规划中，充分利用道路资源优势，优先布局公交网络，规划建设成系统的公交专用廊道系统（公交型单元集散道路），按 300~600m 间距布局。在设施供给上从根本上保障了公交路权，为后期公交灵活高效的组织运行提供了先决条件。

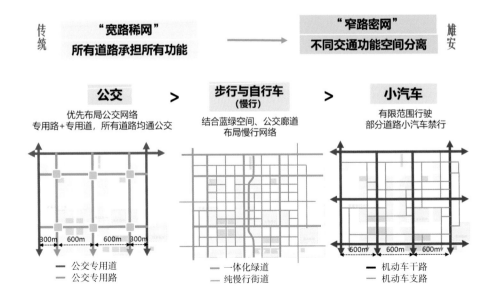

图 19　雄安新区启动区公交专用路布局模式图

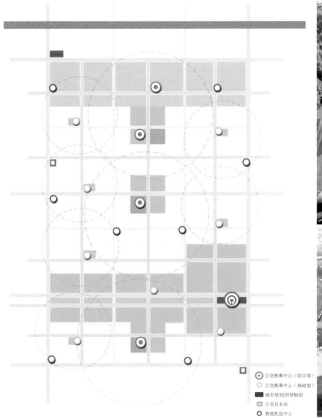

图 20　雄安新区启动区公交场站布局模式图　　　　　图 21　雄安新区弹性公交运行实景

（4）与生活圈耦合，按照小型化、分散化原则布局公交场站

打破传统公交在外围集中布置场站的"邻避式"布局模式，以出行需求为核心，按照小型化、分散化原则布局公交场站（图 20）。在以生活圈布局城市公共服务设施的背景下，结合五—十一—十五分钟生活圈，分布式布局城市公交换乘中心，形成公交 TOD 核心，实现在公交 TOD 核心满足大部分日常生活需要，以公交为引导，构建生活圈活力点。

（5）顺应智能共享交通发展，探索需求响应公交服务模式（图 21）

需求响应公交是高品质、高效率的一种公共交通出行方式，以载客量 7~10 人的小巴为主要车型，乘客利用手机 App 等方式提前发布出行需求，系统智能生成线路，同时可实现顺路合乘。结合地块人行出入口，设置贴近起讫点的虚拟站点。可实现"地块到地块"服务，使得公交服务水平接近私人小汽车。

雄安新区依托一体化出行应用，着力打造一站式出行、多信息集成的出行服务平台，以"半开放、小定制、密站点、共享合乘"为运营理念，采用"定点不定线"的运行规则，响应多元化出行需求，提供多样化的智能出行服务。目前平均每日投入运营车辆 20 辆，用户已突破 2 万人，培育了新区居民新型绿色交通出行习惯，也在减少私人小汽车使用、缓解路面拥堵、降低交通碳排放等方面作出了有益尝试❸。

3. 经验总结

公交体系需在规划阶段提前谋划，确保公交设施供给充足。在道路系统与断面中落实公交廊道，避免出现廊道不畅、系统不完整的情况。公交场站设施在规划阶段提前布局，细化功能与规模要求，与城市功能紧密结合。

在"窄路密网"地区，优化交通组织，实现道路功能分离。利用路网密度高的优势将不同道路功能空间分离，优先保证公交系统的独立路权、自成网络，并与其他道路功能有序衔接。

城市中心采用小型化公交场站布局，除旅客换乘外仅保留必要的司乘人员工作报站功能，车辆整备等为车辆功能可在外围场站实现。与城市活动中心相结合，利用公交线路组织人流的优势，刺激商业与公共活动，打造公交 TOD 核心。

面对不同特征的城市片区，利用智慧手段提供个性化公交出行解决方案。例如，老城区道路狭窄，可采用小型定制化公交；CBD 片区潮汐性交通明显，可提供通勤班车等。

八、绿色交通发展的雄安经验之四：将物流配送有机嵌入城市交通体系

1. 面临的问题与挑战

物流配送重要性日益凸显，但和既有城市交通设施与运行的冲突也逐渐显现。随着社会经济发展和人民生活水平的提高，物流行业的发展愈加迅速。不断增长的业务量给物流分拨和末端配送带来极大压力，对物流基础设施提出了更高要求。但长期以来，城市物流组织模式和基础设施缺乏统筹考虑，分拨、配送设施的空间缺口较大，大部分物流活动只能通过临时租用场地，甚至是直接占用道路等公共空间来开展配送活动，影响了交通运行和城市面貌。如何合理、高效地开展城市物流配送活动，提升配送效率和服务水平，是一项亟待解决的课题。

2. 雄安解决方案

（1）夯实基础，推动共同配送的雄安方案（图 22）

以现有各类物流配送运营模式为基础，在共同配送的统一指导下，以市场化的方式整合配送场站和作业流程，减少车辆、人员的数量，提高配送效率，净化城市物流配送环境。整合配送需求、运力资源、信息数据等，采取对货物进行集中配送的组织方式，在一定区域内提高物流效率，多个客户联合起来共同由一个第三方物流服务公司提供配送服务。

以共同配送为核心，聚焦场站设施、车辆载具和数据信息三大资源的配置效率，实现资源共享、集约利用。合理配置各类场站设施，统筹布局、功能兼顾，

图 22　雄安物流方案模式图

避免重复建设；实现共同配送车辆载具的标准化与共享化，降低整体配送规模。依据物流运营组织的需要，构建包括物流园区、分拨中心和社区配送中心的三级物流基础设施体系❿。

（2）将物流场站分散化嵌入生活圈中心

雄安新区启动区在规划实施层面，依托生活圈中心和公交换乘中心，一体化布局社区配送中心。物流场站主要在生活圈外围布局，邻近公交专用道路，与需求响应型公交车辆服务设施（停车、整备、充电）共享空间，鼓励利用公交专用道系统开展共同配送。

应用清洁能源、车路协同式智能城市配送车，与公共出行的模块化移动舱共用平台，根据物流订单自动分配、运输、递送。利用无人车等智能运载工具开展"最后一公里"配送。

3. 经验总结

物流快速发展对城市运行提出新的挑战，及时破解物流基础设施不足的难题、提高物流配送效率、净化配送环境，是支撑城市"高质量发展、高水平治理"的重要途径，也是助力实现"高品质生活"的实际举措。

城市物流基础设施应纳入城市基础设施体系，作为综合交通系统的重要组成部分，在国土空间、详细规划层面预留相关用地，建立健全的物流园区、分拨中心、社区配送中心三级设施体系，契合空间用地和生活圈布局，与公交系统集约共建、设施共享，为发展共同配送、推动物流配送体系变革奠定基础。

九、绿色交通发展的雄安经验之五：构建数字道路，助力智慧城市建设

1. 面临的问题与挑战

在快速建设过程中构建现实城市和虚拟城市的"数字孪生"。快速的城市化发展带来了城市空间扩展过快、空间分布不平衡、格局较为分散、土地集约化程度不高等问题，给城市空间规划与设计、城市空间资源优化配置带来了挑战。面对可持续发展要求，需要在城市规划、建设、运营过程中实现多维度、实时动态、模拟仿真等，为精细化城市管理和运营提供支撑⓯。

2. 雄安解决方案

（1）数字城市与现实城市同步规划、同步建设

2018年，雄安新区首先提出"坚持数字城市与现实城市同步规划同步建设，打造具有深度学习能力、全球领先的数字城市"。2020年，雄安新区规划建设BIM（建筑信息模型）管理平台（一期）项目通过中期专家评审会。平台构建高效、精简、并联的审批流程，实现基于BIM的工程建设项目智能审批。

根据"放管服"改革精神，优化规划建设审批流程，改革全流程的工程建设项目审批制度，构建科学、便捷、高效的工程建设项目审批和管理标准，制定贯通现状空间—总体规划—控制性详细规划—建筑设计—建筑施工—建筑竣工六个

阶段的全链条；针对全流程的管控目标，为实现规划管控的层层传递，形成跨行业、跨阶段的业务规则和计算模型，建立涵盖多专业的审查指标体系，构建涵盖建筑工程、市政工程、园林景观、水利工程等全专业、多领域指标审查体系的数字化标识体系，为城市智能治理体系的建立、智能城市运营体制机制的完善打造一个"全周期记录、全时空融合、全要素贯通、全过程开放"的数字"规建管"智能审批平台。平台各系统运行稳定可靠，将助力雄安数字孪生城市进一步完善提升（图 23）。

图 23　雄安城市计算中心

（2）搭建交通基础设施城市信息模型平台，辅助规划管理和街道设计

以规划建设 BIM 管理平台为基础，探索将针对单体项目的 BIM 系统扩展到城市层面成为 CIM（城市信息模型）平台。按照城市规划建设的顺序，在规划阶段形成城市级别的数字平台底座，在项目设计和建设阶段将单体 BIM 模型插入平台底座中，不断完善 CIM 平台，以此应对启动区大规模开发建设、各项目同步推进中的统筹协调需求。

利用 CIM 平台整合街道周边建筑、道路和地下管线等多源信息，将二维图纸转换为三维场景。开展各类设施三维关系协调，辅助开展方案审查和街道设计，包括道路及沿线附属设施间的协调，地下管线、管廊的协调，建筑、道路与绿地之间的协调。

同时，通过各类项目的 BIM 模型逐渐完善 CIM 平台的仿真功能，逐步实现片区乃至城市级别的运行指标动态运算，包括容积率、各功能配比，各类设施出行需求与可达性，贴线率、高宽比、道路密度，微气候，排涝与海绵设施等一系列指标，可在 CIM 平台内提前将实际建设情况和规划预期进行比对，辅以政策效果模拟，期望支撑城市精准高效运行。同时，对各类问题的提前预判有利于城市整体的安全韧性 [16]。

（3）以照明灯杆为载体、以物联网设备为核心集成综合杆件，建设智慧街道

照明杆件是所有道路杆件中最连续、均匀、密集的一类，且市政照明灯杆杆件结构通常体量较大，可满足各类设施的挂载要求，且照明杆件对市政道路的覆盖相对全面、均匀，在"多杆合一"工作中应利用照明灯杆作为杆件整合基础。以应合尽合为原则，将交通信号灯、交通标志牌、监控传感设施和智慧城市设施等与道路灯杆归并整合（图 24）。

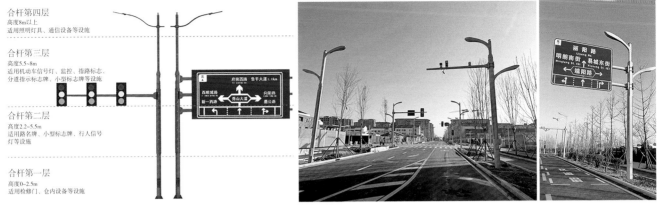

合杆第四层
高度8m以上
适用照明灯具、通信设备等设施

合杆第三层
高度5.5~8m
适用机动车信号灯、监控、指路标志、
分道指示标志牌、小型标志牌等设施

合杆第二层
高度2.2~5.5m
适用路名牌、小型标志牌、行人信号
灯等设施

合杆第一层
高度0~2.5m
适用检修门、仓内设备等设施

图24 雄安新区"数字道路"建设"多杆合一"实景图

3. 经验总结

雄安新区规划建设 BIM 管理平台，针对城市全生命周期的"规、建、管、养、用、维"六个阶段，在国内率先提出了贯穿"数字城市"与现实世界映射生长的建设理念与方式；在国内 BIM、CIM 领域实现了全链条应用突破，具有领先性与示范性。

"数字道路"和"多杆合一"工作探索了"窄路密网"条件下道路附属设施的整合思路、原则和方向，既解决了当前杆件林立带来的街道风貌问题，又预留了未来智慧城市扩展的接口，是构建"数字城市"的重要载体和入口。

十、雄安经验与建议

我国城市高质量发展面临难得契机，一方面，城市更新全面展开，城市结构、用地形态、生活组织、功能安排正逢其时；另一方面，新城建设方兴未艾，创新发展可以一展宏图。值此时刻，在分析总结国内外已有城市发展经验的基础上，探索生态城市、绿色交通的中国道路，提出破解城市交通问题的系统对策，不但是我国城市高质量所急需，也是对世界城市发展的贡献。雄安新区启动区的宝贵探索和实践，对国内城市有现实的学习和借鉴意义（图25）。

最后，总结雄安新区的经验，对绿色出行在国内城市的持续推进提出以下三点建议。

1. 建议一：在各项工作中不忘初心，坚持绿色出行目标不动摇

雄安新区规划确定的绿色出行要求是符合城市发展规律的，是引领城市发展方向的，必须坚定不移、一以贯之地予以落实。在设施建设和政策制定过程中，应坚持绿色出行目标不动摇，以符合绿色出行要求为首要考量，不建设单纯为机动车服务的各类设施，包括但不限于高架路、立交桥、宽马路、大广场等，不出台有悖于绿色出行的政策措施，以有利于公交、步行和自行车出行为出发点开展顶层设计、政策研究、举措保障。

图 25　雄安新区启动区建设实景图

2. 建议二：交通体系建设与土地利用、公共服务紧密结合

交通设施的硬件建设可以超前，但交通体系的形成不是一蹴而就的，应与土地利用、地块开发、公共服务配套等紧密衔接。交通系统的核心是服务城市运行，评价交通系统的好坏不能仅看交通本身，视角要扩展到整座城市运行的层面。一方面要看城市开发建设是不是落实了新发展理念，各系统是否形成了合力；另一方面要看交通系统是不是适应本阶段城市运行的需求，是否同时满足远期绿色出行目标的要求 ❶。

3. 建议三：设施建设与服务管理同步推进

雄安新区成立以来按照高质量建设的要求大力推进交通基础设施建设，支撑大规模开发建设，框架基本形成，能够满足基本的交通联系需求。在硬件建设的基础上，应结合交通系统服务和使用对象变化、建设施工期交通需求、交通出行习惯培育等特点，有针对性地开展政策和管理措施研究，完善软件层面的支撑，更好地发挥硬件设施作用。

注释：

❶ 陆化普 . 城市绿色交通的实现途径 [J]. 城市交通，2009，7（6）: 5
❷ 孙明正，余柳，郭继孚，等 . 京津冀交通一体化发展问题与对策研究 [J]. 城市交通，2016，14（3）: 63-66
❸ 杜恒 . 基于功能统筹的城市道路断面设计方法 [C]// 中国城市交通规划学会 . 中国城市交通规划2012 年年会暨第 26 次学术研讨会论文集，2012
❹ 高柯夫，孙宏彬，王楠，等 . "互联网 +" 智能交通发展战略研究 [J]. 中国工程科学，2020，22（4）: 101-105
❺ 雄安新区无人驾驶公交预计年底投入运营 [EB/OL].[2022-10-7]. http://www.xiongan.gov.cn/2022-10/07/c_1211690703.htm
❻ 智慧灯杆一杆多用，服务区专设科技展厅 [EB/OL].[2021-6-14]. http://www.xiongan.gov.cn/2021-06/14/c_1211200284.htm

❼ 孔令斌 . 中国大城市交通问题的空间解读与对策 [J]. 城市交通，2017，15（4）: 13-15

❽ 努力实现"90/80"出行目标 打造新区绿色交通体系——雄安创新大讲堂第二十四期开讲 [EB/OL].[2021-7-27]. http://www.xiongan.gov.cn/2021-07/27/c_1211261896.htm

❾ 赵一新 . 城市交通规划编制与城市规划管理——以北京市为例 [J]. 城市交通，2007（1）: 45 48

❿ 杨保军 . 关于开放街区的讨论 [J]. 城市规划，2016，40（12）: 113-117

⓫ 戴继锋，赵杰，周乐，等 ."网络、空间、环境、衔接"一体化的步行和自行车交通——《城市步行和自行车交通系统规划设计导则》规划方法解读 [J]. 城市交通，2014，12（4）: 7-9

⓬ 雄安新区对外骨干路网智能建设提速 [EB/OL].[2021-11-16]. http://www.xiongan.gov.cn/2021-11/16/c_1211447168.htm

⓭ 杜恒，王宇，张亚坤，等 . 需求响应式公交出行特征分析 [J]. 综合运输，2022，44（8）: 55-61

⓮ 钮志强，杜恒，高广达，等 . 构建基于共同配送的城市物流基础设施体系 [J]. 城市规划，2022（6）: 69-72

⓯ 雄安首条数字道路投入运营 [EB/OL].[2022-12-21]. http://www.xiongan.gov.cn/2022-12/21/c_1211711287.htm

⓰ "三个雄安"打造未来之城 [EB/OL].[2023-5-3]. http://www.xiongan.gov.cn/2023-05/03/c_1212173489.htm

⓱ 李晓江 . 当前城市交通政策若干思考 [J]. 城市交通，2011，9（1）: 10-11

图片来源：

首图　http://www.xiongan.gov.cn

图 1　《雄安新区规划纲要》

图 7　https://baijiahao.baidu.com/s?id=1761577242156162568&wfr=spider&for=pc

图 10　探访容东片区三级道路系统 绿色出行将成主流 . 中国雄安官网，2021 年 7 月 22 日 . http://www.xiongan.gov.cn/2021-07/22/c_1211253262.htm

南昌

传承红色基因、追求绿色发展的历史文化名城

一、城市概况

南昌始建于公元前 202 年，距今已有 2200 多年历史，有着丰富的文化传承和珍贵的人文印记。南昌为国务院命名的国家历史文化名城，拥有 600 余处文化遗址，其中滕王阁被誉为"江南三大名楼"之一。

南昌市是中国首批低碳试点城市、国际花园城市、国际湿地城市、国家水生态文明城市、国家园林城市及国家森林城市，生态优势明显。经过 70 年的发展，南昌市发生了翻天覆地的变化。目前，南昌市已经发展成为江西省的政治、经济、文化、科教和交通中心，长江中游城市群中心城市之一，鄱阳湖生态经济区核心城市。南昌市辖三县（南昌县、进贤县、安义县）、六区（东湖区、西湖区、青云谱区、红谷滩新区、青山湖区、新建区）、三个国家级开发区（南昌国家经济技术开发区、南昌国家高新技术产业开发区、南昌小蓝经济技术开发区）以及临空经济区、湾里管理局，总面积 7195km^2，2022 年常住人口 653.81 万。

1905 年修建第一条铁路（九江—南昌）之后，南昌市的城市格局开始沿着铁路线逐步扩展，1937 年修建了第一座跨江大桥后城市版图进一步向昌北延伸。新中国成立以来，城市区域经过不断发展、合并、变更，形成目前"六区三县"的行政区划。根据《南昌市国土空间总体规划（2021—2035 年）》（公示稿）的要求和目前南昌市的实际发展现状，在空间结构方面，南昌市将构建"一核一带两翼·一湖两屏五田"的空间格局（图 1）。

图 1　南昌市城市空间结构示意图

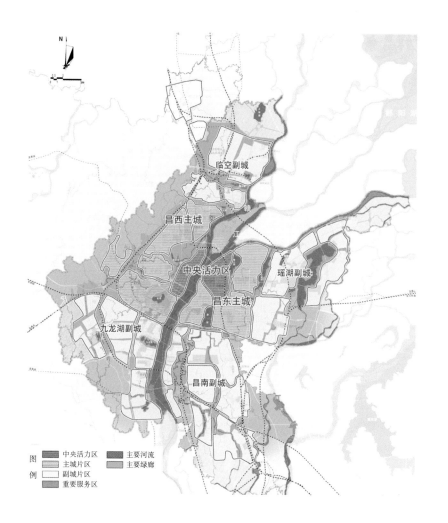

图例
■ 中央活力区　■ 主要河流
□ 主城片区　　■ 主要绿廊
□ 副城片区
■ 重要服务区

图2　南昌市国土空间总体规划
（2021—2035年）（公示稿）空间结构

根据《南昌市国土空间总体规划（2021—2035年）》（公示稿），未来南昌城市空间发展结构将统筹优化"一主四副、揽山伴湖、拥江发展"的扇形开放式空间结构。"一主"是指以老城中心和红谷滩中心组成的中央活力区为核心，与东、西两城共同组成的主城区；"四副"是指规划形成四个以专业化功能为动力引领、职住自我完善的副城，包括临空副城、瑶湖副城、九龙湖副城和昌南副城（图2）。

二、交通系统特征

1.道路网络结构

南昌市中心城区道路目前基本形成以"双环十一射"为骨架、方格网为基本形式的"蛛形"网络结构。其中，"双环"是由城区内的一环线和绕城高速公路构成，形成不同层次的对内部交通的保护；"十一射"是城区向东南西北放射，联系外围城镇组团和城市出入口的11条快速路或主干路，加强了中心城区对外的辐射功能，保证城市中心区的强势中心地位。

根据中国城市规划设计研究院发布的《2020年度中国主要城市道路网密度监测报告》数据，南昌市的道路网密度为6.2km/km²，在36座主要城市中排在第15位。部分行政区域路网密度见表1。

南昌市部分行政区域路网密度表（单位：km/km²）　　　　　表1

行政区域	东湖区	西湖区	新建区	青云谱区	青山湖区	南昌县
路网密度	9.5	8.3	7.8	5.6	5.4	5.3

根据《南昌市域综合交通规划（2020—2035年）》，未来南昌市将构建A字形主骨架交通连廊，实现中央活力区和四个副城之间的便捷联系，同时按照"两横两纵半环"结构构建次级交通连廊，实现次中心区域与外围副城的联系（图3）。

2.机动化与交通需求特性 ❶

近年来，南昌市机动车保有量处于快速增长时期。2021年南昌市机动车保有量达到140.5万辆，民用汽车保有量138万辆，较上一年增长9.5%；年末民用轿车保有量81万辆，增长6.6%，其中私人小汽车保有量76万辆，增长8.6%。

2018年南昌市人均日出行次数2.7次，其中出租车出行占1.2%，单位班车出行占0.9%，地铁出行占3.2%，公共巴士出行占13.2%，摩托车出行占

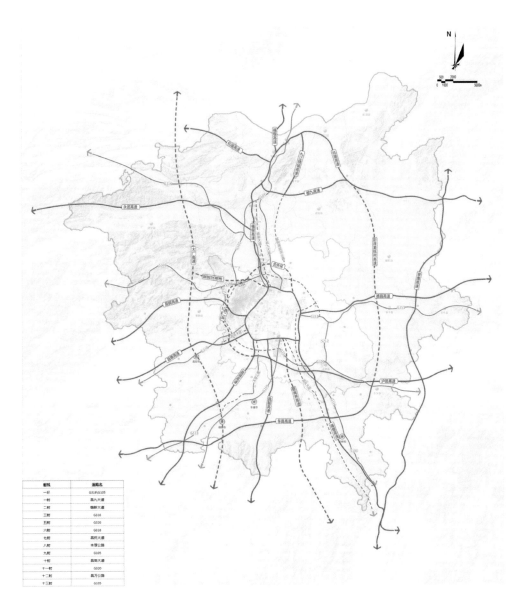

图3 《南昌市域综合交通规划
（2020—2035年）》路网规划

1.4%，私人小汽车搭乘出行占 1.1%，私人小汽车自驾出行占 12.3%，网约车出行占 0.2%。非机动化出行（含电动自行车）中步行占 38.7%，个人自行车占 4.0%，电动自行车占 21.6%，公共自行车占 0.2%，共享单车占 0.9%。

2020 年南昌市人均日出行次数 2.4 次，其中出租车出行占 0.8%，单位班车出行占 0.6%，地铁出行占 3.9%，公共巴士出行占 6.7%，摩托车出行占 0.9%，私人小汽车出行占 20.5%，网约车出行占 1.0%。非机动化出行（含电动自行车）中步行占 31.7%，自行车（含共享单车、公共自行车）占 3.3%，电动自行车（含共享电动自行车）占 29.7%，见表 2。

南昌市交通出行方式分担率（2018 年、2020 年）　　　　　表 2

出行方式	2018 年分担率	2020 年分担率	出行方式	2018 年分担率	2020 年分担率
步行	38.7%	30.9%	摩托车	1.4%	0.9%
自行车（含电动）	25.6%	33%	其他机动车	3.4%	1.7%
公共交通	17.5%	13%	绿色交通合计	81.8%	76.9%
私人小汽车	13.4%	20.5%			

三、绿色交通系统建设

1. 轨道交通系统

（1）建设情况

2009 年 7 月，国务院批准《南昌市城市快速轨道交通建设规划（2009—2016 年）》。依据南昌市城市总体规划和综合交通规划，南昌市轨道交通线网将由 5 条线路构成，其中 1 号线、2 号线、3 号线构成主骨架线网，4 号线、5 号线为辅助线，设置 4 条过江通道，线路总长约 168km，共设车站 128 座，其中换乘枢纽 15 处。2015 年 12 月底，南昌市地铁 1 号线正式开通试运营。截至 2022 年年底，南昌市形成 4 条运营线路、94 座车站（含换乘站）、总长度 128.45km 的轨道交通网（表 3）。

南昌市运营线路概况表　　　　　表 3

线路	长度（km）	站点数量	平均站距（km）
1 号线	28.84	24	1.20
2 号线	31.51	28	1.13
3 号线	28.5	22	1.30
4 号线	39.6	29	1.37

（2）TOD 模式实践

南昌轨道交通集团通过地铁 1 号线、2 号线建设，积极探索"地铁 + 社区"的发展模式，在"地铁 + 社区"结合、建设及实现利益最大化三个方面取得成效。

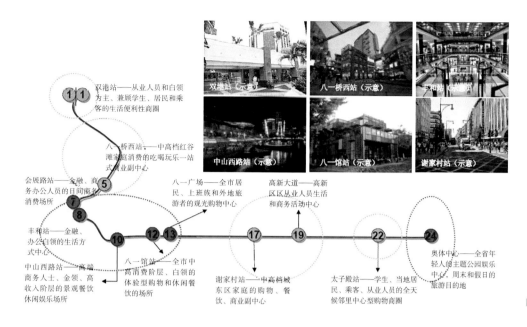

双港站——从业人员和白领为主、兼顾学生、居民和乘客的生活便利性商圈

八一桥西站——中高档红谷滩家庭消费的吃喝玩乐一站式商业副中心

会展路站——金融、商务办公人员的日间商务消费场所

八一广场——全市居民、上班族和外地旅游者的观光购物中心

高新大道——高新区区从业人员生活和商务活动中心

丰和站——金融、办公白领的生活方式中心

中山西路站——高端商务人士、金领、高收入阶层的景观餐饮休闲娱乐场所

八一馆站——全市中高消费阶层、白领的体验型购物和休闲餐饮的场所

谢家村站——一中高档城东区家庭的购物、餐饮、商业副中心

太子殿站——学生、当地居民、乘客、从业人员的全天候邻里中心型购物商圈

奥体中心——全省年轻人的主题公园娱乐中心、周末和假日的旅游目的地

图4　南昌市地铁1号线站点功能定位

为解决地铁建设与物业开发不同步问题，南昌轨道交通集团在1号线建设之初，对1号线24个站点进行了整体的商业策划定位。在策划基础之上，结合轨道交通站点周边的土地资源，明确15个场站周边的物业开发定位（图4）。根据整体定位策划，最关键的就是土地的控制性详细规划要和车站设计匹配，南昌市轨道交通集团对每宗目标地块进行了概念方案设计和控制性详细规划调整分析。

在同步建设方面，南昌轨道交通集团采取车位包容性设计、结构预留的方式来解决此类问题。拟建上盖物业完成规划方案并对车站设计提出包容性设计需求，在车站施工图纸设计中充分考虑结构预留并与车站部分同步施工，以便后期与物业实现对接。

南昌轨道交通采用"地铁＋社区"模式，将地铁沿线土地资源分类考虑。站点周边规划较大的土地资源，以确保土地收入为目标，通过土地二级市场由开发商摘牌，合适的项目可由轨道交通地产公司参与开发；站点建设整理出来的土地资源，以取得优质物业为目标，由南昌轨道交通集团投资建设。以上三点思路，从经济价值和社会价值角度都印证了"地铁＋社区"这种TOD模式在南昌是可行的。

以地铁八一馆站为例，地铁3号线2020年12月26日正式开通运营后，八一馆站成为地铁1号线和3号线的换乘车站，车站周边如图5所示。

车站的出入口与天虹商厦、百盛商场直接连通，使得商业区实现与地铁车站的结合，通过通道直达车站站厅或者商场内部，如图6所示。

一般地铁站出入口会在地面上修建独立的建筑，占用地面面积的同时，承担功能较为

图5　地铁八一馆站及上盖平面图

图6　百盛商场与地铁进出站通道（左）
图7　地铁八一馆站2号进出口与商业
综合体的一体化外观（右）

单一，尤其在商业区等人流比较密集的区域，这种地面建筑占用人行道空间，给行人通行带来不便。而南昌正是结合"地铁＋社区"模式的开发建设，巧妙地将地铁站出入口与上盖建筑结合，仅在人行道空间布置地铁进出站标志物，在归还人行空间的同时，还可以通过地铁出入口进入商场内部，实现地铁车站与周边商业的无缝衔接（图7）。

（3）地铁与公交的无缝衔接

南昌市通过优化公交线路、调整公交场站，实现轨道交通和常规公交的无缝换乘。其先后编制完成三份轨道交通工程公交配套实施方案，以不断推进地铁与公交的无缝衔接。南昌市地铁1号线实现23个地铁站点与公交站点无缝对接；2号线优化调整沿线公交40条，新建公交站台60个，且为满足2号线沿线非机动车停靠需要，根据自行车衔接客流流线，设置"B+R"自行车停车场83处，公共自行车租赁点81处；3号线对9条竞争性公交线路进行优化，对9条接驳性公交线路进行调整，同时新增了4条线路，提高覆盖率，增强接驳供给，重新优化调整运力的公交线路共21条；此外，还对22个地铁站点中的19个站点的交通衔接设施进行了改造。公交站点配套方案的实施实现了地铁与公交的无缝衔接，满足了出行者交通零距离换乘的需求（图8~图10）。

图8　地铁1号线万寿宫站与公交站衔接　　　　图9　地铁1号线秋水广场站与公交站衔接

（4）站内便利换乘

南昌市轨道交通在建设过程中充分考虑站内换乘的便利性。以八一广场站为例，该站点是地铁1号线与2号线的换乘站点，站点为地下3层结构（图11），地下一层为站厅层，乘客在该层购票与进出站，地下二层为2号线站台层，地下三层为1号线站台层。因此，地铁在1号线与2号线之间通过一层楼梯即可方便换乘（图12）。

（5）全面化的支付手段

针对方便市民购票的目标，南昌轨道交通集团打通了公交、地铁扫码支付壁垒，开通了支付宝及微信支付、银联云闪付、"鹭鹭行"App扫码乘车功能，南昌地铁购票支付方式超过10种，让市民出行更加智慧、便捷（图13）。2019年8月，南昌市实现公交、地铁全国性互联互通，实现各接入城市间公交及地铁的跨省市使用。

作为华东地区重要的中心城市之一，南昌市近年来大力普及移动数字支付，二维码扫码乘车已全面覆盖市内公共交通出行领域，非现金使用率逐年提升，初步建立了以移动支付为主、其他支付方式为辅的公共交通运输体系。其代表产品"鹭鹭行"App在为乘客提供扫码乘车服务的同时，还设置了站点导航、班车查询、失物

图10　地铁1号线师大南路站与公交站衔接

图11　八一广场站车站空间示意图

图12　八一广场站换乘通道

图13　互联网购票、现金购票支付手段

图 14 "鹭鹭行" App 界面

招领、城市生活等便民服务版块，为广大乘客和外地游客提供更为便捷的出行体验（图 14）。

2. 公交系统

2020 年 9 月，交通运输部发布通报，南昌市被授予"国家公交都市建设示范城市"称号。目前南昌市已经构建形成了公交线路"一张网"，地铁、公交车、出租车、公共自行车相互补充的"一体化"城市公共交通体系。其中，公共汽（电）车持续增量提质，建成由快线、干线、支线、微循环线、特色线构成的层次分明、功能清晰的公共汽（电）车网络。中心城区公交运营线路 288 条，路网总长 696km，公共汽（电）车保有量 4065 辆，日均客运量 118.6 万人次。此外，南昌市政府在公交场站设施用地方面给予了大力支持和保障，建成大型综合性公交枢纽场站 40 余个，公交场站规模和品质在全国同行业中处于领先水平。通过大力推进公交枢纽站及首末站建设，公交汽（电）车进场率从 2017 年年底的 94.4% 提升至 2019 年年底的 100%；公交车车均场站面积从 151m²/ 标台提升至 221m²/ 标台。通过对公交线网的大力优化，南昌市公交站点 500m 覆盖率从 2017 年年底的 92% 提升至 2019 年年底的 100%。2019 年开始强力推动路权优先，有效提升了公交车运行速度，提高了公共交通分担率，大幅提升了公共交通的吸引力和可持续发展能力。

（1）网络化的公交专用道

发展建设公交专用道是南昌市"公交都市"创建的重要内容之一。科学合理地设置公交专用道，保障公交路权，是落实南昌市公交优先的重要举措，也是缓解城市交通拥堵的重要手段。截至 2020 年年底，南昌市公交专用道长度已经达到 160.8km，公交专用道设置比率从 2018 年的 10.17% 跃升至 23.2%。公交专用道建设形式多为路侧式，如图 15 所示。范围涵盖红谷滩新区、经开区、西

图15　南昌市公交专用道

湖区、青云谱区、湾里区（已合并）、新建区、青山湖区和高新区。南昌市公交专用道的网络化建设提升了公交运能和速度，对公交优先发展起到了推动作用。

（2）特色化的快速公交系统（BRT）

根据 2015 年获批的《南昌市城市公共交通系统规划》，南昌市形成以轨道交通、BRT 为骨干，以常规公交为主体，各种方式无缝衔接的公交系统，确立公共交通在城市客运体系中的主导地位。

按照规划，南昌市将建设 5 条 BRT 通道，形成"二纵三横"城市 BRT 网络，总里程 48.6km。

南昌市 BRT 系统于 2015 年 5 月开始规划建设，截至 2020 年 4 月，已建成 BRT1 号线、BRT2 号线、BRT2 号线区间（图 16）。BRT 采用路中式、侧式站台，"1 通道 4 支线"模式布局，主要承担莲塘组团、城南片区往旧城中心区的中长距离出行，以及城南片区与旧城中心区的中短距离出行。线路全长 22.39km，其中主通道长约 15.96km，4 条支线总长约 5.99km。BRT 通道内共设置 31 对 BRT 站台（合计 64 座，其中昌南客运站设置 4 个站台）。

（3）规模化的微公交

南昌公共交通运输集团为解决居民地铁出行"最后一公里"问题，自 2015 年起，已连续购置 300 余辆微型公交车，开通 40 多条"微公交"线路进社区，

图16　南昌市 BRT1 号线及附属设施

图 17 南昌市"微公交"接驳车辆（左）
图 18 港湾式公交站点（右）

实现社区居民出行常规公交和地铁站点的无缝衔接（图 17）。

（4）其他特色公交

1）取消农村公交班线

为了解决农村公交班线的种种不合理问题，南昌市取消了所有农村公交班线，将其全部升级改造为正常运行公交，在更便于管理的同时，为乘客提供更为优质的服务。

2）推出家校定制公交

新冠肺炎疫情期间，南昌市公共交通运输集团针对需求推出家校公交，根据收集的学生家校数据推出定制线路，在上下学期间专门为学生提供接送服务，其余时间仍然作为正常公交运行。截至 2020 年 12 月，家校公交共计运送 250 万人次，日均 1 万~2 万人次，在提高了车辆利用率的同时，更好地为社会提供出行服务。

3）改建港湾式站台

南昌市结合实际情况，改建港湾式站台，提升港湾式站台设置率（图 18）。目前，新城区港湾式站台设置率达到 85%。

3. 公共自行车系统

南昌作为江西省会城市，曾是共享单车泛滥的"重灾区"，给当地的城市管理带来了极大考验。因此，南昌市政府将自行车系统建设纳入 2016~2018 年民生工程，并成立自行车科技公司负责全市自行车系统的建设与运营。截至 2019 年 6 月，在红谷滩区、东湖区、西湖区及青云谱区已完成 413 个有桩服务点、650 余个无桩电子围栏服务站点的建设，投入 2.1 万辆公共自行车。公共自行车坚持公益优先，实行"一小时免费骑行"政策，注册市民已突破 20 万人，累计为市民提供超过 1000 万人次的免费绿色出行服务。

（1）"有桩 + 无桩"融合

南昌市于 2018 年年底正式在公共自行车三期项目中引入"城市单车综合管理方案 3.0"，对项目原有的后台系统、前端设备进行了全面升级改造，划定停车区，安装蓝牙道钉相关配套设备，将原实体桩站点和电子桩站点无缝衔接，在全国范围首次推出"有桩 + 无桩"互联互通的全新公共自行车管理运营模式（图 19、图 20）。同时，接入南昌市已有的互联网租赁单车品牌（摩拜、哈啰、青桔等），实现自行车入栏落锁，充分利用科技手段和经济杠杆作用，从源头杜绝了互联网租赁单车的乱停乱放现象。搭建"互联网租赁自行车监管平台"，结合大数据分析，在总量上有效控制互联网租赁单车泛滥投放现象，打造出城市公共自行车与互联网租赁单车共享、共管、共治的城市单车规范管理新模式。

（2）无缝衔接的"最后一公里"

南昌市轨道交通的所有站点外几乎均设置有一定规模的非机动车停放区域（图21），由于蓝牙道钉的限制，非机动车在站点外基本实现有序停放，没有造成非机动车混乱无序、大量堆积的局面，有效解决了地铁出行"最后一公里"的问题，形成了机动化交通与非机动化交通并重的交通衔接体系，扩大了轨道交通覆盖面，为市民出行提供便利。

图19　南昌市公共自行车服务站点
（"有桩＋无桩"）

图20　蓝牙道钉公共自行车停车区域
（左）
图21　地铁与非机动车的无缝衔接
（右）

4. 绿道建设情况

近年来，南昌市坚定不移地走绿色低碳循环发展之路，推动绿色发展方式和生活方式深入人心。2014年，南昌市政府正式下发《关于南昌市2013~2014年"森林城乡、花园南昌"建设的实施意见》，对约300km² 的中心城区实施绿道网规划，打造步行或自行车骑行的绿色慢行交通系统。"绿点"延伸成"绿道"，"绿道"编织成"绿网"。南昌正在形成以艾溪湖（江西省首条示范性样板绿道）、玉带河、幸福渠、乌沙河、抚河故道、赣江西岸、赣江东岸7条主干绿道为核心骨干网络的"绿道之城"，市民出行5min 便可踏上绿道（图22、图23）。

图22　南昌市森林步道等

图23　艾溪湖绿道

截至2022年5月，南昌市已建成城市主干景观绿道609km，自行车道6.3万 m²，防汛通道5.1万 m²，体育场地9600m²，景观建筑1523m²，绿化面积69.4万 m²。

未来南昌市将拓展、延伸现有绿道，持续加大全市绿道系统建设，新增城市绿道并改造、提升原有绿道；力争2021年底达到438km，形成"四横、七纵、八环"的城市绿道网络系统，努力把南昌打造为"绿道之城"。

5. 智能交通系统发展

南昌市智能交通系统的发展大致分为三个阶段。

第一阶段为2000~2010年。南昌市在2000年左右开始引入智能交通系统的相关概念，逐步开始智能交通系统的建设。这一时期完成了包括电子警察、卡口等外场设备以及供交警业务使用的相关子系统的建设，但各系统之间完全独立，没有关联。这一阶段属于南昌市智能交通发展从无到有的阶段。

第二阶段为2010~2018年。2010年前后，南昌市以第七届全国城市运动会为契机，开始进行大规模的城市基础设施建设与完善，城市智能交通系统也在这一时期有了突破性发展。2011年正式建成1个平台、八大子系统的智能交通集成管控平台，同时引入联网信号机，实现信号的远程控制，日常交警业务实现"挂图作战"，逐步形成"全局一张图"的智能指挥体系。八大子系统的数据实现关联交互，外场设备实现共融共通。这一阶段可以算作南昌市智能交通系统正式的 1.0 版本。2011~2018 年，南昌市智能交通系统的发展致力于外场科技设备的建设，从 2011 年南昌市 121 个路口将原有的单点机更换为联网信号机开始，到 2020 年已经实现了区域电子警察的全面覆盖。同时城区布设有 84 块交通信息诱导屏，指挥中心机房随着需求的上升也在不断扩容。目前南昌市交警所属的卡口每日过车数据达到 2000 万条。

第三阶段为 2018 年以后，随着人工智能、大数据、物联网等信息技术的发展，南昌市智能交通系统也迎来新的阶段，由原先单纯的硬件升级搭建向大数据挖掘服务转变，通过接入各政府部门、出租车、公交车、互联网等相关数据，形成服务于智能交通系统本身的大数据资源池。2019 年，南昌市交通管理局开发了大数据可视化平台，实现全部实战子系统在平台上的打通部署。从信号控制的智能化应用，到交通态势流量采集分析呈现；从新一代"情指勤督"融合指挥调度，到重点驾驶人、车辆、企业的可视化管控评价；从交通设施、设备的信息化、可视化的全生命周期运维管控，到不同部门、企业的数据、设备融合共享，可以说今天的南昌市形成了一套具有特色且相对完善的智能交通管理系统。另外，由南昌市政府主导建设的"城市大脑"也为智能交通系统提供了新的应用。目前，"城市大脑"共建设有六大应用场景，其中"交通不限行"是非常具有南昌特色的智能交通应用场景。"交通不限行"对主要交通堵点进行了数字化改造提升，接入 802 个交通卡口、1828 路公共视频、4302 辆公交车和 5453 辆出租车及高德导航等多源数据，进行全量、实时、精准分析，从时间、空间、速度等维度完成了对区域、路段及路口的畅通、轻度拥堵、中度拥堵、严重拥堵的四维画像，打造态势感知、拥堵识别、通行评价、成因诊断等功能模块，如图 24 所示。通过"交通不限行"场景的分析应用，南昌市在当前全国众多城市进行交通限行限号的情况下，首次出台了取消交通限行限号的政策，在没有加剧道路拥堵的情况下极大地满足了城市居民的出行需求。除此之外，交通管理部门利用"城市大脑"还开创了"135"勤务指挥机制，即"事故 1min 发现、警力 3min 到场、事故 5min 处理完成"的快速反应机制。在"城市大脑"建设的助力下，2020 年 10 月南昌市交通拥堵指数比 9 月下降了 4%，10min 以上交通事故数量下降了 46.44%，车速提升了 3.67%。

图 24 "城市大脑""交通不限行"场景界面

未来，南昌市交通管理部门将进一步注重科技创新、数据赋能。注重数据挖掘及业务实战，依托政府、公安、交管以及企业的数据来源，继续加强数据融合建设，让"英雄城市"南昌在智能交通系统的发展建设中成长为新的英雄。

四、城市亮点与经验借鉴

总结南昌市近年来城市交通系统发展的亮点及经验主要有如下几个方面。

1. 以地铁为骨干的一体化出行体系

如前所述，南昌市在发展轨道交通系统过程中，注重轨道交通与城市开发的一体化发展，注重轨道交通与其他交通方式的无缝换乘，并且将相应工作做到实处，目前已经完成的轨道交通与轨道交通的换乘、轨道交通与公交等的换乘都做到了高效便捷，从而有效提高了轨道交通系统的运行效率。目前，南昌市轨道交通日均单位公里客运量保持在全国前 10 的水平，与轨道交通系统的一体化开发、便捷换乘有一定的关系；而在轨道全国交通里程 100~200km 的城市中，南昌市轨道交通日均单位公里客运量则保持首位，体现了其在轨道交通建设方面的成功之处。

2. 灵活多样的常规公交

近年来，各类城市均遇到了普通巴士公交客运量明显下降的问题，南昌市也不例外。在此背景下，南昌市结合城市交通需求特点，积极探索各类灵活的巴士公交形式，尤其是形成了具有一定规模的"微公交"，实现了与轨道交通的良好衔接，促进了公共交通系统整体的良性发展。

3. 注重交通管理科技实效

近年来，南昌市的道路交通管理部门注重科技的发展及应用，针对南昌市的城市交通特点，充分利用迅速发展的各类技术，重视科技赋能，提高应用实效，在取消全市交通限行限号的前提下保持了良好的交通运行水平。

注释：

❶ 部分数据来源：《南昌市绿色出行创建行动方案（2020—2022 年）》

图片来源：

首图　https://www.vcg.com/creative/1160038748
图 1　《南昌市国土空间总体规划（2021—2035 年）》（公示稿）
图 2　《南昌市国土空间总体规划（2021—2035 年）》（公示稿）
图 3　《南昌市域综合交通规划（2020—2035 年）》
图 4　https：//mp. weixin.qq.com/s/lFnqtxN5t P86a9argtmlZg
图 5　百度地图
图 15　南昌市公安局交通管理局
图 22　http：//k.sina.com.cn/article_213815211_0cbe8fab02000vymz.html
图 23　https：//www.thepaper. cn/newsDetail_forward_3304827
图 24　https：//36kr.com/p/1273448013720712

九省通衢的历史文化名城

一、城市特点

1. 城市概况

武汉，简称"汉"，别称"江城"，是湖北省省会、副省级城市，中部六省唯一的特大城市，国务院批复确定的中部地区中心城市，全国重要的工业基地、科教基地和综合交通枢纽。武汉地处华中地区、江汉平原东部、长江中游，长江及汉江横贯市境中央，将中心城区一分为三，形成三镇隔江鼎立的格局。武汉江河纵横、湖泊众多，水域面积约占全市总面积的四分之一。全市总面积 8569.15km²，建成区面积 1198km²，下辖江岸、江汉、硚口、汉阳、武昌、青山、洪山、蔡甸、江夏、黄陂、新洲、东西湖、汉南 13 个行政区，以及武汉经济技术开发区、东湖新技术开发区、东湖生态旅游风景区、武汉临空港经济技术开发区、武汉化学工业区和武汉新港 6 个功能区，共有 3 个乡、1 个镇、156 个街道办事处、1469 个社区居委会、1800 个村委会。全市形成"两江交汇、三镇鼎立"的城市格局特色，形成以五大城市组团为核心的"组团发展、多心驱动"空间布局。长江以南的武昌地区，规划形成武汉新城组团、武昌组团、汤逊湖组团；长江、汉江以北的汉口地区，形成汉口组团；汉江以南、长江以北的汉阳地区，形成汉阳组团。

2. 交通区位

武汉得"中"独厚、得水独优，素有"九省通衢""货到汉口活"的美誉，各种交通方式齐备，优势明显。2021 年，中共中央、国务院印发《国家综合立体交通网规划纲要》，武汉位于国家综合立体交通网"6 轴 7 廊 8 通道"主骨架的"十字"主轴交汇点，被赋予建设国际性综合交通枢纽城市、国际性铁路枢纽和场站城市、全球性国际邮政快递枢纽城市的重任。同时也是全国唯一获批交通强国建设试点的省会城市、全国公路网重要枢纽、长江中游航运中心、大型国际门户枢纽、全国铁路路网中心，首批"国家公交都市建设示范城市""五型"国家物流枢纽承载城市和中国快递示范城市，是中国内陆最大的水陆空交通枢纽，其高铁网辐射大半个中国，是华中地区唯一可直航全球五大洲的城市。

3. 经济与人口

2022 年，武汉市实现地区生产总值为 18866.43 亿元，按可比价格计算，比上一年增长 4.0%。全市生产总值排名全国第 8，增速在全国经济规模前 10 的城市中排名第 1。全市常住人口 1373.90 万，常住人口城镇化率 84.7%，户籍人口 944.42 万（表 1）。

武汉市城市发展指标一览表　　　　　　　　　　　　　　　　表 1

指标	2020 年	2021 年	2022 年
总面积（km²）	8569.15	8569.15	8569.15
建成区面积（km²）	885.11	925.97	1198.00
常住人口（万人）	1232.65	1364.89	1373.90
地区生产总值（亿元）	15616.06	17716.76	18866.43

二、机动化与交通出行特征

1. 汽车保有量

根据公安部公布的数据，截至 2022 年年底，武汉市汽车保有量达到 403.9 万辆，比上一年增长 2.8%（图 1），规模居全国第 8 位。

2. 交通出行特征

根据 2020 年武汉市第四次居民出行调查结果，全市日均出行强度为 2.56 人次，其中中心城区出行日均强度为 2.63 人次。中心城区慢行出行占比为 57.6%，公共交通（含出租车 / 网约车）出行占比为 23.0%。从机动化出行来看，公共交通（含出租车 / 网约车）方式占比为 54.8%，私人小汽车方式占比为 45.1%（图 2）。

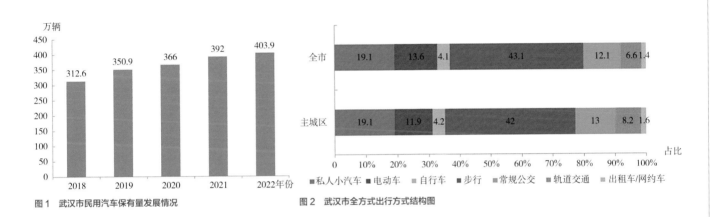

图 1 武汉市民用汽车保有量发展情况　　　　图 2 武汉市全方式出行方式结构图

在出行目的方面，武汉中心城区居民居家通勤、商务、生活购物非基家出行占比高于外围区域，其他出行目的外围区域较中心城区更高（图 3）。

在出行时间分布方面，武汉市居民通勤交通双峰明显，出发早晚高峰分别为 7 时 ~8 时、17 时 ~18 时，分别占比为 14.7%、11.8%；到达时间早晚高峰分别为 8 时 ~9 时、17 时 ~18 时，分别占比为 13.3%、11.0%；20 时 ~21 时存在下班小高峰，占比 4.6%（图 4）。

在出行时长与出行距离方面，武汉市居民平均出行时长约为 27min，机动化的平均出行时长约为 38min。从不同方式出行时长上看，慢行平均出行时长约 19min，私人小汽车平均出行时长约 35min。全市居民平均出行距离为 5.9km，慢行平均出行距离为 2.8km，机动化的平均出行距离为 10.5km（图 5）。

3. 过江交通总量

2022 年主城过江总量为 135.6 万辆 /d，较 2021 年下降 5.1%。其中，过长江总量为 84.5 万辆 /d，较 2021 年下降 3.7%；过汉江总量 51.1 万辆 /d，较 2021 年下降 7.7%。2023 年主城过江总量 150.9 万辆 /d，较 2022 年增长 11.2%。其中，过长江总量 91.6 万辆 /d，较 2022 年增长 8.5%，过汉江总量 59.2 万辆 /d，比 2022 年增长 15.8%（图 6）。

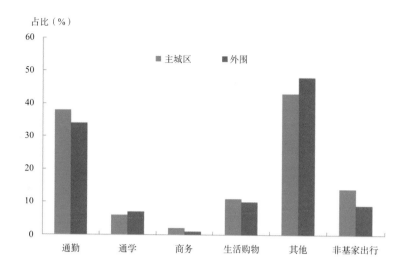

图3 武汉市出行目的分布图

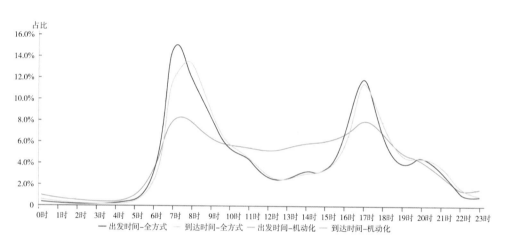

图4 武汉市居民出行时间分布

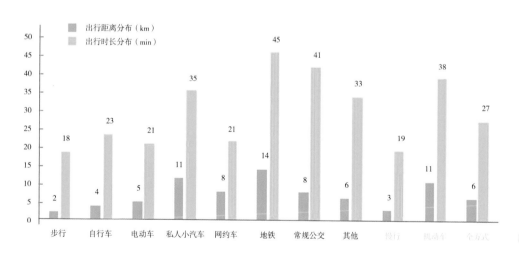

图5 武汉市出行时长及距离分布

三、公共交通

武汉市入选首批"国家公交都市示范城市"，形成了以轨道交通和中运量公交（1条 BRT 线路和3条有轨电车线路）为主体，以常规公交为网络，相互衔接的换乘接驳的公共交通体系。

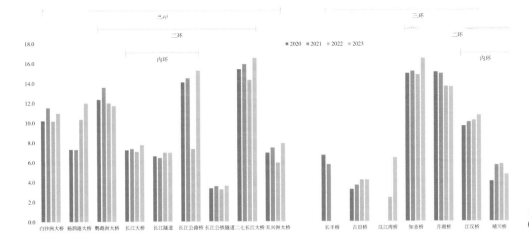

图6　武汉市过江交通量分布图
（单位：万辆/d）

1.轨道交通

2012年至今，武汉市实现每年建成通车一条轨道交通线路，进入"十三五""十四五"时期后，更是实现了从"一年开通一条线"到"一年开通两条甚至三条线"的新跨越。截至2022年年底，武汉市共开通运营城市轨道交通线路14条，总里程504.2km。其中，地铁11条，总里程455.1km；有轨电车3条，总里程49.1km（图7）；轨道交通车站340座，其中地铁291座（34座换乘站），有轨电车站39座（3座换乘站）。全年轨道交通客运量8.94亿人次（地铁8.86亿人次，有轨电车0.08亿人次）。全市共有轨道交通配属车列582列，车辆3167辆；其中，地铁518列（A型车251列，B型车267列），地铁车辆2868辆（A型车1410辆，B型车1458辆）；有轨电车64列，车辆299辆。

2.公共汽（电）车

武汉市在加大基础设施建设的同时，通过大数据分析、信息化管理，优化运营网络和运力配置，兼顾服务出行需求和运行效率平衡，实现了公共汽（电）车社会效益和经济效益双提高（图8、图9）。一是实施公交线网动态调整。结合每年地铁开通和市民居住布局的变化，对地面公交网络进行分期、分批调整，通过发展定制公交、夜行公交、旅游公交、城际公交和微循环线路等方式满足个性化、

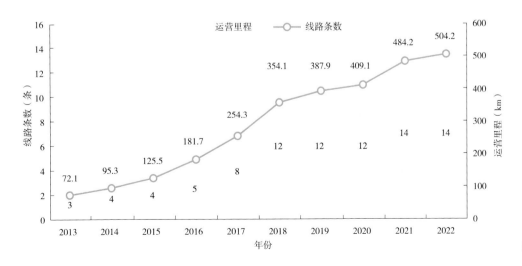

图7　近年武汉市轨道交通线网规模情况

图 8　武汉市"光谷量子号"有轨电车（左）
图 9　武汉市樱花主题地铁（右）

多元化需求，弥补公交空白。截至 2022 年年底，武汉市有公共汽（电）车经营企业 8 家，线路 775 条，运营线路总长度 13779.8km，年客运量 5.87 亿人次。全市拥有营运公交车辆 9943 辆（12166.4 标台），公交场站 193 座，场站总面积 156.5 万 m²，车均场站面积为 130.1m²/ 标台，车辆进场率达 80%。中心城区公交站点 500m 覆盖率 100%，新城区全面实现公交一体化。武汉都市圈城际公交线路开行达到 8 条。轨道交通公交站点接驳率达到 97.6%。二是加大新能源车辆应用。根据交通运输部下发的新能源公交车更新比例要求，武汉市每年定期制定新能源公交车的发展计划，并按计划推进新能源公交车更新。目前全市新能源公交车辆达 7261 辆，占比达 76.1%。三是以民生需要为导向，持续推进公交票价优惠政策。武汉市从 2016 年开始实行公交换乘优惠政策，并不断扩大免费乘车人群范围。2021 年实现各类残障人士免费乘车全覆盖，2022 年将儿童免费乘车身高上限从 1.2m 调整至 1.3m，且不限制免费儿童人数（图 10~ 图 12）。

图 10　近年武汉市公共汽（电）车线路规模情况

图 11　武汉市公交红色旅游专线（左）
图 12　武汉市"最美 BRT"夜景（右）

3. 智慧公交

武汉市创新服务，加快推进智能公交系统建设。一是完成电子站牌到站服务提示系统建设。截至 2022 年年底，武汉市中心城区建设有候车亭设施的公交站点 2069 处，建设智能公交电子站牌 975 个，实现了在中心城区 25 条主干道上安装公交电子站牌到站服务提示系统，为广大市民乘车提供了准确的服务信息。二是推出智能公交 App 查询服务系统。2012 年 7 月，武汉市常规公交推出了智能公交 App 查询服务系统，轨道交通推行"地铁出行"微信公众号和"地铁新时代"App，为市民实时查询公共交通服务信息和出行方案的选择提供了便利。三是推行"互联网＋"移动支付服务。为进一步方便市民乘坐公交出行，2015 年武汉市推行公交车移动支付方式，并实现移动支付全覆盖。2016 年 12 月，武汉地铁推出智联售检票系统，实现手机扫码支付。2021 年 5 月，地铁实现了支付宝、微信扫码乘车全覆盖。

4. 轮渡

2022 年，武汉市轮渡航线条数为 7 条，比上年减少 2 条，运营航线总长度 26.1km，全年轮渡客运量为 334 万人次（表 2）。

武汉市历年轮渡基本指标统计表　　　　　　　　　　　表 2

指标＼年份	2011	2012	2013	2014	2015	2016	2017	2018	2019	2020	2021	2022
轮船（艘）	34	37	37	21	36	36	36	33	26	20	21	—
航线（条）	11	9	13	12	14	13	13	13	11	9	9	7
航线长度（km）	53.2	29.3	53.2	118.3	180.5	125.5	61.6	61.6	74.8	26.1	56.1	26.1
年客运量（万人次/a）	1116	1111	978	943	1025	843	828	786	731	219	525	334
日客运量（万人次/d）	3.1	3	2.7	2.6	2.8	2.3	2.3	2.2	2	0.6	1.4	0.9

数据来源：武汉市交通运输局。

四、慢行系统

武汉市高度重视慢行系统发展，有序实施慢行复兴计划，每年新建 100km 的自行车道，开展《江岸沿江极致示范区环境提升治理规划》《江汉路步行街区交通整治提升规划》等片区慢行交通系统提升规划和特色慢行道专项规划，已形成江汉路步行街、昙华林、光谷步行街、汉阳造、武汉天地、楚河汉街、黎黄陂路、东湖绿道、中山大道九大特色慢行街区，深受广大市民喜爱，慢行交通系统建设顺应民意、赢得民心。另外，东湖绿道被誉为"世界最美绿道"，《中山大道步行街区复兴规划》获得国际城市规划领域最高奖项"规划卓越奖"。

为完善武汉市慢行交通系统，武汉市先后于 2017 年、2019 年编制完成了《武汉市慢行交通及绿道系统规划》《长江主轴城市双修专项实施规划——慢行交通》《武汉市慢行系统示范区规划》等区域性慢行系统规划，保证慢行通道体系连贯成网。为从源头上对道路人本化、精细化、品质化建设进行把控，武汉市自然资源和规划局、发展和改革委员会、城乡建设局、公安交通管理局于 2019 年联合发布《武汉市街道全要素规划设计导则》，针对街道空间提出了全范围、全要素的设置标准和设计指引，并在相关规划、工程建设方案的编制和审查过程中严格落实该导则要求。

五、生态城市建设

近年来，武汉市积极践行"绿水青山就是金山银山"理念，奋力打造生态宜居的新时代英雄城市。10 年间，武汉市高标准建设"两江四岸"，建成总长约 75km、面积约 750 万 m^2 的绿色滨水空间；高品质实施水系综合治理，全市中心城区消灭了劣 V 类湖泊，黑臭水体全面消除；构筑"大东湖"生态水网，生态水网实现物理连通，东湖整体水质保持在 III ～ IV 类。全市深度融合"无废城市"发展理念和国家"双碳"目标，逐步构建绿色、低碳、循环发展的固废产业体系，建设全市首批无害化固废填埋场，并大力发展固废循环经济产业。

武汉市生态城市建设成效主要表现在以下几个方面。

江城四季"常态蓝"。2022 年，武汉市空气质量优良天数从 2013 年的 160 天提升到 294 天，优良天数比例达到 80.5%，$PM_{2.5}$ 平均浓度大幅度下降，达到《环境空气质量标准》二级标准。

水清岸绿，鱼翔浅底。武汉市长江、汉江武汉段水质稳定保持 II 类水平，实现了"一江清水东流"，劣 V 类湖泊实现"清零"，建成 1 个国家首批示范河湖（东湖）、11 个省级幸福河湖、15 个市级美丽河湖，成为江城市民幸福生活的"标配"。

鸟语花香，田园风光。全市受污染耕地及污染地块安全利用率达到 100%，有效保障了千家万户的"米袋子""菜篮子""水缸子""果盘子"。

持续打好污染防治攻坚战。改造全市所有燃煤火电机组；淘汰"黄标车"12.5 万辆，老旧车 5 万余辆，出台机动车排放标准和油品质量标准，实现了从"国四"到"国六"排放标准的"三级跳"；高污染燃料禁燃区范围覆盖市域面积的四分之一以上，累计淘汰燃煤锅炉 1500 余台。

"碧水保卫战"完成阶段性目标。全市大力实施"四水共治"，持续开展"三清"行动，积极推进"三湖三河"治理，完成 165 条河流、166 个湖泊的排口排查共治，整治完成 1660 个长江入河排污口，城镇生活污水处理厂全面提标至一级 A 排放标准，城镇生活污水日处理能力增加到 471 万 t，城市建成区 65 个黑臭水体全面消除。

"无废城市""净土保卫战"实现阶段性成效。全市累计完成 22 个重点污染地块治理修复工程，污染地块再开发利用 42.7 万 m^2，1003 件农用地土壤、211 件农产品和 257 家重点行业企业完成土壤环境深度"体检"。

全面实施"双十工程"。实施长江大保护十大标志性战役、长江经济带绿色发展十大战略性举措，沿江 86 家化工企业完成关改搬转，综合治理码头 380 余个，腾退岸线 47km，补植复绿滩地面积 130 余万 m^2，"两江四岸"造林 2.14

万亩，在全国首创长江跨区断面水质考核奖惩生态补偿机制。

进一步实施"双十行动"。实施长江高水平保护十大攻坚提升行动、长江经济带降碳减污扩绿增长十大行动，全面启动长江、汉江"十年禁渔"和"江豚田归江城"计划，建设 138hm² 的百里长江生态廊道。

统筹推进山水林田湖草系统治理。一是治山有路，全市 75 座山体完成生态修复，修复面积共计 1.4 万亩；二是治水有方，强化官方河湖长、民间河湖长、数据河湖长"三长联动"，持续推进东湖、牛山湖等水体生态保护修复，东湖 140hm² 水城重现"水下森林"，"微笑天使"江豚频现武汉，"鸟中大熊猫"青头潜鸭栖息江城湿地；三是治城有策，新建绿地超过 4000hm²，造林绿化 20 万亩，建成各类公园 380 座，实施"四个三重大生态工程"，持续开展"厕所革命"、农村生活污水治理和生活垃圾无害化处理。

全面推进生态环境治理体系和治理能力现代化。全市累计颁布 22 部环保类地方性法规，累计安装自动监测设施 1456 台（套），较早出台优化环评审批服务 8 项举措。

六、城市文化与文明建设

1. 城市文化

武汉又名江城，气候四季分明，有着独特且丰富的荆楚文化资源。武汉由武昌、汉口、汉阳三镇组合而得名，素有"九省通衢"之称，因唐朝大诗人李白"黄鹤楼中吹玉笛，江城五月落梅花"而得"江城"美名。武汉是一座典型的山水园林城市，东湖水域面积 33km²，是中国最大的城中湖。武汉四季分明，有着江汉平原典型的自然风光、浓郁的古楚风情。"两江三镇"的独特布局和得天独厚的地理位置，使得武汉自古以来就是兵家重地与商业重镇。武汉是楚文化的发祥地之一。楚国（公元前 1066~ 前 223 年）曾是一个实力强大的诸侯国。楚文化是古代楚人在楚地创立的地域文化，包括青铜冶炼工艺、织丝工艺和刺绣、文学、美术和乐舞等。以《离骚》为代表的楚辞是楚人屈原首创的独特的诗歌体裁。楚剧也是湖北地区主要的地方剧种之一。木兰传说、龙舞、汉剧、楚剧、湖北评书、湖北大鼓、湖北小曲、木雕船模、汉绣等已成为武汉国家级非物质文化遗产。

2. 文明建设

武汉是英雄的城市，也是全国文明城市。近年来，武汉高水平推进文明城市创建工作，连续三届蝉联"全国文明城市"荣誉称号，为经济社会发展提供了有力的精神保障。武汉市文明创建主要举措如下。

坚持培根铸魂，厚植文明基因。武汉市始终坚持以社会主义核心价值观为引领，加强公民道德建设，出台实施《武汉市文明行为促进条例》《武汉市志愿服务条例》，全覆盖建设新时代文明实践中心（所、站），推出"武汉以我为荣"文明实践活动，在中共中央宣传部、中央精神文明建设办公室精心指导下，创造性地实施志愿服务关爱行动，形成见贤思齐、向上向善的社会风尚。全市现有全国道德模范 18 人、提名奖 17 人，全国道德模范人数居全国同类城市首位，涌现出一批典型。

坚持为民惠民，彰显民生温度。武汉市始终践行"人民城市人民建、人民城市为人民"理念，广泛开展"下基层、察民情、解民忧、暖民心"实践活动，加快完善优质普惠的公共服务体系，着力打造"15分钟生活圈、10分钟公共活动圈、12分钟文体圈"，深入开展文明健康绿色环保生活方式提升行动，组建1000多个市民巡访团找问题、提建议，举办电视问政"面对面"活动，对6800多家基层单位开展"双评议"，推动解决群众反映强烈的热点、难点、痛点问题，在文明创建中不断增强群众获得感、幸福感、安全感。

坚持常态长效，夯实创建格局。武汉市始终把文明城市创建作为"一把手工程"，摆在全局工作重要位置，纳入绩效管理考评。加强创建制度机制建设，实施市、区、街道（乡镇）、社区（村）领导文明创建联系点制度，推出常态化创建"十项举措"，定期组织全市文明程度指数和群众满意度测评。加强科技赋能，开发运用文明城市创建信息化平台，以大数据、智能化方式促进"点位治理"，不断提升文明创建的质量和水平。

七、交通亮点与经验借鉴

1. 交通亮点

（1）交通枢纽辐射能力提升，"九省通衢"交通地位凸显

武汉锚定国家中心城市和国内国际双循环重要枢纽的总体定位，不断健全"铁水公空"一体化综合交通体系，全面提升对外交通集聚辐射能力，加快把交通区位优势转化为国内国际双循环枢纽链接优势，在湖北省加快建设全国构建新发展格局先行区中"当先锋、打头阵"，发展成为全国性综合交通枢纽，并入选交通强国建设试点。经停武汉高铁枢纽的中欧班列辐射34个国家、76个城市。武汉大力加强新港建设，"江海直达"航线通达7个国家和地区。武汉城市圈高快速路网加速形成，成为全国高速公路主骨架网络节点；武汉天河机场实现7种运输方式无缝衔接，形成航空"客货双枢纽"格局，国际门户枢纽机场初步建成，成为华中航空枢纽新标杆。以武汉为中转枢纽的国际航运物流网络体系初步建立，"水铁空"国际物流大通道基本形成。

（2）城建攻坚筑牢交通根基，交通基础设施越发完善

轨道交通实现跨越式发展。截至2022年年底，全市轨道交通14条，总里程504.2km，覆盖全市13个行政区。其中，地铁线路11条，里程455.1km；有轨电车线路3条，里程49.1km。公共汽（电）车网络规模大幅度提升。全市常规公交线路775条，运营线路总长度13779.8km，公交场站193处，占地面积161.52hm²；公交专用道长度163.24km。充电设施供给能力进一步提升。全市累计建成充电桩16.4万个，桩车比超过1∶1，中心城区充电服务半径缩短至1km。慢行设施有序推进。新建道路（快速路除外）非机动车道设置率达到100%。在建设过程中严格按照规划道路断面要求，除部分仅有主线的快速路、过江过湖通道和步行街外，其他道路均设置有非机动车道，保障了非机动车通行路权。建成东湖绿道长度超过100km，形成东湖绿道、中山大道两处

休闲型慢行区。2021年完成慢行道综合改造120km，慢行出行环境更加友好。2022年所有新建和改建道路在断面形式方面均按要求增加人行道和非机动车道。

（3）绿色交通出行楷模引领，形成"公交都市"典范

形成多层次、多模式公交服务产品。近年来，武汉市不断丰富公交服务产品，形成了以轨道交通、有轨电车、BRT、公共汽（电）车（含夜行公交、定制公交、城际公交）、水上巴士等方式有机结合的多模式、多层次、换乘便捷的公交网络，提升了公共交通出行吸引力，2022年中心城区公共交通机动化分担率达到67.63%。公交体系结构优化，基本实现"快、干、支、微"四级服务，公共交通站点基本实现公交出行需求的全覆盖。积极推进公交、地铁两网融合，实施90min内免费换乘政策，轨道交通站点100m范围内公交、地铁衔接比例达到77%。实现公交在路权和时空的双重优先。武汉市坚持公共交通路权优先，提高公交服务可靠性。全市公交专用道单向里程163.24km，覆盖中心城区主要客流走廊，早晚高峰时段公交专用道公共汽（电）车平均运营速度23km/h，较实施前提升30%以上。全市公交优先通行交叉口78个，有效提高了公交车的运行效率和公交出行吸引力。智慧公交实现全方位发展。2022年武汉市智能公交、武汉METRO新时代等智能出行App上线投入使用，可为乘客提供实时出行信息服务；建成858处公交电子站牌，提供所经线路的实时到站信息。全国交通一卡通互联互通已在武汉中心城区公交全面实现，支付宝、智能公交App刷码等多元化的非现金支付方式的应用提升了市民支付便捷性，让市民"智享"出行。公共服务均等化水平不断提升。武汉市深入推进城乡客运一体化，大力实施农村客运通达工程和镇村公交发展工程，积极推进基本公共服务向农村覆盖，黄陂、东西湖、汉南等6个新城区已实现区内公交全覆盖。

（4）轨道交通引领城市发展，TOD"站城人"一体化发展

编制完成四轮轨道交通线网规划，逐步扩网优结构，引导城市空间优化拓展，总体形成"强心强轴、环＋放射"、共1600km轨道交通网络，描绘"轨道上的武汉城市圈"发展蓝图，至2026年将形成"主城联网、新城通达"、超过640km的轨道交通网络。轨道由"地铁骨架时代"进入"地铁网络时代"，目前已建成轨道交通14条，总里程504.2km，位列全国第5，日均客流量达到300万人次，占公共交通总客流比例超过50%，有效缓解交通出行压力。采取"减、控、增"规划策略，优化轨道交通周边的城镇开发边界，促进轨道线网与城市空间的融合；依托轨道换乘枢纽优化功能，强化衔接、提升品质，规划打造枢纽门户、地铁新城、地铁街区、地铁组团、地铁小镇和地铁微中心六种类型地铁城市功能区，促进"站城一体"化发展，加快世界级地铁城市建设。主城已建成3座轨道车辆段场上盖开发，新城规划建设6个地铁小镇，形成"地铁＋物业"综合开发利用模式和土地开发反哺轨道交通建设机制。

（5）智慧新技术为交通治理赋能，引领城市交通全面升级

充分挖掘大数据资源，服务区域交通一体化，构建从主城、市域、武汉都市圈、湖北省域多尺度宏、中、微全域覆盖的交通预测模型体系，全方位支撑交通与用地统筹协调发展，构建全域覆盖、全出行链的交通模型体系，科学分析交通发展状况，从规划、建设、管理到科学治理全过程服务城市交通，提升交通规划前瞻性、预判性，交通建设精准性、时效性，交通治理科学性、系统性。打造数

字孪生、实时在线交通仿真平台，促进交通智慧化管理与决策再上新台阶；着眼数字孪生技术，将交通 TIM 与城市 CIM、BIM 系统紧密融合，服务交通"规建管"精细化协同治理，在竹叶山交通拥堵治理、底层环岛改善方案评估、月湖桥拥堵治理评估、梨园广场交通组织优化等项目中得到实践应用；未来将打造交通"运管服"和实时在线仿真平台，实现智慧管控、智能网联、车路协同等多场景示范应用，以数字交通"新城建"对接"新基建"，引领城市交通数字化、网络化、智能化和产业化转型。

（6）保障机制体制不断健全，绿色出行保障越发完整

出台多部政策、法规，保障绿色出行服务质量。武汉市先后出台《武汉市轨道交通管理条例》《武汉市客运出租汽车管理条例》《武汉市互联网租赁自行车经营企业服务质量考评办法》《关于落实武汉市持证残疾人免费乘坐市域内公共交通工具全覆盖实施方案》《武汉市公交企业服务质量考核办法》《武汉市 2019—2021 年公交企业成本规制实施办法》《轨道交通成本规制管理办法》等服务质量考评办法和运营补贴核算方法。设置专项资金，支持公交发展。自 2012 年 10 月武汉市获批全国首批"公交都市"创建示范城市以来，武汉市财政每年投入 1 亿元，保障公交场站、充电桩等基础设施建设。

2. 经验借鉴

（1）规划引领，科学安排

武汉市通过《武汉市国土空间"十四五"规划》《武汉市道路网专项规划》《武汉市主城区自行车交通系统规划》《武汉市绿道系统建设规划》等相关规划，长远谋划，统筹安排，大力推进轨道网、公交网、慢行网三网融合，形成立体化、网络化、系统化的绿色出行交通框架。与此同时，武汉市主动对标先进城市经验，深入研究全市慢行交通建设发展的需求，按照"树样板、搭骨架、成系统"的思路，提出重点建设任务、重大工程项目安排和示范项目建设方案，科学安排绿色出行交通项目建设。

（2）精致建设，提升标准

武汉市通过积极组织编制一系列标准图集、导则、技术指南，在设计、施工上落实精细化建设要求，统筹街道功能，保障城市道路绿色出行设施的建设品质，促进全要素、精细化落地见效。城市道路建设过程中，严格按照规划道路断面要求设置非机动车道，保障非机动车通行路权。轨道交通无障碍设施建设严格落实相关规范，实现与地铁的无缝衔接。人行道建设严格落实相关标准，实现无障碍设施精细化、标准化建设。

（3）服务提质，定期评估

武汉市每年聘请第三方专业机构开展"武汉公交企业服务质量考核评价"和"武汉市轨道交通运营服务质量考评"工作，多维度分析市民对武汉市公共交通的满意程度以及公共交通存在的问题与不足，便于运营企业及时发现问题、改进服务，提高公交吸引力。

（4）重视宣传，全民参与

武汉市每年开展绿色出行宣传月和公交出行宣传周活动。通过线上、线下集中宣传等方式，广泛动员广大市民积极参与绿色出行，进一步深化碳达峰、碳中和

的理念，全力营造文明、安全、绿色、健康的城市公共交通环境，有效推动社会公众践行绿色生活方式。重视新闻媒体传播，在活动期间，通过邀请各大主流新闻媒体、利用手机 App 以及微博、微信、今日头条、视频号、抖音等新媒体平台广泛持续宣传推广"绿色出行"的理念。充分利用交通宣传方式，利用公交、出租车等液晶显示屏循环播放"碳达峰、碳中和——倡导绿色出行、促进生态文明"宣传视频和标语，提倡人们选择公共交通出行方式，营造文明、安全、绿色、健康的城市公共交通环境。高效利用海报宣传，在各大地铁枢纽、公交站宣传栏铺设宣传海报，传递"碳达峰、碳中和——倡导绿色出行、促进生态文明"的环保理念，让市民了解公交出行宣传周的活动形式，引导社会公众选择公共交通绿色出行。

（5）综合施策，齐抓共管

武汉市坚持问题导向，强化交通、规划、城建、城管、交管等部门联动，提升"规建管"统筹水平，形成工作合力，并注重精准施策、综合施策，采用"小动作""小投入"，重点打通交通断点、痛点，完善绿色出行系统。针对公交场站用地难求问题，武汉市通过规划"一张图"和规划场站用地控制并纳入"一张图"管理，积极探索配建式公交场站建设模式，有效提高场站建成率。针对"国三"及以下排放标准的高耗能、高排放车辆问题，武汉市通过出台奖励措施、严格车辆登记管理，强化用车检验监管、建立机动车排气定期检测制度、加强超标车管理等措施，加速"国三"及以下排放标准车辆淘汰进程。

图片来源：

首图　视觉中国
图 1　2022 年武汉市综合交通运输年度发展报告
图 2　2021 武汉市交通发展年度报告
图 3　2021 武汉市交通发展年度报告
图 4　2021 武汉市交通发展年度报告
图 5　2021 武汉市交通发展年度报告
图 7　2022 年武汉市综合交通运输年度发展报告
图 8　2023 年武汉交通运输年鉴
图 9　2023 年武汉交通运输年鉴
图 10　2022 年武汉市综合交通运输年度发展报告
图 11　2023 年武汉交通运输年鉴
图 12　2023 年武汉交通运输年鉴

长沙

一座生机盎然的山水洲城

一、城市特点

长沙市，别称星城，是湖南省省会，地处华中地区、湖南省东部偏北；是全国"两型社会"综合配套改革试验区、中国重要的粮食生产基地、长江中游城市群和长江经济带重要的节点城市、综合交通枢纽和国家物流枢纽；下辖6个市辖区、1个县，代管2个县级市，总面积11819km²，2022年全市常住人口1042.06万。

长沙市是首批国家历史文化名城，历经三千年城名、城址不变，有屈贾之乡、楚汉名城、潇湘洙泗之称。战国时是楚国在南方的战略要地，曾为汉长沙国国都和南楚国都，历代均为湖南及周边地区的政治、经济、文化、交通中心。世界考古奇迹马王堆汉墓、四羊方尊，世界上最多的简牍均出土于长沙，岳麓书院是湖湘大地文化教育的象征，凝练出"经世致用、兼收并蓄"的湖湘文化。

2022年长沙全市总人口1042.06万人，户籍人口城镇化率83.3%，主城区面积2150.9km²，主城区人口512万，主城区人口密度2380人/km²。

长沙市在遵循锚固生态安全格局、突出公共交通引导、构建多中心网络化城市中心体系三大原则的基础上，在市区形成"一轴两带、一主五副多点"的城市空间结构❶（图1）。

1. "一轴"

优化湘江沿线用地功能和设施布局，提升湘江的可达性、公共性和亲水性，重点拓展商业商务、教育研发、公共服务、文化创意、对外交往等高端服务功能，打造湘江综合服务轴。

2. "两带"

北部城市发展带：依托三一大道、岳麓大道和枫林三路打造北部城市发展带，集中布置高端制造、文化创意、行政办公等城市功能。

南部城市发展带：依托湘府东路、时代阳光大道和万家丽路构筑南部城市发展带，集聚商业商务、金融创新、科创研发等核心功能。

3. "一主五副多点"

规划构建"城市主中心—城市副中心—组团中心"三级城市中心体系，包括1个城市主中心、5个城市副中心和5个组团中心。

1个城市主中心：依托中央文化核，保护历史文化资源，增加个性化公共设施，强化湘江、五一路十字形功能轴引导，集聚文化交流、创新创意与公共服务、商务金融功能，作为国家中部中心城市及省会核心功能的重要承载区。

5个城市副中心：承担城市创新引领、品质提升等战略功能。其中，梅溪湖副中心：依托雷锋湖—梅溪湖片区，强化创新创业、科技转化、城市服务功能，打造河西城市副中心，承载抢占科技创新制高点的战略职能。黄兴副中心：依托黄兴片区的高铁、会展中心等大型公共设施，重点发展空铁会展、对外交往等功能，打造河东城市副中心，承载扩大对外开放、参与国际竞争的战略职能。星沙副中心：依托星沙片区中心等大型公共设施，重点发展智能制造、生活服务等功

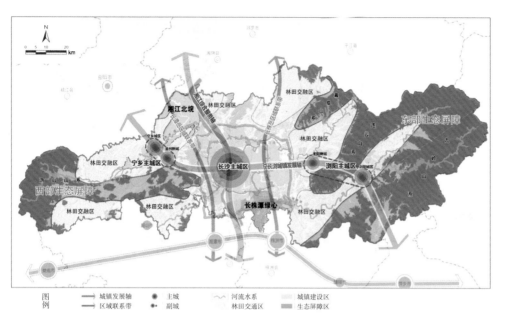

图例　━━ 城镇发展轴　● 主城　～～ 河流水系　░░ 城镇建设区　　图1　长沙市市域国土空间总体格局
　　　 ━━ 区域联系带　● 副城　　 林田交通区　■■ 生态屏障区

能，打造星沙城市副中心，承载智能制造与科技研发的战略职能。望城副中心：依托望城片区的行政办公、城市服务、奥体中心等大型公共设施，打造望城城市副中心，承载城市公共服务、文化体育交流和商务金融的战略职能。大托副中心：依托南部片区的发展，重点发展康养、文旅、对外交往等功能，打造长株潭融城中心，承载扩大对外开放、文化旅游、参与国际竞争的战略职能。

5个组团中心：承担城市级专业化职能，代表城市参与区域竞争的功能性中心，或结合地区人口规模与发展需求，实现公共服务与就业岗位均衡布局，在外围组团结合轨道交通站点和枢纽设置组团服务中心，包括铁西城商贸商务中心、临空经济中心、红星商贸中心、大王山文化旅游中心和高岭商贸物流中心五个组团服务中心❷。

二、机动化与交通出行特征

截至2022年年底，长沙市域的机动车保有量达到348.4万辆，较上一年增长8.9%；机动车构成中客车保有量达到303万辆、货车17.78万辆、摩托车24.1万辆、其他车型3.5万辆。

长沙市分别于2009年、2014年、2018年开展了居民出行调查，根据2018年居民出行调查，长沙市六区一线家庭户居民的人均出行次数为2.41次/d，其中净人均出行次数为2.73次/d，有出行者比例为88.5%。2018年长沙市步行、私人小汽车和公交车已经成为居民出行的主要方式，其中步行出行占比为34.1%，私人小汽车出行占比为25.7%，公交车出行占比为18.8%，地铁出行占比为4.6%。

与2014年相比，私人小汽车出行比例从22.0%上涨到25.7%；公共交通（含常规公交和地铁）出行比例从22.8%增长到23.4%；电动车出行比例从9.7%降低到8.9%。数据反映出近几年随着经济的发展，公交设施不断建设与

长沙市总体交通方式构成一览表

表1

出行方式	2018年	2014年	2009年	出行方式	2018年	2014年	2009年
步行	34.1%	35.7%	35.8%	单位客车	0.5%	0.7%	1.5%
私人小汽车	25.7%	22.0%	11.6%	摩托车	0.5%	0.7%	1.5%
公交车	18.8%	20.8%	23.0%	自行车	2.6%	1.6%	3.2%
地铁	4.6%	2.0%	—	电动车	8.9%	9.7%	15.7%
出租车	2.2%	6.7%	6.8%	其他	0.1%	0.1%	0.9%
网约车	2.0%	—	—	合计	100.0%	100.0%	100.0%

（数据来源：2018年长沙市交通状况年度报告）

主城区通勤距离分布占比一览表

表2

分区	通勤距离分布占比					单程平均通勤距离（km）
	0~5km	5~15km	15~25km	25~50km	>50km	
芙蓉区	52.3%	35.5%	8.6%	2.6%	1.0%	6.9
天心区	47.6%	36.7%	9.9%	4.7%	1.1%	7.9
岳麓区	50.7%	33.8%	10.1%	4.7%	0.7%	7.8
开福区	45.0%	38.7%	11.9%	3.7%	0.7%	8.0
雨花区	50.9%	34.9%	9.3%	3.8%	1.1%	7.4
望城区	42.7%	31.9%	13.7%	10.0%	1.7%	10.1
长沙县	48.6%	29.0%	11.4%	8.3%	2.7%	9.0

（数据来源：《2022年长沙市交通状况年度报告》）

完善，人们的出行方式向私人小汽车和公共交通转变（表1）。

2018年，长沙市地铁线路仅2条，营运总里程为50.16km；截至2022年年底长沙市开通运营地铁线路7条，营运总里程达到209km，地铁出行分担率较2018年快速增长，日均客运量为172万乘次。

2022年主城区平均单程通勤距离为8.6km，单程通勤时间为34min，其中通勤距离最短的为芙蓉区，平均单程通勤距离为6.9km（表2）。

三、公共交通发展

近年来，长沙市开展绿色出行创建行动，引导群众优先选择公共交通、步行和自行车等绿色出行方式，是转变城市交通发展模式的重要抓手、实现节能减排的有效途径，对促进城市经济社会可持续发展具有重大意义。2022年，长沙核心城区绿色交通出行比例近75%，绿色出行服务满意度达85%，成功通过交通运输部绿色出行创建考核评价。目前，长沙市已基本形成了以轨道交通为骨干，以常规公交为主体，以定制公交、社区公交、出租汽车、共享单车等多元化交通方式为补充的城市公共交通绿色出行体系（图2、图3）。

1.轨道交通

截至2022年年底，长沙市已开通运营地铁1号线、2号线、3号线、4号线、5号线、6号线共计6条地铁线路和长沙南站—黄花机场1条磁浮快线，运营

图2 湘江新区综合客运枢纽 TOD 项目

图3 汽车南站综合客运枢纽 TOD 项目

里程 209km，日均客流 172 万乘次，最高日客流量达到 289 万乘次。目前长沙有 6 条（段）线路在建，包括 1 号线北延一期、2 号线西延线、6 号线东延段、7 号线一期、长株潭西环线城际，磁浮延伸段，在建规模达 67km。另外，1 号线北延一期延伸段、4 号线北延、5 号线南延等正在开展前期研究，即将启动建设。同时，正在开展轨道交通四期建设计划编制工作，拟将 8 号线、9 号线、10 号线等线路纳入四期建设计划中。届时轨道交通将更好地承担公共交通骨干作用。

长沙始终秉承"轨道交通是城市发展的引擎"的理念，在规划建设轨道交通线路的同时，强化站点与周边用地的一体化衔接，通过轨道交通用地上盖综合开发加沿线用地高密度开发的模式，促进居住和就业人口向轨道交通沿线有序聚集，切实提升轨道交通服务人数。目前，长沙已建成多个 TOD 示范项目，涵盖住宅、商业、办公与大型公共建筑等多个类型，如湘江新区综合交通枢纽、汽车南站综合交通枢纽、黄兴车辆段轨道万科天空之境、地铁 3 号线阿弥岭站东方银座等项目。湘江新区综合客运枢纽为长沙典型 TOD 示范项目，项目占地 218 亩，总建筑面积 31.5 万 m^2，交通站场面积 14.5 万 m^2，商业建筑面积 17 万 m^2。枢纽采用立体交通方式运作，在无缝衔接地铁、公交、长途客运等交通方式的同时，又将公路客运与市内交通在空间上分离，实行公交、长短途汽车分区运行，出租、社会车辆分区行驶、停放，并严格实行到发分离、人车分离。同时，依托配套商业运营，实现"枢纽＋生活"的有机结合，项目于 2015 年正式运营。

2. 常规公交（图 4）

在常规公交方面，长沙目前市区运营公交线路数 300 条，运营线路长度为 5625km，线路平均运输长度 18.75km。公交车保有量为 7911 辆，其中纯电动车为 5592 辆。市区内日均客运量 95.0 万人次，受到轨道交通、私人小汽车、共享电动车等多方面影响，常规公交客运量从 2015 年逐年下降，年客运量由 2015 年的 235.3 万人次下降至 2022 年的 95.0 万人次 ❸。

面对轨道交通、慢行交通、共享交通等多方面竞争，长沙公交在服务品质方面下功夫，多措并举，通过加快推进城市公交枢纽建设、强化地铁接驳融合、科学调配运力，提升常规公交服务水平，打造高品质公交服务。在支付方式上，长沙公交支持"湘行一卡通"App、支付宝和微信等多种方式扫码乘车，实现了品类齐全的非现金支付方式，并实现公交、地铁的刷卡刷码换乘优惠。

优化服务的同时，长沙公交加快智能化转型，湖南湘江智能科技创新中心公司构建了基于智能网联的"车—站—路—云"一体化协同智慧公交解决方案。

"车"：公交车网联化、智能化全面升级。目前已完成超过 5000 辆公交车的智能化、网联化渗透改造。终端具备车路协同辅助驾驶功能，通过融合路测交通流及交通要素感知信息，赋能实现主动式绿波车速引导、主动安全防护、超视距感知、360°环视、驾驶行为分析与检测、车道偏离预警等高级辅助驾驶功能，有效减轻公交车驾驶员驾驶疲劳，形成公交"主动安全 + 超视距信息预警"的驾驶保障。

"站"：打造公交出行信息服务岛。推动公交站台智慧化改造，站台整合可视化系统、电子站牌、一键报警等多样化功能模块，打造信息服务岛。同时，智能公交站台感知设备可抓取站点客流信息，实时精准获悉各站点客流动态。

"路"：智能网联城市开放道路。目前湘江新区划定了 100km 智能网联道路测试区，依托智能网联道路智能化改造，实现公交与路口信号控制系统及交通要素的实时协同互动。

"云"：智能网联云控 + 智慧公交都市平台。依托智能网联云控平台，构建了集行业监管、乘客公交出行、企业运营管理于一体，满足城市级公交服务要求的公交都市服务平台。

基于"车—站—路—云"智能公交解决方案，湘江新区在开放道路下开通国内首条无人驾驶智能网联公交示范线。线路配置 L3 级自动驾驶公交车，实现了公交智慧化运行和管理的车、路、云一体化协同的系统解决方案；通过智能网联车路协同多种功能（如自动辅助驾驶、紧急事件预警等），实现了从传统公交智能化到全面智慧的跨越。

湖南省湘江新区无人驾驶智慧公交示范线线路走向

L3级自动驾驶公交

无人驾驶操作

图4　湘江新区无人驾驶智慧公交示范线

四、慢行系统建设

1. 绿道系统

长沙依托江河风光带、道路景观带以及森林公园、风景名胜区等生态景观资源，规划构建"一江两岸、八河曲串"的都市区城市绿道网布局，主城区内布局城市绿道 21 条，总里程 525km。慢行交通设施不断改善，营造出良好的、适宜行人和非机动车出行的慢行交通环境❹（图 5）。

近期长沙市主要依托"一江五河"（湘江、浏阳河、捞刀河、靳江河、龙王港河、圭塘河）风光带及主要景观道路延展建设，最东至松雅湖，最西至梅溪湖，最南到达湘府路湘江大桥，最北到达靖港古镇，沿线串起了铜官窑遗址公园、月湖公园、天际岭国家森林公园、洋湖垸湿地公园、岳麓山、西湖公园、大泽湖湿地等数十处公园景点。绿道系统的建设因地制宜地充分利用了长沙市都市区内的山水自然资源及重要的历史文化遗产。

2. 跨河人行景观桥

为打破江河阻隔，长沙市不断推进跨浏阳河、圭塘河等江河慢行过江桥梁建设，如跨浏阳河汉桥、磨盘洲跨浏阳河景观人行桥等。汉桥是湖南省内第一座采

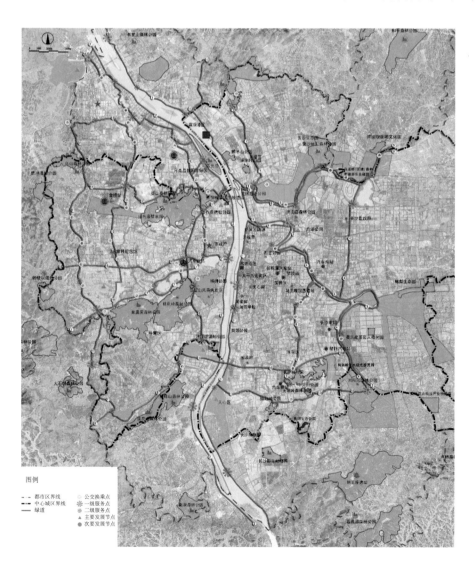

图 5　长沙绿道系统规划图

图6 汉桥（长沙第一座人行跨河景观桥）　　　　图7 湖南工商大学跨桐梓坡路人行天桥

用全桁架吊装的桥梁，也是长沙第一座人行跨河景观桥，桥身全长224m，整座桥梁呈新月形，以马王堆古墓出图的古琴外形为蓝本设计。桥梁建成后，成为市内著名网红打卡景点（图6）。

3. 立体过街

为满足连续慢行，长沙市不断推进市区人行天桥、地下通道建设，通过立体设施保障慢行路权，如湖南工商大学跨桐梓坡路人行天桥。截至2022年，长沙市六区立体过街设施共258处，其中过街天桥69处、地下通道189处（图7、图8）。

图8 柏宁地王广场、柏宁酒店人行天桥

4. 非机动车管理

为促进城市交通环境品质提升，长沙市构建和谐通畅的人性化交通网络，鼓励绿色低碳出行，提升非机动车交通系统的规划建设水平、规范化、特色化，提升非机动车出行安全性和环境质量（图9、图10）。

长沙市交通警察支队组织编写了《非机动车组织优化指南》，借鉴日本先进经验，引入三类非机动车标线设置：一是白色非机动车组合箭头，用于指示非机动车行驶方向，一般设置在非机动车道起始端和终止端。二是蓝色非机动车导流

图 9　路段设置非机动车指引标线明确非机动车路权　　　　　　　　图 10　路口设置非机动车等候区和引导标线

线，用于指示非机动车行驶路径，一般设置在路口和机非混行路段，引导非机动车的通行路径。三是红色非机动车彩铺，用于安全警示，一般设置在路口非机动车等候安全岛、导向车道和路段非机动车专用道。

通过施划非机动车导流标线、样板路口改造，实现机动车、非机动车各行其道，明确其行驶路权。通过样板路口改造，机动车通行效率提升明显，路口通行体验也得到了大幅提升。

五、生态城市建设

为高质量实现"天更蓝、水更清、城更绿"，长沙市坚决打好污染防治攻坚战。通过实施"保卫蓝天"计划，2022 年长沙市城区环境空气优良天数为 302 天，空气质量优良率 82.7%。通过"蓝天保卫战"计划，河湖水系水质得到明显改善。10 年来，长沙城市生态建设卓有成效，全市生态质量显著提升，先后获得"全球绿色城市""全国十佳生态文明建设示范城市""国家园林城市"等荣誉。

1. 内河治理

长沙市湘江穿城而过，湖泊星罗棋布，水系纵横交错，构成了长沙独特的水生态。长沙市的河流大多属湘江水系，支流长度 5km 以上的有 302 条，其中湘江流域 289 条。

自 2018 年以来，长沙推进河长制、湖长制，乡村振兴战略深入实施，打赢"碧水保卫战"，打通治水护水"最后一公里"，坚持"大小共抓"，构建小微水体治理管护长效机制。截至 2018 年年底，整治重点河流 98 条，干支流清淤 184.89km，新建、扩建城乡污水处理厂 14 座，新建配套管网 312km，城市内河黑臭水体治理成效显著，其中，圭塘河生态治理为内河治理典型案例。

圭塘河位于长沙市雨花区，发源于长株潭绿心跳马的石燕湖，南北贯穿雨花区全境，是长沙市最长的城市内河。由于工业化、城镇化的快速推进，过去圭塘河利用与保护失衡，污水直排、雨污合流、侵占河道等现象频繁，水体黑臭、生态退化等问题凸显，曾经清澈秀美的圭塘河变成了"臭水沟"，多处水质呈劣 V 类。

为了改善圭塘河周边生态环境，雨花区推动丰塘河流域水环境综合治理，将其纳入"湖南湘江流域和洞庭湖生态保护修复工程"，通过"6+"模式，探索出了一条"系统治理、长效治理、精准治理、全民治理"的特色治理新路径，实现了由单一治理向生态修复、绿色发展的多元治理转变。

自2018年起，圭塘河的治理开始加速。首先，由过去的"九龙治水"变为"一龙统筹"，为了整合资源、形成合力，成立了圭塘河流域综合治理指挥部，实现流域治理统一规划、统一调度、统一实施。邀请国外专家，引入国际领先的专业治理机构德国汉诺威水协编制流域总体规划，在总体规划指导下，分步实施、有序推进。

此外，由区河长制办公室牵头，环保、住建、城管、属地街道等九大部门共同协作，通过常态巡河、河长会议、信息共享、督察巡查等方式，发现问题、解决问题；同时，积极整合民间力量和志愿者，建立"红黄蓝"护卫营、青少年环境教育示范基地和绿伞卫士研学旅行基地，共同守护圭塘河。

2. 城市公园

多年来，长沙市致力于城市绿化建设，获"国家园林城市"荣誉称号。

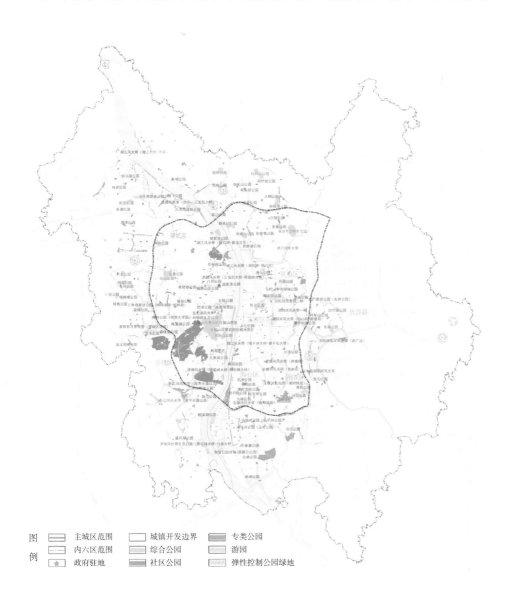

图例
主城区范围　城镇开发边界　专类公园
内六区范围　综合公园　游园
政府驻地　社区公园　弹性控制公园绿地

图11　长沙市主城区公园绿地规划图

2021 年，全市新建绿地 109.5hm²，其中新建公园绿地 41.3hm²，建成了湘江女神公园、圭塘河海绵示范公园等一批大型公园，启动了长株潭绿心中央公园建设、东湖公园建设，并对湖南烈士公园、长沙园林生态园、晓园公园等一批综合性公园进行了提质改造。全市新建街角花园 110 座，创建人民满意公园 21 座，公园、道路花化彩化水平大幅提升，城市绿量快速增长（图 11）。

未来长沙主城区将构建"一脉两心三圈、六楔十群千园"的绿色空间格局❺。建立由"综合公园＋专类公园＋社区公园＋游园（口袋公园）"组成的全域共享、服务均好、功能丰富的四级城市公园体系，提高公园绿地均等化服务水平，满足多元化的服务需求，切实提升市民对绿化空间的获得感和生活幸福感。在长沙市主城区范围内（不含长沙县），规划新建城市综合公园 66 座，扩建城市综合公园 28 座；规划新建社区公园 278 座，扩建社区公园 5 座；规划新建专类公园 45 座，扩建专类公园 10 座；规划新建游园 327 座，扩建游园 3 座。

六、城市亮点与经验借鉴

1. 儿童友好型城市建设经验

2015 年，长沙市率先提出创建"儿童友好型城市"，相关内容被纳入长沙 2050 远景发展战略规划。

2019 年 5 月，长沙市自然资源和规划局、长沙市教育局、长沙市妇女联合会联合发布《长沙市创建"儿童友好型城市"三年行动计划（2018—2020年）》。根据该计划，长沙市推出创建"儿童友好型城市"十大行动、42 项任务，规划实施了一批儿童友好型校区、儿童友好型社区、示范"儿童之家"、爱心斑马线、公共场所标准母婴室等项目，以改善儿童出行、学习、游憩环境。

长沙市在公共资源配置与服务供给中优先保障儿童需求，开展未成年保护工作和困境儿童保障专题研究工作。例如，编制控制性详细规划阶段会充分保障直接为儿童服务的地类，如幼儿园和学校用地、社区绿化用地；将"儿童友好"内容纳入规划引导性条件，在经营性用地挂牌前通过城市设计图则对广场、绿地等给定需要设置的相关内容要求。在经营性项目、公园、幼儿园、学校等规划设计方案报批时，要求设计方案加入"儿童友好"专篇；在学校、社区公园等建设了一批开放区域、爱心斑马线、公共场所标准母婴室等"儿童友好"空间（图 12）。

从国土空间总体规划到专项规划再到详细规划，从城市设计到具体项目实施，长沙始终坚持儿童友好、青年向往、老年关爱的导向，致力于打造全龄友好的幸福之城。

图 12　长沙爱心斑马线

2. 智能网联无人驾驶示范区建设经验

2016 年，长沙市开始推动全面布局智能网联汽车，在全国率先启动智能网联汽车测试区建设，搭建起全国领先的智能网联汽车产业生态环境。2018 年，湖南湘江新区智能系统测试区开园，同年 11 月被工业和信息化部授牌国家智能网联汽车（长沙）测试区，成为国家认可的自动驾驶测试场之一，也是国内模拟场景类型最多、综合性能领先、测试服务配套最全的测试区。目前该测试区已为百度、福特、一汽、三一等 70 余家企业提供 6000 余场测试。

2018 年湘江新区开通了全国首条开放道路智慧公交示范线，全长 7.8km，共 11 个站点，是按照车路协同方式实现 L3 级自动驾驶的公交线路。该智慧公交示范线实现了 V2I（车辆与路口信号灯）之间的通信，解决了自动驾驶公交车感知交通信号的传统难题，实现了基于交通信号灯的协同式车速引导，从而提高了智能公交车的运行安全性和通行效率。乘客在公交车内可以通过多个显示屏获取公交线路详细信息，下一步将实现人工智能机器人人机互动功能，提升乘客体验感。另外，在国内首创性地推出智能公交车状态及路况网联信息共享发布系统。

2020 年百度公司在长沙推出无人驾驶出租车"萝卜快跑"，车辆通过各种传感器采集交通信息，再经过快速计算、分析，最后下达并执行加速、制动、停车、转向等指令。

根据《湖南湘江新区智能网联汽车创新应用示范区行动方案（2022—2025年）》，未来湘江新区将构建国内首个智能网联汽车创新应用示范区，允许自动驾驶出租车进行全无人应用示范、全天候运行，长沙将成为全国测试道路里程最长、区域最大的城市。同时，还计划将无人清扫、无人配送和无人零售等应用场景综合性商业化运营，旨在培育面向未来的"无人经济"新产品、新业态，打造全域开放的功能型无人车应用示范城市。

3. 山水洲城、百里江廊总体城市设计经验

长沙市重点依托湘江两岸构建"百里江廊、东西辉映"的整体城市风貌格局，湘江两岸重点打造"岳麓山—福子洲—天心阁""大王山—巴溪洲—解放垸""谷山、鹅羊山、秀峰山—月亮岛"3 个山水洲城特色风貌区；做好太平街、潮宗街、西文庙坪等特色历史文化街区和历史地段的保护改造，挖掘利用"十步之内必有芳草"红色资源，让城市历史底色亮起来，以更高的标准提升城市品质及城市承载能力。新增湘江两岸用地公共属性，引导重大文化和公共服务设施沿江布局，适度留白湘江两岸未来发展空间，划定城市重点风貌管控区域，搭建城市景观眺望系统、城市核心区域和标志性建筑预控系统（图 13）。

4. 文化创意城市建设经验

（1）东亚文化之都

2017 年 7 月，长沙以丰富的地方文化资源和鲜明的地方特色文化当选为"东亚文化之都"，长沙的文化形象、文化品质得到大幅提升，以"东亚文化之都"的名片，立足长沙、联动日韩、面向世界进行文化合作交流，长沙带着浓厚

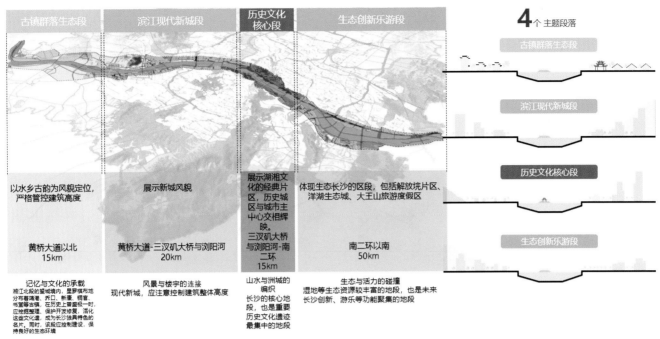

4 个 主题段落

古镇群落生态段

滨江现代新城段

历史文化核心段

生态创新乐游段

古镇群落生态段	滨江现代新城段	历史文化核心段	生态创新乐游段
以水乡古韵为风貌定位，严格管控建筑高度	展示新城风貌	展示湖湘文化的经典片区，历史城区与城市主中心交相辉映。三汊矶大桥与浏阳河-南二环	体现生态长沙的区段，包括解放垸片区、洋湖生态城、大王山旅游度假区
黄桥大道以北 15km	黄桥大道-三汊矶大桥与浏阳河 20km	三汊矶大桥与浏阳河-南二环 15km	南二环以南 50km
记忆与文化的承载 湘江北段的蜿蜒境内，星罗棋布地分布着靖港、乔口、新康、铜官、书堂等古镇，在历史上曾盛极一时，应挖掘整理、保护开发修复，活化这些文化血，成为长沙具特色的名片。同时，该段应控制建设，保持良好的生态环境	风景与楼宇的连接 现代新城，应注意控制建筑整体高度	山水与洲城的编织 长沙的核心地段，也是重要历史文化遗迹最集中的地段	生态与活力的碰撞 湿地等生态资源较丰富的地段，也是未来长沙创新、游乐等功能聚集的地段

图13 长沙"百里江廊"功能定位

的历史底蕴走向世界。

（2）世界媒体艺术之都

2017 年 11 月，联合国教科文组织宣布长沙正式入选世界"创意城市网络"，长沙成为中国首座获评世界"媒体艺术之都"称号的城市，这是一张重量级的国际城市名片，是全球文化创意产业领域级别最高、范围最广、影响力最大的文化旗舰项目。从首批国家历史文化名城进化为中国唯一的世界"媒体艺术之都"，成为全国"顶流网红城市"，"文化湘军"始终走在全国前列，在参与国内外文化交流、响应倡导和维护文化多样性目标的同时，也立足本土，讲好长沙故事，使厚重的湖湘文化、创新的活跃因子深深嵌入城市的灵魂。

（3）海上丝绸之路申遗城市联盟

2019 年，长沙正式加入我国海上丝绸之路申遗城市联盟，也是中国首座内陆城市加入该联盟。长沙是海外贸易商品铜官窑瓷器的产地，长沙加入海上丝绸之路申遗城市联盟，拓展了海上丝绸之路的内涵，补齐海上丝绸之路申遗短板，也让世界看到长沙这座城市的硬核实力和文化新活力。

（4）中国最具幸福感城市之一

长沙连续 14 年获评中国最具幸福感城市。汉代贾谊心怀天下，唐代怀素挥毫长沙，朱熹、张轼岳麓书院会讲，毛泽东从长沙中流击水到建立新中国，"杂交水稻之父"袁隆平绘就"禾下乘凉梦"等，他们构成了水墨丹青的长卷人物画；长沙"高颜值"的蓝天白云、鲜花盛开的大街小巷，处处都是美丽的天然画卷。长沙美丽的山水画卷和人文画卷共同铸就了这座魅力城市独有的精神空间、历史空间和美学空间。市内建成各类博物馆、美术馆、影院、图书馆，创造滨江文化园"三馆一厅"等众多文化地标，举办系列节会、文化艺术展会，让高雅文化需求有供给和载体。

注释：

❶ 长沙市 2022 年国民经济统计公报
❷ 《长沙市国土空间总体规划（2021—2035 年）》（公众版）
❸ 《2022 年长沙市交通状况年度报告》
❹ 《长沙市停车设施及充换电设施国土空间专项规划（2021—2035 年）》
❺ 《长沙市绿道系统专项规划（2013—2020 年）》

图片来源：

首图　https://m.sohu.com/a/667538311_121089892/?pvid=000115_3w_a
图 1　《长沙市国土空间总体规划（2021—2035 年）》（公众版）
图 2　长沙市规划设计院有限责任公司
图 3　长沙市规划设计院有限责任公司
图 4　https://baijiahao.baidu.com/s?id=1614274485661656133&wfr=spider&for=pc
图 5　《长沙市绿道专项规划（2012—2020）》
图 6　https://so.icswb.com/h/104167/20210520/713460_m.html
图 7　长沙市规划设计院有限责任公司
图 8　长沙市规划设计院有限责任公司
图 9　长沙市公安局交通警察支队
图 10　长沙市公安局交通警察支队
图 11　《长沙市绿地系统规划（2021—2035 年）》（公示稿）
图 12　 https://www.hunantoday.cn/news/xhn/201806/16829729.html
图 13　《长沙市总体城市设计》

兰州

黄河上游蓝色烟雨之城

一、城市概况与特色

1. 城市概况

浩浩荡荡的黄河水，携着西北的风沙，一头连着历史，一头奔向远方。

兰州市，简称"兰""皋"，古称金城，是甘肃省省会，国务院批复确定的中国西北地区重要的工业基地和综合交通枢纽、西部地区重要的中心城市之一、丝绸之路经济带的重要节点城市。❶

兰州是我国唯一一座黄河穿城而过的省会城市，自古以来便是丝绸之路的重要枢纽、新疆与我国其他地区沟通交流的咽喉位置，是甘青宁地区的经济中心，地处中国西北地区、中国大陆陆域版图的几何中心，属温带大陆性气候。兰州自秦朝以来已有两千多年的建城史，自古就是"联络四域、襟带万里"的交通枢纽和军事要塞，以"金城汤池"之意命名金城，素有"黄河明珠"的美誉。兰州得益于丝绸之路，成为重要的交通要道、商埠重镇，也是中国最早接受近代工业文明的城市之一，是国家重要的石油化工、生物制药和装备制造基地。兰州全市总面积广大，适合城市发展的空间主要是黄河河谷、秦王川盆地和榆中盆地三处。其中，黄河河谷距离榆中盆地 30 余 km，距离秦王川盆地 60 余 km，而庄浪河谷、大通河谷以及湟水河谷则相对狭长，独特的地形条件特点决定了兰州城镇沿河谷交通走廊分布特征明显。陇海铁路沿线和兰新铁路沿线是兰州市域城镇最为密集的区域。兰州市辖 5 区、3 县（城关、七里河区、安宁、西固区、红古区及皋兰县、永登县、榆中县），以及国家级兰州新区、兰州高新技术开发区和兰州经济技术开发区，市域总面积约 1.31 万 km²。

截至 2022 年年底，兰州市常住人口 441.53 万，比上一年末增加 3.1 万，城镇人口占全市常住人口的比重（城镇化率）为 84.07%，比上一年末提高 0.51 个百分点。❷根据国务院关于《兰州市城市总体规划（2011—2020 年）》的批复，要逐步把兰州建设成为国家向西开发的战略平台，西部区域发展的重要引擎，西北地区的科学发展示范区，历史悠久的黄河文化名城，经济繁荣、社会和谐、设施完善、生态良好的现代化城市（图 1）。

2. 城市特色

黄河流经兰州市域长度超过 150km，其中城区段长度 47.5km，两山对峙、大河中流，造就了兰州得山独厚、得水独秀的独特城市魅力。沿河而建的兰州水车与荷兰风车齐名；中山铁桥是第一座横跨黄河的铁桥，被称为"天下黄河第一桥"；"黄河母亲"雕塑已成为黄河文化和中华民族母亲形象的代表，被誉为全国最美的城市雕塑之一；兰州牛肉面有"中华第一面"的美誉。生态环境保护卓有成效，打造了"兰州蓝"城市名片。2015 年巴黎世界气候大会上，兰州市获得"今日变革进步奖"。"兰州蓝"是兰州人民在多年环境治理中凝练和升华的一种精神气质，蕴含着全市上下守护碧水蓝天的信心，象征着兰州人民坚持新发展理念、实现高质量发展的精神追求。

城市精神是一座城市的灵魂，串起了一座城市的过去、现在和未来，主导城市的发展方向，对城市的建设起着引领作用。九州台地处兰州中心城区黄河谷地最窄段，该地区峰峦叠嶂、高耸屹立、形胜险要，是连接祁连山脉与昆仑山、秦

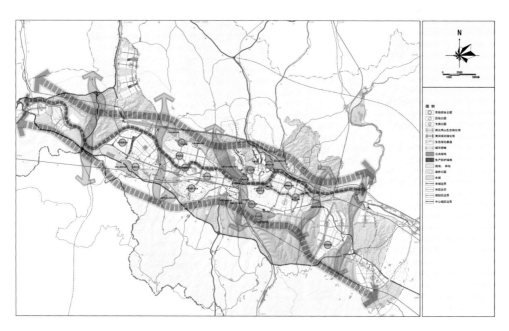

图1 2020年兰州市绿地系统规划图

岭山脉的襟喉，更是金城兰州展现山河魂、挺起城市精神重要"脊梁"的核心区段。规划建设大兰州南北中轴线，铸"山河魂"，塑"城市脊"，突出"绿廊坪台川地育兰州城市风貌，显烟雨皋兰美丽山水城市特色"主题，塑造美丽山水城市愿景。"烟雨皋兰"是兰州美丽城市的美态定位，也是兰州"老八景"之一，是兰州最具特色和价值的资源。未来兰州将在历史文化保护、视廊控制、天际线塑造等方面探索更加多元的保护、展示和活化利用方式，彰显黄河上游烟雨之城的魅力特色。

二、机动化与综合交通系统

1. 机动化状况

随着经济的不断发展，兰州市机动车保有量也呈现出逐年快速增长的态势。截至2022年年底，兰州市机动车保有量已超过119.76万辆（图2）❸。全市私人小汽车拥有量约为79万辆，千人私人小汽车拥有量约为271辆。

2. 综合交通系统

兰州市利用带状城市结构和黄河穿城而过的特点，认真落实公交优先发展战略，坚持以轨道交通和快速公交为骨干、常规公交为支撑、城乡公交为延伸、慢行交通为末梢、水上公交为特色，全力打造"五位一体"的立体公共交通体系。公共交通出行分担率、吸引力、满意度、美誉度逐年提高，公共交通服务水平显著提升，公共交通在城市发展中的作用更加凸显。兰州市具有"黄河穿城"的得天独厚的资源优势，为做足"黄河文章"，兰州市依托黄河兰州段现有五级通航航道，在西北地区率先开通具有城市特色的水上公交巴士线路，在丰富城市公共交通服务体系的同时，形成集通勤出行、观光旅游、休闲娱乐于一体的出行方式。同时，延长主城区98条公交线路夜间服务时限，服务城市"夜经济"发展。

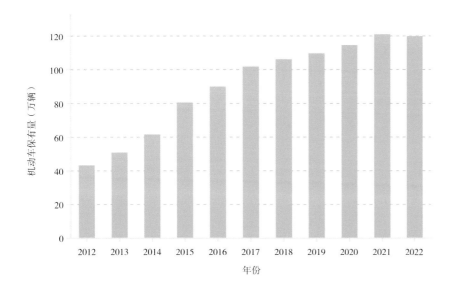

图 2　兰州市 2012~2022 年机动车保有量

建成西起西沙大桥、东至天水北路的黄河滨水健身步道，打造具有兰州特色的近水城市慢行交通系统。

　　兰州市注重交通可持续性的发展。为了减少机动车的使用和改善空气质量，兰州市积极推动绿色出行。通过建设自行车道和自行车租赁系统，鼓励居民选择自行车作为代步工具。此外，兰州市还致力于推进公共交通系统的发展，提高公交车辆的运营效率和服务质量，以减少个体车辆的使用，降低交通排放和能源消耗。全市公交客运量连续多年稳中有增，基本建立了县、乡、村有机衔接的"全域公交"网络体系，实现了建制村公交覆盖率 100%，全面破解了远郊县区、偏远山区群众乘车难、出行难的历史难题。截至 2022 年，兰州市公共交通机动化出行分担率达到 68.3%，各项发展指标居全国省会城市前列。

3. 居民出行特征

　　兰州市居民出行展现出多样性、高强度性、高峰集中等特征，出行目的主要为通勤、购物、娱乐等。根据相关交通调查，中心城区人均日出行次数为 2.46 次，日均总出行量约 621 万人次，全方式平均出行时耗为 30min，平均出行距离为 4.5km。现有主要出行方式为常规公交、BRT、地铁、非机动车、步行、出租车、私人小汽车、水上巴士、摩托车等。❹ 其中，公共交通作为主要出行方式，分担率约为 40%，公共交通平均换乘系数为 1.275，换乘系数较低，在大中型城市中属于较高水平。

三、公共交通

1. 轨道交通

　　兰州轨道交通 1 号线是兰州市第一条开通运营的轨道交通线路，也是中国首条下穿黄河的轨道交通线路，于 2014 年 3 月 28 日全线开工建设，2019 年 6 月 23 日开通运营。线路西起西固区陈官营站，途经安宁区、七里河区，东至城关区东岗站，东西横贯兰州市中心城区，是兰州市从东向西的主干轨道交通线路，线路全长约 25km，全部为地下线；共设 20 座车站，全部为地下车站。

兰州轨道交通 1 号列车采用 6 节编组 A 型列车，最高运行速度为 80km/h，列车总长约 140m，定员载客量 1860 人，最大载客量 2460 人。

兰州轨道交通 1 号线的开通，使兰州步入"地铁时代"，将有效缓解兰州市地面交通压力，改善城市交通秩序，为群众提供更为方便的生活环境，同时也提升了兰州市的品位和形象，对经济发展具有一定的带动作用（图 3）。

兰州轨道交通 2 号线西起东方红广场站，随后向南沿平凉路经邮电大楼至兰州火车站，向东沿火车站东路至红星巷站，再转向北沿瑞德大道、张苏滩路、雁园路敷设，途经团结新村站、五里铺站、张苏滩站、均家滩站至终点雁白大桥站。它是联系城关区中心区与雁滩片区的主干轨道交通线路，串联起东方红广场商圈、兰州火车站交通枢纽、五里铺东部市场商圈和雁滩片区，线路全长约 9km。轨道交通时代虽已开启，但单线运营覆盖范围有限。兰州市轨道交通 1 号线（一期）于 2019 年 6 月建成通车，当年客运量达 3250 万人次❺，日均客运量约 19 万人次，2021 年日客运强度 0.69 万人次 /km，高于全国平均水平（0.48 万人次 /km），且在全国单线运营地铁城市中排名第一。其中，西站什字站至西关站区段客流强度最高，对缓解蜂腰段交通压力发挥了重要作用。

2. 常规公交

截止到 2023 年，兰州市公交线路共有 209 条，运营车辆约 3400 辆。根据城市数据平台、高德地图的数据，兰州市公交线网中，共有 2600 余个站点，永登县公交站数量位列全市第一（含兰州新区），城关区位列第二。

2017~2021 年，兰州市中心城区日均公交客运量出现较大波动。2021 年日均公交客运量约为 156 万人次，比上一年降低 2%；2020 年日均客流量约为 160 万人次，较上一年下降 23.8%。2021 年最大日客流量线路约为 8 万人次（图 4、图 5）。

2017~2021 年，兰州市中心城区人口数量出现明显上升，但公交客流量出现明显下降。可能引起客流量降低的原因是 2019 年 6 月轨道交通 1 号线开通运营，部分居民改变出行方式，致使公交客运量出现明显下降。

3. 特色交通系统

（1）水上公交巴士

水上公交巴士是城市公共交通系统的重要组成部分。兰州市利用黄河穿城而过的独特优势，建成水上公交巴士，为广大市民提供一种便捷、舒适、环保的出行交通方式，减轻了城市的交通压力，促进当地经济的发展和旅游资源的开发利用，成为黄河上一道不可多得的风景（图 6、图 7）。

水上公交巴士线路共 3 条，投入 30 座巴士船舶 10 艘，年均运送乘客约 22 万人次，有效缓解地面交通压力，作为城市公共交通系统的补充，同时带动了当地文化旅游产业的发展。

（2）快速公交

快速公交系统是一种介于快速轨道交通与常规公交之间的新型公共交通客运系统，其投资及运营成本比轨道交通低，而运营效果接近轨道交通。它是利用现

图 3 兰州轨道交通 1 号线

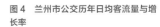

图 4 兰州市公交历年日均客流量与增长率

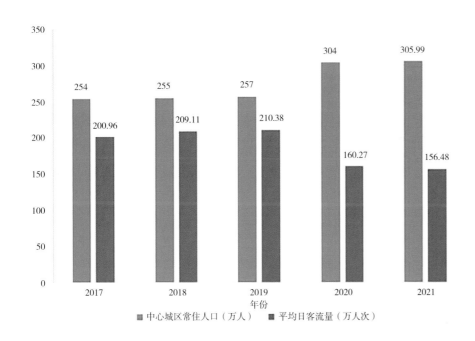

图 5 兰州市常住人口与公交客流量

图 6　兰州市水上公交巴士兰州港码头

图 7　兰州市水上公交巴士

代化公交技术配合智能运输和运营管理，开辟公交专用道和建造新式公交车站，实现轨道交通式运营服务，达到轻轨服务水准的一种独特的城市公交客运系统。

兰州市快速公交共有两条线路，B1 路线从刘家堡始发到西站十字结束；B2 线路从刘家堡广场始发，途经莫高大道、城临路口、众邦大道北口至终点站安宁堡（仁寿山公园）。此外，有 157 路、18 路、108 路、156 路、121 路、118 路、131 路、72 路、15 路和 2 路可与快速公交实现同站免费换乘。

四、慢行步行系统

随着城市化进程的加速和人们对宜居城市环境的需求增加，兰州市开始关注慢行步行系统的建设，以提供更加便捷、安全和舒适的步行环境。慢行步行系统旨在改善步行者的出行体验，减少机动车辆对城市空间的占用，并促进人与城市的互动。

兰州市作为一座滨河城市，风光优美、景色宜人。作为城市运行的重要组成部分，城市交通系统的发展也应该追求通行顺畅和交通环境有机结合。作为城市交通的重要组成部分，慢行交通在改善城市交通环境、增加城市吸引力方面有着天然优势。

根据 2017 年兰州市居民出行大调查数据，兰州市主城四区居民出行的主要交通方式是步行，占到全部出行方式的 40.3%。因此，兰州市非常注重慢行步行系统的建设。兰州市慢行步行系统不局限于市政道路的专用通道，除现状步行街外，还包括景区、居住地绿地广场的步行休憩道路，主要根据滨河、环山等有利资源灵活设置。兰州市典型步行专用路分布如下。

1. 步行购物街区

步行购物街区与商场、娱乐设施紧密结合，以体验消费为主要目的，如张掖路步行街、建宁路步行街等。

2. 慢行游憩绿道

兰州市拥有得天独厚的自然景观和文化底蕴，近年来致力于创建慢行游憩绿道，为市民和游客提供一个休闲、健康、绿色的出行方式。慢行游憩绿道是一条专门用于步行、骑行和休闲活动的绿色通道，连接了城市的自然景观和文化遗址，成为兰州市的一大亮点。兰州市的慢行游憩绿道位于黄河两岸，蜿蜒穿过城市的主要景区和市区繁华地带。兰州市还修建了许多连接公园、湖泊和自然风景区的慢行游憩绿道，为市民提供了丰富多样的户外休闲活动选择（图 8）。

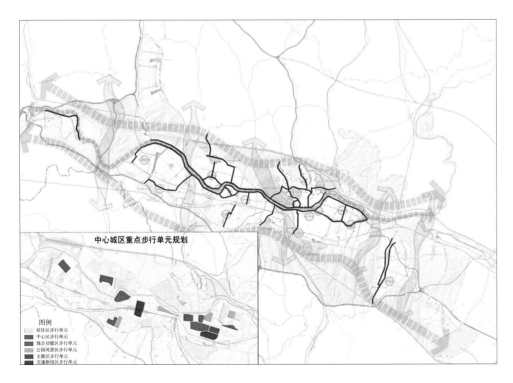

图 8 兰州市慢行游憩绿道

兰州市的慢行游憩绿道不仅提供了健康活动的场所，也促进了城市的生态保护和文化传承。在绿道建设过程中，兰州市注重保护沿线的自然环境和历史遗迹，保留了许多原生植被和文化景观。同时，还设置了信息展示牌和解说标识，向游客介绍沿途的自然生态、历史文化和风土人情，提升了游客的参与感和文化体验。

3. 观光旅游通道

观光旅游通道位于滨河、环山等景观资源良好，以及游客活动密集的风景旅游区周边，如南北滨河路、兰州植物园、五泉山、仁寿山（图9~图13）。

4. 城市运动地带

兰州市充分发挥黄河两岸延伸资源优势，以崔家大滩奥体中心为核心，以两岸健身步道、自行车健身道为串联，形成了慢行休闲运动带，打造西北地区最具特色的滨河休闲运动基地。

规划沿黄河两岸休闲运动带形成自行车健身道长约150km，其中，南岸自行车健身道长约82km，北岸自行车健身道长约69km。❻

五、生态城市建设

兰州市区规划建设了美丽的黄河风情线，阳光充足，气候宜人，黄河两岸相继建成"黄河母亲"雕塑、观光长廊、"生命之源"水景雕塑、寓言城雕、绿色希望雕塑、西游记雕塑、平沙落雁雕塑、近水广场、亲水平台、东湖音乐喷泉、人与自然广场，以及龙源园、体育公园、春园、秋园、夏园、冬园、绿色公园和其他沿河景观（图14~图16）。

2020年，兰州市通过认定的绿色建筑面积占城镇新建建筑面积的比例达到了68%，其中主城四区该项比例高达76%。全市森林面积达到318万亩，森林覆盖率达到16%。城市建成区园林绿地面积达到11万余亩，绿地率约36%；绿化覆盖率约32%。人均公园绿地面积约11m^2，入选国家园林城市。

经过持续绿化建设，南北两山形成了较为完善的人工生态体系、基础设施体系、生态文化体系、管理管护体系。目前，南北两山绿化面积达到约60万亩，成活各类树木1.5亿株；约23万亩上水工程造林区具备了较高的郁闭度；37万亩干旱造林区激活了原生植被；两山绿地纳入城市绿地近5700hm^2，两山林区已成为城市周边的生态屏障。两山生态系统服务总价值约50亿元（图17）。

规划到2025年，南北两山城市旅游服务体系框架基本形成；建成基础设施趋于完善、服务功能较为齐全、种类多样化的南北两山重要节点工程，激发区域发展活力，提升城市旅游目的地形象。到2030年，南北两山城市旅游服务功能区建设基本完成；形成环境优美、公共服务设施体系完善、文化特色鲜明的两山风光带，生态建设与产业发展有机融合，集游、购、娱、住于一体的景区格局初具规模。到2035年，全面建成我国西北地区独具风采的沿黄生态文明协同发展示范区，打造现代"金城山水"，发展绿色生态产业体系，形成人与自然和谐共生、城市可持续发展的"美丽中国"城市典范❤。

1. 九州森林生态景观区

九州森林生态景观区位于北山中段，含规划的九州森林文化公园、金城关怀古风情园、金城树木园等园区。九州台自然地理条件优越，海拔 2067m，为兰

图 9　兰州市望河桥景观

图 10　兰州市滨河路步道

图 11　滨河步行廊道

图 13　兰州奥体中心景观

图 12　滨河步行廊道景观图

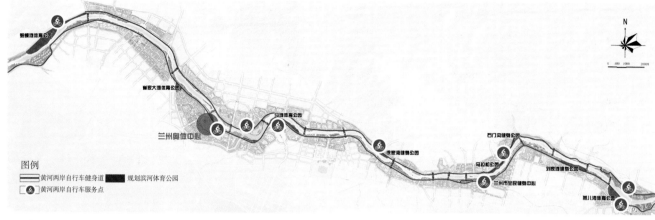

图例
黄河两岸自行车健身道　　规划滨河体育公园
黄河两岸自行车服务点

图14　黄河两岸自行车道

图15　兰州黄河母亲雕塑

图16　兰州黄河楼

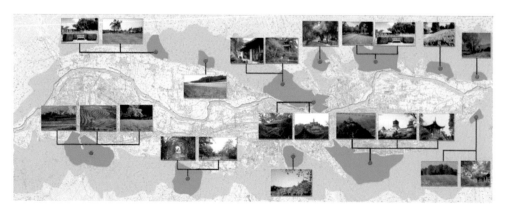

图17　兰州市南北两山山体公园分布

州北部最高峰，是仅次于皋兰山的兰州市区第二高峰。整个地势上、下部陡峻，腹部平缓，并有一山包突起，形似印台，得名印台山。远望好像一尊盘腿而坐的大佛，坐北面南，负阴抱阳。

九州森林文化公园总面积约 158hm²，海拔 1969m，是兰州市区之巅。文溯阁内保存有我国仅存的两部《四库全书》中的一部；还有总理植树点、文庙和兰州树木观赏园等景点。其建筑已具规模，并具有多年的历史。

九州森林文化公园的罗九公路从山下蜿蜒而过，交通、通信、供电、供水较为方便，并已修建有九州台山脊路、大砂沟西山路、大砂沟东山南路、碑林路等。金城关怀古风情园作为新建的旅游配套设施已初具规模。

2. 九州台—白塔山景区

九州台—白塔山景区位于黄河以北、安宁区的北侧，主要由九州台与白塔山两部分构成，总面积约 1248km²（图 18）。

规划结合景区内丰富的自然、人文景观资源，同时考虑各景点知名度、功能等因素，形成了 20 个重要景观节点。

3. 大兰山景区

大兰山景区位于黄河以南、城关核心组团区的南侧，主要由五泉山公园与兰山公园两部分组成，面积约 5000km²。

五泉山海拔在 1600m 以上，有以古建筑群为主题的兰州地区规模最大、历史最久的山水人文胜景，是兰州闻名遐迩的旅游胜地。目前公园以五眼名泉和佛教古建筑为主，园内丘壑起伏，树木葱郁，环境清幽；庙宇建筑依山就势，廊阁相连，错落有致。兰山海拔 2130m，山上建有多座小游园和仿古建筑，设计精巧，引人入胜（图 19）。

4. 仁寿山丹霞景区

仁寿山丹霞景区位于安宁区刘家堡北部，距市中心约 15km，处于黄河北岸三级阶地，东与长寿山、兰州植物园相连，下有安宁十里桃乡的万亩桃园。景区

图 18　兰州白塔山风貌

包括仁寿山森林公园及自然风格独特的"天釜沙宫"及兰州市西北出口。其中，仁寿山森林公园总面积约为 27hm^2。山中建有玄武庙、凌云阁、祖师殿、仁寿亭等仿古建筑（图 20、图 21）。

5. 金城公园—元峁山森林景区

金城公园（原西固公园）是兰州市"十大公园"之一，地处西固区。在市政府的支持和驻区企事业单位的共同努力下，西固公园于 1984 年 8 月奠基筹建，

图 19　兰山鸟瞰城市

图 20　仁寿山景区八卦广场

图 21　兰州丹霞地貌景观

1987 年 10 月初步建成开放。公园规划主要以西固历史文化为载体，设计建设了李息将军广场、金城楼和西秦宫等标志性仿古建筑，其间点缀了亭、廊、轩、阁等明清仿古建筑，处处散发着浓厚的历史人文气息；充分体现了西固的历史文化底蕴，形成"一轴、两步道、三片区、五景点"的公园布局。其中，"一轴"指以李息将军广场、金城楼和西秦宫为主要内容的历史文化景观轴；"两步道"指环绕全园的健身步道和跨越南山路通往石头坪的阶梯长廊步道；"三片区"指以牡丹园为主的东片景观区、以人工湖为主的西片景观区、以石头坪前沿为主的南山景观片区；"五景点"指以李息将军广场为主的历史文化景点、以牡丹园为主的植卉景点、以人工湖音乐喷泉为主的亲水景点、以假山为主的云雾景点、以通往石头坪步道为主的长廊观景景点。

并在此基础上点缀建设了亭、廊、轩等明清仿古建筑，充分体现出西固的历史文化内涵，形成集文化、休闲、娱乐、健身、生态园林景观于一体的综合性服务场所。金城公园开园后免费向大众开放。新修的音乐喷泉水柱可逾 10m，吸引了众多游客的目光；人工湖边的假山配有雾化器，烟雾缭绕；湖边建有休闲茶楼、戏楼，适合老年人和戏迷来此观看。

元峁山森林景区位于南山西固段，由元峁山公园、金城公园组成。元峁山公园位于兰州市西固福利区南山，由大元峁、二元峁、三元峁三个山头组成，海拔 1775m，总面积约 27hm^2，林地面积 18hm^2，主要树种有侧柏、圆柏、油松、云杉、河北杨、新疆杨、刺槐、国槐、白榆、白蜡、紫穗槐等，经济树种有桃、杏、梨、苹果等。园内修有山门，仿古亭 3 个，水泥台阶长 2km，水、电、通信均通，基础设施较好。尤其是该园距离市区只有 2.5km，市民来此游览观光、休闲度假、健身娱乐较为方便。

然而，由于城市人口密度高，加之特殊的地理气候环境，兰州市绿地总量特别是公园绿地总量明显偏少，目前建成区人均公园绿地面积不足 12m^2。尽管兰州市入选"国家园林城市"，在《2020 中国绿色城市指数 TOP50 报告》中位居 46 名，并获得"2020 年最值得旅行者去的中国旅游目的地"殊荣，但在《中国城市绿色竞争力指数报告 2020》中的 290 座城市中位居第 63 名，在《2020 年中国城市高质量发展报告》中的 100 座地级市中排名第 87 位，发展质量偏低。

兰州曾是国内空气污染最为严重的城市之一。经过几代人的不断努力，兰州市终于摘掉了"黑帽子"。自 2012 年以来，兰州市城区空气质量发生了根本性变化。在 2015 年召开的巴黎世界气候大会上，兰州作为全国唯一的非低碳试点城市应邀参会，并荣获"今日变革进步奖"。2020 年，兰州市全年空气质量达标日为 312 天，创历史新高，比 2015 年增加了 60 天，比 2013 年增加了 121 天，成功打造了国内瞩目的"兰州蓝"。

六、城市亮点与经验借鉴

1. 历史文化传承和保护

兰州市拥有悠久的历史和丰富的文化遗产。兰州作为丝绸之路的要冲，保留着许多历史建筑和文化景观，如中山桥、白塔山、五泉山等。以中山桥为例，作为兰州市的标志性建筑，其具有重要的历史和文化价值。兰州市在中山桥的保护与利用上下了一番功夫。首先，对中山桥进行了细致的修缮和保养，确保其安全和完好。其次，将中山桥打造成为重要的旅游景点，吸引大量游客和文化爱好者前来参观。通过保护和利用中山桥等历史文化遗产，兰州市不仅保留了宝贵的历史遗迹，还创造了经济效益和文化价值。

这一经验可以为其他城市提供借鉴。在城市发展过程中，注重保护和利用历史文化遗产，将其打造成为特色景点和文化品牌，不仅可以吸引游客，还可以促进经济发展和文化交流。

2. 黄河综合治理

兰州市地处黄河流域，黄河是中国的母亲河，也是兰州市重要的水资源供应来源。为了有效治理黄河流域的水资源和环境，兰州市采取了一系列综合治理措施，取得了显著成效。首先，在河道整治方面，兰州市通过大规模的河道整治工程，有效解决了黄河河道淤积和泥沙堆积问题，提高了河道的通行能力和水位调节能力；通过清淤疏浚和堤防加固等措施，成功改善了河道的水流情况，降低了洪水风险，保障了黄河的安全运行。其次，在水资源保护方面，兰州市坚持水资源的可持续利用和保护，制定并严格执行水资源管理政策；通过加强水资源监测和管理，打击非法取水和水污染行为，有效保障了黄河水的质量和可持续供应。最后，兰州市积极推进黄河水利工程建设，提高了黄河水资源的利用效率，建设了一系列重要的水利工程，如黄河堰塞湖治理、水库建设和灌溉系统改造等项目。这些工程的建设有效调节了黄河水的供需平衡，提高了农田的灌溉能力，为农业生产和经济发展提供了可靠的水源支持。并加强了对黄河流域河湖的治理工作，通过河湖整治、水质治理和生态修复等措施，改善了黄河流域的水环境质量，保护了河湖生态系统的稳定性（图22）。

3. 生态环境建设

兰州市注重绿化建设和生态环境保护。通过加大植树造林力度、建设城市森林和公园，为人们提供了丰富的生态空间和休闲场所，改善了城市的生态环境。

图22 "黄河穿城"景观

同时，兰州市还建立健全环境监测和管理体系，通过建设环境监测站和数据中心，及时掌握环境指标和污染情况，为环境治理提供科学依据。此外，兰州市加强对企业和建设项目的环境监管，强化环保执法力度，严格控制污染源的排放，保护了生态环境的稳定；加强环境治理和污染防控工作，控制污染物排放，提升了空气和水质质量。

4. 公共交通建设与智慧交通管理

兰州市积极推进交通基础设施建设，致力于构建完善的城市交通网络。其中，道路建设是重点领域之一。兰州市加大道路建设的投入，新建和改扩建多条城市主干道和快速路，提升了道路通行能力；优化道路结构，减缓了交通拥堵。

兰州市利用黄河穿城而过的特点，建立了水上公交巴士特色系统，为城市的出行提供了一种独特的方式。从交通便利性来看，兰州水上公交巴士为市民提供了一种新颖且便利的交通选择。通过水上公交巴士，乘客可以避开拥堵的道路，选择更为舒适和快捷的水上交通方式，尤其对于需要跨越黄河的出行需求来说，水上公交巴士提供了一种便捷的方案。从观光体验的角度，水上公交巴士的运行路径通常经过兰州市的著名景点和风景区，乘客可以在船上欣赏到沿途的美景，获得独特的观光体验。这对于游客来说尤其具有吸引力，能够更好地体验和了解兰州的风土人情。从环保、可持续的角度，作为一种水上交通方式，水上公交巴士碳排放和环境污染较少。与传统的道路交通相比，水上公交巴士对环境的影响更小，有助于改善城市的空气质量和生态环境。这与兰州市积极推动生态建设和可持续发展的理念相契合。

另外，兰州市也在推动智能化交通设施的建设。例如，在重要的交叉口和路段安装智能交通信号灯，通过实时监测和自适应控制，提高了交通信号的精确性和响应速度。这种智能交通信号灯可以根据交通流量和需求进行动态调整，减少交通拥堵和排队时间。此外，兰州市还借助移动互联网技术推出出租车和网约车行业的智能化管理。通过手机 App "小兰帮办"等平台，乘客可以方便地叫车、支付费用和评价服务质量，提升了出行的便利性和安全性。

5. 城市规划与建设

兰州市注重城市规划与建设，努力打造宜居、宜业的城市环境。其中一个亮点是兰州新区的建设。兰州新区是我国西北地区的新兴区域，积极吸引投资和创新资源，推动区域经济的发展。新区的规划与建设充分考虑了生态环境保护和可持续发展，打造现代化的产业园区、高等教育机构和科研中心，吸引了大量优秀的人才和高新技术企业进驻。

注释：
❶《兰州市城市总体规划（2011—2020 年）》
❷《2023 年兰州统计年鉴》
❸《2023 年兰州统计年鉴》
❹《兰州市综合交通调查报告》（2018）
❺《2020 年中国统计年鉴》

❻ 《兰州市中心城区黄河两岸休闲运动带和南北两山山地运动带规划》（2019）
❼ 《兰州市南北两山生态景区保护建设规划（2006—2020 年）》

图片来源：

首图　鹿鑫
图 1　《兰州市城市总体规划（2011—2020 年）》
图 2　兰州市统计年鉴，杨林制图
图 3　杨林
图 4　公交公司客流数据，郝佳晨制图
图 5　公交公司客流数据，兰州市统计年鉴，郝佳晨制图
图 6　鹿鑫
图 7　鹿鑫
图 8　《兰州市城市综合交通规划（2011—2020 年）》
图 9　杨童麟
图 10　杨林
图 11　杨林
图 12　杨童麟
图 13　http://lanzhouaoti.com/UploadFiles/images/abtimg.jpg?YWJ0aW1nLmpwZw==
图 14　《兰州市中心城区黄河两岸休闲运动带和南北两山山地运动带规划》
图 15　杨童麟
图 16　杨童麟
图 17　《兰州市南北两山生态景区保护建设规划》
图 18　鹿鑫
图 19　杨童麟
图 20　鹿鑫
图 21　兰州黄河生态旅游开发集团有限公司
图 22　杨童麟

济宁

孔孟之乡、运河之都

一、城市特点

济宁地处山东省西南部，素以"孔孟之乡、运河之都、文化济宁"著称，现辖 2 区（任城、兖州）、2 市（曲阜、邹城）、7 县（泗水、微山、鱼台、金乡、嘉祥、汶上、梁山）和 4 个功能区（济宁国家高新区、太白湖省级旅游度假区、济宁经济技术开发区、曲阜文化建设示范区），面积 1.1 万 km²，人口 890 万。

济宁是历史文化名城，是中华文明的重要发祥地，诞生了人文初祖轩辕黄帝和孔子、孟子、颜子、曾子、子思子五大圣人。所辖曲阜、邹城为国家历史文化名城，有"三孔"（孔府、孔庙、孔林）和京杭大运河两处世界文化遗产，有水浒故事发源地水泊梁山、铁道游击队故乡微山湖，义化、水乡交相辉映。

济宁是交通枢纽城市，是淮海经济区中心城市，地处北京至上海的黄金分割点。乘高铁 2h 可到北京，3h 可到上海。济宁机场通航 25 座城市。京杭大运河流经济宁的 7 个县（区），全长 230km。内河航运千吨级轮船，万吨级船队通江达海，中欧班列直达欧洲腹地（图 1）。

孔府鸟瞰　　　　　　　　　　　水泊梁山

微山湖风光

京杭大运河　　　　　　　　　　　　　　　　　　　　　图 1　文化济宁

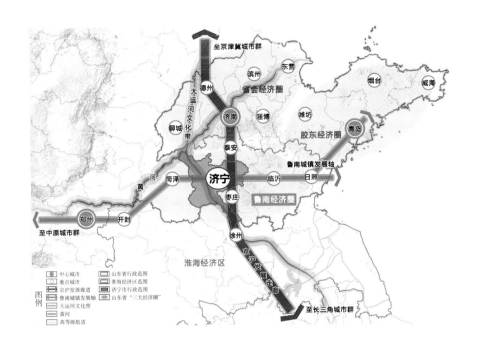

图 2　区域协同发展格局

　　济宁是区域经济强市，拥有济宁国家级高新区和 14 个省级经济开发区。建成煤化工、工程机械、生物技术、纺织新材料、汽车零配件、光电特色产业、电子信息等多个国家级产业基地。兖矿能源集团、太阳纸业、华勤集团等企业进入中国企业 500 强，有 6 家进入中国民营企业制造业 500 强。

　　济宁是资源大市。煤炭剩余可采量 15 亿 t，年产原煤 5200 万 t，占山东省产量的一半以上。稀土储量 1275 万 t，居全国第 2 位。全市各类发电企业装机容量 1432 万 kW，年发电量 460 亿 kW·h。南四湖湖面面积 1260km^2，是北方地区最大的淡水湖。济宁还是全国粮棉油基地和特色农产品基地。

　　根据《济宁市国土空间总体规划（2021—2035 年）》，济宁将构建"一

图 3　济宁都市区空间格局图

核、四轴、多点"的市域城镇空间格局，即以济宁都市区为核心，以京沪发展轴、鲁南发展轴、济徐发展轴、济微发展轴四轴为依托，多点带动支撑，构筑集约紧凑、高效联动的城镇空间格局（图2）；共建协同联动的空间发展格局，共构创新驱动的绿色产业体系，共筑多式联运的综合交通网络，共塑两创引领的世界文化名城，共营协作共治的实施保障机制，构建"绿色低碳、组织有机、功能协同、连接高效"的都市区；强化任城城区、高新区、太白湖新区所组成的主城核心区集聚发展，推动兖州城区与经济开发区综合提升，以三条发展主轴引导城市空间拓展，带动颜店科技产业园、济北高铁片区等五处重点发展片区协同发展，共同构筑具有区域影响力的济宁中心城区，构建"一主、两翼、三轴、五片"的中心城区空间格局，布局集约高效城镇空间的宏伟蓝图（图3）。

二、机动化与交通出行特征

截至2023年年末，济宁市域机动车保有量达到233.4万辆，其中汽车保有量达到199.7万辆；近3年机动车年均增长率为9.0%，汽车年均增长率为8.3%；市域范围内千人汽车保有量达到241辆。

在济宁城区范围内，人口高度集中于老城区，而岗位分布相对离散，并有一定的多中心分布趋势。现状中心城区常住人口165万，其中主要分布于老城区（49.4%）、兖州（22.8%）和高新区（12.0%），多中心组团式格局初步成形。

济宁城区综合交通体系研究结果显示，济宁中心城区出行总量为375万人次/d，人均出行率为2.78次/d，其中老城区出行总量为201万人次/d，占中心城区总出行量的53.7%。中心城区全方式平均出行距离为4km，绝大部分出行需求在慢行方式合理出行距离覆盖范围内。因此，居民以步行、自行车（包含电动自行车）出行方式为主，占整体出行方式的74.8%（图4）。

济宁城市居民出行选择的交通方式中，绿色交通（步行、电动车、自行车、公交车）出行分担率为75%，公交车机动化出行分担率为36.5%（表1）。

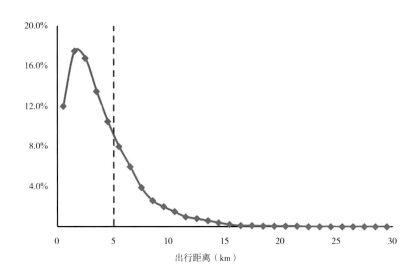

图4 济宁中心城区全方式出行距离分布图

济宁城市交通出行分担率 表1

出行方式	全方式分担率（％）	机动化分担率（％）	出行方式	全方式分担率（％）	机动化分担率（％）
步行	21.3	—	单位班车	2.1	5.4
电动自行车	30.9	—	单位小汽车（公务车）	0.9	2.3
自行车	8.9	—	老年代步车	2.1	5.4
公交车	14.2	36.5	摩托车	1.6	4.1
私人小汽车	16.3	41.9	合计	100	100
出租车	1.7	4.4			

（数据来源：2022年4月济宁市城市居民出行调查）

三、促进绿色低碳出行转型

1. 全力创建国家公交都市建设示范工程

（1）总体情况

济宁市公交发展起步于1970年，52年来始终秉持"服务于民、奉献社会"的宗旨，不断壮大公交队伍，持续完善公交服务，初步确立了公共交通在城市客运出行中的主体地位。

截至2022年6月，主城区运营公交线路189条，线路里程达2001km，线网长度为400.3km；拥有公交车1531辆，主城区建成区内快速路、主干道及次干道上的公交站点总数为966个，公交站点500m覆盖率为100%。2021年度运营里程9190.4万km，运送乘客9262万人次。

自2020年以来，济宁市利用现有场地，多方筹集资金，有力推进了充电站建设项目，完善了充电站网络布局。主城区共建设公交车充电桩366个，公交场站充电桩与电动公交车比例为1：4。主城区公交专用道长度为103.2km，公交专用道设置率为25.8%。

（2）公共交通发展特点

1）率先实施城乡公交一体化，构筑市域大公交体系

一是在全省率先实现城乡公交一体化。早在2007年，济宁市出台《关于推进全市城乡公交一体化的实施意见》，按照"公交优先、立足改造、集约化经营"的原则，积极推进主城"四区"及全域私营线路和车辆收购，共收购兼并3家公交、客运企业，收购公交、客运车辆272辆。

二是深入推进市域公交一体化。以全市客运市场高度净化为基础，济宁市加速推进市域大公交体系建设。济宁市坚持"路站运"一体的原则，2013年启动主城区至周边县（市、区）的客运班线公交化改造，由济宁城际公交集团有限公司负责运营主城区至周边10县（市、区）的城际公交线路，并于2017年实现市域城际公交一体化。同步推进县域城乡公交一体化改造，2017年实现兖州区、曲阜市、泗水县、邹城市、微山县、鱼台县、金乡县、嘉祥县、汶上县、梁山县10个县（市、区）的县域公交一体化。

三是形成了"国有主导＋适度竞争"的新模式。自1970年公交开始发展以来，济宁市不断深化公共交通经营体制改革，按照"国有主导、多方参与、规模

经营、有序竞争"的整体发展战略，推进行业公益性和运作市场化，目前济宁市主城区城际、城区公交线路由 3 家企业运营。其中，济宁市公共交通集团有限公司主导经营主城区范围内城区公交线路，济宁高新正义公共汽车有限公司负责经营部分城区公交线路，济宁城际公交集团有限公司负责经营城际公交线路。各企业加强沟通协作，保持适度竞争，逐步形成城区和城际"分区运营、相互补充、适度竞争"的公交服务新格局。

2）建立多层次公共交通网络，提升公交出行可达性

一是初步形成"快—干—支—微"四级城区公交网络。历年来，济宁市根据城市空间、产业布局和出行需求变化，按照"广覆盖、补空白"的原则，结合道路建设持续新增和优化公交线路。目前，济宁市主城区共运营城区常规公交线路 101 条，其中快线 18 条、干线 44 条、支线 37 条、微线 2 条，公交机动化分担率达 36.5%，公交站点 500m 覆盖率达 100%，基本确立了公交在城市交通中的主体地位，公交可达性不断提升。

二是构建城乡均等的四级市域公交网络。济宁市以城乡公交一体化改造为抓手，深入落实乡村振兴战略，逐步建立以济宁主城区为中心、辐射周边县（市、区）的市域大公交体系，形成城际公交、城区公交、城乡公交和镇村公交四级市域公交网络，构成了覆盖面积广、灵活度高的大公交网络。

三是公共自行车全力打通出行"最后一公里"。济宁市主城区建设公共自行车系统，累计投放公共自行车 1.5 万辆，网点向公交站点、社区、商业区、景区延伸，核心区网点间距不超过 300m。同时，引入共享单车与公共自行车融合发展，形成"公交 + 慢行"融合的绿色出行网络，服务市民出行"最后一公里"，有效打通公共交通出行链条。

3）公交场站建设形成"济宁模式"，破除公交发展瓶颈

一是公交场站实行代建制。济宁市历来高度重视公交基础设施建设，落实《关于优先发展公共交通的意见》要求，全市公交场站建设由所在地政府（管理委员会）负责规划、设计、建设，建成后移交给公交企业使用；公交设施用地符合《划拨用地目录》的，以划拨方式提供，不得侵占、挪用或转让。同时，将公交场站建设列入全市重点建设工程，由市级领导包保推进。

二是试点建成城区公交微枢纽。《关于优先发展公共交通的意见》提出，利用现有高架（桥）下空地、大型绿地等，合理规划和建设公交设施并交付企业使用。济宁市利用城区大型绿化带试点建设杨柳国际新城公交微枢纽，解决城区公交场站用地不足和远距离空驶调车等问题。上述措施有效解决了长期以来制约公交发展的老大难问题，公交车均场站面积达 166m²/ 标台，位于全省先进行列。

4）以人为本创新公交服务，践行便民惠民初心使命

一是助学公交新模式走在全省前列。济宁市积极创新公交服务模式，推广助学公交，实现校门口与家门口的"零距离"接驳，切实解决群众出行难题。自 2020 年以来，济宁市陆续为济宁四中、济宁七中、济宁市实验小学等主城区的 23 所中小学校提供点对点的助学公交服务。学生可利用"济宁公交"App 进行线上报名、审核和线路信息查询，并创新采用刷脸支付乘车，便利学生出行。目前，济宁市共开通运营 59 条公交线路，日均乘车学生达 5900 余人次，线路准点率达到 100%。同时，试点开通单循环助学线路，避免学生过街乘车带来危

险，保障学生出行安全（图5）。

二是创新实施早晚高峰免费搭乘公交车。面对新冠疫情导致的公交客流下滑，济宁市贯彻"关注民生、服务民生"要求，践行公交优先发展理念，自2021年起在主城区创新实施早晚高峰期间免费搭乘公交车，引导市民多乘公交车，让市民出行首选公交车，进一步缓解早晚高峰城市交通拥堵。2021年济宁市城区公交车年客运量已恢复到新冠疫情前客运量平均水平的89.9%。

三是开通多样化公交服务模式。济宁市在保证基本公交服务的同时，不断丰富公交服务模式，满足群众日益增长的多样化出行需求。针对高新区、太白湖新区和济北新区上班族乘车需求，在早晚高峰时段开通运营了18条大站快车公交线路，提高通勤效率。为方便市民夜间出行，推进济宁夜间经济发展，开通2条夜间公交线路，同时延长部分干线公交运营时间。此外，在特殊节假日、大型活动、中高考期间等开通临时保障公交服务，乘客公交服务满意度达86.6%（图6）。

（3）全力创建国家公交都市建设示范工程

2023~2025年，济宁市以建设人民群众满意的公共交通为根本出发点，以创建国家公交都市建设示范工程为抓手，全面提高济宁市公共交通的保障能力和服务水平。至2025年将建成"城际公交、城区公交、城乡公交和慢行交通"四位一体的城市公共交通体系，打造全域公交运营调度"一张图"、居民出行"一张卡"、信息服务"一张网"，实现市民高效便捷出行、区域公交高质量发展，提升济宁市在鲁南经济圈中的辐射带动作用，将济宁市打造成为国内知名公交都市。

另外将重点实施"加快基础设施建设、推进快速公共交通系统建设、提高公交服务品质、提升智能化水平、加强城市交通管理、打造慢行交通系统、强化政策引导"七大工程，强化政策引导，加快基础设施和快速公共交通系统建设，提高公交服务品质，提升智能化水平，加强城市交通管理，打造慢行系统。

2. 建设步行和自行车友好城市

济宁市坚持"慢行优先"的发展理念，凸显城市特色，满足市民多样化需求，努力打造"安全连续、高效便捷、舒适宜人、绿色生态"的慢行交通系统。

（1）慢行交通出行环境

作为中小城市，济宁中心城区规模相对较小，以步行、自行车交通为主导，

图5　济宁市助学公交

图6　早晚高峰免费搭乘公交　　　　　　　　　　　　图7　济宁市建设路步行道和自行车道

其中电动自行车作为居民出行主要交通工具，出行比例高达40%以上。总体来看，济宁市目前已初步形成相对完善的步行、自行车道路系统（图7），从步行及自行车出行者的角度而言，大部分道路断面相对友好，主要体现在有一定的连续性，有机非硬隔离，安全系数较高，主要干道混行逆行较少，但也存在慢行环境有待提升、车辆占道、人行设施差、人行道不连续、机动车不礼让行人等问题。

（2）人行过街天桥成为靓丽风景线

近年来，济宁市新增了不少过街天桥，主要交通干道共有过街天桥9座。天桥设计遵循安全、耐久、适用、环保、经济、美观的原则，例如，仙营路人行天桥设计注重活力和现代特征，与新体育馆及周边建筑风貌交相呼应，彰显济宁城区时尚气息。马驿桥街人行天桥设计注重传统文化的继承与表达，临近人民公园东入口，体现了济宁悠久的历史文化。这两座天桥在选址时充分考虑周边通行需求，实现了公园、体育馆与周边居民区相互连接，机动车从桥下快速通行，行人和非机动车从桥上安全过街，提高了道路的通行效率。同时，两座天桥同步实施了景观亮化工程，打造出绚丽多彩的夜间效果，为道路增加了两道靓丽的风景线（图8）。

图8　济宁市人行天桥

（3）凸显城市特色的绿道系统

近年来，曲阜国际慢城绿道、济宁高新区绿道（图9）、太白湖景区绿道等重点绿道项目的建设实施，为济宁市绿道网络奠定了良好的基础。同时，在城市发展目标及市域空间结构的指引下，以"东文西武、南水北佛、中古运河"的市域文化格局为基础，遵循"亲水入绿、串旅彰文"总体选线策略，提出"一坏、四带、六片区"的都市区绿道网体系，并提炼出每个区域的主题。按不同资源特征，将济宁市绿道划分为 5 种类型，即滨水型、文化型、都市型、乡野型及山地型绿道。以 7 条绿道主线为核心、以若干绿道支线为补充，构建都市区绿道网二级体系，绿道总长 1127km。其中，1~3 号线为都市区环线，4~6 号线为滨水游憩线，7 号线为孔孟文化线。

（4）济宁市街道设计导则

济宁市早在 2018 年便制定了《济宁市街道设计导则》，适用于济宁市城市街道及周边环境设计建设，通过"要素 + 分区 + 分类导向"，结合街道所处分区及类型提出总体指引，为不同道路的建设实施提供更具针对性的要求，并在此基础上形成近期行动计划。

城市功能区划分为公共活动中心区、居住社区、产业园区、一般城市建设区，并提出相应的交通发展策略；综合考虑沿街活动、街道空间景观特征和交通功能等因素，将街道划分为交通型街道、商业文化型街道、景观风貌街道、社区型街道、小型街道五大类型。从街道空间、沿街界面、绿化设计、铺装设计、交通设施设计、街道设施设计 6 个方面提出要素设计指引，并结合街道类型提出总体指引与要素指引。

3. 疏堵保畅有效助力碳减排

2019 年济宁市交通高峰拥堵指数排名全国第 7 位（百度地图 2019 年第 1季度拥堵排行），恶劣天气高峰时期甚至成为全国"最堵"城市，严重影响了济宁社会经济发展和市民生活质量，引起市委、市政府的高度重视。为此，济宁市人民政府办公室印发《济宁市主城区交通疏堵保畅三年行动计划的通知》，成立疏堵保畅指挥部。2020 年，市交通管理部门聘请专家咨询团队对道路交通管理

图9　高新区蓼河绿道

工作问诊把脉，制定济宁市城市交通高质量发展顶层设计，并全程跟踪指导，将先进治堵理念和济宁实际相结合，为治堵工作提供先进的技术支撑。

2021~2023 年，济宁市政府以及各相关职能部门在顶层设计的指引下，从完善骨干网络、打通断头路、公交优先发展、停车管理、改造提升老城区道路、"学圈医圈校圈车站周边农贸市场周边"综合交通整治、交通组织优化、交叉口渠化改造、智能交通建设信号配时优化等各方面发力，进行疏堵保畅工作，并取得了明显成效。

百度地图发布的《2022 年度中国城市交通报告》显示，在全国 100 座主要城市拥堵排名中，济宁市由 2019 年的第 7 位下降至 2022 年的第 94 位，成为全省"最不堵城市"。从 2019 年城区全面拥堵全目前的个别节点拥堵，城区拥堵节点（非恶劣天气下）数量明显减少。主干道停车次数与行程延误均大幅降低，其中停车次数平均降低 37.9%，行程时间平均减少 18%，车速提升 5.86km/h，路口车均延误下降 18.15%，常发拥堵路口平均排队长度减少约 56m，高峰期单个路口通过车辆数增加约 13.21%。

交通通行效率的提升使城市碳排放明显降低。通过统计济宁市 12 条主干道干线流量（7∶00~19∶00），按照一辆车平均节约 2min，小汽车每小时燃油消耗 4.8L，每天共可节约燃油 28489L。油价按照 7 元 /L 计算，每天可节约资金 19.9 万元，每年可节约 7279.0 万元。按照 1L 燃油大概产生 2.7kg 碳排放，每天可减少 76.9t 碳排放，每年可减少 28075.9t 碳排放，有效减轻空气污染。

（1）优化路网布局，提升承载能力

1）打造"两环八连""井字形"立体交通体系

济宁市内环高架全长 41km，由东线宁安大道、南线济宁大道、西线西外环、北线任城大道的环线高架路组成，双向 6 车道，设计车速 80km/h，包括高架路 36km，地面快速路 5km，涵盖互通立交桥 4 座、出入口匝道 26 对、横向节点地道 1 处，跨京杭大运河、古运河、洸府河、新兖铁路等 10 座重要桥梁。2020 年 12 月底，内环高架正式通车，极大地优化了主城区路网框架，有效提高市民出行效率，缓解城区交通压力，标志着济宁市正式迈入"立体交通新时代"。2023 年内环高架路日均车流量为 15 万 ~20 万辆，有效拉动了主城区各板块融合发展，为提升城市对外形象、增强城市首位度提供了重要支撑。

除内环高架外，城区还建设了王母阁路跨线桥（2020 年通车）、崇文大道与宁安大道跨线桥（2021 年通车）、车站西路与济安桥路跨线桥（2022 年通车）、杨柳互通立交（部分通车）、共青团路北延高速铁路连接线（2023 年通车）。共青团路北延作为济宁主城区连接鲁南高速铁路的交通主动脉，这座装配式"空中主干路"，北连鲁南高速铁路济宁北站，南接济宁任城大道。

2）"三圈两边"交通综合治理

通过现场踏勘深入分析"三圈两边"（商圈、医圈、学圈，车站周边，农贸市场周边等）存在的交通问题，济宁市自 2021 年起先后对新贵和购物中心、太白楼路万达广场、运河城、爱琴海购物中心、吾悦广场、济宁第一人民医院、济宁医学院附属医院、崇文小学、济宁市实验小学、任城实验中学、任城实验小学等多措并举，综合施策，解决交通问题（表 2）。

"三圈两边"综合治理措施落地情况　　　　　　　　　　表2

区域	具体点位	综合改善方案部分措施落地情况
商圈	万达广场	调整交叉口车道功能，更换智能信号机实现上下游联网联控，优化信号配时等
	爱琴海购物中心	封闭广场前车行开口，优化下游交叉口车道功能，提前设置停车诱导信息，调整优化信号配时
	吾悦广场	封闭广场前车行开口，优化下游交叉口车道功能，提前设置停车诱导信息，调整信号配时
	运河城	设置提前掉头口，调整信号配时
医圈	济宁第一人民医院	道路局部拓宽改造，增加一条就医专用通道，减轻因就医车辆排队而对社会车辆通行产生的影响
	济宁医学院附属医院	在古槐路道路升级改造过程中完善就医通道，设置出租车即停即走车位，过街天桥增加电梯，新建机械式立体停车楼等
校圈	崇文小学	设置行人过街天桥
	济宁任城实验小学	封闭多余的中央隔离开口，增加中央隔离护栏，设置接送区域，完善上下学通道等

（数据来源：清华大学项目团队）

3）交通组织与交叉口渠化精细化

自2021年起，济宁市通过修建过街天桥、封闭不必要的中央以及路侧开口、设置提前掉头口、实施潮汐车道、单向交通等措施，使路段交通组织不断得到优化。通过交叉口整体拓宽渠化改造、现有宽度下压缩车道增加进口道车道数量、根据转向交通流量特征调整优化车道功能、施划直行与左转等待区、实施多处借道左转等措施，渠化改造以及优化约83处交叉口路口，路口通行能力大幅度提升，车辆排队长度明显缩短（图10）。

（2）高效化交通管理响应

交通管理部门构建城区道路交通网格化管理模式，在主城区划分38个网格化管理区域，设置18个交通管理临时驻勤点，辐射城区50个路口高峰岗、23个平峰岗、149个重点路段、45个易乱致堵点以及49处"三圈两边"重点区域，市、区两级公安机关每天安排警力支援路面管理。政府购买服务、招聘志愿者，在每个路口安排8名人员，实现主城区主次干道、支路小巷、重要区域布警全覆盖，交警出警速度提升25%，交通事故警情同比下降16%，交通管理类民生诉

图10　交叉口渠化改造后航拍图

求环比下降 16%。

（3）智能交通提升通行效率

2021 年济宁市启动包括内环高架与城区智能交通管控系统在内的城区智能交通项目，建成"一脑、一心、四平台、十个子系统"的智能交通系统。目前，平台部分系统以及功能正在进行应用以及进一步完善。交通管理部门利用智能交通系统中的信号控制系统已完成主城区 8 纵 9 横共计 17 条道路、27 段平峰绿波优化，初步形成了济宁市一环绿波协调网络，包含点位 137 处，优化里程达 67.1km。已实现城区拥堵、事故、违停等事件检测自动预警，通过视频 AI 分析技术，智能交通系统平台快速识别检测预警。指挥中心根据实时预警信息进行指挥调度，力保第一时间到达现场，警情发现更为及时，有效解放警力。

四、构建高品质综合立体交通网

1. 构建米字形高速铁路网

济宁市作为传统的铁路枢纽城市，铁路线路早已形成十字形线网布局。为巩固济宁市区域铁路枢纽地位，加强区域线网辐射能力，规划济济高速铁路、济徐高速铁路、济商高速铁路和济潍高速铁路，全面融入区域高速铁路网络，强化济宁与国家中心城市、省会城市等直连直通。2021 年新建济宁北站，打造济宁北站、曲阜东站两大高速铁路主枢纽（图 11、图 12）。

2. 构建"六横七纵"高速公路网络

利用"六横"即董梁高速公路、平邑—郓城高速公路、日兰高速公路、潍商高速公路、枣菏高速公路、丰沛高速公路，"七纵"即德郓高速公路、济广高速公路、济徐高速公路、济微高速公路、京台高速公路、济泗高速公路、金乡—永

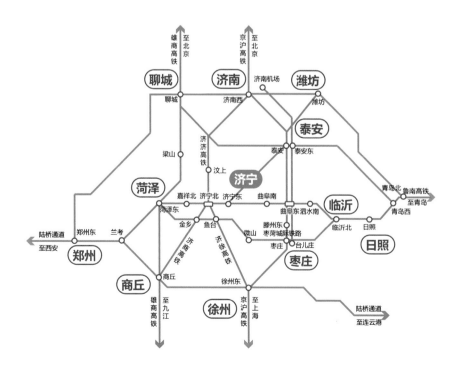

图 11 规划米字形高速铁路网

图 12 济宁北站

城高速公路，进一步完善高速公路网，促进济宁对接省会经济圈，增强综合交通枢纽快速集输能力，强化济宁对外高速通道连接。

3. 构建多式联运枢纽

以济宁内河港口群、兖州国际陆港和新建济宁新机场为重点，统筹河港、陆港、空港"三位一体"联动发展，推动物流枢纽、物流园区、多式联运转运中心建设。

五、营造蓝绿生态特色空间

"十四五"期间，济宁市加快突破南四湖滨水"蓝心"工程，有序推进都市区生态"绿心"工程，打造"水清畅流、岸绿景美、城水交融、文化彰显、人水和谐"的全域美丽河湖示范区，厚植"城在园中、林廊环绕、蓝绿交织"的城市生态底色，建设环城生态公园带，形成"一环八水绕济宁、十二明珠映古城"的城市大生态格局（图 13）。

1. 匠心打造公园城市

近年来，济宁市实施以口袋公园为重点的园林绿化项目，由点及面形成微型公园体系，打通城市脉络，激发城市活力，提升城市生态功能，改善城市人居环境，形成"推窗见绿、出门入园，三季有花、四季常绿"的公园城市绿化格局。2022 年，济宁市共改造提升老旧公园 12 座，新建、改建口袋公园 107 座，新增绿化面积 334.87 万 m²，成功入选山东省公园城市建设试点。2023 年，济宁市继续深化口袋公园建设工作，计划新建、改建口袋公园 35 座，改造提升老旧公园 7 座。

2. 南四湖生态修复保护

自 2021 年以来，济宁市全面实施《南四湖生态保护和高质量发展规划》，以环南四湖大生态带为主体，实施南四湖清淤疏浚、微山湖湿地保护、入湖河流

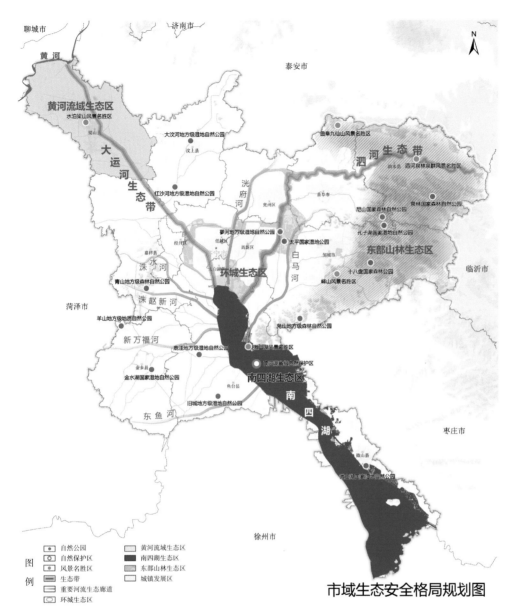

市域生态安全格局规划图

图例：
- 自然公园
- 自然保护区
- 风景名胜区
- 生态带
- 重要河流生态廊道
- 环城生态区
- 黄河流域生态区
- 南四湖生态区
- 东部山林生态区
- 城镇发展区

图13 济宁市域生态安全格局

生态修复、老运河水质提升、稻田回水综合治理、饮用水源地保护、污水处理利用等108项流域生态修复和污染防治工程，因地制宜构建形式多样、健康稳定的水生态系统，探索大湖流域以生态文明引领经济社会全面发展的新模式，将南四湖建设成为生态之湖、安澜之湖、富饶之湖。

3.构建五大蓝绿生态河廊道

济宁市实现生态与城市功能内涵式结合，从多点建设逐步过渡到体系建设，推进"公园体系、森林体系、湿地体系"三大体系和"廊道网络、绿道网络"两大网络建设，重点构建大运河、泗河、洸府河、白马河、洙水河五大蓝绿生态廊道，实现"300m见绿、500m见园、3km进林带、5km进湿地"。

（1）大运河

"东鲁之大郡，水路之要冲"，济宁因京杭大运河的开通而远近闻名。大运河蓝色生态廊道穿城而过，给济宁的经济发展带来丰富的历史文化资源和城市水岸肌理。2019年，济宁市制定"三带协同"发展战略，其中西跨战略由大运河文化经济带动，开建大运河总督署博物馆、济安台古文化街区，建成凤凰台植物公园，推进梁济运河两岸景观及道路建设（图14）。

（2）泗河

泗河绿色发展带北起泗河兖州、曲阜交界处，南至兖州、济宁高新区交界处，总面积约90km²。济宁市坚持"全域开发、一体规划，景区构架、板块布局，因段制宜、节点打造，政策引导、市场运作"的原则，按照"3+1"板块布局，加快泗河生态景观带等沿岸绿化工程建设，重点打造"两脉、三湖、五区、九园"，逐步建成集文化旅游、休闲观光、高端康养于一体的人水和谐的绿色发展带（图15）。

（3）洸府河

洸府河作为济宁城区的母亲河，是齐鲁大地上璀璨的明珠。济宁市以洸府河生态休闲带为轴线，按照景观标准提升河堤绿化水平，增加便民服务设施，打造城市生态休闲景观带。2019年，启动实施洸府河景观工程，结合现状自然条件进行景观设计，内容包括园路、绿道系统、景观节点、广场铺装、景观配套服务建筑、景观绿化、生态驳岸、景观照明及配套设施等，形成了生态绿色走廊。2020年年底，洸府河重点地段景观项目全面竣工。

（4）白马河

济宁市科学设计白马河沿岸生态廊道建设方案，在衔接河道规划基础上，按照项目复合实施的原则，优先恢复耕地。不能恢复耕地的，与入湖河流水质净化项目相结合，利用现有水系和积水区域建设湿地与生态廊道，对白马河两侧的采煤塌陷地采取充填平整、挖深垫浅和植被绿化等措施，构建带状景观廊道。

（5）洙水河

济宁市加快推进水系绿化提速增质，重点建设洙水河等河流沿岸绿化工程，以杨树、榆树、柳树、水杉、中杉杉等乡土树种和耐水湿树种为主，以河流、湖泊堤岸为框架，开展水系流域大绿化行动，全市绿化堤岸长度237.4km。自2021年以来，济宁市着力构建洙水河沿河生态走廊，逐步形成以沿河防护林、河道水源涵养林、道路景观林等生态效益林为屏障的生态防护林体系。

图14 大运河生态廊道

图15 泗河生态景观带

六、建设文化传承高地

1. 运河文化

京杭大运河从济宁穿过，自元代开始，管理运河的最高衙门就设在济宁，因而济宁被誉为"运河之都"。汶上南旺镇为"运河之脊"，建有号称"北方都江堰"的水利工程——南旺分水工程，堪称世界水利史上的奇迹。济宁运河文化是集漕运、商贸、手工业和农产品加工、农业商品化于一体，吸纳了吴越文化、荆楚文化、齐鲁文化和燕赵文化的精髓，融合了秦晋文化及外来文化的特色，具有广泛兼容性、多元性、开放性的文化，其核心是沟通、包容、创新，在中华优秀传统义化中熠熠生辉（图 16）。

2. 孔孟文化

济宁是孔子、孟子的诞生地，是儒家文化发源地，这里孕育了儒家学派的诞生和发展。孔子是中国古代最伟大的思想家之一，而济宁则是他成长和活动的地方，几乎所有的儒家学说都和济宁有着密不可分的联系。传说中孔子在济宁留下过"九域"和"六艺"的教育制度，这些制度被后来的继承者不断发扬光大，成为中国优秀传统文化的重要组成部分。济宁始终坚持儒家文化的精神，推动儒家学派的不断繁荣发展（图 17）。

图16　老运河

图17　孔子故里

3. 尼山文化

尼山原名尼丘山，孔子父母"祷于尼丘得孔子"，所以孔子名丘字仲尼，后人避孔子讳称为尼山。一代圣人孔子诞生在这里。尼山世界文明论坛（简称尼山论坛），是以中国古代伟大的思想家、教育家孔子诞生地——尼山命名，以开展世界不同文明对话为主题，以弘扬中华优秀文化、促进中外文化交流、推动建设人类命运共同体为目的，学术性、国际性与开放性相结合的国际思想文化对话交流平台。首届尼山世界文明论坛于 2010 年 9 月举办，至今已举办八届，并在联合国总部举办"纽约尼山论坛"，在联合国教科文组织总部举办"巴黎尼山论坛"，在泰国举办"曼谷尼山论坛"，在北京举办"北京尼山论坛"，对促进世界不同文明之间的交流互鉴、推动建设和谐世界、增强中华文化在国际上的传播力与影响力发挥了重要作用。

2023 年 6 月 25~27 日主题为"人工智能时代：构建交流、互鉴、包容的数字世界"的世界互联网大会数字文明尼山对话在尼山召开，来自全球数十个国家和地区政、企、学、研各领域的数百名高级别代表，以线下或线上形式参与对话。联合国教科文组织、世界经济论坛、亚洲基础设施投资银行、智慧非洲联盟、全球 IPv6 论坛等国际组织高级别代表，围绕人工智能技术产业发展与全球治理展开讨论；阿里、百度、360、拼多多、思科、高通、IBM、诺基亚等知名企业负责人以及图灵奖获得者等全球顶级专家学者，聚焦人工智能新技术、新应用、新模式，碰撞思想火花。数字文明尼山对话既是一场触摸历史、拥抱未来的深邃思考，也是一场跨越时空、超越国界的碰撞交流。济宁将与世界互联网大会数字文明尼山对话一起，以"网"为翼、以"数"为擎，推动中华优秀传统文化走进大众、走向世界。

4. 水浒文化

忠义文化是水浒文化的内涵，而梁山忠义文化并不局限于水浒文化，更包含着西竺禅师率僧兵抗倭的民族大义、抗日战争时期的独山战斗及解放战争期间渡河支前的红色文化。在水浒故事中，"忠"一直是水浒英雄追求并希望达到的思想境界，也是水浒故事的传统主题。水浒故事中的好汉们成为忠义的化身，替天行道，除暴安良，保国，护境安民。现在，"忠"的含义则演变为忠于党、忠于人民、忠于国家。"义"是水浒英雄身上最富于情感色彩、最具人情味的道德力量。水浒英雄首先标举"正义"，因为他们往往自告奋勇地除暴安良，扶危济困；其次，在水浒故事中，好汉们的"结义"和"聚义"常常给人一种鼓舞的力量。面对恶劣的环境，他们要求异姓兄弟胜似亲生兄弟，"人人戮力，个个同心"。水浒故事里的好汉们大多仗义疏财，结识天下好汉，体现仗义英雄的本色，可谓"通情义气高"。现在，"义"的内涵则升华为守信重诺、公平正义（图 18）。

5. 汶上佛教文化

佛教于南北朝时期传入汶上，至唐宋时中都成为远近闻名的佛教圣地，明清时期县内寺院、尼庵林立，规模较大的有数十处，其中尤以宝相寺最大。始建于唐朝的宝相寺原名昭空寺，寺内 13 层楼阁式宝塔高 45.5m，因塔刹覆以黄色

图18　忠义梁山

琉璃瓦，当地俗称"黄金塔"。其在北宋时期是著名的皇家寺院，大中祥符元年（公元1008年）宋真宗封禅泰山，归途经曲阜过中都时，赐名宝相寺，从而确立其皇家寺庙的重要地位。1994年修缮时意外发现塔基底部的地宫入口，发掘出佛舍利等141件佛教圣物，有金棺、银椁、水晶牟尼串珠、银菩萨、水晶瓶、七宝净水瓶、跪拜式捧真身菩萨等。金棺内供奉佛牙舍利。文物数量之多、品种之繁、质量之高、保存之完好，在北宋考古方面是空前的，具有极其重要的学术研究价值（图19）。

6. 嘉祥吉祥文化

自从1万年前原始人类生息在此，嘉祥不同时代的文化风貌姿态各异，但又有许多文化要素打破时间界隔而不断传承和发展，如仁义礼智信、温良恭俭让的民风民俗，自强不息的精神，厚德载物、张载四为的胸怀等，各种价值观表现在嘉祥的吉祥文化形态里，体现了中华民族文化底蕴的统一性和传承性。在当前文化意识全球化、市场化、信息化的背景下，嘉祥的吉祥文化依然博大精深、璀璨夺目（图20）。

图19　汶上宝相寺

图20 嘉祥

7. 金乡诚信文化

山东金乡作为中国诚信先贤范式故里、"鸡黍之约"的诞生地、中国诚信文化的发源地，诚信文化资源极为丰富，具有绝对的优势和资格去打造诚信品牌，建设诚信体系，引领全社会倡树诚信之风，共建和谐社会。著名的"鸡黍之约"就是诚信之源，是最具金乡特色的诚信文化。范式的诚信精神对于重塑正确的人生观、价值观，无疑是重要、稀缺的传统诚信文化资源。

8. 鱼台孝贤文化

鱼台县历史悠久，以"孝贤故里"著称。早在六七千年前，这里就有东夷太昊部族聚居，春秋时为棠邑，战国初称方与，秦统一天下，又置方与、湖陵二县，直到唐宝应元年（公元762年），因遗有鲁隐公观鱼台，始称"鱼台"。至今，鱼台仍传承着孝贤文化，闵子骞、樊子迟、宓子贱"五里三贤"的佳话在这里流传不衰。孔子曾道："孝哉闵子骞！"作为孝贤故里，鱼台承载了圣贤的意愿，传承孝道，弘扬故里文化，让更多的人知道人本孝，孝百家老人，传千代佳话。

9. 微山红色文化

微湖大队、鲁南铁道大队、运河支队等多支抗日武装活跃在微山湖区，开辟并保护了湖上红色交通线，安全护送刘少奇、陈毅、萧华、朱瑞、罗荣桓等千余名党政军干部，留下了许多可歌可泣的英雄篇章。微山深入挖掘红色记忆，用好红色资源，讲好红色故事，传承红色精神，加强对红色文化资源的抢救性普查，精心绘制微山红色地图，进一步挖掘背后的党史故事，设立红色地标，修缮革命旧址，配套完善旧址周边环境，让旧址遗迹成为聆听红色故事、致敬革命先辈的"打卡地"，为微山经济高质量发展贡献红色力量。

10. 泗水泉林文化

泗水泉水资源得天独厚，有"名泉七十二，大泉数十，小泉多如牛毛"的美誉。诸泉当中流量最大的为泉林泉群，拥有诸多文物古迹和历史传说。中国最早的典籍《尚书·禹贡》中提到陪尾山，《山东通志》《山东运河备览》都列之为"山东诸泉之冠"。孔子曾在泉林设坛讲学，站在源头发出"逝者如斯夫，不舍昼夜"的感叹。北魏地理学家郦道元在《水经注》中誉之为"海岱名川"。康熙

图 21 泗水泉林

皇帝南巡，登泰山，祭圣人，观泉林。乾隆皇帝更对泉林情有独钟，在此建有行宫，留下赞美泉林的诗文达 150 多篇，在陪尾山西侧的"子在川上处"立石碑，并在碑两侧镌刻其亲笔书写的七律诗两首（图 21）。

七、城市亮点与经验

1. 水与文明和谐共生

近年来，济宁市践行"绿水青山就是金山银山"的发展理念，以创建"国际湿地城市"为契机，探索实施全面管护、全域建设、全链增效，坚持"党政主责""县乡主推""群众主体"三向发力，全面构建湿地管护科学体系。突出抓好"城市湿地"生态建设、"小微湿地"生态营造、"塌陷区湿地"生态治理三个领域，全域推进湿地生态高效建设。打造"特色生态农业""休闲生态旅游""碳汇生态模式"三类项目，全面做好湿地经济增效文章。持续加大湿地保护修复力度，始终坚持科学高效开发利用，走出了一条绿色生态保护和经济社会发展协同共进的双赢之路。目前，全市已建成南四湖国际重要湿地 1 处、省级以上湿地公园 24 处，全市湿地面积达到 228 万亩，湿地率为 13.62%，每年湿地可产生经济价值约 30 亿元。

黄河的流淌、大运河的连通使璀璨的华夏文明在济宁汇聚传播，"国际湿地城市"世界级新名片为济宁这一历史文化名城赋予了新的生态文明时代光芒。济宁市将以黄河流域生态保护和高质量发展重大国家战略为引领，积极学习借鉴各国际湿地城市先进经验，加强保护管理，扩展功能效益，打造湿地文化，讲好济宁故事，让济宁的天空更蔚蓝、大地更苍翠、河湖更清澈、空气更清新，努力将济宁这座因水而立、因水而名、因水而兴、因水而美的湿地城市，打造成为水与文明和谐共生的美好典范。

2. 充分发挥综合交通优势

充分发挥"公铁水空海"综合交通优势，打造全国性综合交通枢纽。积极对接京津冀协同发展、长三角区域一体化战略，推动河海联运、中欧班列、航空运输"三位一体"国际通道加速形成，高速铁路、普速铁路、高速公路等国内通道能效进一步提升，"站城一体"、临港临空经济快速发展，"一点一线"现代物流发展格局和"一圈六放射"现代客运服务发展格局集聚成势，支撑鲁南经济圈和淮海经济区中心城市的打造，助力济宁市在更高层面、更大区域参与合作和竞争。

独辟蹊径地打造多式联运全国交通枢纽城市。依托京杭大运河纵贯南北、运河航道网通达便利、干线铁路与水运网络多点交会的交通条件，发挥全省唯一全国内河主要港口的独特优势、"北煤南运""西煤东运"的重要下水港和鲁南经济圈铁水联运枢纽的先发优势，拓展现代内河航运服务功能，提升多式联运组织效率，扩大"港产城"融合带动的区域影响力，形成辐射京津冀、山东半岛以及晋陕蒙能源基地，沟通长三角核心区的现代化水运门户，打造京杭大运河黄河北段复航的"桥头堡"。

图片来源：

首图　https://www.jnnews.tv/2022sdslyfzdh/p/2022-06/22/902756.html
图 1　https://www.jining.gov.cn/art/2020/2/9/art_2604_2448039.html；https://www.jnnews.tv/2022sdslyfzdh/p/2022-06/24/903260.html；http://whlyj.jining.gov.cn/art/2021/1/4/art_66896_2705802.html；https://www.jining.gov.cn/art/2020/2/9/art_2604_2448042.html
图 2　《济宁市国土空间总体规划（2021—2035 年）》
图 3　《济宁市国土空间总体规划（2021—2035 年）》
图 4　济宁城区综合交通体系研究
图 5　济宁市公交公司
图 6　济宁市公交公司
图 9　https://www.jnhn.gov.cn/art/2019/3/5/art_23973_1438963.html
图 11　《济宁市国土空间总体规划（2021—2035 年）》
图 12　《济宁市国土空间总体规划（2021—2035 年）》
图 13　《济宁市国土空间总体规划（2021—2035 年）》
图 14　https://www.jnnews.tv/p/932571.html
图 15　https://mp.weixin.qq.com/s/8tJGthfg923OGFY8qKrjFA
图 16　https://www.jnnews.tv/2022sdslyfzdh/p/2022-06/21/902625.html
图 17　https://touch.travel.qunar.com/comment/10157259382
图 18　https://www.jining.gov.cn/art/2019/8/12/art_2604_1634236.html；https://www.sohu.com/a/361251698_678470
图 19　http://www.wenshang.gov.cn/art/2021/2/4/art_19011_2709315.html
图 20　http://www.jiaxiang.gov.cn/art/2022/5/23/art_26408_2589149.html
图 21　http://www.sishui.gov.cn/art/2023/8/24/art_105946_2759072.html

盘锦

大美红海滩上的魅力小城

一、城市特点

盘锦于 1984 年建市，地处辽宁省西南部、辽河三角洲中心地带，地势平坦、多水无山，全市总面积 4062.34km²，海域面积 1425km²，海岸线 107km，是中国"最北海岸线"。盘锦素有"九河下梢"之称，境内共有自然河流 21 条，河流总长 634km，总流域面积 3570km²。下辖盘山县、双台子区、兴隆台区、大洼区，共 21 个镇、27 个街道、285 个村、253 个社区。2022 年年末，盘锦市常住人口 139 万，户籍人口 129.3 万。近年来，盘锦市先后被评为全国文明城市、国家卫生城市、国家园林城市，蝉联全国平安建设"长安杯"。

1. 地理特征

盘锦市东、东北邻鞍山市辖区，东南隔大辽河与营口市相望，西、西北邻锦州市辖区，南临渤海辽东湾。属华北陆台东北部从"燕山运动"开始形成的新生代沉积盆地，经过漫长历史年代的河流冲积、洪积、海积和风积作用，不断覆盖深厚的四系松散沉积物。地势北高南低，由北向南逐渐倾斜。

2. 城市布局

按照陆海协同、轴带支撑、城区互动、全域一体的网络化、组团化发展思路，到 2035 年，盘锦市将形成"一轴一带两翼五城多点"的国土空间开发保护总体格局（图 1），提升盘锦湿地特色、水乡特色、田园特色，加快形成多层次城乡空间体系，促进全域国土空间高质量转型发展。

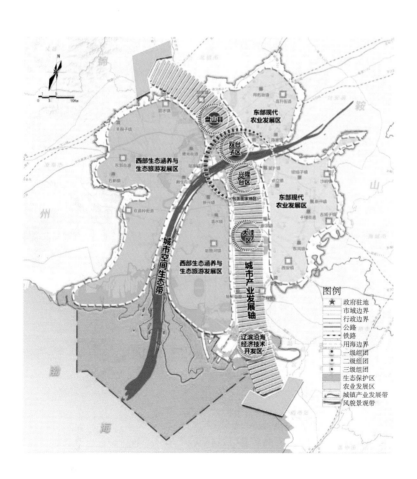

图 1 盘锦土地利用及城市布局

其中，"一轴"指的是以向海大道和中华路为主体，打造纵贯南北的城市空间发展轴。"一带"指的是以辽河口国家公园建设为引领，在市域打造横贯东西的辽河生态带、景观带、旅游带与城市功能带。"两翼"指的是东部现代农业发展区和西部生态涵养与旅游发展区，是市域国土空间保护与修复的主要载体。"五城"指的是沿纵轴自北向南串联盘山、双台子、兴隆台、大洼、辽滨五个区域节点。"多点"即在全域打造若干个具有较强产业支撑力和人口集聚力的中心镇（独立街道），差异化建设特色小镇。

3. 生态空间格局

统筹考虑盘锦市自然生态系统的整体性和完整性，贯彻山水林田湖草生命共同体理念与生态系统理论，维护和强化盘锦市国土自然生态屏障空间，构建"一核一湾三带"的生态空间格局（图2）。"一核"指的是辽河口国家公园，"一湾"指的是辽东湾生物多样性保护走廊，"三带"指的是绕阳河、辽河、大辽河三条河流生态融城带。

二、交通系统建设

1. 出行特征

盘锦慢行交通（含步行、自行车、电动自行车出行）方式相对于其他中等规模城市偏低，约占总量的50.4%（图3）。

在短时出行中，慢行方式占绝对优势，随着出行距离的增加，步行及自行车出行先明显下降，其后又维持不变，长距离的步行及自行车出行主要是休闲娱乐性活动。出行时耗超过15min后，公交车及私人小汽车的出行比例迅速增加，尤其在45min以上的出行中，私人小汽车出行的比例较大。

主要慢行交通出行的平均时耗适中，其中步行出行平均时耗18.2min，平均出行距离约1.5km，自行车出行平均时耗21.5min，平均出行距离约3.0km，均在其各自合理的范围之内（图4）。

2. 公共交通建设

（1）公交一体化建设

盘锦市的全域客运公交一体化改造于2020年基本完成。盘锦市根据客运市场的新情况、新变化、新特点，按照"交通牵头，县区操作"的方式，有效采取因地施策、车辆收购、经营权收回等多种灵活方式，完成397台车辆整合改造和9个镇级客运公交中转站、9个村级综合服务站、608个候车亭的建设任务，基本形成"城有枢纽、镇有站场、村有亭牌"的一体化场站格局。

同时，盘锦市优先发展城市公交战略得到进一步落实，出台了《盘锦市城市优先发展公共交通实施意见》，编制完成了《盘锦市公共交通专项规划》。针对出行规律相似、出行时间集中、目的地固定的区域和企业，开通了定制公交，满足企事业单位及辽河油田单位职工通勤需求。2020年，公交车辆总数达到815辆，比2015年增长36.9%；公交专用道长度60km，比2015年增长38.8%；中心城区公共交通站点 500m 全覆盖，城市公交车万人拥有率 11.9 标台。

（2）快速公交（BRT）项目

盘锦市交通运输局有序推进公共交通行业发展。打造"一轴四翼多面"的 5G 智慧快速公交系统，全面提升公交智能化水平及运营速度。已上线运营 90 台 BRT 车辆，开通兴隆台至盘锦北站的高速铁路接驳公交线路，实现高速铁路和城乡公交的无缝对接。

（3）绿色化交通改造

盘锦市按照辽宁省"蓝天工程"和盘锦市"气化盘锦"安排部署，自筹资金 1200 万元对 139 台柴油公交车辆进行油改气改造，成为全省批量改造时间最早、数量最多的城市。截止到 2021 年 5 月，盘锦市营运公交车 640 辆，其中纯电公交车 270 辆，LNG 公交车 370 辆。绿色公交车辆占比100%，公交电气化比例 42%。

此外，盘锦市还完善了新能源车辆配套设施，建设加气站 6 个、充电桩 170 个。自 2015 年以来，为深入推进绿色交通示范城市创建活动，盘锦市投资 330 万元采购了超声波清洗机、空气压缩站等 28 种绿色维修设备，减少了环境污染，降低了维修人员工作强度和公交企业运营成本。

盘锦市公交车将逐步告别"喝油"时代，步入"加气"和"充电"的低碳环保时代，"黑烟"公交车被彻底淘汰，将为盘锦的环境保护和城市发展作出更大贡献。

3. 慢行交通系统建设

2020 年 9 月，盘锦市绿道全线建成，全长 91.62km，其中城市段全长 23.83km。城市段起始于大洼区红海滩大街（东湖公园），经杨家总干堤顶路至友谊街，沿向海大道东侧绿化带向北，经科技街延伸至辽河湿地公园，止于辽河左岸堤顶兴隆台区与双台子区交界处（图 5~ 图 7）。

绿道内设置自行车道、人行道及驿站、大型活动场地、卫生间等设施，打造生态、

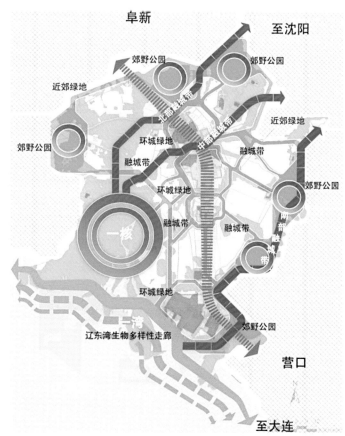

图 2 盘锦市生态空间格局

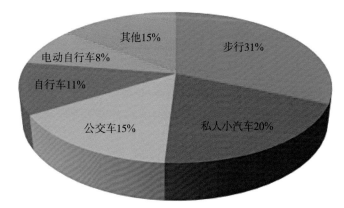

图 3 盘锦全交通方式构成

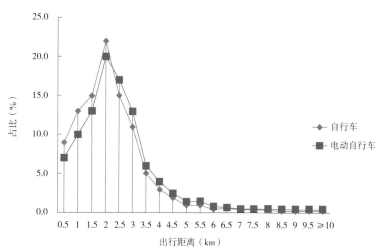

图 4 盘锦市非机动车出行比例随出行距离的变化

休闲、宜游、宜行的绿色廊道。将沿线景观节点串联起来，真正将风景道、"森"呼吸、慢生活理念融入绿道建设发展中，塑造湿地特色鲜明的城市绿道网格体系。

三、生态城市建设

1. 红海滩风景廊道建设

盘锦的红海滩国家风景廊道（图8）是独一无二的"世界红色海岸线"，也被称为"中国最精彩的休闲廊道"和"中国最浪漫的游憩海岸线"。其南起二界沟混江沟大桥，北至红海滩湿地旅游度假区接官厅大桥与旅游路接口，全长18.115km。

红海滩得名于当地产的一种碱蓬草，这种碱蓬草是辽河移山填海的自然产物，辽河从上游带来的有机物与无机物在入海处沉积，形成了退海之地——滩涂，含有沉积有机物的滩涂特别适于盐生植物碱蓬草的生长。每年3月上中旬至6月上旬，碱蓬草长出嫩苗，出土子叶鲜红，7~8月为花期，9~10月为结实期，11月初种子完全成熟。深秋成熟时植株火红，热烈如火，鲜艳欲滴。漫布在海滩上的碱蓬草，远远望去犹如一片红色地毯，红海滩也因此名扬大江南北。

红海滩4月初为嫩红，渐次转深，10月由红变紫，最佳观赏时间为5~10月。一年四季，颜色不一，浓淡相宜。

2. 生态农业建设

金球1948生态农场（图9）位于盘锦市大洼区西安镇，目前已建设成为集旅游观光、休闲养生、生态养殖与生态种植于一体的生态休闲景区。

农场独创"四级净化、五部利用"生态循环系统，协调养殖业和种植业，使其成为野生动植物专有领地，白鹭、夜鹭、牛背鹭等30多种共计上万只鸟类在此繁衍栖息，这里也是数十种野生动物的家园。为保护这里的生态环境，使其不被破坏，农场多年来一直坚持传统农耕方式，使得各类动植物能够在这里繁衍生息。

农场秉持"寓教于游、寓教于玩"的理念，依托生态农场优势，景区精心策划、组织自然体

图5 大洼区段绿道

图6 兴隆台区段绿道

图7 双台子区段绿道

图8 盘锦红海滩风光

验类项目，让游客在游玩的同时接受自然教育。根据季节推出不同的主题活动，如农耕体验、美食 DIY、篝火狂欢季、露营大会、暑假采摘季、亲子训练营、丰收节、稻草人舞会等，使游客在游玩、体验的同时了解自然、认识自然进而保护自然。

盘锦鑫安源绿色生态园（图 10）位于盘锦市盘山县陈家乡，依托喜彬河宽阔的水域绕水而建，交通便捷、环境幽雅、绿树成荫、风光秀丽，占地面积 600 亩，其中 30% 用于水产养殖业，70% 用于餐饮旅游业，是"生态旅游、观光农业、休闲度假"三位一体的"农旅合一"的生态旅游示范区。

3. "无废城市"建设

盘锦市是全国首批 11 座"无废城市"建设试点城市之一，也是东北地区唯一入选城市。近年来，盘锦市高效、高值利用黑色固体废物，全过程管控红色危险废物，变农业废弃物为金色资源，全域化治理蓝色生活固体废物，逐步形成了城乡一体化大环卫及辽河油田"无废矿区"等发展模式，并被纳入我国"十四五"时期"无废城市"建设名单。目前，盘锦市正加速巩固"无废城市"建设成果，推动城市绿色低碳、可持续发展。

2016 年 12 月，盘锦市实施城乡一体化大环卫项目，由盘锦京环环保科技有限公司负责全市生活垃圾的收运及处置，并实现服务范围城乡全覆盖，在全市范围内建成了垃圾分类、道路清扫、非物业小区保洁、公厕管理及垃圾收集、清运、转运到后端固废处置的全产业链一体化环卫综合服务体系。

2023 年 5 月，我国重大利用外资项目、国家支持东北振兴重点项目——精细化工及原料工程项目在盘锦辽滨沿海经济技术开发区落地建设（图 11），全面进入施工阶段。其中，5G 智慧园区管控中心平台建设包括 5G 智慧安全、5G 智慧应急、5G 封闭园区管理、5G 智慧消防、5G 智慧能源、5G 危化品监管等业务应用，实现统一数据中心、统一监测预警、统一决策分析、统一应急联动，提升园区精细化管控能力和信息化、智能化水平。

"十四五"期间，盘锦市将加快园区和企业全面绿色转型升级，推进农业固体废物收集利用处置体系全覆盖，拓展园区固体废物综合处理功能，推进生活垃

图 9　金球 1948 生态农场的瓜果长廊

图 10　盘锦鑫安源绿色生态园

垃圾分类和建筑垃圾综合利用，完善城乡一体化大环卫体系，大力提升危险废物"三个能力"建设，基本形成"无废城市"制度、技术、市场和监管四大体系，打造全国"无废城市"盘锦样板，形成盘锦"无废城市"建设独特的"五色锦"模式。

四、城市亮点与经验借鉴

1. 五色盘锦，缤纷城市

关于"五色盘锦"，有两种说法。

一种说法是，"五色锦"是盘锦的贴切形容。黑色即石油，中国第三大油田——辽河油田坐落于此，黑色的石油翻滚着黑金巨浪，石油之城是这座城市永不褪色的标签。红色即红海滩，大片大片仅有的可以在盐碱地生存的红色碱蓬草是这座城市嫣红的胎记，如霞似火。绿色即苇海，这里有世界上面积最大的芦苇荡，一望无际，春夏绿浪滚滚，秋冬金黄遍野。黄色即稻海，盘锦稻米举世闻名，河海交融孕育出的碱地大米饱满莹白，使人吃了唇齿留香（图12）。蓝色即海洋，盘锦作为滨海城市，是海洋给予了这座城市最初的养分，也在海洋的滋养下茁壮成长。

另一种说法指盘锦的"五色文化"，即盘锦市域内所保存的五种不同色彩的历史文化遗产，分别是白色文化、红色文化、黄色文化、绿色文化和蓝色文化。其中，白色文化是指明清时期的建筑文化遗产；红色文化是指革命文化遗产，如红色历史馆、红色博物馆等；黄色文化是指商业文化遗产，如古老的商业街区和传统市场等；绿色文化是指自然生态文化遗产，如湿地公园、自然保护区等；蓝色文化则是指水上文化遗产，如漂流文化、渔业文化等。

无论哪种说法，都充分体现了盘锦市的多元性、丰富性，盘锦人民亲切地用"五色"来描述自己的家乡，展现了盘锦人民对可爱乡土的热爱与眷恋。

2. 资源型城市成功转型

盘锦人民充分利用资源优势，围绕加快油气、农业等资源的综合开发利用，变资源优势为经济优势。在这片希望的田野上谱写了一曲曲富民强市的新篇章，

图11　盘锦辽滨沿海经济技术开发区　　　　图12　盘锦金色稻田

推动了整个地区经济和各项社会事业的蓬勃发展。工业经济迅速发展壮大，全市初步建成了天河、渤海、兴隆三个工业区，形成了以石油、化工为主要支柱的产业基础和工业体系。在全国工业企业 500 强中，盘锦已有辽河油田、辽宁华锦化工集团跻身其中。盘锦地处退海平原，曾经几乎全市的土地都是盐碱地，经过数十年的努力，盘锦人用自己的聪明才智将原来的"不毛之地"改造成了 165 万亩优质水稻田，有近 60 个耐盐碱的水稻新品种诞生。"稻田养蟹"实现了一水两用、一地双收。农业"五色工程"（以水稻生产为主的绿色工程、以水产养殖为主的蓝色工程、以水果栽培为主的红色工程、以大棚菜为主的白色工程、以黄牛饲养为主的黄色工程）推进进程加快，乡镇企业迅速发展。

盘锦市在经济转型进程中，认真践行科学发展观，既研究自己的发展，又担负起资源型城市转型道路的探索责任。将一张蓝图绘到底，通过抓项目、抓人才、抓环境建设，牢牢把握转型发展的主动权。作为资源型城市，抓发展、抓产业升级和结构调整，就是抓项目。盘锦市坚持以项目为核心，以辽东湾新区为龙头和发动机，加快将盘锦建设成为世界级石化及精细化工产业基地，以及具有吸引力的国际旅游目的地、世界知名港口城市。盘锦市正全面推动工作从发展思路向实际落地转变，从创造优势向释放优势转变，从优化空间向做实产业转变，从凝聚共识向自信自觉转变，城市发展的后发优势迅速凸显。

3. 民生保障全覆盖

近年来，盘锦市坚持每年办一批民生实事，使盘锦社会保障水平、困难人口救助水平都走在了全省前列。

通过几年的不懈努力，盘锦市构建了终身教育、就业服务、社会保险、基本卫生服务、住房供应、社会救助、社会养老服务"七大体系"，实现了城乡低保、新农合、新农保、城镇居民基本医疗保险和社会养老保险 5 个"全覆盖"。同时，盘锦市积极推进社会转型，成为全省首座城乡一体化试点城市。

2022 年，盘锦市全力保障困难群众基本生活，各类救助补助标准进一步提高。居民低保标准、特困供养标准、孤儿（含事实无人抚养儿童）基本生活养育标准均提高 2.1%。累计发放各类保障金约 1.69 亿元，惠及低保对象 1 万多人、特困人员 1000 多人、孤儿（含事实无人抚养儿童）100 多人；春节前夕，为有效保障困难群众节日需求，为全市低保家庭、特困供养人员、孤儿等困难群众发放补助资金 830.2 万元；常态化开展流浪乞讨救助、未成年人保护等工作，2022 年全年共救助 554 人次，救助率达 100%。

近年来，盘锦市进一步完善低保家庭收入评估办法，落实困难群众基本生活救助提标工作，及时、足额发放到位；常态化开展"走进困难家庭·倾情解忧暖心"专项行动，用好《社会救助民情日记》，落实"政策找人"；持续开展救助管理质量大提升活动，开展流浪乞讨人员风险隐患大排查，确保重大风险在管可控，保障流浪乞讨人员的人身安全和基本生活；继续加强精神障碍人士社区康复服务和未成年人救助保护工作。

此外，盘锦市还实施了特殊困难老年人家庭适老化改造，满足城乡老年人家庭居家养老需求。开展了重阳节百岁老人走访慰问活动、养老护理员培训和养老机构等级评定工作。扶持民办养老机构，制定床位建设补贴、运营补贴等各项优惠政策；鼓励养老机构打开"围墙"，引导各县、区开展延伸服务，辐射带动区域内其他养老机构为周边社区和老人提供服务。

一个让全市人民普遍感到幸福、引以为傲和令人向往的滨海新盘锦正在加快崛起。

4.富有魅力的旅游城市

盘锦市依托"一轴五城"发展战略，优化文旅产业全域布局。整合市域资源、融汇相关产业、统筹区域功能，打造盘山县"商旅休闲"、双台子区"盘锦首站"、兴隆台区"城市会客厅"、大洼区"湿地休闲度假"及辽滨沿海经济技术开发区"滨海旅居"产品体系，以轴线为纽带，发挥陆海互补、城乡融合、产业集聚的优势，实现跨区域联合发展，全方位、全空间、全领域地构建层次分明、相互衔接、规范有效的文旅产业体系，打造精品旅游经济发展样板。

盘锦市以"四季主题"为特色，健全文旅度假产品体系。依托湿地、乡村、温泉、民俗、冰雪、文创、美食等特色文旅资源，丰富春季"踏青观鸟"、夏季"避暑休闲"、秋季"红滩绿苇"、冬季"冰雪温泉"四季主题产品，推出"湿地之都，生态盘锦"一日游、二日游、三日游精品旅游线路，做大做强"红海滩观潮"等特色项目，引进音乐节等品牌活动，持续举办红海滩马拉松等品牌赛事，提升特色乡村民宿系列产品品质，推动文旅产业与其他产业深度融合发展，积极扶持和培育旅游与多方创新融合的复合型产业链条。

盘锦市以"盘锦有礼"为抓手，丰富文旅消费市场供给。强化顶层设计，鼓励扶持"文旅夜经济"发展，开发符合盘锦城市气质、凸显文化个性的夜间旅游产品，活化历史文化，弘扬民俗节庆，打造夜间文化旅游消费街区。实施"盘锦有礼后备箱"工程，培育壮大盘锦大米、盘锦河蟹、盘锦碱地柿子等地方特产，提升苇艺草编等文化旅游工艺美术产品的设计、生产水平，以创新、创意为理念，打造具有盘锦地域标识的精品伴手礼——"盘锦有礼"系列旅游商品，叫响盘锦地域文创品牌。全面升级信息资讯、基础设施、交通集散、安全保障等文旅公共服务质量和水平，推动文旅产业从观光游向休闲度假游转变，彰显全域旅游城市魅力，让人们记住盘锦、爱上盘锦。

图片来源：

图 1 《盘锦市国土空间总体规划（2021—2035 年）》（公示版）

图 2 《盘锦市国土空间国土空间总体规划（2021—2035 年）》（公示版）

图 3 《盘锦市国土空间国土空间总体规划（2021—2035 年）》（公示版）

图 4 盘锦市慢行系统规划说明书

图 5 盘锦市慢行系统规划说明书

图 6 https://baijiahao.baidu.com/s?id=1677683859499911789&wfr=spider&for=pc

图 7 https://baijiahao.baidu.com/s?id=1677683859499911789&wfr=spider&for=pc

图 8 https://baijiahao.baidu.com/s?id=1677683859499911789&wfr=spider&for=pc

图 9 http：//www.jpxm.com/cn/news/index_884_2482.html

图 10 https://www.jianshu.com/p/cd52e604d4ce

图 11 https://finance.sina.com.cn/jjxw/2022-08-09/doc-imizirav7412974.shtml?cref=cj

图 12 https://finance.sina.com.cn/jjxw/2022-08-09/doc-imizirav7412974.shtml?cref=cj

　　值此本书即将付梓之际，我的心情非常激动。千百年来，勤劳、智慧、勇敢、坚韧、宽容的中华民族，孜孜不倦、不断领悟和理解人生，不断探索和思考人与自然的关系、人与人的关系，不断探索和追求理想社会、理想城市、理想人生。中华民族与生俱来的友善、谦和、热爱和平、热爱生活、尊重自然、平等待人等优秀品质，也体现在我们对世界大同的追求和努力上，体现在对建设美好城市的追求中。

　　正是这样一个伟大的民族，才能不断创造人类历史上和平发展的伟大奇迹。本书选择的案例，就是在城市领域积极探索、大胆创新、结合实际、传承文化，创造和谐、突出特色、营造美好的理论研究和实践探索的真实写照，也是在高质量发展新阶段建设更加美好城市的新征程的序幕。

　　在此，本人怀着无比崇敬的心情，首先向在我国城市规划、决策、建设、管理和研究领域作出贡献的城市建设者们致敬！没有这些优秀作品和城市案例提供的丰富营养，就不会有本书。同时，再一次感谢参加本书撰写的专家们，他们严谨认真，在百忙的工作中抽出宝贵时间对城市案例进行研究和总结，为使本书更加完美付出了辛勤劳动，衷心感谢他们！感谢他们记录了时代，感谢他们的宝贵思考和凝练！

　　希望各位读者能喜欢这本书，希望城市建设领域的专家学者、管理者、建设者以及年轻朋友们在建设更加美好城市的道路上不辍思考、作出贡献！

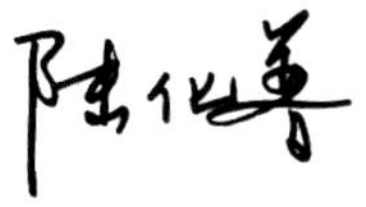

陆化普

2024 年 6 月于清华大学

作者简介

李瑞敏，清华大学土木工程系教授、博士生导师，交通工程与地球空间信息研究所所长。主要研究领域为智能交通管理、交通规划与管理、交通安全、智能出行等。共主持和参加了国家、省部级及横向课题六十余项。共计发表论文 180 多篇，完成著作 10 部，获得国家及省部级科技进步奖等 8 项。

兼任全国"城市道路交通文明畅通提升行动计划专家组"专家、中国仿真学会交通建模与仿真委员会主任委员、中国智能交通协会、中国自动化学会等学（协）会专业委员会委员等。

王晶，北京建筑大学建筑与城市规划学院副教授，硕士生导师，城乡规划系党支部书记。中国国土经济学会国土交通综合规划与开发 (TOD) 专业委员会理事、副秘书长，中国城市科学研究会韧性城市专业委员会委员。主持完成国家级、省部级基金项目 5 项，出版专著 3 部，发表论文 30 余篇。研究成果获得省部级奖励 3 项、科局级奖励 1 项。研究领域主要集中在城乡规划与设计、交通与用地一体化、城市更新、韧性城市等。

王继峰，博士，2008 年毕业于清华大学交通研究所，现任中国城市规划设计研究院城市交通研究分院综合交通所所长，正高级工程师，国家注册城市规划师。先后主持或参与了国家重点研发计划、国家自然科学基金、中国工程院重大咨询项目以及北京、天津、重庆、西安、乌鲁木齐、珠海、鞍山、泰安、江门、承德、固原、黄冈等城市的综合交通规划和专项规划设计项目 50 余项。在《清华大学学报》《城市交通》《综合运输》等期刊上发表论文 10 余篇。先后获得全国优秀城乡规划设计一等奖 4 次、三等奖 1 次，省级优秀城乡规划设计一等奖 1 次、二等奖 3 次。主要研究领域为综合交通规划及专项规划、交通工程设计、交通综合治理。

刘若阳，本科毕业于北京交通大学交通运输学院，2020 年免试推荐进入清华大学土木系攻读硕士学位，2023 年 6 月取得交通工程硕士学位。现任职于中华人民共和国交通运输部。先后参与了国家级、省市级、地市级综合交通规划项目十余项。分别在《中国工程科学》与《城市发展研究》期刊上各发表 1 篇论文，参与撰写《中国交通简史》。曾获得国家奖学金、清华大学综合优秀奖学金、清华大学校级优秀学生干部、北京市优秀毕业生等荣誉。主要研究领域为城市交通与土地利用研究、交通减碳研究、TOD 研究等。

戴继锋，中国城市规划设计研究院深圳分院副院长，教授级高级工程师，兼任全国"城市道路交通文明畅通提升行动计划"专家组成员，全国道路交通管理标准委员会委员，广东省城市规划协会交通专业委员会副主任委员，深圳市勘察设计协会常务理事，深圳大学、北京工业大学、北京建筑大学兼职研究生导师，《城市交通》杂志编委等社会职务。熟悉综合交通体系规划、中微观详细交通设计、交通枢纽规划设计、智慧交通等相关工作。主持和参加交通规划设计项目 80 余项、科研项目 10 余项，主持编制国家标准 1 项，参加国家标准编制工作 2 项，在核心期刊发表论文 30 余篇（作为第一作者 20 余篇）。获国家级优秀规划设计和华夏建设科学技术奖一等奖 2 次、二等奖 5 次，省部级优秀规划设计一等奖 7 次、二等奖 3 次，省科技进步三等奖 1 次，获国家发明专利 2 项。

戴帅，公安部道路交通安全研究中心城市交通管理研究部主任、研究员。近年来主持和参与"十二五""十三五"国家科技支撑计划、国家自然科学基金、公安部重点课题等城市交通管理相关研究项目 20 余项。参与制定国家及公安行业技术标准 7 项，获国家专利 7 项，组织编写专著 9 部，在国内外期刊和会议发表学术论文 60 余篇。组织团队研究的城市停车管理、路网数字化、交通组织管控技术等成果先后获公安部科学技术一、二等奖及华夏建设科学技术奖二等奖各 1 项，中国智能交通协会一等奖 1 项、二等奖 2 项。兼任全国城市道路交通文明畅通行动计划专家组副秘书长、中国城市交通规划学术委员会副秘书长、全国道路交通管理标准化委员会副秘书长、中国人民公安大学博士生导师，享受公安部津贴。主要研究领域为城市交通管理、智能交通、道路交通安全。

卞长志，工学博士，正高级工程师，国家注册城乡规划师，中国城市规划设计研究院城市交通分院副院长。兼任第三届全国城市客运标准化技术委员会委员、中国城市轨道交通协会第三届专家和学术委员会委员、中国工程建设标准化协会韧性城市专业委员会第一届委员会委员。主持和参与了《城市轨道交通建设规划审查要点研究》《韧性城市道路网络规划导则》等科研项目 10 余项，河北雄安新区、四川天府新区、郑州、杭州、济南、包头等多个城市和新区的各类交通规划设计项目 50 多项。合著《公路交通网络优化理论与方法》，发表论文 20 多篇，获得全国优秀城乡规划设计奖等各类奖项 10 多项。主要研究领域为城市轨道交通规划和政策研究、综合交通规划、韧性交通研究。

周涛，1990 年毕业于同济大学交通工程专业，现任重庆市交通规划研究院副院长，二级正高级工程师，国家注册城乡规划师。享受国务院政府特津贴，重庆市工程勘察设计大师、重庆市学术技术带头人、重庆市有突出贡献的中青年专家、重庆英才·名家名师、重庆市首席专家工作室领衔专家、重庆市城市交通大数据工程技术研究中心学术带头人、重庆市规划委员会专家委员，重庆交通大学兼职教授、西南交通大学兼职硕士生导师。主持省部级科研课题 6 项，主编、参编国家及地方规范 6 部，核心期刊发表论文 20 余篇，出版学术专著 2 部。荣获全国优秀城乡规划设计奖 7 项、全国优秀工程勘察设计银奖 1 项、中国智能交通协会科技进步奖 2 项、重庆市科技进步奖 3 项、重庆市优秀城乡规划设计奖 60 余项。主要研究领域为城市综合交通规划、城市规划。

张玉一，正高级工程师，国家注册城市规划师、国家注册造价工程师、国家注册咨询工程师，沈阳市规划设计研究院有限公司交通规划院院长。兼任中国历史名城委员会名城交通学部委员，辽宁省土木建筑学会专家库专家。先后主持、参与了百余项沈阳市重大交通项目，包括《沈阳市综合交通规划》《沈阳市全域新型城镇化交通体系规划》《沈阳市综合立体交通网规划》《沈阳市快速轨道交通线网规划》《沈阳市慢道系统规划》等，涵盖交通规划、设计、咨询、施工、组织等各领域，获得国家及省市奖项 30 余项。撰写论文近 20 篇，主要发表于《交通世界》《工程技术》《中华建设》《规划师》《建设科技》《交通工程》《综合运输》等核心期刊。获得多项专利，包括《一种基于交通大数据改善交通模型系统》《交通信息采集与分析系统》《交叉口现状及改善评价系统》等。主持编制多项地方标准，包括《沈阳市中心城区道路非机动车停车区设置技术导则》《沈阳市建筑工程配建停车设施标准》等。

吕剑，杭州市规划设计研究院副院长，毕业于清华大学，博士，高级工程师。兼任浙江省国土空间规划学会交通与工程规划专业委员会副主任委员、浙江省城市科学研究会专家咨询委员会委员、杭州市人民代表大会常务委员会咨询专家、杭州市自然资源工程技术人员工程师评审委员会专家库专家等社会职务。

2007 年至今在杭州市规划设计研究院从事城市规划、轨道交通、综合交通等相关规划工作，工作期间负责《杭州市城市综合交通规划》《杭州市轨道交通线网规划》修编、《杭州铁路枢纽规划研究》《杭州市轨道交通三期建设规划用地规划》《杭州市轨道交通 TOD 利用专项规划》等市级重大项目。近 3 年来作为项目负责人获得全国优秀城乡规划设计奖 2 项、浙江省优秀城乡规划设计奖 2 项。参与编制全国性团体标准 2 项。

叶桢翔，清华大学土木水利学院教师，高级工程师，国家一级注册建筑师、国家注册城市规划师。研究方向为城市学、自然学的基础理论研究，城市规划与交通等交叉学科的应用研究，是自然建筑、自然城市的倡导者。擅长城市策划与国土空间总体规划，创立了在城市国土空间规划工作之前做城市总体经济规划的工作方法，成效显著，受到广泛好评。自1995年以来，一直从事建筑设计、城市规划等服务社会的工作。代表性的建筑设计成果有赤水河谷旅游公路全部驿站、湘西瀑居酒店、鄂西自然教育学校，代表性的规划成果有海南岛环岛旅游公路顶层设计、中国西部国际物流港总体规划及修建性规划、湖北观音湖风景区规划及行动纲领、山东百里黄河风景区总体规划、湖北孝昌城市总体规划、湖北安陆城市总体规划、中国首座户外城市（孝昌）总体规划等。

童亚雄，正高级工程师，国家注册道路工程师。现任武汉综合交通研究院有限公司党委委员、副总经理，湖北省交通行业专家组成员。先后策划并负责了武汉城市圈大通道、四环线、武天高速公路、机场第二高速公路等十余个（总长约700km）重大项目的前期研究及勘察设计工作，获得省部级和市级工程类奖项11次。参与了《城市环线高速公路收费制式、收费方式研究》《道路桥梁景观与环境的和谐研究——武汉天河机场快速道路景观与环境的和谐研究》《高速公路高危路段线形智能判别与安全设计》等5项科研项目，获得省部级科学技术奖。在《中外公路》《交通科技》等国家级核心期刊发表论文7篇。主要研究领域为公路市政项目总体路线、互通专业的勘察设计和项目管理工作。

丁宇，清华大学博士，师从陆化普教授，现任上海市规划和自然资源局详细规划管理处（城市更新处）副处长。先后参与《上海市城市总体规划（2017—2035年）》《长三角生态绿色一体化发展示范区国土空间总体规划（2021—2035年）》等重大规划编制和实施，长期从事公交导向的城市发展（TOD）战略与实践研究，在《Transportation》等国内外期刊上发表SCI、EI论文十余篇。主要研究领域为国土空间规划、综合交通规划等。

曹军，兰州市城乡规划设计研究院院长、正高级工程师，国家注册城乡规划师，兰州市首席专家、甘肃省领军人才、中国中西部地区土木建筑杰出工程师、甘肃省勘察设计大师、甘肃省工程规划大师。兼任甘肃省城市建设发展智库专家、甘肃省自然资源厅入库专家、甘肃省文物保护技术咨询专家、甘肃省建设科技专家委员会规划专业委员会委员、甘肃省土木建筑学会城市更新与既有建筑改造专业委员会专家。主持的规划及研究项目共获地厅级以上奖项40多项，有20多篇论文发表于国家级刊物。主要研究领域为城乡规划编制与研究。

杜恒，中国城市规划设计研究院雄安研究院副院长，高级工程师。兼任中国汽车工程学会共享出行委员会副主任委员，中国智能交通协会青年工作委员会委员，中国铁道学会勘察设计委员会副秘书长。工作以来主持交通规划设计项目 50 余项、科研项目 10 余项，在核心期刊发表论文 10 余篇。获华夏建设科学技术奖一等奖 2 次，全国优秀城乡规划设计奖二等奖 1 次、三等奖 2 次。全过程负责和参与了雄安新区综合交通体系的构建与各类交通设施的落地建设，是雄安新区各项法定规划的交通专业负责人。雄安新区转入大规模建设以来，作为启动区责任规划师单位的交通专业负责人，承担了起步区各类交通设施的规划设计条件研究与工程设计合规性审查工作。

李鑫，高级工程师，2012 年硕士毕业于清华大学土木工程系交通工程专业，2012 年 7 月至 2014 年 11 月就职于中国城市规划设计研究院城市交通专业研究院，2014 年 11 月至今就职于中国城市规划设计研究院深圳分院，现任主任工程师。主要从事交通发展战略规划、城市综合交通规划、交通设计及管理、口岸枢纽设计等方面规划研究工作。近年主要负责《深港科技创新合作区深方园区空间规划交通专项研究》《松山湖片区综合交通运输体系规划》《福州综合交通体系规划（2020—2035 年）》《罗湖区重大交通设施规划研究》《"一带一路"倡议下的全球城市体系交通联通研究》《发展"韧性"（公共安全方向）城市的框架性策略研究》《粤港澳大湾区年度通勤监测报告》等课题及项目工作，参与工程院院地合作项目《粤港澳大湾区综合智能交通发展战略研究》。在《城市交通》《规划师》《综合运输》等期刊发表论文 10 余篇。

陈仁春，原福州市规划勘察设计研究总院副院长，教授级高级工程师。从业近 40 年以来，深耕于城市交通发展战略与政策研究、城市交通规划、公共交通发展规划等规划设计与研究领域。主持并完成多项城市交通规划设计及科研项目，多次获得国家、省级规划设计优秀成果奖。

张琳，工程师，2012 年 6 月硕士研究生毕业于长安大学公路学院交通运输工程专业，2012 年 7 月至今就职于宝鸡市规划设计研究院。现任宝鸡市规划设计研究院副院长，主要承担交通规划研究、交通模型和交通组织等工作。近年来主要负责《原连霍高速（宝鸡过境段）市政化改造实施方案》《行政中心区域停车设施规划建设方案研究》《中心城区快速干道研究》《幼儿园交通组织研究》《轨道交通用地规划》《城市道路提升改造》等课题及项目工作。主要研究方向为城市交通规划、交通模型、交通工程设计、交通组织。

戴露，2014 年本科毕业于同济大学交通运输工程学院，2017 年硕士研究生毕业于西南交通大学交通运输与物流学院。现任常州市规划设计院交通研究所副主任工程师、交通研究所模型组副组长。多次获局先进工作者、院学习型先进个人称号，主要承担交通年报、交通规划编研、交通模型和仿真等工作。先后主持多项交通规划和设计项目，在核心期刊发表论文 3 篇，授权发明专利 2 项、实用新型专利 6 项。获省、市优秀设计奖 10 余项，其中《常州市城市轨道交通线网规划修编》荣获江苏省优秀国土空间规划（城乡规划）奖三等奖。参与常州市科学技术协会特约课题《常州城市交通大脑构建路径研究》和专项课题《常州市交通治堵研究》，并承担主要工作。主要研究领域为城市综合交通规划、交通设计、大数据与交通模型等。

隽海民，博士，教授级高级工程师，国家注册城乡规划师，大连市国土空间规划设计有限公司副总经理。兼任中国城市规划学会理事、城市交通规划专业委员会委员，辽宁省城乡规划学会理事，大连市政府特殊津贴专家，大连理工大学、哈尔滨工业大学等高校研究生导师。先后主持省、市级行政部门委托的综合交通规划、轨道交通专项规划、TOD 综合开发利用、生态修复专题研究等重大项目 70 余项。在国内外学术期刊发表各类科技论文 40 余篇，出版学术专著 1 部，参编高等学校教材 1 部。获得公安部科学技术奖 1 项，各类省级优秀工程勘察设计奖、优秀规划设计奖 25 项。主要研究领域为综合交通规划理论、国土空间规划设计、道路工程设计、轨道交通工程设计、TOD 综合开发、生态交通、市政设施规划与设计等。

张智鹏，高级工程师，国家注册土木工程师（道路工程），国家注册咨询工程师。2003 年本科毕业于哈尔滨工业大学交通科学与工程学院道路工程专业。现就职于大庆市规划建筑研究院，任道桥分院副院长，主要从事城市综合交通规划、交通设计等工作。曾参与《大庆市区综合交通体系规划（2010—2020 年）》《大庆市道路桥梁建设与管理规划》等规划编制工作，及大庆市北一路建设工程、大庆市景观大道建设工程、大庆市东干线道路改造工程（南三路—南五路）、大庆绿道建设工程（一期）延伸项目等项目设计工作。近年来主要负责大庆市人行天桥建设工程、大庆市学伟和园项目配套建设红线外道路工程、黑龙江省大庆市智慧停车系统建设（二期）工程、大庆市热源街道路改造工程等项目。

樊钧，博士，正高级城市规划师，中国城市规划学会交通规划专业委员会委员，江苏省城市规划研究会综合交通专业委员会副秘书长，东南大学、苏州大学、南京林业大学校外研究生导师，苏州规划设计研究院交通所所长。参与相关规划工作 100 多项，其中获得部级奖项 5 项、省级奖项 20 项、苏州市级奖项 80 多项，在《城市规划》等学术期刊发表论文近 20 篇。苏州市道路交通委员专班成员，2015~2017 年苏州轨道功臣杯先进个人。苏州市综合交通规划、苏州市交通"十三五"规划、苏州市交通发展白皮书、苏州市世界银行项目差别化停车和拥堵收费项目负责人。

林本江，济南市规划设计研究院大数据应用研究所（交通模型实验室）所长，正高级工程师，济南市优秀青年工程设计师，石家庄铁道大学、山东建筑大学硕士研究生校外指导教师。负责完成多个城市交通规划设计项目，多个项目成果获得国家省市级优秀规划设计奖。主持完成山东省住房和城乡建设厅课题《济南市共享单车与城市融合发展研究》、省社科课题《多元大数据在国土空间规划中的应用研究》。负责完成多项手机信令、共享单车、百度出行、公交刷卡、车辆 GPS 等多元大数据的清洗、挖掘及分析工作。牵头搭建济南市综合交通模型，完成了交通模型自主研发、维护以及本土化的工作。主要研究领域为综合交通规划、交通组织设计、大数据与交通模型在规划中的应用。

李谆，高级工程师，国家注册土木工程师（道路）、国家注册咨询工程师（投资），长沙市规划设计院有限责任公司交通研究所所长、咨询总工程师。兼任中南大学、长沙理工大学等高校硕士生校外导师。主持了 200 余项道路设计、交通研究、交通规划、工程咨询项目，完成地方设计标准 7 项。先后获得国家级奖项优秀设计和咨询奖 2 项、省级优秀设计和咨询奖 20 余项。主要研究领域为综合交通规划、智能交通系统规划设计、交通工程设计、道路设计、工程咨询。

沈腾，济宁市公安局交通警察支队办公室主任，先后从事一线交通管理、车管、业务考核等工作。曾任山东省公安厅车驾管专家库成员、济宁市公安局民警导师。参与《济宁公安志》撰写工作，获山东省公安系统车驾管大比武第一名，荣获个人二等功一次、三等功两次。